全国高职高专公共基础课规划教材

精编高等数学

主　编　李启培　　董春芳
副主编　石德刚　　周　静

清华大学出版社
北　京

内 容 简 介

本书依据教育部制定的《高职高专教育高等数学课程教学基本要求》编写，基于为专业课服务的理念，以培养学生基本学习能力为目的，重基础、轻技巧，保持了必要的严谨性。并且，对于一些在高等数学教学中常见的概念上的漏洞进行了弥补。主要内容包括一元函数微积分、多元函数微积分、级数和常微分方程等，共分为 8 章。

本书适用于高职高专工科类各专业。

图书在版编目(CIP)数据

精编高等数学/李启培，董春芳主编. --北京：清华大学出版社，2014（2020.10重印）
(全国高职高专公共基础课规划教材)
ISBN 978-7-302-37712-2

Ⅰ. ①精…　Ⅱ. ①李…②董…　Ⅲ. ①高等数学—高等职业教育—教材　Ⅳ. ①F013

中国版本图书馆 CIP 数据核字(2014)第 190292 号

责任编辑：李玉萍
装帧设计：杨玉兰
责任校对：周剑云
责任印制：宋　林

出版发行：清华大学出版社
　　　　网　　址：http://www.tup.com.cn, http://www.wqbook.com
　　　　地　　址：北京清华大学学研大厦 A 座　　　邮　　编：100084
　　　　社 总 机：010-62770175　　　　　　　　　邮　　购：010-62786544
　　　　投稿与读者服务：010-62776969, c-service@tup.tsinghua.edu.cn
　　　　质量反馈：010-62772015, zhiliang@tup.tsinghua.edu.cn
　　　　课件下载：http://www.tup.com.cn, 010-62791865
印 装 者：三河市铭诚印务有限公司
经　　销：全国新华书店
开　　本：185mm×260mm　　印　张：16.5　　　字　数：400 千字
版　　次：2014 年 9 月第 1 版　　　　　　　　印　次：2020 年10月第 9 次印刷
定　　价：49.00 元

产品编号：058114-02

高等数学课程是高等职业教育必修的一门公共基础课。高等数学学习为高职生学习高等职业教育职业技术领域课程知识、掌握高等职业技能提供必需的数学知识基础，同时对提高高职生分析问题、解决问题的能力也起着至关重要的作用。

根据"课程教学目标服务于专业培养目标"的要求，以保证实现高等数学课程为职业技术领域课程服务功能为出发点，以提高学生基础学习能力为目的，依据教育部制定的《高职高专教育高等数学课程教学基本要求》，编写了本书。本书包括一元函数微积分学、多元函数微积分学、级数和常微分方程等内容。

通过对比、剖析国内外多种同类教材，本书重视吸收其中成功的改革举措，集各家之长，并融入了编者多年来对高等数学教育的研究心得，内容翔实，例题丰富，重基础，轻技巧。本书虽并不过于恪守理论上的系统性和完备性，但坚持了必要的严谨性，重视体现数学科学中所蕴含的理性精神，力求在尊重高职生的数学现实的前提下，努力培养高职学生良好的数学素养。

本书在内容编排上，本着学生易学，教师易教的宗旨，对高等数学课程的知识体系进行了解构和重构，依据典型学习任务有机地整合学习内容，改革了高等数学课程传统的学习材料组织顺序。本书中，除将导数的应用与定积分的应用合并，还将数列极限、极限的局部性质、闭区间上连续函数的性质、泰勒公式、定积分的几何意义、定积分的不等式性质及积分中值定理、变上限积分、无穷区间上的广义积分等内容移到相关章节，并对空间解析几何部分的内容进行了简化处理。

为激发高职学生的学习兴趣，本书在引入数学概念时，在保证数学概念准确性的前提下，力求从实际问题出发，并尽量借助几何直观图形和物理意义来解释概念，以使抽象的数学概念形象化，从而缩短高职学生学习高等数学的适应过程。同时，本书采用了很多传统的经典实例，这样更有利于高职学生理解高等数学的概念。

本书对微积分学教学中一些常见的概念上的漏洞予以了弥补。例如，连续函数的四则运算问题、复合函数的连续性问题、一元函数与二元函数的极值问题以及不定积分与广义积分的定义问题等。同时，对微积分学中一系列难点问题的讲述进行了系统的改进，具体如下。

(1) 引入实数基本性质；

(2) 用两类典型问题指出引入极限的必要性和重要性；

(3) 导出了函数在有限点处极限的一个重要结论；

(4) 完善了间断点的定义;

(5) 对常用的等价无穷小给出了更一般化的推广形式;

(6) 给出了"1^∞"型不定式极限计算的一般公式;

(7) 完善了幂函数求导公式的推证;

(8) 用微分导出反函数的求导法则;

(9) 对基本积分公式给出了更一般化的推广形式;

(10) 明确给出了求解不定积分的一般思路;

(11) 用积分因子法导出一阶线性非齐次微分方程的通解公式;

(12) 完善了微元法的阐述;

(13) 完善了曲边梯形面积与旋转体体积的计算公式;

(14) 完善了数项级数敛散性的判定方法;

(15) 指出了拉格朗日乘数的意义。

本书中带"*"号的部分属于理解难度较大的知识内容,其中也包括一些定理的证明以及例题,这是为满足一部分对数学学习有更高要求的学生的需求而安排,在日常教学与学习中可酌情安排讲解和学习。

本书第 1 章、第 2 章由董春芳编写,第 3 章、第 5 章由周静编写,第 4 章、第 6 章由李啟培编写,第 7 章、第 8 章由石德刚编写。本书由董春芳、石德刚设计总体框架,由李啟培统稿、定稿。

本书在编写时得到了天津冶金职业技术学院主管教学副院长孔维军教授和基础部部长杨会生副教授的大力支持和热情鼓励,在此我们表示诚挚的感谢。清华大学出版社编辑老师为本书的顺利出版付出了辛勤的劳动,在此表示衷心的感谢。本书在编写时参考了许多国内外与高等数学相关的优秀著作,在此一并致谢(恕不一一列举)。

经过五届高职学生的试用,表明本书结构严谨、逻辑清晰、叙述详细、语言流畅、深入浅出、难点分散、通俗易懂,可读性强,适应高职学生的数学现实与高等职业教育培养目标,有利于促进高职学生自主学习,有利于培养高职学生的综合素质和创新精神,适合当前高职高专(工科类)高等数学教学的需要。

由于水平所限,本书中难免存在缺点和错误,欢迎广大读者不吝指正。

编　者

目　录

目录
Contents

Contents 目录

第1章　集合与函数

函数是现实世界中变量之间相互依存关系的一种抽象，它是微积分学研究的基本对象. 本章首先介绍集合的概念，再以集合论观点给出函数的一般定义，然后讨论函数的特性、基本初等函数、复合函数、初等函数及其图形.

1.1　集　　合

1.1.1　集合的概念

1. 集合

集合是指具有某个共同属性的一些对象的全体，是一个描述性的概念. 组成集合的一个个的对象称为该集合的**元素**. 通常用大写英文字母 A、B、C、$\cdots$ 表示集合，用小写字母 a、b、c、$\cdots$ 表示集合中的元素.

例如，用 $\mathbf{N}_+$ 表示正整数集合；$\mathbf{N}$ 表示自然数集合；$\mathbf{Z}$ 表示整数集合；$\mathbf{R}$ 表示实数集合；$\mathbf{R}^+$ 表示正实数集合.

特别地，用 $\{a\}$ 表示**单元素集**(只含有一个元素的集合)，用 $\varnothing$ 表示**空集**(不含有任何元素的集合).

若 a 是集合 A 中的元素，就记作 $a \in A$ (读作"a**属于** A")；若 b 不是集合 A 中的元素，就记作 $b \notin A$ (读作"b**不属于** A").

对于给定的集合 A，元素 $x \in A$ 或 $x \notin A$，二者必取其一且仅取其一.

2. 集合的表示法

集合的表示法一般有两种.

一是**列举法**，即把集合中元素按任意顺序列举出来，并用大括号"$\{\}$"括起来.

例如，小于 10 的正奇数所组成的集合可以表示为

$$A = \{1,3,5,7,9\} .$$

另一种方法是**描述法**，即把集合中元素所具有的共同属性描述出来，用

$$\{ x \mid x \text{ 的共同属性} \}$$

表示.

例如，小于 10 的正奇数所组成的集合也可表示为

$$A = \{ x \mid x \text{ 是小于 10 的正奇数} \} .$$

3. 有限集与无限集

若集合 A 由 n 个元素组成(n 是一个确定的自然数)，则称集合 A 为**有限集**. 不是有限集的集合称为**无限集**.

例如，集合 $A = \{1,3,5,7,9\}$、$\{a\}$、$\varnothing$ 都是有限集；集合 $\mathbf{N}_+$、$\mathbf{N}$、$\mathbf{Z}$、$\mathbf{R}$、$\mathbf{R}^+$ 都是无限集.

4. 子集和真子集

设 A、B 是两个集合，若集合 A 中的所有元素都是集合 B 中的元素，则称集合 A 是集合 B 的**子集**，记作 $A \subseteq B$.

若集合 A 是集合 B 的子集，且至少存在一个元素满足 $b \in B$ 且 $b \notin A$，则称集合 A 是集合 B 的**真子集**，记作 $A \subsetneqq B$.

例如，$\mathbf{N}_+ \subsetneqq \mathbf{N} \subsetneqq \mathbf{Z} \subsetneqq \mathbf{R}$.

5. 交集与并集

由集合 A 与集合 B 中的所有公共元素组成的集合称为集合 A 与集合 B 的**交集**，记作
$$A \cap B = \{ x \mid x \in A \text{ 且 } x \in B \}.$$

由集合 A 与集合 B 中的全部元素组成的集合称为集合 A 与集合 B 的**并集**，记作
$$A \cup B = \{ x \mid x \in A \text{ 或 } x \in B \}.$$

例如，$\mathbf{N}_+ \cap \{0\} = \varnothing$，$\mathbf{N}_+ \cap \mathbf{N} = \mathbf{N}_+$，$\mathbf{N} \cap \mathbf{Z} = \mathbf{N}$，$\mathbf{N}_+ \cup \{0\} = \mathbf{N}$，$\mathbf{N} \cup \mathbf{Z} = \mathbf{Z}$.

1.1.2 实数集

微积分中所研究的函数一般取值于实数集，因此需了解实数的一些性质以及实数集的常见表示法.

1. 实数的性质

实数是有理数和无理数的总称，它具有下面的性质.

(1) 实数对四则运算(即加、减、乘、除)是**封闭**的，即任意两个实数进行加、减、乘、除(除法要求除数不为零)运算后，其结果仍为实数.

(2) **有序性**，即任意两个实数 a,b 都可以比较大小，满足且只满足下列关系之一：
$$a < b，\quad a = b，\quad a > b.$$

(3) **稠密性**，即任意两个实数之间一定还有其他的实数存在.

(4) **连续性**，即实数可以与数轴上的点一一对应.

2. 实数的绝对值

对于任意一个实数 x，它的**绝对值**为
$$|x| = \begin{cases} x, & x \geqslant 0 \\ -x, & x < 0 \end{cases}.$$

绝对值 $|x|$ 的几何意义：实数 x 的绝对值 $|x|$ 等于数轴上的点 x 到原点的距离.

设 a,b 为任意实数，则有

(1) $|a| = \sqrt{a^2}$；

(2) $|a| \geqslant 0$，仅当 $a = 0$ 时，$|a| = 0$；

(3) $|-a| = |a|$；

(4) $-|a| \leqslant a \leqslant |a|$；

(5) $|a \cdot b| = |a| \cdot |b|$；　　　　(6) $\left|\dfrac{b}{a}\right| = \dfrac{|b|}{|a|} \ (a \neq 0)$；

(7) $|a+b| \leqslant |a|+|b|$；　　　　(8) $\big||a|-|b|\big| \leqslant |a-b|$.

3. 区间

微积分中常见的实数集合是**区间**，区间有以下 8 种 $(a<b)$：

(1) **开区间**：$(a,b) = \{x \,|\, a<x<b\}$ 表示满足不等式 $a<x<b$ 的全体实数 x 的集合.

(2) **闭区间**：$[a,b] = \{x \,|\, a \leqslant x \leqslant b\}$ 表示满足不等式 $a \leqslant x \leqslant b$ 的全体实数 x 的集合.

(3) **半开半闭区间**：$[a,b) = \{x \,|\, a \leqslant x < b\}$ 表示满足不等式 $a \leqslant x < b$ 的全体实数 x 的集合. 类似地，$(a,b] = \{x \,|\, a < x \leqslant b\}$ 表示满足不等式 $a < x \leqslant b$ 的全体实数 x 的集合.

(4) $(a,+\infty) = \{x \,|\, x>a\}$ 表示大于 a 的全体实数 x 的集合.

(5) $[a,+\infty) = \{x \,|\, x \geqslant a\}$ 表示大于或等于 a 的全体实数 x 的集合.

(6) $(-\infty,a) = \{x \,|\, x<a\}$ 表示小于 a 的全体实数 x 的集合.

(7) $(-\infty,a] = \{x \,|\, x \leqslant a\}$ 表示小于或等于 a 的全体实数 x 的集合.

(8) $(-\infty,+\infty) = \{x \,|\, -\infty < x < +\infty\}$ 表示全体实数，在几何上就表示整个数轴.

注意：　"$+\infty$"(读"**正无穷大**")、"$-\infty$"(读"**负无穷大**")是引用的符号，不能看作常数.

4. 邻域

下面引入微积分中常用的以开区间定义的某点的"邻域"概念.

以点 x_0 为对称中心，以 $2\delta \ (\delta>0)$ 为长度的开区间

$$(x_0-\delta, \ x_0+\delta) \ (见图 1.1\text{-}1)$$

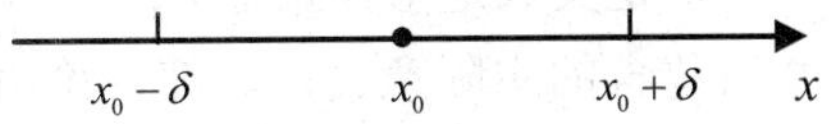

图 1.1-1

称为点 x_0 的 δ **邻域**(简称为**邻域**)，记作 $U(x_0,\delta)$ (简记作 $U(x_0)$)，即

$$U(x_0,\delta) = \{x \,|\, |x-x_0| < \delta\},$$

它表示与点 x_0 的距离小于 δ 的点 x 的全体.

在点 x_0 的 δ 邻域 $U(x_0,\delta)$ 中去掉点 x_0，所得集合

$$(x_0-\delta, \ x_0) \bigcup (x_0, \ x_0+\delta) \ (见图 1.1\text{-}2)$$

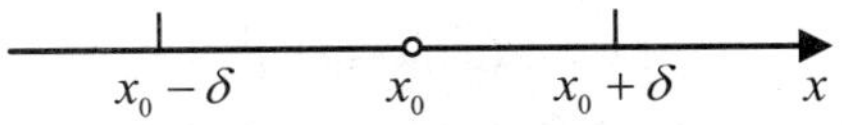

图 1.1-2

称为点 x_0 的**空心 δ 邻域**(简称为**空心邻域**)，记作 $U^{\circ}(x_0,\delta)$ (简记作 $U^{\circ}(x_0)$)，即

$$U^{\circ}(x_0,\delta) = \{x \,|\, 0 < |x-x_0| < \delta\}.$$

区间 $(x_0-\delta, \ x_0)$ (或 $(x_0-\delta, \ x_0]$)称为点 x_0 的**左邻域**，区间 $(x_0, \ x_0+\delta)$ (或 $[x_0, \ x_0+\delta)$)称为

点 x_0 的**右邻域**.

$-\infty$、$+\infty$、∞ 虽然不是数且在数轴上没有对应点，但是为了叙述方便，分别把它们看作负无穷远点、正无穷远点、无穷远点. 现给出它们的邻域定义.

分别称点集：

$$U(-\infty) = \{x \mid x < -M\};$$

$$U(+\infty) = \{x \mid x > M\};$$

$$U(\infty) = \{x \mid |x| > M\} = U(-\infty) \bigcup U(+\infty)$$

为 $-\infty$、$+\infty$、∞ 的邻域，其中 M 代表任意的正实数.

1.2 函 数

1.2.1 函数的概念

1. 函数的定义

定义 1.2-1 设 x 和 y 是两个变量，D 是一个给定的非空数集. 若对于任意的 $x \in D$，变量 y 按照一定的对应法则 f，总有唯一确定的数值与之对应，则称 y 是关于 x 的**函数**，记作

$$y = f(x).$$

其中 x 称为**自变量**，y 称为**因变量**. 数集 D 称为函数 $f(x)$ 的**定义域**，即 $D = D(f)$，简记作 D_f.

在实际问题中，函数定义域是根据问题的实际意义确定的.

例如，在圆面积公式 $S = \pi r^2$ 中，定义域是全体正实数.

在数学研究中，常抽去函数所蕴含的实际意义，单纯讨论用算式表达的函数关系. 这时，在实数范围内可以规定函数的**自然定义域**(即使算式有意义的一切实数组成的数集).

例如，函数 $S = \pi r^2$ 的自然定义域是 $(-\infty, +\infty)$；函数 $y = \sqrt{1 - x^2}$ 的自然定义域为 $[-1, 1]$ 等.

当 x 取数值 $x_0 \in D_f$ 时，与 x_0 对应的 y 的数值称为函数 $f(x)$ 在点 x_0 处的**函数值**，记作

$$f(x_0) \quad \text{或} \quad f(x)\big|_{x = x_0} \quad \text{或} \quad y\big|_{x = x_0}.$$

当 $f(x_0)$ 有意义时，称函数 $f(x)$ 在点 x_0 处**有定义**.

当 x 取遍 D_f 内各个数值时，对应的函数值的全体组成的数集

$$\{y \mid y = f(x), x \in D_f\}$$

称为函数 $f(x)$ 的**值域**，记作 $R(f)$，简记作 R_f.

通过对函数定义的分析发现，确定一个函数，起决定作用的是以下两个要素：

(1) 对应法则 f，即因变量 y 对自变量 x 的依存关系；

(2) 定义域 D_f，即自变量 x 的变化范围.

若两个函数的对应法则 "f" 和定义域 "D_f" 都相同，则这两个函数就是相同的(或

称相等的);否则就是不相同的. 至于自变量和因变量用什么字母表示则无关紧要. 因此只要定义域相同,$y = f(x)$ 与 $u = f(v)$ 就表示同一个函数.

例 1.2-1 判断下列各组函数是否相同?为什么?

(1) $f(x) = \dfrac{x}{x}, g(x) = 1$; 　　　　(2) $f(x) = x, g(x) = \sqrt{x^2}$;

(3) $f(x) = |x|, g(x) = \sqrt{x^2}$; 　　　　(4) $f(x) = \ln x^2, g(x) = 2\ln x$.

解 (1) $f(x) \neq g(x)$. 因为函数 $f(x)$ 的定义域 $(-\infty, 0) \bigcup (0, +\infty)$ 与函数 $g(x)$ 的定义域 $(-\infty, +\infty)$ 不同.

(2) $f(x) \neq g(x)$. 因为两个函数的对应法则不同.

例如,当 $x = -1$ 时,$f(-1) = -1$,$g(-1) = 1$.

(3) $f(x) = g(x)$. 因为函数 $f(x)$ 和 $g(x)$ 的对应法则相同且定义域均为 $(-\infty, +\infty)$.

(4) $f(x) \neq g(x)$. 因为函数 $f(x)$ 的定义域 $(-\infty, 0) \bigcup (0, +\infty)$ 与函数 $g(x)$ 的定义域 $(0, +\infty)$ 不同.

2. 函数的图像

因为几何图形往往起着重要的启示作用,所以借助于函数图像可以从几何图形形象直观的研究函数变化趋势,这对于理解微积分中的有关概念、方法、结论是十分重要的.

设函数 $y = f(x)$ 的定义域为 D_f. 取定一个 $x \in D_f$,得到一个函数值 $y = f(x)$. 这时,数组 (x, y) 在 xOy 面上唯一确定一个点. 当 x 取遍 D_f 内每个值时,则得到 xOy 面上的点集

$$G = \{(x, y) \mid y = f(x), x \in D_f\}.$$

点集 G 称为函数 $y = f(x)$ 的**图形**(也叫图像).

图形 G 在 x 轴上的垂直投影点集就是定义域 D_f,图形 G 在 y 轴上的垂直投影点集就是值域 R_f(见图 1.2-1).

一般地,函数图像是平面上的一条曲线,这条曲线具有一个特征:它与过 D_f 内的点的每一条平行于 y 轴的直线必相交而且只有一个交点. 由此可知,并不是所有平面曲线都对应一个函数.

例如,图 1.2-2 中的曲线并不能对应某一个函数. 因为平行于 y 轴的直线中有的与该曲线的交点不只一个,即对于某一个 x 有不只一个 y 与之对应,因而不符合函数的定义.

例 1.2-2 函数 $y = |x|$ 的定义域为 $(-\infty, +\infty)$ (见图 1.2-3).

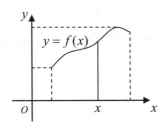

图 1.2-1

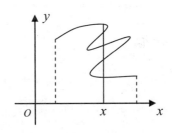

图 1.2-2

例 **1.2-3** 函数 $y = \dfrac{x^2-1}{x-1}$ 的定义域为 $(-\infty,1)\bigcup(1,+\infty)$（见图 1.2-4）.

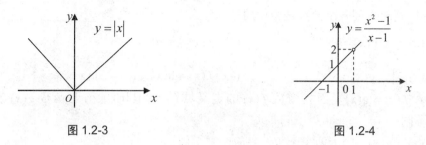

图 1.2-3　　　　　　　　　　　　　　　　图 1.2-4

1.2.2　函数的表示法

1. 解析法

对自变量和常数通过加、减、乘、除四则运算，作乘幂、取对数、取指数、取三角函数、取反三角函数等数学运算所得到的式子称为**解析表达式**. 用解析表达式表示一个函数的方法称为**解析法**. 本节的前述各例题都是用解析法表示的函数. 微积分中所讨论的函数大多是由解析法给出的，这是因为解析表达式便于进行各种数学运算和研究函数的性质.

一般地，给出一个函数具体表达式的同时应给出其定义域，否则即表示默认该函数定义域为其自然定义域.

但需要指出的是，用解析法表示函数，不一定总是用一个解析式表示，也可以用几个解析式表示一个函数. 为叙述方便，习惯上将用多个解析式表示的函数称为**分段函数**.

对于分段函数需注意以下几点：

(1) 相应于自变量不同的取值范围，函数用不同的解析式来表示；

(2) 分段函数的定义域是自变量不同取值范围的并集；

(3) 求分段函数的函数值时，应根据自变量所在取值范围，取该取值范围所对应的解析式求函数值.

例 **1.2-4** 函数 $f(x) = \begin{cases} \dfrac{1}{x}, & x>0 \\ x, & x \leqslant 0 \end{cases}$ 的定义域为 $(-\infty,+\infty)$ ，其图形如图 1.2-5 所示.

$$f(-1) = -1，\quad f(2) = \frac{1}{2}，\quad f(0) = 0.$$

例 **1.2-5** 函数 $f(x) = \begin{cases} x+1, & x \neq 1 \\ 0, & x=1 \end{cases}$ 的定义域为 $(-\infty,+\infty)$ ，其图形如图 1.2-6 所示.

$$f(3) = 4，\quad f(1) = 0，\quad f(-1) = 0.$$

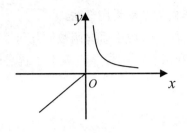

图 1.2-5

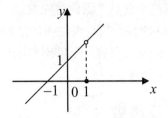

图 1.2-6

例 1.2-6 (取整函数) 设 x 为任一实数，记 x 的整数部分为 $[x]$，则有

$$x-1 \leqslant [x] \leqslant x ；[x] \leqslant x \leqslant [x]+1.$$

例如，$\left[\dfrac{1}{2}\right]=0$；$[\sqrt{3}]=1$；$[\pi]=3$；$[-3.8]=-4$.

以 x 作自变量，则函数

$$y=[x]$$

称为**取整函数**.它的定义域为 $(-\infty,+\infty)$，其图形(称为**阶梯曲线**)如图 1.2-7 所示.

在 x 取整数数值处，取整函数的图形发生跃度为 1 的跳跃.

2. 表格法

在实际应用中，常把自变量所取的值和它对应的函数值列成表，用以表示函数关系，函数的这种表示法称为**表格法**.各种数学用表都是用表格法表示函数关系.

表格法的优点是简单明了，便于应用.但也应看到，它所给出的变量间的对应关系有时是不全面的.

3. 图像法

例 1.2-7 某气象站用自动温度记录仪记下一昼夜气温变化图(见图 1.2-8).由图可以看到，一昼夜内每一时刻 t，都有唯一确定的温度 T 与之对应.因此，图中曲线在闭区间 $[0,24]$ 上确定了一个函数，也就是用图像表示函数.

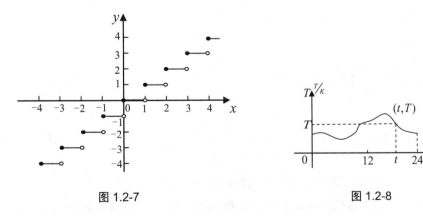

图 1.2-7

图 1.2-8

类似于例 1.2-7 这类问题，通常很难找到一个解析式准确地表示两个变量之间的对应关系，而只能用坐标系中某一条曲线(该曲线与任何一条平行于 y 轴的直线的交点不多于一

个)来表示两个变量之间的对应关系，这种表示函数的方法称为**图像法**.

图像法的特点是直观性强，函数的变化一目了然，且便于研究函数的几何性质；缺点是不便于作理论研究. 今后研究函数时，经常先利用它的图像从直观上了解它的变化情况，然后再做理论研究.

1.2.3　反函数

在函数 $y = f(x)$ 中，x 是自变量，y 是因变量. 然而在某一变化过程中，存在着函数关系的两个变量究竟哪一个是自变量，哪一个是因变量，并不是绝对的，要视问题的具体要求而定. 选定其中一个为自变量，则另一个就是因变量(或函数).

例如，已知圆半径 r 时，其面积 $S = \pi r^2$. 此时，S 是 r 的函数，r 是自变量. 若已知圆的面积 S，求它的半径 r. 就应把 S 作为自变量，而把 r 作为 S 的函数，并由 $S = \pi r^2$ 解出 r 关于 S 的关系式 $r = \sqrt{\dfrac{S}{\pi}}$ $(r > 0)$.

定义 1.2-2 设函数 $y = f(x)$ 的定义域为 D_f，值域为 R_f. 若对任意一个 $y \in R_f$，在 D_f 内只有唯一确定的 x 与 y 对应，该 x 满足 $f(x) = y$. 这时，将 y 看作自变量，x 看作因变量，就得到一个新的函数，称为函数 $y = f(x)$ 的**反函数**，记作

$$x = f^{-1}(y).$$

此时，称函数 $y = f(x)$ 为其反函数 $x = f^{-1}(y)$ 的**象原函数**.

由定义 1.2-2 知，若函数 $y = f(x)$ 有反函数 $x = f^{-1}(y)$，则对每一个 $x \in D_f$，必有唯一确定的 $y \in R_f$ 与之对应；同样，对任意一个 $y \in R_f$，必有唯一确定的 $x \in D_f$ 与之对应.

因此，函数 $y = f(x)$ 存在反函数 $x = f^{-1}(y)$ 的充分必要条件是：x 与 y 的取值是一一对应的，即对于任何的 x_1、$x_2 \in D_f$，当 $x_1 \neq x_2$ 时，必有 $f(x_1) \neq f(x_2)$.

习惯上，将函数 $y = f(x)$ 的反函数写为 $y = f^{-1}(x)$.

函数 $y = f(x)$ 的反函数 $y = f^{-1}(x)$ 的定义域记作 $D_{f^{-1}}$，值域记作 $R_{f^{-1}}$.

显然，$D_{f^{-1}} = R_f$，$R_{f^{-1}} = D_f$，即反函数的定义域等于象原函数的值域，反函数的值域等于象原函数的定义域. 因此，函数 $y = f(x)$ 与其反函数 $y = f^{-1}(x)$ 的图像关于直线 $y = x$ 对称.

1.2.4　具有某种特性的函数

1. 单调函数

定义 1.2-3 设函数 $y = f(x)$ 在区间 $I \subset D_f$ 内有定义.若对区间 I 内任意两点 x_1、x_2，当 $x_1 < x_2$ 时，总有

$$f(x_1) < f(x_2) \,(或\, f(x_1) \leqslant f(x_2)),$$

则称函数 $f(x)$ 是区间 I 内的**严格单调增加函数**(见图 1.2-9)(或单调增加函数)；

若对区间 I 内任意两点 x_1、x_2，当 $x_1 < x_2$ 时，总有

$$f(x_1) > f(x_2) \,(或\, f(x_1) \geqslant f(x_2)),$$

则称函数 $f(x)$ 是区间 I 内的**严格单调减少函数**(见图 1.2-10)(或**单调减少函数**).

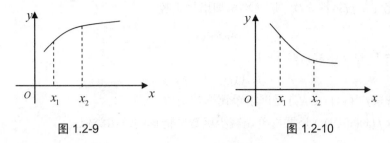

图 1.2-9   图 1.2-10

严格单调增加函数(或单调增加函数)和严格单调减少函数(或单调减少函数)统称为**严格单调函数(或单调函数)**.

例 1.2-8 考察函数 $f(x) = x^2$ 在区间 $(-\infty, +\infty)$ 内的单调性.

解 (1) 因为对 $[0, +\infty)$ 内的任意两点 x_1、x_2,当 $x_1 < x_2$ 时,恒有

$$f(x_1) = x_1^2 < x_2^2 = f(x_2),$$

所以函数 $f(x) = x^2$ 在区间 $[0, +\infty)$ 内是严格单调增加函数.

(2) 同理,函数 $f(x) = x^2$ 在区间 $(-\infty, 0]$ 内是严格单调减少函数.

所以,综合(1)、(2)知,函数 $f(x) = x^2$ 在区间 $(-\infty, +\infty)$ 内不是单调函数(见图 1.2-11).

例 1.2-9 证明函数 $f(x) = x^3$ 在区间 $(-\infty, +\infty)$ 内是严格单调增加函数.

证明 设 x_1、x_2 是区间 $(-\infty, +\infty)$ 内任意两点,且有 $x_1 < x_2$,即 $x_1 - x_2 < 0$.

因为 $x_1^3 - x_2^3 = (x_1 - x_2)(x_1^2 + x_1 x_2 + x_2^2) = (x_1 - x_2)\left[\left(x_1 + \dfrac{1}{2}x_2\right)^2 + \dfrac{3}{4}x_2^2\right] < 0,$

所以 $\qquad\qquad\qquad f(x_1) = x_1^3 < x_2^3 = f(x_2),$

故函数 $f(x) = x^3$ 在区间 $(-\infty, +\infty)$ 内是严格单调增加函数(见图 1.2-12).

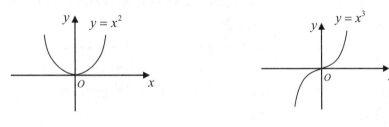

图 1.2-11   图 1.2-12

定理 1.2-1 若函数 $y = f(x) \, (x \in D_f)$ 是严格单调函数,则它一定存在反函数,并且其反函数 $x = f^{-1}(y) \, (y \in R_f)$ 也是严格单调函数.

证明[*] 只证函数 $y = f(x) \, (x \in D_f)$ 是严格单调增加函数的情形.

若函数 $y = f(x) \, (x \in D_f)$ 是严格单调增加函数,则当 $x_1 < x_2 \in D_f$ 时,总有

$$f(x_1) < f(x_2),$$

即 x 与 y 的取值是一一对应的.

因此,它存在反函数 $x = f^{-1}(y) \, (y \in R_f)$.

任取 $y_1 < y_2 \in R_f$.因为函数 $x = f^{-1}(y) \, (y \in R_f)$ 存在,所以存在 x_1、x_2,使

$$f(x_1) = y_1 < y_2 = f(x_2).$$

因为函数 $y = f(x)$ $(x \in D_f)$ 是严格单调增加函数，

所以 $$x_1 < x_2.$$

因为 $x_1 = f^{-1}(y_1)$，$x_2 = f^{-1}(y_2)$，

所以 $$f^{-1}(y_1) < f^{-1}(y_2),$$

故函数 $x = f^{-1}(y)$ $(y \in R_f)$ 是严格单调增加函数.

函数 $y = f(x)$ $(x \in D_f)$ 是严格单调减少函数的情形的证明类似.

2. 奇函数与偶函数

定义 1.2-4 设函数 $y = f(x)$ 的定义域 D_f 关于原点对称. 若对任意的 $x \in D_f$，总有

$$f(-x) = -f(x) \ (f(-x) = f(x)),$$

则称函数 $f(x)$ 为**奇函数(偶函数)**.

奇函数的图形关于原点对称，偶函数的图形关于 y 轴对称.

例 1.2-10 确定函数 $f(x) = \dfrac{\sin x}{x}$ 的奇偶性.

解 因为函数 $f(x) = \dfrac{\sin x}{x}$ 的定义域 $(-\infty, 0) \bigcup (0, +\infty)$ 关于原点对称，

且 $$f(-x) = \frac{\sin(-x)}{-x} = \frac{-\sin x}{-x} = \frac{\sin x}{x} = f(x),$$

所以函数 $f(x) = \dfrac{\sin x}{x}$ 为偶函数.

例 1.2-11[*] 设 $f(x)$ 是定义在 $(-l, l)(l > 0)$ (或 $[-l, l]$ 或 $(-\infty, +\infty)$)内的函数，证明:

(1) $f(x) + f(-x)$ 是偶函数;　　　　(2) $f(x) - f(-x)$ 是奇函数.

证明 (1) 令 $\varphi(x) = f(x) + f(-x)$，$D_\varphi$ 为 $(-l, l)(l > 0)$ (或 $[-l, l]$ 或 $(-\infty, +\infty)$).

对于任意的 $x \in D_\varphi$，必有 $-x \in D_\varphi$，且

$$\varphi(-x) = f(-x) + f(-(-x)) = f(-x) + f(x) = \varphi(x),$$

所以 $\varphi(x) = f(x) + f(-x)$ 为定义在 $(-l, l)(l > 0)$ (或 $[-l, l]$ 或 $(-\infty, +\infty)$)内的偶函数.

(2) 令 $\phi(x) = f(x) - f(-x)$，D_ϕ 为 $(-l, l)(l > 0)$ (或 $[-l, l]$ 或 $(-\infty, +\infty)$).

对于任意的 $x \in D_\phi$，必有 $-x \in D_\phi$，且

$$\phi(-x) = f(-x) - f(-(-x)) = f(-x) - f(x) = -\phi(x),$$

所以 $\phi(x) = f(x) - f(-x)$ 为定义在 $(-l, l)(l > 0)$ (或 $[-l, l]$ 或 $(-\infty, +\infty)$)内的奇函数.

3. 周期函数

定义 1.2-5 设函数 $y = f(x)$. 若存在不为零的实数 T，使对于任意的 $x \in D_f$，总有 $x \pm T \in D_f$，并且

$$f(x \pm T) = f(x),$$

则称函数 $f(x)$ 是**周期函数**，称 T 为函数 $f(x)$ 的**周期**.

由定义 1.2-5 可知，若 T 是函数 $y = f(x)$ 的周期，则 kT ($k \in \mathbf{Z}$ 且 $k \neq 0$) 也是函数

$y = f(x)$ 的周期. 因此，周期函数有无穷多个周期. 对于周期函数，若在其所有周期中，存在一个最小的正数，则称这个最小的正数为周期函数的**最小正周期**. 通常所说周期函数的周期都是指其最小正周期.

周期为 T 的周期函数 $y = f(x)$ 的图形沿 x 轴相隔一个长度为 T 的区间重复一次，如图 1.2-13 所示. 因此，对于周期函数的性态，只要在长度等于 T 的任意一个区间上研究即可.

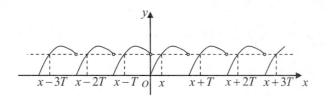

图 1.2-13

4. 有界函数

定义 1.2-6 设函数 $y = f(x)$ 在区间 $I \subset D_f$ 内有定义. 若存在一个正数 M，使对于任意的 $x \in I$，其对应的函数值 $f(x)$ 都满足不等式

$$|f(x)| \leqslant M，$$

则称函数 $f(x)$ 为区间 I 内的**有界函数**.

若这样的 M 不存在，则称函数 $f(x)$ 为区间 I 内的**无界函数**. 即若对任意给定的正数 M (无论它多么大)，总有 $x \in I$，使

$$|f(x)| > M，$$

则函数 $f(x)$ 在 I 内**无界**.

例 1.2-12 考察下列函数在区间 $(-\infty, +\infty)$ 内的有界性：

(1) $f(x) = \sin x$；　　　　(2*) $f(x) = x \sin x$.

解 (1) 因为对于任意的 $x \in (-\infty, +\infty)$，总有 $|\sin x| \leqslant 1$，

所以函数 $f(x) = \sin x$ 为区间 $(-\infty, +\infty)$ 内的有界函数.

(2*) 因为对于任意给定的正数 $M > 0$，若取 $x_0 = [M]\pi + \dfrac{\pi}{2}$，则有

$$|f(x_0)| = \left|\left([M]\pi + \frac{\pi}{2}\right)\sin\left([M]\pi + \frac{\pi}{2}\right)\right| = \left|\left([M]\pi + \frac{\pi}{2}\right)(-1)^{[M]}\right| = [M]\pi + \frac{\pi}{2} > M.$$

所以，函数 $f(x) = x \sin x$ 为区间 $(-\infty, +\infty)$ 内的无界函数.

1.2.5　基本初等函数

常数函数、幂函数、指数函数、对数函数、三角函数和反三角函数统称为**基本初等函数**.

基本初等函数不仅是微积分研究问题的主要依据，而且是处理大多数问题的基础. 因此，学习微积分一定要牢记和熟练地掌握基本初等函数的表达式、定义域、值域、性质、图像. 下面介绍基本初等函数.

1. 常数函数 $y = C$(C为实常数)

常数函数的定义域为 $(-\infty, +\infty)$，值域为 $\{C\}$，且是有界的偶函数.

2. 幂函数 $y = x^\alpha$ $(\alpha \in \mathbf{R})$

幂函数的定义域随 α 而异.

例如，当 $\alpha = 3$ 时，$y = x^3$ 的定义域为 $(-\infty, +\infty)$；

当 $\alpha = \dfrac{1}{2}$ 时，$y = x^{\frac{1}{2}} = \sqrt{x}$ 的定义域是 $[0, +\infty)$；

当 $\alpha = -\dfrac{1}{2}$ 时，$y = x^{-\frac{1}{2}} = \dfrac{1}{\sqrt{x}}$ 的定义域是 $(0, +\infty)$.

但不论 α 为何值，幂函数 $y = x^\alpha$ 在 $(0, +\infty)$ 内一定有定义，且其图形一定都经过点 $(1,1)$.

在幂函数 $y = x^\alpha$ 中，$\alpha = 1, 2, 3, \dfrac{1}{2}, \dfrac{1}{3}, -1$ 等是常见的幂函数，其图形如图 1.2-14 所示.

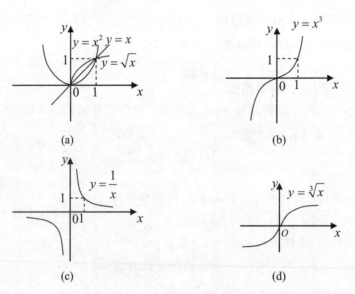

图 1.2-14

3. 指数函数 $y = a^x$ $(a > 0$ 且 $a \neq 1)$

指数函数的定义域为 $(-\infty, +\infty)$，值域为 $(0, +\infty)$，其图形都经过点 $(0,1)$. 当 $a > 1$ 时，指数函数为严格单调增加函数；当 $0 < a < 1$ 时，指数函数为严格单调减少函数(见图 1.2-15).

4. 对数函数 $y = \log_a x$ $(a > 0$ 且 $a \neq 1)$

对数函数的定义域为 $(0, +\infty)$，值域为 $(-\infty, +\infty)$，其图形都经过点 $(1,0)$. 当 $a > 1$ 时，对数函数为严格单调增加函数；当 $0 < a < 1$ 时，对数函数为严格单调减少函数(见图 1.2-16).

同底的对数函数与指数函数互为反函数.

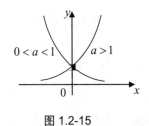

图 1.2-15

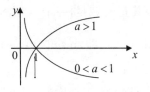

图 1.2-16

5. 三角函数

正弦函数、余弦函数、正切函数、余切函数、正割函数以及余割函数统称为**三角函数**.

正弦函数 $y = \sin x$ 与**余弦函数** $y = \cos x$ 的定义域均为 $(-\infty, +\infty)$，都是周期为 2π 的周期函数. 正弦函数 $y = \sin x$ 是奇函数，余弦函数 $y = \cos x$ 是偶函数. 因为它们的值域均为 $[-1, 1]$，所以它们都是有界函数，它们的图形都介于两条平行直线 $y = \pm 1$ 之间(见图 1.2-17).

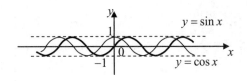

图 1.2-17

正切函数 $y = \tan x$ 和**正割函数** $y = \sec x = \dfrac{1}{\cos x}$ 的定义域均为 $\left\{ x \,\middle|\, x = k\pi + \dfrac{\pi}{2}\,(k \in \mathbf{Z}) \right\}$.

正切函数 $y = \tan x$ 是周期为 π 的周期函数，值域为 $(-\infty, +\infty)$，且为奇函数(见图 1.2-18). 正割函数 $y = \sec x$ 是周期为 2π 的周期函数，值域为 $(-\infty, -1] \cup [1, +\infty)$，且为偶函数. **余切函数** $y = \cot x$ 和**余割函数** $y = \csc x = \dfrac{1}{\sin x}$ 的定义域均为 $\{ x \,|\, x = k\pi\,(k \in \mathbf{Z}) \}$. 余切函数 $y = \cot x$ 是周期为 π 的周期函数，值域为 $(-\infty, +\infty)$，且为奇函数(见图 1.2-19). 余割函数 $y = \csc x$ 是周期为 2π 的周期函数，值域为 $(-\infty, -1] \cup [1, +\infty)$，且为奇函数.

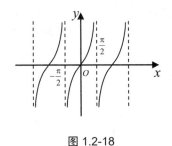

图 1.2-18

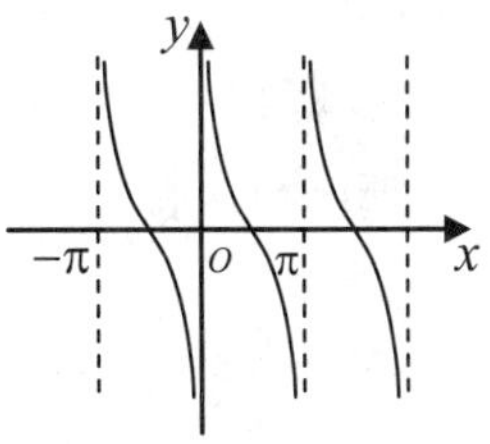

图 1.2-19

6. 反三角函数

1) 反正弦函数

函数 $y = \arcsin x$ 是正弦函数 $y = \sin x$ 在区间 $\left[-\dfrac{\pi}{2}, \dfrac{\pi}{2} \right]$ 上的反函数，称为**反正弦函数**

(见图 1.2-20). 其定义域是 $[-1,1]$，值域是 $\left[-\dfrac{\pi}{2},\dfrac{\pi}{2}\right]$. 反正弦函数在定义域上是严格单调增加函数，且为奇函数，即 $\arcsin(-x)=-\arcsin x$.

2) 反余弦函数

函数 $y=\arccos x$ 是余弦函数 $y=\cos x$ 在区间 $[0,\pi]$ 上的反函数，称为**反余弦函数**(见图 1.2-21). 其定义域是 $[-1,1]$，值域是 $[0,\pi]$. 反余弦函数在定义域上是严格单调减少函数，且为非奇非偶函数，有 $\arccos(-x)=\pi-\arccos x$.

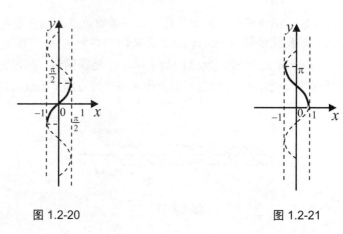

图 1.2-20   图 1.2-21

3) 反正切函数

函数 $y=\arctan x$ 是正切函数 $y=\tan x$ 在区间 $\left(-\dfrac{\pi}{2},\dfrac{\pi}{2}\right)$ 内的反函数，称为**反正切函数**(见图 1.2-22). 其定义域为 $(-\infty,+\infty)$，值域是 $\left(-\dfrac{\pi}{2},\dfrac{\pi}{2}\right)$. 反正切函数在定义域内是严格单调增加函数，且为奇函数，即

$$\arctan(-x)=-\arctan x.$$

4) 反余切函数

函数 $y=\operatorname{arccot} x$ 是余切函数 $y=\cot x$ 在区间 $(0,\pi)$ 内的反函数，称为**反余切函数**(见图 1.2-23). 其定义域为 $(-\infty,+\infty)$，值域是 $(0,\pi)$. 反余切函数在定义域内是严格单调减少函数，且为非奇非偶函数，有

$$\operatorname{arccot}(-x)=\pi-\operatorname{arccot} x.$$

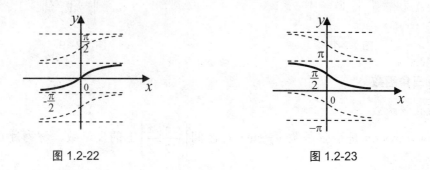

图 1.2-22   图 1.2-23

1.2.6　复合函数与初等函数

在同一现象中，两个变量的联系有时不是直接的，而是通过另一变量间接联系起来的.

例如，考察具有同样高度 h 的圆柱体的体积 V. 显然具有同样高度的不同圆柱体的体积取决于它的底面积 S 的大小，即由公式 $V = Sh$ (h 为常数)确定. 而底面积 S 由底面半径 r 确定，即 $S = \pi r^2$.

这里 V 是 S 的函数，S 是 r 的函数，V 与 r 之间通过 S 建立了函数关系

$$V = Sh = \pi r^2 h,$$

它是由函数 $V = Sh$ 与 $S = \pi r^2$ 复合而成的.

定义 1.2-7　设函数 $y = f(u)$ 定义域为 D_f，函数 $u = g(x)$ 值域为 R_g，若

$$R_g \bigcap D_f \neq \varnothing,$$

则称函数

$$y = f[g(x)]$$

为由函数 $y = f(u)$ 与 $u = g(x)$ 复合而成的**复合函数**. 其中 u 称为**中间变量**，$f(u)$ 称为**外函数**，$g(x)$ 称为**内函数**.复合函数 $f[g(x)]$ 的定义域、值域分别记作 $D_{f \circ g}$、$R_{f \circ g}$，即

$$D_{f \circ g} = \{x \,|\, x \in D_g, g(x) \in R_g \bigcap D_f\}；\quad R_{f \circ g} = \{y \,|\, y = f(u), u \in R_g \bigcap D_f\}.$$

例 1.2-13　考察下列各组函数是否可以复合成复合函数：

(1) $f(u) = \sqrt{u}$ 与 $u = 1 - x^2$；　　　(2) $f(u) = \sqrt{1 - u^2}$ 与 $u = x^2 + 2$.

解　(1) 函数 $f(u) = \sqrt{u}$ 的定义域 $D_f = [0, +\infty)$；函数 $u = 1 - x^2$ 的值域 $R_g = (-\infty, 1]$.

因为 $R_g \bigcap D_f = [0, 1] \neq \varnothing$，所以这两个函数能复合成复合函数，且复合函数为

$$y = \sqrt{1 - x^2}, \quad x \in [-1, 1].$$

(2) 函数 $f(u) = \sqrt{1 - u^2}$ 的定义域 $D_f = [-1, 1]$；函数 $u = x^2 + 2$ 的值域 $R_g = [2, +\infty)$.

因为 $R_g \bigcap D_f = \varnothing$，所以这两个函数不能复合成复合函数.

由基本初等函数经过有限次的四则运算和复合运算，并能用一个解析式表示的函数称为**初等函数**. 微积分学中讨论的函数绝大部分都是初等函数.

例如，函数 $y = \sin^2 x$，$y = \sqrt{1 - x^2}$，$y = \sqrt{\cot \dfrac{x}{2}}$ 等都是初等函数.

合理分解初等函数的复合结构在微积分中有着十分重要的意义. 至于分解是否合理，则是看分解后各层函数是否为基本初等函数或基本初等函数的四则运算.

例 1.2-14　指出下列各函数的复合结构：

(1) $y = \sin^2 x$；　　　　　　(2) $y = (1 + x^2)^{\frac{3}{2}}$；

(3) $y = 5^{(2x-1)^3}$；　　　　　(4) $y = \ln \tan 3x$.

解　(1) 函数 $y = \sin^2 x$ 是由基本初等函数 $y = u^2$，$u = \sin x$ 复合而成.

(2) 函数 $y = (1 + x^2)^{\frac{3}{2}}$ 是由基本初等函数 $y = u^{\frac{3}{2}}$ 和函数 $u = 1 + x^2$ 复合而成.

(3) 函数 $y = 5^{(2x-1)^3}$ 是由基本初等函数 $y = 5^u$，$u = v^3$ 和函数 $v = 2x - 1$ 复合而成.

(4) 函数 $y = \ln \tan 3x$ 是由基本初等函数 $y = \ln u$，$u = \tan v$ 和函数 $v = 3x$ 复合而成.

第 2 章　极限与连续

极限是微积分学中最基本的概念之一，用以描述变量在一定的变化过程中的终极状态. 借助这一方法，就会认识到稳定不变的事物是过程、运动的结果，这即是极限思想. 在第 1 章中，已讨论了变量与变量之间的函数关系，而函数的变化趋势是与自变量的变化方式有关的. 在本章中，将进一步研究在函数的自变量按某种方式变化的过程中，相应地因变量随之而变的变化趋势，从而引出极限概念.

2.1　两类典型问题

2.1.1　变化率问题

1. 平面曲线的切线

在中学数学中，**圆的切线**被定义为"与圆只有一个交点的直线". 但对一般曲线，不能用"与曲线只有一个交点的直线"作为曲线的切线的定义.

例如，在图 2.1-1 中，可明显看到，直线 $y=1$ 与曲线 $y=\sin x$ 相切，但它们的交点不唯一；而直线 $y=x-\pi$ 与曲线 $y=\sin x$ 只有一个交点，但它们在此交点处并不相切.

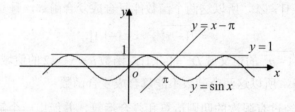

图 2.1-1

因此，必须对一般曲线 $y=f(x)$ 在一点处的切线给出一个普遍适用的定义，并指明如何求曲线的切线.

在曲线 $y=f(x)$ 上固定点 $P_0(x_0, f(x_0))$，在该曲线上取与点 P_0 邻近的点 $P(x, f(x))$.连接点 P_0 与 P 作该曲线的**割线**，这条割线的**倾角**是 θ，其斜率为

$$\tan\theta = \frac{|QP|}{|P_0Q|} = \frac{f(x)-f(x_0)}{x-x_0}. \tag{2.1-1}$$

其中点 Q 是过点 P_0 所作的平行于 x 轴的直线与过点 P 所作的平行于 y 轴的直线的交点(见图 2.1-2). 当点 P 沿曲线 $y=f(x)$ 移动且**无限趋近**于点 P_0 时，割线 P_0P 不断地绕点 P_0 转动而无限趋向于直线 P_0T；且割线 P_0P 的倾角 θ(斜率 $\tan\theta$)无限趋向于直线 P_0T 的倾角 θ_0(斜率 $\tan\theta_0$). 因此，将经过点 P_0 且以 $\tan\theta_0$ 为斜率的直线称为曲线 $y=f(x)$ 在点 P_0 处的**切线**. 求

$\tan\theta_0$ 就是求当点 x 无限趋近于点 x_0 时，比值 $\dfrac{f(x)-f(x_0)}{x-x_0}$ 所无限趋近的数，即其变化的终

极目标.

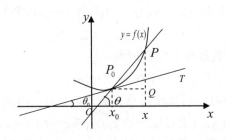

图 2.1-2

2. 变速直线运动的速度

质点作匀速直线运动时，质点经过的路程与所用的时间成正比，且该比值为质点运动的**速度**. 但在实际问题中，往往是在运动的不同时间间隔内，

$$比值 = \frac{质点经过的路程}{质点所用的时间} \tag{2.1-2}$$

会有不同的值，这时称质点的运动是变速的(或非匀速的). 对于变速直线运动的质点在某一时刻 t_0 的速度(**瞬时速度**)应如何理解，又怎样计算呢？就是下面要探讨的问题.

作变速直线运动的质点，在时刻 t 时在直线上的位置 s 是 t 的函数，记作 $s = s(t)$.

取时刻 t_0 到时刻 t (设 $t > t_0$)为一时间间隔. 在时间间隔 $[t_0, t]$ 内，质点从位置 $s_0 = s(t_0)$ 运动到位置 $s = s(t)$. 当时间间隔 $[t_0, t]$ 很小时，可将质点在时间间隔 $[t_0, t]$ 内的变速直线运动近似看成是匀速直线运动.

这时，可用由式(2.1-2)求得的质点在时间间隔 $[t_0, t]$ 内的平均速度

$$\overline{v} = \frac{s(t)-s(t_0)}{t-t_0} \tag{2.1-3}$$

近似代替质点在 t_0 时刻的速度 $v(t_0)$. 而且可以看出，时间间隔取得越小，比值式(2.1-3)表示质点在 t_0 时刻的速度 $v(t_0)$ 的精确度就越高.

因此，当 t 无限趋近于 t_0 时，比值式(2.1-3)无限趋近于质点在 t_0 时刻的速度 $v(t_0)$.

求 $v(t_0)$ 就是求当 t 无限趋近于 t_0 时，比值 $\dfrac{s(t)-s(t_0)}{t-t_0}$ 所无限趋近的数，即其运动的终

极目标.

2.1.2 求积问题

1. 变速直线运动的路程

当质点作变速直线运动时，其速度 $v(t)$ 是随时间 t 连续变化的. 因速度 $v(t)$ 不是常数，故不能用速度乘时间计算质点从时刻 $t = a$ 到 $t = b$ 这一时间间隔内所经过的路程. 由变速直线运动的速度问题的求解得到启示，可以通过局部的"以匀速代替变速"求变速直线运动

的路程.

在时间间隔 $[a,b]$ 内任意插入 $n-1$ 个分点 $t_1, t_2, \cdots, t_{n-1}$，满足

$$a = t_0 < t_1 < t_2 < \cdots < t_{n-1} < t_n = b，$$

从而将闭区间 $[a,b]$ 分成 n 个小时间间隔 $[t_{i-1}, t_i]$ $(i=1,2,\cdots,n)$，记小时间间隔的长度为

$$\Delta t_i = t_i - t_{i-1} \ (i=1,2,\cdots,n).$$

质点在时间间隔 $[t_{i-1}, t_i]$ 内经过的路程记为

$$\Delta s_i \ (i=1,2,\cdots,n).$$

当时间间隔 $[t_{i-1}, t_i]$ 很小时，可以将质点在时间间隔 $[t_{i-1}, t_i]$ 内的变速直线运动近似看成是匀速直线运动. 在小区间 $[t_{i-1}, t_i]$ 上任取一点 ξ_i $(t_{i-1} \leqslant \xi_i \leqslant t_i)$，以 $v(\xi_i)$ 近似代替质点在时间间隔 $[t_{i-1}, t_i]$ 内各个时刻的速度，则在时间间隔 $[t_{i-1}, t_i]$ 内质点经过的路程 Δs_i 的近似值为

$$\Delta s_i \approx v(\xi_i) \Delta t_i.$$

将 n 个时间间隔内质点经过路程的近似值相加，即得质点在时间间隔 $[a,b]$ 内所经过路程 s 的近似值，即

$$s = \sum_{i=1}^{n} \Delta s_i \approx \sum_{i=1}^{n} v(\xi_i) \Delta x_i. \tag{2.1-4}$$

可以看出，小时间间隔 $[t_{i-1}, t_i]$ 的长度 $\Delta t_i = t_i - t_{i-1}$ $(i=1,2,\cdots,n)$ 取得越小，小时间间隔的个数就越多，时间间隔 $[a,b]$ 分得就越细，式(2.1-4)近似代替所求路程的近似程度就越高.

因此，当各个小时间间隔长度的最大值 $\lambda = \max\limits_{1 \leqslant i \leqslant n}\{\Delta t_i\}$ 无限趋近于零时，式(2.1-4)无限趋近于所求路程.

求解路程问题，就是求当 λ 无限趋近于零时，式(2.1-4)所无限趋近的数，即其变化的终极目标.

2. 曲边梯形的面积

在平面几何中，经常会遇到计算曲边梯形面积的问题.

在平面直角坐标系中，由连续曲线 $y=f(x)(f(x) \geqslant 0)$、x 轴与直线 $x=a$、$x=b$ 所围成的封闭图形就是一个**曲边梯形**(见图 2.1-3).

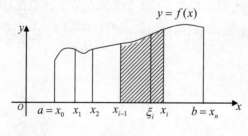

图 2.1-3

下面讨论如何求曲边梯形的面积.

如能设法将计算曲边梯形面积问题转化成计算直边图形面积问题来研究，问题会变得简单. 但是曲边终究是曲边，不可能把曲边变直. 由变速直线运动的路程问题的求解得到

启示，可以通过局部的"以直代曲"求曲边梯形的面积.

在开区间 (a,b) 内任意插入 $n-1$ 个分点 $x_1,x_2,x_3,\cdots,x_{n-1}$，满足

$$a = x_0 < x_1 < x_2 < \cdots < x_{i-1} < x_i < \cdots < x_{n-1} < x_n = b\ (i=1,2,\cdots,n),$$

从而将闭区间 $[a,b]$ 分成 n 个小闭区间 $[x_0,x_1],[x_1,x_2],\cdots,[x_{i-1},x_i],\cdots,[x_{n-1},x_n]$，记小闭区间的长度为

$$\Delta x_i = x_i - x_{i-1}\ (i=1,2,\cdots,n).$$

再过各分点作垂直于 x 轴的直线 $x = x_i\ (i=1,2,\cdots,n-1)$，则原曲边梯形被分成 n 个以小闭区间 $[x_{i-1},x_i]\ (i=1,2,\cdots,n)$ 为底边的小曲边梯形，记小曲边梯形的面积为

$$\Delta S_i\ (i=1,2,\cdots,n).$$

在小闭区间 $[x_{i-1},x_i]\ (i=1,2,\cdots,n)$ 上任取一点 $\xi_i\ (x_{i-1} \leqslant \xi_i \leqslant x_i)$. 当小闭区间 $[x_{i-1},x_i]$ 的长度 Δx_i 很小时，因曲线 $y=f(x)$ 是连续变化的，故函数 $f(x)$ 在小闭区间 $[x_{i-1},x_i]$ 上的值的变化也很小. 因而可以用 $f(\xi_i)$ 近似代替函数 $f(x)$ 在小闭区间 $[x_{i-1},x_i]$ 上的值，进而可以用以 $f(\xi_i)$ 为高，以 Δx_i 为宽的小矩形的面积近似代替以小闭区间 $[x_{i-1},x_i]$ 为底的小曲边梯形的面积，从而小曲边梯面积 ΔS_i 的近似值为

$$\Delta S_i \approx f(\xi_i)\Delta x_i\ (i=1,2,\cdots,n).$$

将 n 个小曲边梯形面积的近似值相加，即得所求曲边梯形面积 S 的近似值，即

$$S = \sum_{i=1}^{n} \Delta S_i \approx \sum_{i=1}^{n} f(\xi_i)\Delta x_i. \tag{2.1-5}$$

可以看出，小区间 $[x_{i-1},x_i]$ 的长度 $\Delta x_i\ (i=1,2,\cdots,n)$ 取得越小，小曲边梯形的个数就越多，闭区间 $[a,b]$ 分得就越细，式(2.1-5)近似代替所求曲边梯形面积的近似程度就越高.

因此，无论采用何种具体的分割方式，只要能满足使各个小闭区间长度的最大值

$$\lambda = \max_{1 \leqslant i \leqslant n}\{\Delta x_i\}$$

无限趋近于零，也就可以保证每个小闭区间的长度都无限趋近于零，此时式(2.1-5)则终将无限趋近于所求曲边梯形的面积.

求解曲边梯形的面积，也就是求当 λ 无限趋近于零时，式(2.1-5)所无限趋近的数，即其变化的终极目标.

本节介绍的两类典型问题，涉及了微积分学中两大类问题：微分学和积分学，而这两类问题的解决都涉及"无限趋近"的问题，亦即极限理论的问题. 极限论不仅是解决这些问题的工具，而且是微积分学的基石.

2.2　函数在有限点处的极限与连续

2.2.1　当 $x \to x_0$ 时，函数 $f(x)$ 的极限及无穷大

自变量 x 无限接近于一个定点 x_0，记作 $x \to x_0$，读作" x 趋于 x_0 ".

经过观察研究发现，当 $x \to x_0$ 时，相应的函数 $f(x)$ 主要有以下三种变化趋势.

1. 函数 $f(x)$ 无限接近于一个确定的常数.

例 2.2-1 当 $x \to 0$ 时, 函数 $\cos x$ 的值无限接近于 1 (见图 1.2-17).

例 2.2-2 当 $x \to 1$ 时, 函数 $\dfrac{x^2-1}{x-1}$ 的值无限接近于 2 (见图 1.2-4).

2. 函数 $f(x)$ 的绝对值无限增大.

例 2.2-3 当 $x \to 0$ 时, 函数 $\dfrac{1}{x}$ 的绝对值无限增大 (见图 1.2-14(c)).

3. 函数 $f(x)$ 不无限接近于一个确定的常数, 且函数 $f(x)$ 的绝对值也不无限增大.

例 2.2-4 由图 2.2-1 可以看出, 当 $x \to 0$ 时, 函数 $\sin\dfrac{1}{x}$ 的值在 -1 和 1 之间振荡, 且当 x 越接近于 0 时, 振荡越频繁, 不可能接近于任何定值.

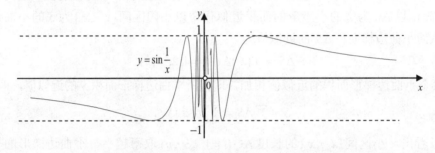

图 2.2-1

函数 $f(x)$ 的第一种变化趋势称为函数 $f(x)$ 的极限存在; 函数 $f(x)$ 的第二种和第三种情况都称为函数 $f(x)$ 的极限不存在. 其中, 函数 $f(x)$ 的第二种变化趋势称为函数 $f(x)$ 为**无穷大量**.

定义 2.2-1 设函数 $y = f(x)$ 在点 x_0 的某个空心邻域 $U^{\circ}(x_0)$ 内有定义. 若当 $x \to x_0$ 时, 相应的函数值 $f(x)$ 无限地接近于某一个确定的常数 A, 则称常数 A 为函数 $f(x)$ 当 $x \to x_0$ 时的**极限**, 或称当 $x \to x_0$ 时, 函数 $f(x)$ 的极限为 A, 记作

$$\lim_{x \to x_0} f(x) = A \quad \text{或} \quad f(x) \to A (x \to x_0).$$

若当 $x \to x_0$ 时, 函数 $f(x)$ 的极限不存在, 则习惯说 $\lim\limits_{x \to x_0} f(x)$ 不存在.

由例 2.2-1、例 2.2-2 和定义 2.2-1 知,

$$\lim_{x \to 0} \cos x = 1; \quad \lim_{x \to 1} \frac{x^2-1}{x-1} = 2.$$

由例 2.2-4 知, 极限 $\lim\limits_{x \to 0} \sin\dfrac{1}{x}$ 不存在.

无穷大量虽然是函数极限不存在的一种情况, 但有明确的变化趋势. 为表示函数这一变化趋势, 也称"函数的极限是无穷大", 并借用极限符号表示.

定义 2.2-2 设函数 $y = f(x)$ 在点 x_0 的某个空心邻域 $U^{\circ}(x_0)$ 内有定义. 若当 $x \to x_0$ 时, 相应的函数值 $f(x)$ 的绝对值 $|f(x)|$ 无限增大, 则称函数 $f(x)$ 为 $x \to x_0$ 时的**无穷大量**(简称

无穷大)，或称当 $x \to x_0$ 时，函数 $f(x)$ 为无穷大量，记作

$$\lim_{x \to x_0} f(x) = \infty \quad \text{或} \quad f(x) \to \infty(x \to x_0).$$

特别地，若当 $x \to x_0$ 时，函数 $f(x)$ 只取正值无限增大或只取负值无限减小，则称函数 $f(x)$ 为 $x \to x_0$ 时的正无穷大或负无穷大，记作

$$\lim_{x \to x_0} f(x) = +\infty \quad \text{或} \quad \lim_{x \to x_0} f(x) = -\infty.$$

无穷大是指绝对值可以无限增大的函数，它的绝对值可以大于任何预先给定的正数(不论该正数多么大)，切不可与绝对值很大的常数混为一谈.

由例 2.2-3 与定义 2.2-2 知，

$$\lim_{x \to 0} \frac{1}{x} = \infty; \quad \lim_{x \to 0} \frac{1}{|x|} = +\infty; \quad \lim_{x \to 0} \frac{-1}{|x|} = -\infty.$$

2.2.2 一个重要结论

在定义 2.2-1 中要求函数 $f(x)$ 在点 x_0 的某个空心邻域 $U^\circ(x_0)$ 内有定义，这意味着 $x \neq x_0$，表明函数 $f(x)$ 在点 x_0 处的极限值 $\lim_{x \to x_0} f(x)$ 是在 $x \neq x_0$ 的条件下求得的，它与函数 $f(x)$ 在点 x_0 处是否有定义以及有什么样的定义值都毫无关系.

在定义 2.2-1 中，可看到函数 $f(x)$ 在点 x_0 处的极限值是由函数 $f(x)$ 在点 x_0 附近(左、右两侧)的函数值决定的. 因此函数 $f(x)$ 在点 x_0 处的极限，反映的是函数 $f(x)$ 在点 x_0 附近(不包括点 x_0)的局部性质.

综合以上两点，可得到一个计算函数在有限点处极限的重要结论：若两个函数在点 x_0 的某个空心邻域 $U^\circ(x_0)$ 内相同，且其中有一个在点 x_0 处有极限，则它们在点 x_0 处有相同的极限值.

该结论表明：求一个函数(如分式函数)在点 x_0 处的极限，可转换成(如分子、分母间消去趋于零的公因式)求另一函数在点 x_0 处的极限，充分条件是这两个函数在点 x_0 的某个空心邻域 $U^\circ(x_0)$ 内是相同的.

例 2.2-5 求函数极限 $\lim\limits_{x \to -2} \dfrac{x^2 + 2x}{3x^2 + x - 10}$ 的值.

解 $\lim\limits_{x \to -2} \dfrac{x^2 + 2x}{3x^2 + x - 10} = \lim\limits_{x \to -2} \dfrac{x(x+2)}{(3x-5)(x+2)} = \lim\limits_{x \to -2} \dfrac{x}{3x-5} = \dfrac{2}{11}.$

例 2.2-6 求函数极限 $\lim\limits_{x \to 2} \dfrac{\sqrt{x+7}-3}{x-2}$ 的值.

解 $\lim\limits_{x \to 2} \dfrac{\sqrt{x+7}-3}{x-2} = \lim\limits_{x \to 2} \dfrac{(\sqrt{x+7}-3)(\sqrt{x+7}+3)}{(x-2)(\sqrt{x+7}+3)}$

$\qquad = \lim\limits_{x \to 2} \dfrac{x+7-9}{(x-2)(\sqrt{x+7}+3)} = \lim\limits_{x \to 2} \dfrac{1}{\sqrt{x+7}+3} = \dfrac{1}{6}.$

例 **2.2-7** 求函数极限 $\lim\limits_{x \to \frac{\pi}{3}} \dfrac{8\cos^2 x - 2\cos x - 1}{2\cos^2 x + \cos x - 1}$ 的值.

解 $\lim\limits_{x \to \frac{\pi}{3}} \dfrac{8\cos^2 x - 2\cos x - 1}{2\cos^2 x + \cos x - 1} = \lim\limits_{x \to \frac{\pi}{3}} \dfrac{(4\cos x + 1)(2\cos x - 1)}{(\cos x + 1)(2\cos x - 1)}$

$$= \lim\limits_{x \to \frac{\pi}{3}} \dfrac{4\cos x + 1}{\cos x + 1} = 2.$$

2.2.3 单侧极限

前面给出了当 $x \to x_0$ 时函数 $f(x)$ 的极限的定义,在那里 x 是从点 x_0 的左、右两侧趋近于点 x_0 的. 在有些问题中,往往只需考虑或只能考虑 x 从点 x_0 的某一侧趋于点 x_0 时函数 $f(x)$ 的变化趋势,此时函数在该点处的极限只能单侧地研究. 因此,为了深入研究函数在一点处的极限问题,有必要引入**单侧极限**的概念.

当 x 从点 x_0 的左(右)侧趋于点 x_0 时,记作 $x \to x_0^-(x_0^+)$,读作"x 趋于 x_0 减(加)".

将定义 2.2-1 中的"$x \to x_0$"改为"$x \to x_0^-(x_0^+)$",且将"点 x_0 的某个空心邻域 $\overset{\circ}{U}(x_0)$"改为"点 x_0 的某个左(右)邻域 $(x_0 - \delta, x_0)(x_0, x_0 + \delta)$",即可得到函数 $f(x)$ 在点 x_0 处的**左(右)极限**的定义.

函数在点 x_0 处的左(右)极限记作

$$\lim\limits_{x \to x_0^-} f(x) \ (\lim\limits_{x \to x_0^+} f(x)) \ \text{或} \ f(x_0 - 0)(f(x_0 + 0)) \ \text{或} \ f(x_0^-)(f(x_0^+)).$$

若当 $x \to x_0^-(x_0^+)$ 时,函数 $f(x)$ 的极限不存在,则习惯说 $\lim\limits_{x \to x_0^-} f(x)(\lim\limits_{x \to x_0^+} f(x))$ 不存在.

当 $x \to x_0^-(x_0^+)$ 时,函数 $f(x)$ 为无穷大(正无穷大、负无穷大)的定义可类似给出.

由函数 $f(x)$ 在点 x_0 处的极限定义和 $f(x)$ 在点 x_0 处的左、右极限定义,得函数极限与其左、右极限的关系如下.

定理 2.2-1 $\lim\limits_{x \to x_0} f(x) = A$ 的充分必要条件是

$$\lim\limits_{x \to x_0^-} f(x) = \lim\limits_{x \to x_0^+} f(x) = A.$$

因此,当 $\lim\limits_{x \to x_0^-} f(x)$ 与 $\lim\limits_{x \to x_0^+} f(x)$ 都存在但不相等,或 $\lim\limits_{x \to x_0^-} f(x)$ 与 $\lim\limits_{x \to x_0^+} f(x)$ 中至少有一个不存在时,就可断定 $\lim\limits_{x \to x_0} f(x)$ 不存在.

例 **2.2-8** 确定函数 $f(x) = \begin{cases} x^2 + 1, & x \geqslant 2 \\ 2x + 1, & x < 2 \end{cases}$ 当 $x \to 2$ 时的极限.

解 因为 $\lim\limits_{x \to 2^-} f(x) = \lim\limits_{x \to 2^-}(2x + 1) = 5$;

$\lim\limits_{x \to 2^+} f(x) = \lim\limits_{x \to 2^+}(x^2 + 1) = 5$.

所以 $\quad \lim\limits_{x \to 2^-} f(x) = \lim\limits_{x \to 2^+} f(x) = 5$,

因此 $\quad \lim\limits_{x \to 2} f(x) = 5$(见图 2.2-2).

例 2.2-9 确定函数 $f(x) = \begin{cases} -1-x, & -1 \leqslant x < 0 \\ 0, & x=0 \\ 1-x, & 0 < x \leqslant 1 \end{cases}$ 当 $x \to 0$ 时的极限.

解 因为 $\lim\limits_{x \to 0^-} f(x) = \lim\limits_{x \to 0^-}(-1-x) = -1$;

$\lim\limits_{x \to 0^+} f(x) = \lim\limits_{x \to 0^+}(1-x) = 1$.

所以　　$\lim\limits_{x \to 0^-} f(x) \neq \lim\limits_{x \to 0^+} f(x)$,

因此 $\lim\limits_{x \to 0} f(x)$ 不存在(见图 2.2-3).

例 2.2-10 由图 1.2-16 可以看出,

$$\lim\limits_{x \to 0^+} \log_a x = +\infty (0 < a < 1) ; \quad \lim\limits_{x \to 0^+} \log_a x = -\infty (a > 1) .$$

例 2.2-11 由图 1.2-18 与图 1.2-19 可以看出,

$$\lim\limits_{x \to \frac{\pi}{2}^-} \tan x = +\infty ; \quad \lim\limits_{x \to \frac{\pi}{2}^-} \tan x = -\infty ; \quad \lim\limits_{x \to 0^-} \cot x = -\infty ; \quad \lim\limits_{x \to 0^+} \cot x = +\infty .$$

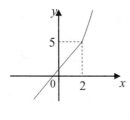

图 2.2-2

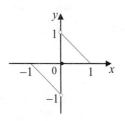

图 2.2-3

2.2.4　函数的连续性

前面指出,函数 $f(x)$ 在点 x_0 处的极限值 $\lim\limits_{x \to x_0} f(x)$ 与函数 $f(x)$ 在点 x_0 处的函数值 $f(x_0)$ 是两个不同的概念,二者之间没有必然的联系,不能混为一谈. 但从前面研究的例子中可以看出,只有当 $\lim\limits_{x \to x_0} f(x) = f(x_0)$ 时,函数 $f(x)$ 在点 x_0 处的图像才是连在一起的(见例 2.2-1 与例 2.2-8),而其他情形函数 $f(x)$ 在点 x_0 处的图像都是断开的. 由此,可以得出函数 $f(x)$ 在点 x_0 处连续的定义.

定义 2.2-3 设函数 $y = f(x)$ 在点 x_0 的某个邻域 $U(x_0)$ 内有定义,若

$$\lim\limits_{x \to x_0} f(x) = f(x_0) (\text{即 } f(x_0^-) = f(x_0^+) = f(x_0)),$$

则称函数 $f(x)$ 在点 x_0 处**连续**.

定义 2.2-3 称为**函数连续性的极限式定义**,它将极限值与函数值联系了起来.

例 2.2-12 确定函数 $f(x) = \cos x$ 在点 $x = 0$ 处的连续性.

解 因为 $f(0) = 1$, $\lim\limits_{x \to 0} f(x) = \lim\limits_{x \to 0} \cos x = 1$ (见例 2.2-1),

所以　　$\lim\limits_{x \to 0} f(x) = f(0)$,

从而函数 $f(x)$ 在点 $x = 0$ 处连续(见图 1.2-17).

例 2.2-13 确定函数 $f(x)=|x|$ 在点 $x=0$ 处的连续性.

解 因为 $f(0)=0$，$\lim\limits_{x \to 0} f(x)=\lim\limits_{x \to 0}|x|=0$，

所以 $\qquad \lim\limits_{x \to 0} f(x)=f(0)$，

从而函数 $f(x)$ 在点 $x=0$ 处连续(见图 1.2-3).

例 2.2-14 确定函数 $f(x)=\begin{cases} x^2+1, & x \geqslant 2 \\ 2x+1, & x<2 \end{cases}$ 在点 $x=0$ 处的连续性.

解 因为 $f(2)=5$，$\lim\limits_{x \to 2} f(x)=5$(见例 2.2-8)，

所以 $\qquad f(2)=\lim\limits_{x \to 2} f(x)$，

从而函数 $f(x)$ 在点 $x=2$ 处连续(见图 2.2-2).

若 $\lim\limits_{x \to x_0^-} f(x)=f(x_0)$，则称函数 $f(x)$ 在点 $x=x_0$ 处**左连续**.

若 $\lim\limits_{x \to x_0^+} f(x)=f(x_0)$，则称函数 $f(x)$ 在点 $x=x_0$ 处**右连续**.

因 $\lim\limits_{x \to x_0} f(x)$ 存在的充要条件是 $\lim\limits_{x \to x_0^-} f(x)=\lim\limits_{x \to x_0^+} f(x)$，所以综上所述可知，函数 $f(x)$ 在点 x_0 处连续的充要条件是函数 $f(x)$ 在点 x_0 处既左连续又右连续.

例 2.2-15 若函数 $f(x)=\begin{cases} \mathrm{e}^x, & x \leqslant 0 \\ a+x, & x>0 \end{cases}$ 在点 $x=0$ 处连续，求常数 a 的值.

解 $f(0)=1$，$\lim\limits_{x \to 0^+} f(x)=\lim\limits_{x \to 0^+}(x+a)=a$.

因为函数 $f(x)$ 在点 $x=0$ 处连续，所以函数 $f(x)$ 在点 $x=0$ 处右连续，从而

$$a=\lim\limits_{x \to 0^+} f(x)=f(0)=1.$$

2.2.5 间断点

定义 2.2-4 设函数 $y=f(x)$ 在点 x_0 的某个空心邻域 $U^{\circ}(x_0)$ 内有定义. 若 $\lim\limits_{x \to x_0} f(x)=f(x_0)$ 不成立，则称函数 $f(x)$ 在点 x_0 处**间断**或**不连续**，并称点 x_0 为函数 $f(x)$ 的**间断点**或**不连续点**.

例 2.2-16 确定函数 $f(x)=\dfrac{x^2-1}{x-1}$ 在点 $x=1$ 处的连续性.

解 因为 $f(1)$ 不存在，所以点 $x=1$ 为函数 $f(x)$ 的间断点(见图 1.2-4).

例 2.2-17 确定函数 $f(x)=\begin{cases} x+1, & x \neq 1 \\ 0, & x=1 \end{cases}$ 在点 $x=1$ 处的连续性.

解 因为 $f(1)=0$，$\lim\limits_{x \to 1} f(x)=\lim\limits_{x \to 1}(x+1)=2$，

所以 $\qquad f(1) \neq \lim\limits_{x \to 1} f(x)$，

从而函数 $f(x)$ 在点 $x=1$ 处间断(见图 1.2-6).

例 2.2-18 确定函数 $f(x) = \begin{cases} -1-x, & -1 \leqslant x < 0 \\ 0, & x = 0 \\ 1-x, & 0 < x \leqslant 1 \end{cases}$ 在点 $x = 0$ 处的连续性.

解　因为 $f(0) = 0$，且 $\lim\limits_{x \to 0^-} f(x) = -1 \neq \lim\limits_{x \to 0^+} f(x) = 1$（见例 2.2-9），所以点 $x = 0$ 是函数 $f(x)$ 的间断点.

例 2.2-19 确定下列函数在点 $x = 0$ 处的连续性：

(1) $f(x) = \dfrac{1}{x}$；　　　　(2) $f(x) = \begin{cases} x, & x \geqslant 0 \\ \dfrac{1}{x}, & x < 0 \end{cases}$.

解　(1) 因为 $f(0)$ 不存在，所以点 $x = 0$ 为函数 $f(x)$ 的间断点；

(2) 因为 $f(0) = 0$，$\lim\limits_{x \to 0^-} f(x) = \lim\limits_{x \to 0^-} \dfrac{1}{x} = -\infty$，所以点 $x = 0$ 为函数 $f(x)$ 的间断点.

例 2.2-20 确定下列函数在点 $x = 0$ 处的连续性：

(1) $f(x) = \sin\dfrac{1}{x}$；　　　　(2) $f(x) = \begin{cases} \sin\dfrac{1}{x}, & x > 0 \\ x, & x \leqslant 0 \end{cases}$.

解　(1) 因为 $f(0)$ 不存在，所以点 $x = 0$ 为函数 $f(x)$ 的间断点；

(2) 因为 $f(0) = 0$，$\lim\limits_{x \to 0^+} f(x) = \lim\limits_{x \to 0^+} \sin\dfrac{1}{x}$ 不存在，所以点 $x = 0$ 为函数的间断点.

例 2.2-21 确定函数 $f(x) = \begin{cases} \sin\dfrac{1}{x}, & x > 0 \\ \dfrac{1}{x}, & x < 0 \end{cases}$ 在点 $x = 0$ 处的连续性.

解　因为 $f(0)$ 不存在，所以点 $x = 0$ 为函数 $f(x)$ 的间断点.

例 2.2-22 确定函数 $f(x) = \dfrac{x^2 - 1}{x^2 - 3x + 2}$ 的间断点.

解　因为 $f(1)$、$f(2)$ 不存在，所以点 $x = 1$、$x = 2$ 是函数 $f(x)$ 的间断点.

2.2.6* 间断点的分类与垂直渐近线

1. 间断点的分类

因 $\lim\limits_{x \to x_0} f(x) = f(x_0)$ 的充要条件是 $\lim\limits_{x \to x_0^-} f(x) = \lim\limits_{x \to x_0^+} f(x) = f(x_0)$，所以，若函数 $f(x)$ 在点 x_0 处间断，则只可能有以下三种情形。

(1) $\lim\limits_{x \to x_0^-} f(x) = \lim\limits_{x \to x_0^+} f(x) \neq f(x_0)$（包括函数 $f(x)$ 在点 x_0 处无定义的情形）；

(2) $\lim\limits_{x \to x_0^-} f(x)$ 与 $\lim\limits_{x \to x_0^+} f(x)$ 都存在但不相等；

(3) $\lim\limits_{x \to x_0^-} f(x)$ 与 $\lim\limits_{x \to x_0^+} f(x)$ 中至少有一个不存在.

因此，对函数 $f(x)$ 的间断点可以如下分类.

1) 可去间断点

若函数 $f(x)$ 在点 x_0 处满足 $\lim\limits_{x \to x_0^-} f(x) = \lim\limits_{x \to x_0^+} f(x) \neq f(x_0)$(包括函数 $f(x)$ 在点 $x = x_0$ 处无定义情形),则称点 x_0 为函数 $f(x)$ 的**可去间断点**.

因 $\lim\limits_{x \to x_0} f(x)$ 存在,故不论是 $f(x_0) \neq \lim\limits_{x \to x_0} f(x)$,还是函数 $f(x)$ 在点 x_0 处无定义,只需调整函数 $f(x)$ 在间断点 x_0 处的函数值,即当 $f(x_0) \neq \lim\limits_{x \to x_0} f(x)$ 时,将 $f(x_0)$ 的值改为 $\lim\limits_{x \to x_0} f(x)$,而当函数 $f(x)$ 在点 x_0 处无定义时,补充 $f(x_0)$ 的值为 $\lim\limits_{x \to x_0} f(x)$,则新函数

$$f^*(x) = \begin{cases} f(x), & x \neq x_0 \\ \lim\limits_{x \to x_0} f(x), & x = x_0 \end{cases} \text{ 在点 } x_0 \text{ 处连续.}$$

2) 跳跃间断点

若函数 $f(x)$ 在点 x_0 处满足 $\lim\limits_{x \to x_0^-} f(x)$ 与 $\lim\limits_{x \to x_0^+} f(x)$ 都存在但不相等,则称点 x_0 为函数 $f(x)$ 的**跳跃间断点**.

可去间断点与跳跃间断点统称为**第一类间断点**. 第一类间断点的特点是:函数 $f(x)$ 在间断点 x_0 处的左极限 $\lim\limits_{x \to x_0^-} f(x)$ 与右极限 $\lim\limits_{x \to x_0^+} f(x)$ 都存在.

3) 第二类间断点

函数 $f(x)$ 所有其他形式的间断点,即左极限 $\lim\limits_{x \to x_0^-} f(x)$ 与右极限 $\lim\limits_{x \to x_0^+} f(x)$ 中至少有一个不存在的间断点,统称为**第二类间断点**.

(1) 若函数 $f(x)$ 满足以下条件中的一个,则称点 x_0 为函数 $f(x)$ 的**无穷间断点**.

① $\lim\limits_{x \to x_0} f(x) = \infty \ (-\infty, +\infty)$;

② $\lim\limits_{x \to x_0^-} f(x) = \infty \ (-\infty, +\infty)$ 且 $\lim\limits_{x \to x_0^+} f(x)$ 存在;

③ $\lim\limits_{x \to x_0^+} f(x) = \infty \ (-\infty, +\infty)$ 且 $\lim\limits_{x \to x_0^-} f(x)$ 存在.

(2) 若函数 $f(x)$ 满足以下条件中的一个,则称点 x_0 为函数 $f(x)$ 的**振荡间断点**.

① $\lim\limits_{x \to x_0^-} f(x)$ 与 $\lim\limits_{x \to x_0^+} f(x)$ 都不存在且都不为无穷大;

② $\lim\limits_{x \to x_0^-} f(x)$ 不存在且不为无穷大,但 $\lim\limits_{x \to x_0^+} f(x)$ 存在;

③ $\lim\limits_{x \to x_0^+} f(x)$ 不存在且不为无穷大,但 $\lim\limits_{x \to x_0^-} f(x)$ 存在.

例 2.2-23 确定函数 $f(x) = \dfrac{x^2 - 1}{x - 1}$ 的间断点及其类型.

解 因为 $f(1)$ 不存在,所以点 $x = 1$ 为函数 $f(x)$ 的间断点(见图 1.2-4);

因为 $\lim\limits_{x \to 1} f(x) = \lim\limits_{x \to 1} \dfrac{x^2 - 1}{x - 1} = 2$(见例 2.2-2),所以点 $x = 1$ 是函数 $f(x)$ 的第一类可去间断点.

例 2.2-24 确定函数 $f(x)=\begin{cases} x+1, & x\neq 1 \\ 0, & x=1 \end{cases}$ 的间断点及其类型.

解 因为 $f(1)=0$ ，$\lim\limits_{x\to 1}f(x)=\lim\limits_{x\to 1}(x+1)=2$ ，

所以　　　　$f(1)\neq\lim\limits_{x\to 1}f(x)$ ，

从而函数 $f(x)$ 在点 $x=1$ 处间断(见图 1.2-6)，且点 $x=1$ 是函数 $f(x)$ 的第一类可去间断点.

例 2.2-25 确定函数 $f(x)=\begin{cases} -1-x, & -1\leqslant x<0 \\ 0, & x=0 \\ 1-x, & 0<x\leqslant 1 \end{cases}$ 的间断点及其类型.

解 因为 $f(0)=0$ ，且 $\lim\limits_{x\to 0^-}f(x)=-1\neq\lim\limits_{x\to 0^+}f(x)=1$ (见例 2.2-9)，所以点 $x=0$ 是函数 $f(x)$ 的第一类跳跃间断点.

例 2.2-26 确定下列函数的间断点及其类型：

(1)　$f(x)=\dfrac{1}{x}$ ；　　　　　　(2)　$f(x)=\begin{cases} x, & x\geqslant 0 \\ \dfrac{1}{x}, & x<0 \end{cases}$.

解 (1) 因为 $f(0)$ 不存在，所以点 $x=0$ 为函数 $f(x)$ 的间断点；

因为 $\lim\limits_{x\to 0}f(x)=\lim\limits_{x\to 0}\dfrac{1}{x}=\infty$ ，所以点 $x=0$ 为函数 $f(x)$ 的第二类无穷间断点.

(2) 因为 $f(0)=0$ ，$\lim\limits_{x\to 0^-}f(x)=\lim\limits_{x\to 0^-}\dfrac{1}{x}=-\infty$ 和 $\lim\limits_{x\to 0^+}f(x)=\lim\limits_{x\to 0^+}x=0$ ，所以点 $x=0$ 为函数 $f(x)$ 的第二类无穷间断点.

例 2.2-27 确定下列函数的间断点及其类型：

(1)　$f(x)=\sin\dfrac{1}{x}$ ；　　　　　(2)　$f(x)=\begin{cases} \sin\dfrac{1}{x}, & x>0 \\ x, & x\leqslant 0 \end{cases}$.

解 (1) 因为 $f(0)$ 不存在，所以点 $x=0$ 为函数 $f(x)$ 的间断点；

因为 $\lim\limits_{x\to 0}f(x)=\lim\limits_{x\to 0}\sin\dfrac{1}{x}$ 不存在且不为无穷大，所以点 $x=0$ 为函数 $f(x)$ 的第二类振荡间断点.

(2) 因为 $f(0)=0$ ，$\lim\limits_{x\to 0^-}f(x)=\lim\limits_{x\to 0^-}x=0$ ，$\lim\limits_{x\to 0^+}f(x)=\lim\limits_{x\to 0^+}\sin\dfrac{1}{x}$ 不存在且不为无穷大，所以点 $x=0$ 为函数 $f(x)$ 的第二类振荡间断点.

例 2.2-28 确定函数 $f(x)=\begin{cases} \sin\dfrac{1}{x}, & x>0 \\ \dfrac{1}{x}, & x<0 \end{cases}$ 的间断点及其类型.

解 因为 $f(0)$ 不存在，所以点 $x=0$ 为函数 $f(x)$ 的间断点；

因为 $\lim\limits_{x\to 0^-}f(x)=\lim\limits_{x\to 0^-}\dfrac{1}{x}=-\infty$ ，$\lim\limits_{x\to 0^+}f(x)=\lim\limits_{x\to 0^+}\sin\dfrac{1}{x}$ 不存在但不为无穷大，所以点 $x=0$ 为函数 $f(x)$ 的第二类间断点.

例 **2.2-29** 确定函数 $f(x) = \dfrac{x^2-1}{x^2-3x+2}$ 的间断点及其类型.

解 因为 $f(1)$、$f(2)$ 不存在,所以点 $x=1$,$x=2$ 是函数 $f(x)$ 的间断点.

因为 $\lim\limits_{x \to 1} \dfrac{x^2-1}{x^2-3x+2} = \lim\limits_{x \to 1} \dfrac{(x-1)(x+1)}{(x-1)(x-2)} = \lim\limits_{x \to 1} \dfrac{x+1}{x-2} = -2$,

所以点 $x=1$ 是函数 $f(x)$ 的第一类可去间断点.

因为 $\lim\limits_{x \to 2} \dfrac{x^2-1}{x^2-3x+2} = \lim\limits_{x \to 2} \dfrac{(x-1)(x+1)}{(x-1)(x-2)} = \lim\limits_{x \to 2} \dfrac{x+1}{x-2} = \infty$,

所以点 $x=2$ 是函数 $f(x)$ 的第二类无穷间断点.

2. 垂直渐近线(铅直渐近线)

若 $\lim\limits_{x \to x_0} f(x) = \infty\,(-\infty,+\infty)$ 或 $\lim\limits_{x \to x_0^-} f(x) = +\infty\,(-\infty)$ 或 $\lim\limits_{x \to x_0^+} f(x) = +\infty\,(-\infty)$,则称直线

$x = x_0$ 为曲线 $y = f(x)$ 的**垂直渐近线**.

例如,直线 $x = \dfrac{\pi}{2}$ 是曲线 $y = \tan x$ 的一条垂直渐近线.

例 **2.2-30** 因为当 $x \to 0$ 时,有

$$\cot x \to \infty, \quad \frac{1}{x} \to \infty, \quad \frac{1}{|x|} \to +\infty, \quad -\frac{1}{|x|} \to -\infty,$$

所以直线 $x=0$ 是曲线 $y = \cot x$、$y = \dfrac{1}{x}$、$y = \dfrac{1}{|x|}$、$y = -\dfrac{1}{|x|}$ 的垂直渐近线.

例 **2.2-31** 因为当 $x \to 0^+$ 时,有

$$\log_a x \to \infty\,(a>0 \text{ 且 } a \neq 1),$$

所以直线 $x=0$ 是对数函数曲线 $y = \log_a x$ 的垂直渐近线.

例 **2.2-32** 写出下列各曲线的垂直渐近线方程:

(1) $y = \begin{cases} x, & x \geqslant 0 \\ \dfrac{1}{x}, & x < 0 \end{cases}$; 　　(2) $y = \begin{cases} x-1, & x \geqslant 1 \\ -\dfrac{1}{x-1}, & x < 1 \end{cases}$;

(3) $y = \begin{cases} \log_a x\,(0<a<1), & x > 0 \\ \dfrac{1}{x}, & x < 0 \end{cases}$; 　　(4) $y = \begin{cases} \log_a(x-2)\,(a>1), & x > 0 \\ -\dfrac{1}{x-2}, & x < 0 \end{cases}$.

解 (1) 因为 $\lim\limits_{x \to 0^-} f(x) = \lim\limits_{x \to 0^-} \dfrac{1}{x} = -\infty$,所以曲线的垂直渐近线方程为 $x=0$.

(2) 因为 $\lim\limits_{x \to 1^-} f(x) = \lim\limits_{x \to 1^-} \left(-\dfrac{1}{x-1}\right) = +\infty$,所以曲线的垂直渐近线方程为 $x=1$.

(3) 因为 $\lim\limits_{x \to 0^-} f(x) = \lim\limits_{x \to 0^-} \dfrac{1}{x} = -\infty$,$\lim\limits_{x \to 0^+} f(x) = \lim\limits_{x \to 0^+} \log_a x = +\infty\,(0<a<1)$,所以曲线的垂直渐近线方程为 $x=0$.

(4) 因为 $\lim\limits_{x \to 2^-} f(x) = \lim\limits_{x \to 2^-} \left(-\dfrac{1}{x-2}\right) = +\infty$,$\lim\limits_{x \to 2^+} f(x) = \lim\limits_{x \to 2^+} \log_a(x-2) = -\infty$

$(a>1)$，所以曲线的垂直渐近线方程为 $x=2$．

曲线 $y=f(x)$ 与其垂直渐近线可能有一个交点，且至多有一个交点．

例如，曲线 $f(x)=\begin{cases} x, & x\geqslant 0 \\ \dfrac{1}{x}, & x<0 \end{cases}$ 与其垂直渐近线 $x=0$ 交于点 $(0,0)$．

曲线 $y=f(x)$ 可能有无数条垂直渐近线．

例如，直线 $x=\dfrac{\pi}{2}+k\pi\,(k\in\mathbf{Z})$ 都是曲线 $y=\tan x$ 的垂直渐近线．

在函数 $f(x)$ 的无穷间断点处，曲线 $y=f(x)$ 一定存在垂直渐近线．但是曲线 $y=f(x)$ 的垂直渐近线并不一定出现在函数 $f(x)$ 的无穷间断点处．

例如，曲线 $y=\ln x$ 在函数 $y=\ln x$ 定义区间 $(0,+\infty)$ 的端点 $x=0$ 处有垂直渐近线 $x=0$，但是点 $x=0$ 显然不是函数 $y=\ln x$ 的间断点．

若函数 $y=f(x)$ 在区间 $(-\infty,+\infty)$ 内连续，则曲线 $y=f(x)$ 不可能存在垂直渐近线．

2.3　函数在无穷远处的极限

下面考察对于定义在无穷区间上的函数 $f(x)$，当自变量 x 无限增大时，函数 $f(x)$ 的变化趋势．

所谓 x 无限增大，实际上包括下面三种情形．

(1) x 取正值无限增大，记作 $x\to+\infty$，读作" x 趋于正无穷大"；

(2) x 取负值无限减小(此时 $|x|$ 无限增大)，记作 $x\to-\infty$，读作" x 趋于负无穷大"；

(3) $|x|$ 无限增大(此时 x 既可取正值无限增大，也可取负值无限减小)，记作 $x\to\infty$，读作" x 趋于无穷大"．

2.3.1　当 $x\to+\infty$ 时，函数 $f(x)$ 的极限及无穷大

与 2.2.1 节中研讨过的情形相比，差异仅在于自变量 x 的趋向不同而已，而对应的函数 $f(x)$ 的变化趋势也同样只有三种情形．

1．函数 $f(x)$ 无限接近于一个确定的常数

例 2.3-1　当 $x\to+\infty$ 时，函数 $\dfrac{1}{x}$ 的值无限接近于 0 (见图 1.2-14(c))，函数 $\arctan x$ 的值无限接近于 $\dfrac{\pi}{2}$ (见图 1.2-22)；函数 $a^x(0<a<1)$ 的值无限接近于 0 (见图 1.2-15)．

2．函数 $f(x)$ 的绝对值无限增大

例 2.3-2　当 $x\to+\infty$ 时，函数 $a^x(a>1)$ (见图 1.2-15)与函数 $\log_a x(a>1)$ (见图 1.2-16)都取正值无限增大；函数 $\log_a x(0<a<1)$ (见图 1.2-16)取负值无限减小．

3. 函数 $f(x)$ 不无限接近于一个确定的常数且函数 $f(x)$ 的绝对值不无限增大

例 2.3-3 当 $x \to +\infty$ 时，函数 $\sin x$ 的值在 -1 和 1 之间振荡(见图 1.2-17).

函数 $f(x)$ 的第一种变化趋势称为函数 $f(x)$ 的极限存在；函数 $f(x)$ 的第二种和第三种情况都称为函数 $f(x)$ 的极限不存在. 其中，函数 $f(x)$ 的第二种变化趋势称为函数 $f(x)$ 为无穷大量.

定义 2.3-1 设函数 $y = f(x)$ 在某个 $U(+\infty)$ 内有定义. 若当 $x \to +\infty$ 时，相应的函数值 $f(x)$ 无限地接近于某一个确定的常数 A，则称常数 A 为函数 $f(x)$ 当 $x \to +\infty$ 时的极限，或称当 $x \to +\infty$ 时，函数 $f(x)$ 的极限为 A，记作

$$\lim_{x \to +\infty} f(x) = A \quad 或 \quad f(x) \to A(x \to +\infty).$$

若当 $x \to +\infty$ 时，函数 $f(x)$ 的极限不存在，则习惯说 $\lim_{x \to +\infty} f(x)$ 不存在.

定义 2.3-2 设函数 $y = f(x)$ 在某个 $U(+\infty)$ 内有定义. 若当 $x \to +\infty$ 时，相应的函数值 $f(x)$ 的绝对值 $|f(x)|$ 无限增大，则称函数 $f(x)$ 为 $x \to +\infty$ 时的无穷大量(简称无穷大)，或称当 $x \to +\infty$ 时，函数 $f(x)$ 为无穷大量，记作

$$\lim_{x \to +\infty} f(x) = \infty \quad 或 \quad f(x) \to \infty(x \to +\infty).$$

特别地，若当 $x \to +\infty$ 时，函数 $f(x)$ 只取正值无限增大或只取负值无限减小，则称函数 $f(x)$ 为当 $x \to +\infty$ 时的正无穷大或负无穷大，记作

$$\lim_{x \to +\infty} f(x) = +\infty \quad 或 \quad \lim_{x \to +\infty} f(x) = -\infty .$$

例 2.3-4 由例 2.3-1、例 2.3-2、例 2.3-3 与定义 2.3-1、定义 2.3-2 知，

$\lim_{x \to +\infty} \dfrac{1}{x} = 0$ ； $\lim_{x \to +\infty} \arctan x = \dfrac{\pi}{2}$ ； $\lim_{x \to +\infty} a^x (0 < a < 1) = 0$ ； $\lim_{x \to +\infty} a^x (a > 1) = +\infty$ ；

$\lim_{x \to +\infty} \log_a x (a > 1) = +\infty$ ； $\lim_{x \to +\infty} \log_a x (0 < a < 1) = -\infty$ ； $\lim_{x \to +\infty} \sin x$ 不存在.

2.3.2 当 $x \to -\infty$ 时，函数 $f(x)$ 的极限及无穷大

与 2.3.1 节中研讨过的情形相比，差异仅在于自变量 x 的趋向不同而已，而对应的函数 $f(x)$ 的变化趋势也同样只有三种情形.

例 2.3-5 当 $x \to -\infty$ 时，函数 $\dfrac{1}{x}$ 的值无限接近于 0(见图 1.2-14(c))，函数 $\arctan x$ 的值无限接近于 $-\dfrac{\pi}{2}$(见图 1.2-22)；函数 $a^x (a > 1)$ 的值无限接近于 0(见图 1.2-15).

例 2.3-6 当 $x \to -\infty$ 时，函数 $a^x (0 < a < 1)$ 取正值无限增大(见图 1.2-15).

例 2.3-7 当 $x \to -\infty$ 时，函数 $\sin x$ 的值在 -1 和 1 之间振荡(见图 1.2-17).

将定义 2.3-1 中的" $U(+\infty)$ "改为" $U(-\infty)$ "且将" $x \to +\infty$ "改为" $x \to -\infty$ "，得当 $x \to -\infty$ 时，函数 $f(x)$ 的极限的定义. 当 $x \to -\infty$ 时，函数 $f(x)$ 为无穷大(正无穷大、负无穷大)的定义可类似给出.

若当 $x \to -\infty$ 时，函数 $f(x)$ 的极限不存在，则习惯说 $\lim_{x \to -\infty} f(x)$ 不存在.

例 2.3-8 由例 2.3-5、例 2.3-6、例 2.3-7 与 $x \to -\infty$ 时函数 $f(x)$ 的极限的定义和函数

$f(x)$ 为无穷大的定义知，

$$\lim_{x \to -\infty} \frac{1}{x} = 0 \ ; \quad \lim_{x \to -\infty} \arctan x = -\frac{\pi}{2} \ ; \quad \lim_{x \to -\infty} a^x = 0 (a > 1) \ ;$$

$$\lim_{x \to -\infty} a^x (0 < a < 1) = +\infty \ ; \quad \lim_{x \to -\infty} \sin x \ \text{不存在}.$$

2.3.3　当 $x \to -\infty$ 时，函数 $f(x)$ 的极限及无穷大

将定义 2.3-1 中的 "$U(+\infty)$" 改为 "$U(\infty)$" 且将 "$x \to +\infty$" 改为 "$x \to \infty$"，得当 $x \to \infty$ 时，函数 $f(x)$ 的极限的定义. 当 $x \to \infty$ 时，函数 $f(x)$ 为无穷大(正无穷大、负无穷大)的定义可类似给出.

若当 $x \to \infty$ 时，函数 $f(x)$ 的极限不存在，则习惯说 $\lim_{x \to \infty} f(x)$ 不存在.

定理 2.3-1 $\lim_{x \to \infty} f(x) = A$ 的充要条件是

$$\lim_{x \to +\infty} f(x) = \lim_{x \to -\infty} f(x) = A.$$

因此，当 $\lim_{x \to +\infty} f(x)$ 与 $\lim_{x \to -\infty} f(x)$ 都存在但不相等，或 $\lim_{x \to +\infty} f(x)$ 与 $\lim_{x \to -\infty} f(x)$ 中至少有一个不存在时，就可断定 $\lim_{x \to \infty} f(x)$ 不存在.

例 2.3-9 由例 2.3-4 与例 2.3-8 及定理 2.3-1 知，

$$\lim_{x \to \infty} \frac{1}{x} = 0 \ ; \quad \lim_{x \to \infty} \arctan x \ \text{不存在} \ ;$$

$$\lim_{x \to \infty} a^x \ (a > 0 \ \text{且} \ a \neq 1) \ \text{不存在} \ ; \quad \lim_{x \to \infty} \sin x \ \text{不存在}.$$

同理可知，$\lim_{x \to \infty} \cos x$ 不存在；$\lim_{x \to \infty} \operatorname{arccot} x$ 不存在.

因函数在无穷远处与其在有限点处的极限的实质是一样的，所差的只不过是自变量的变化方式不同，且关于函数极限的结论对自变量的每种变化方式都是成立的. 为简明起见，从下一节起，在叙述定义或定理时，不再对自变量的每种变化方式进行那种几乎重复的、令人感到乏味的叙述. 用极限号 "$\lim$"，表示该定义或定理对自变量的六种变化方式

$$x \to x_0, x \to x_0^-, x \to x_0^+, x \to \infty, x \to +\infty, x \to -\infty$$

中的任意一种均成立，且在同一个讨论中出现的 lim 代表自变量的同一种变化方式.

2.3.4*　水平渐近线

若 $\lim_{x \to \infty} f(x) = A$ 或 $\lim_{x \to +\infty} f(x) = A$ 或 $\lim_{x \to -\infty} f(x) = A$，则称直线 $y = A$ 为曲线 $y = f(x)$ 的**水平渐近线**.

曲线 $y = f(x)$ 若有水平渐近线，则最多有两条水平渐近线.

例 2.3-10 直线 $y = 0$ 是曲线 $y = \frac{1}{x}$ 和 $y = a^x (a > 0 \ \text{且} \ a \neq 1)$ 的水平渐近线；

曲线 $y = \arctan x$ 有两条水平渐近线 $y = \frac{\pi}{2}$ 和 $y = -\frac{\pi}{2}$；

曲线 $y = \operatorname{arccot} x$ 有两条水平渐近线 $y = 0$ 和 $y = \pi$.

当曲线 $y = f(x)$ 以直线 $y = A$ 为水平渐近线时，曲线 $y = f(x)$ 既可从直线 $y = A$ 的上方

趋近于直线 $y = A$，也可从直线 $y = A$ 的下方趋近于直线 $y = A$，还可以在直线 $y = A$ 的上、下两方交错地趋近于直线 $y = A$.

曲线 $y = f(x)$ 与它的水平渐近线 $y = A$ 可能没交点，也可能有一个乃至有多个交点，甚至可能有无穷多个交点.

例如，曲线 $f(x) = \begin{cases} x, & x \geqslant 0 \\ \dfrac{1}{x}, & x < 0 \end{cases}$ 与其水平渐近线 $y = 0$ 交于点 $(0,0)$；

曲线 $f(x) = \begin{cases} \sin x, & x \geqslant 0 \\ \dfrac{1}{x}, & x < 0 \end{cases}$ 与其水平渐近线 $y = 0$ 交于点 $(k\pi, 0)$ $(k \in \mathbf{N})$.

例 2.3-11 写出下列各曲线的水平渐近线方程：

(1) $y = \dfrac{1}{x+2} + 1$；　　(2) $y = \mathrm{e}^{\frac{1}{x-3}}$；　　(3) $y = \begin{cases} \arctan x, & x < 0 \\ \operatorname{arccot} x, & x > 0 \end{cases}$.

解 (1) 因为 $\lim\limits_{x \to \infty} \left(\dfrac{1}{x+2} + 2 \right) = 2$，所以曲线的水平渐近线方程为 $y = 2$.

(2) 因为 $\lim\limits_{x \to \infty} \mathrm{e}^{\frac{1}{x-3}} = 1$，所以曲线的水平渐近线方程为 $y = 1$.

(3) 因为 $\lim\limits_{x \to -\infty} f(x) = \lim\limits_{x \to -\infty} \arctan x = -\dfrac{\pi}{2}$，$\lim\limits_{x \to +\infty} f(x) = \lim\limits_{x \to +\infty} \operatorname{arccot} x = 0$，所以曲线的水平渐近线方程为 $y = -\dfrac{\pi}{2}$ 和 $y = 0$.

2.4　极限的运算法则与初等函数的连续性

前面利用极限定义及由其导出的相关知识，确定了一些函数的极限. 但这不能满足实际的需要，因为比较复杂的函数很难直接确定其极限. 为此，还需要研究极限的运算法则，以便由一些已知的简单函数的极限，求出另外一些复杂的函数的极限，从而扩大极限的讨论范围，提高计算极限的能力.

2.4.1　极限的四则运算法则

定理 2.4-1 若 $\lim f(x) = A$，$\lim g(x) = B$，则

(1) $\lim[f(x) \pm g(x)] = \lim f(x) \pm \lim g(x) = A \pm B$.

(2) $\lim[f(x) \cdot g(x)] = \lim f(x) \cdot \lim g(x) = AB$.

特别地，有 $\lim[Cf(x)] = C \lim f(x) = CA$（$C$ 为常数）. 此外，在 A^{α}（$\alpha \in \mathbf{R}$）有意义的情况下，有 $\lim[f(x)]^{\alpha} = [\lim f(x)]^{\alpha} = A^{\alpha}$.

(3) 当 $\lim g(x) = B \neq 0$ 时，有 $\lim \dfrac{f(x)}{g(x)} = \dfrac{\lim f(x)}{\lim g(x)} = \dfrac{A}{B}$.

定理 2.4-1 中的(1)、(2)对有限个函数的情形也是成立的.

定理 2.4-2 若函数 $f(x)$、$g(x)$ 均在区间 I 上有定义，且均在点 $x_0 \in I$ 处连续，则这两函数的代数和 $f(x) \pm g(x)$、乘积 $f(x) \cdot g(x)$、商 $\dfrac{f(x)}{g(x)}$ $(g(x_0) \neq 0)$ 在点 x_0 处也连续.

2.4.2 极限的复合运算法则

定理 2.4-3 设由函数 $y = f(u)$ 与 $u = g(x)$ 构成的复合函数 $y = f[g(x)]$ 在点 x_0 的某个空心邻域 $U°(x_0)$ 内有定义. 当 $\lim\limits_{x \to x_0} g(x) = a$ 且 $\lim\limits_{u \to a} f(u) = A$ 时，若下列两个条件中的一个成立，则

$$\lim_{x \to x_0} f[g(x)] = \lim_{u \to a} f(u) = A. \tag{2.4-1}$$

(1) 存在点 x_0 的某空心邻域 $U°(x_0, \delta_1)$，使得对任意的 $x \in U°(x_0, \delta_1)$，都有 $g(x) \neq a$；

(2) 函数 $f(u)$ 在点 $u = a$ 处连续.

定理 2.4-3 的结论表明，若函数 $f(u)$ 与 $g(x)$ 满足定理 2.4-3 的条件(1)，作代换 $u = g(x)$，可把求复合函数 $y = f[g(x)]$ 当 $x \to x_0$ 时的极限 $\lim\limits_{x \to x_0} f[g(x)]$ 转化为求外层函数 $f(u)$ 当 $u \to a$ 时的极限 $\lim\limits_{u \to a} f(u)$. 因此，求复合函数的极限时，可用变量替换的方法，即

$$\lim_{x \to x_0} f[g(x)] = \lim_{u \to a} f(u) = A.$$

定理 2.4-3 的结论表明，若函数 $f(u)$ 与 $g(x)$ 满足定理 2.4-3 的条件(2)，则

$$\lim_{x \to x_0} f[g(x)] = \lim_{u \to a} f(u) = f(a) = f[\lim_{x \to x_0} g(x)]. \tag{2.4-2}$$

因此，求复合函数 $y = f[g(x)]$ 当 $x \to x_0$ 时的极限时，函数运算"f"与极限运算"$\lim$"可以交换次序，即极限运算可移到内层函数上去进行. 这给求复合函数的极限提供了一个十分简洁的方法.

由函数在一点处连续的定义与极限的复合运算法则，即可解决复合函数的连续问题.

定理 2.4-4 设函数 $u = g(x)$ 在点 x_0 处连续，且 $u_0 = g(x_0)$，而函数 $y = f(u)$ 在点 u_0 处连续. 若点 x_0 为复合函数 $y = f[g(x)]$ 定义区间内一点，则复合函数 $y = f[g(x)]$ 在点 x_0 处连续，即

$$\lim_{x \to x_0} f[g(x)] = f[g(x_0)].$$

2.4.3 区间上的连续函数与初等函数的连续性

1. 连续函数

若函数 $f(x)$ 在开区间 (a, b) 内每一点处都连续，则称函数 $f(x)$ 在开区间 (a, b) **内连续**. 若函数 $f(x)$ 在开区间 (a, b) 内连续，且在左端点 a 处右连续并在右端点 b 处左连续，则称函数 $f(x)$ 在**闭区间** $[a, b]$ **上连续**. 在某区间连续的函数称为该区间的**连续函数**，该区间称为函数的**连续区间**.

函数在某区间连续时，其图形是一条连续变化的没有缝隙的曲线.

例 2.4-1 确定函数 $f(x) = \begin{cases} 1, & x = -1 \\ x, & -1 < x \leqslant 1 \end{cases}$ 的连续性.

解 函数 $f(x)$ 在区间 $(-1,1)$ 内连续. 因为

$$\lim_{x \to -1^+} f(x) = \lim_{x \to -1^+} x = -1, \quad f(-1) = 1;$$

$$\lim_{x \to 1^-} f(x) = \lim_{x \to 1^-} x = 1, \quad f(1) = 1,$$

所以函数 $f(x)$ 在点 $x = -1$ 处不右连续, 在点 $x = 1$ 处左连续.

因此, 函数 $f(x)$ 在区间 $(-1,1]$ 上连续, 在闭区间 $[-1,1]$ 上不连续 (见图 2.4-1).

2. 基本初等函数及初等函数的连续性

从基本初等函数的图像可以看出, 基本初等函数在其各自的定义区间内都是连续的.

根据初等函数的定义, 由基本初等函数连续性及连续函数的和、差、积、商的连续性和复合函数连续性可得到下面的重要结论.

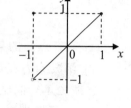

图 2.4-1

定理 2.4-5 一切初等函数在其定义区间内都是连续的.

定理 2.4-5 表明, **初等函数的定义区间即是其连续区间**.

根据这一重要结论, 求初等函数在其定义区间内任一点的极限值, 就等于求该初等函数在同一点处的函数值. 这使求函数极限问题的讨论得到很大的简化. 因为剩下的只还有两类求极限的问题有待考虑: 一类是求初等函数在其无定义点处的极限, 这其中比较重要且比较复杂的是确定所谓不定式的极限; 另一类是非初等函数的极限问题, 其中比较常见的是各段由初等函数构成的分段函数在各段分界点处的极限问题.

2.4.4 无穷小与无穷小分出法及 $\infty - \infty$ 型不定式

1. 无穷小

下面引入在理论上和实际中都起着重要作用的无穷小量.

定义 2.4-1 极限为零的函数称为**无穷小量**, 简称**无穷小**.

若 $\lim_{x \to x_0} f(x) = 0$, 则称函数 $f(x)$ 为 $x \to x_0$ 时的无穷小, 或称当 $x \to x_0$ 时函数 $f(x)$ 为无穷小. 对于自变量 x 的其他变化方式, 有类似的定义.

2. 无穷小与无穷大的关系

定理 2.4-6 在自变量 x 的同一变化过程中,

(1) 若函数 $f(x)$ 是无穷大, 则函数 $\dfrac{1}{f(x)}$ 是无穷小;

(2) 若函数 $f(x)$ 是无穷小, 且 $f(x) \neq 0$, 则函数 $\dfrac{1}{f(x)}$ 是无穷大.

定理 2.4-6 表明, 无穷大与无穷小之间有着如此密切的关系, 所以有关无穷大的研究可以转化为相应的无穷小来研究.

3. 无穷小分出法

求分式的极限时，若分子、分母的极限都是无穷大，则称这种极限为 $\dfrac{\infty}{\infty}$ 型不定式(之所以称其为"不定式"，是因为关于它的存在性以及存在时其值等于什么，完全由解析式的具体结构决定，不存在一般性的结论). 此时不能直接运用商的极限运算法则，通常利用无穷大与无穷小的倒数关系，将无穷大转化成无穷小以求出极限，该方法称为**无穷小分出法**.

例 2.4-2 求函数极限 $\displaystyle\lim_{x\to+\infty}\dfrac{e^x+e^{-x}}{e^x-e^{-x}}$ 的值.

解 $\displaystyle\lim_{x\to+\infty}\dfrac{e^x+e^{-x}}{e^x-e^{-x}}=\lim_{x\to+\infty}\dfrac{1+e^{-2x}}{1-e^{-2x}}=\dfrac{1+0}{1-0}=1.$

例 2.4-3 求函数极限 $\displaystyle\lim_{x\to\infty}\dfrac{a_0x^k+a_1x^{k-1}+\cdots+a_{k-1}x+a_k}{b_0x^l+b_1x^{l-1}+\cdots+b_{l-1}x+b_l}$ (其中 $a_0\ne0,b_0\ne0,k$、l 均为正整数)

的值(结果可作公式直接使用).

解 $\displaystyle\lim_{x\to\infty}\dfrac{a_0x^k+a_1x^{k-1}+\cdots+a_{k-1}x+a_k}{b_0x^l+b_1x^{l-1}+\cdots+b_{l-1}x+b_l}$

$$=\lim_{x\to\infty}x^{k-l}\dfrac{a_0+a_1\dfrac{1}{x}+\cdots+a_{k-1}\dfrac{1}{x^{k-1}}+a_k\dfrac{1}{x^k}}{b_0+b_1\dfrac{1}{x}+\cdots+b_{l-1}\dfrac{1}{x^{l-1}}+b_l\dfrac{1}{x^l}}=\begin{cases}0,&k<l\\[2mm]\dfrac{a_0}{b_0},&k=l\\[2mm]\infty,&k>l\end{cases}.$$

例 2.4-4 求函数极限 $\displaystyle\lim_{x\to+\infty}\dfrac{\sqrt{x^2+3x+2}}{3x-2}$ 的值.

解 $\displaystyle\lim_{x\to+\infty}\dfrac{\sqrt{x^2+3x+2}}{3x-2}=\lim_{x\to+\infty}\dfrac{\dfrac{\sqrt{x^2+3x+2}}{x}}{\dfrac{3x-2}{x}}=\lim_{x\to+\infty}\dfrac{\sqrt{\dfrac{x^2+3x+2}{x^2}}}{\dfrac{3x-2}{x}}$

$$=\lim_{x\to+\infty}\dfrac{\sqrt{1+\dfrac{3}{x}+\dfrac{2}{x^2}}}{3-\dfrac{2}{x}}=\dfrac{1}{3}.$$

例 2.4-5 求函数极限 $\displaystyle\lim_{x\to\infty}\dfrac{(x^2-x-2)(2x+1)^3}{(x-2)^5}$ 的值.

解 $\displaystyle\lim_{x\to\infty}\dfrac{(x^2-x-2)(2x+1)^3}{(x-2)^5}=\lim_{x\to\infty}\dfrac{\dfrac{x^2-x-2}{x^2}\cdot\dfrac{(2x+1)^3}{x^3}}{\dfrac{(x-2)^5}{x^5}}$

$$=\lim_{x\to\infty}\dfrac{\dfrac{x^2-x-2}{x^2}\cdot\left(\dfrac{2x+1}{x}\right)^3}{\left(\dfrac{x-2}{x}\right)^5}=\dfrac{1\times2^3}{1^5}=8$$

4. $\infty - \infty$ 型不定式

除两个无穷大的商被称为 $\dfrac{\infty}{\infty}$ 型不定式外，两个无穷大的代数和也没有确定的结果，不一定是无穷大，通常称之为 $\infty - \infty$ 型不定式. $\infty - \infty$ 型不定式一般通过通分或有理化的方法化为 $\dfrac{0}{0}$ 型不定式(即分子、分母都为无穷小的分式极限)或 $\dfrac{\infty}{\infty}$ 型不定式处理.

例 2.4-6 求函数极限 $\lim\limits_{x \to -\infty}(\sqrt{x^2 + x} - \sqrt{x^2 - x})$ 的值.

解 $\lim\limits_{x \to -\infty}(\sqrt{x^2 + x} - \sqrt{x^2 - x}) = \lim\limits_{x \to -\infty} \dfrac{(\sqrt{x^2 + x} - \sqrt{x^2 - x})(\sqrt{x^2 + x} + \sqrt{x^2 - x})}{\sqrt{x^2 + x} + \sqrt{x^2 - x}}$

$= \lim\limits_{x \to -\infty} \dfrac{2x}{\sqrt{x^2 + x} + \sqrt{x^2 - x}} = \lim\limits_{x \to -\infty} \dfrac{2}{-\sqrt{1 + \dfrac{1}{x}} - \sqrt{1 - \dfrac{1}{x}}} = -1.$

例 2.4-7 求函数极限 $\lim\limits_{x \to -1}\left(\dfrac{1}{1 + x} - \dfrac{3}{1 + x^3}\right)$ 的值.

解 $\lim\limits_{x \to -1}\left(\dfrac{1}{1 + x} - \dfrac{3}{1 + x^3}\right) = \lim\limits_{x \to -1} \dfrac{x^2 - x + 1 - 3}{1 + x^3}$

$= \lim\limits_{x \to -1} \dfrac{(x + 1)(x - 2)}{(x + 1)(x^2 - x + 1)} = \lim\limits_{x \to -1} \dfrac{x - 2}{x^2 - x + 1} = -1.$

例 2.4-8 求函数极限 $\lim\limits_{x \to \frac{\pi}{2}}\left(\dfrac{\sin x}{\cos^2 x} - \tan^2 x\right)$ 的值.

解 $\lim\limits_{x \to \frac{\pi}{2}}\left(\dfrac{\sin x}{\cos^2 x} - \tan^2 x\right) = \lim\limits_{x \to \frac{\pi}{2}} \dfrac{\sin x - \sin^2 x}{\cos^2 x}$

$= \lim\limits_{x \to \frac{\pi}{2}} \dfrac{\sin x \cdot (1 - \sin x)}{1 - \sin^2 x} = \lim\limits_{x \to \frac{\pi}{2}} \dfrac{\sin x}{1 + \sin x} = \dfrac{1}{2}.$

2.4.5* 无穷大的性质及几种特殊情况下的极限计算

1. 无穷大与有界函数的关系

(1) 若函数 $f(x)$ 可以在自变量的某种变化趋势下成为无穷大，则其必为无界函数.

在自变量 x 的某种变化过程中，若函数 $f(x)$ 是无穷大，则当自变量 x 变化到一定阶段后，函数值 $f(x)$ 的绝对值 $|f(x)|$ 就会大于事先任意给定的正数 M(不论 M 多么大). 这说明在自变量 x 的相应范围内，函数 $f(x)$ 是无界的.

(2) 若函数 $f(x)$ 为无界函数，其不一定可以成为无穷大.

例如，虽然函数 $x \sin x$ 在 $(-\infty, +\infty)$ 内是无界的(见例 1.2-14)，但当 $x \to \infty$ 时，函数 $x \sin x$ 不是无穷大. 这是因为，当 $x = k\pi (k \in \mathbf{Z})$ 时，函数 $x \sin x$ 的值为 0，不满足无穷大的定义.

2. 无穷大的运算性质

因为无穷大是极限不存在的一种情形，所以有关极限(无穷小)的运算性质不能随便套用到无穷大上. 具体地讲，除两个无穷大的商被称为 $\dfrac{\infty}{\infty}$ 型不定式和两个无穷大的代数和被称为 $\infty-\infty$ 型不定式外，可以肯定的是：

(1) 两个正(负)无穷大的和，或者一个正(负)无穷大与一个负(正)的差还是正(负)无穷大；

(2) 有界函数与无穷大的代数和还是无穷大；

(3) 两个无穷大的积还是无穷大.

此外，需指出的是，有界函数与无穷大之积不一定还是无穷大.

例如，当 $x \to \infty$ 时，函数 x 是无穷大，函数 $\sin x$ 是有界函数，但函数 $x\sin x$ 不是无穷大，仅仅是无界函数(见例 1.2-14).

3. 几种特殊情况下的极限计算

下面的几类函数在点 x_0 的两侧或 ∞ 的两个方向具有不同的变化趋势，考察这几类函数在点 x_0 或 ∞ 的极限时，必须分别考察这几类函数在点 x_0 两侧或 ∞ 两个方向的极限.

(1) 极限计算中含有取整函数(见例 2.4-9)；

(2) 极限计算中含有" a^∞ "($a>0$ 且 $a\neq1$)或" $\arctan\infty$ "或" $\mathrm{arccot}\,\infty$ "的形式(见例 2.4-10、例 2.4-11)；

(3) 极限计算中含有绝对值函数(见例 2.4-10)；

(4) 极限计算中含有偶次根式(见例 2.4-11).

例 2.4-9 求函数极限 $\lim\limits_{x\to n}(x-[x])$ $(n\in\mathbf{N}_+)$ ($[x]$ 是取整函数)的值.

解 因为 $\lim\limits_{x\to n^-}(x-[x])=\lim\limits_{x\to n^-}[x-(n-1)]=1$ ，

而　　$\lim\limits_{x\to n^+}(x-[x])=\lim\limits_{x\to n^+}(x-n)=0$ ，

所以 $\lim\limits_{x\to n}(x-[x])$ 不存在.

例 2.4-10 求函数极限 $\lim\limits_{x\to1}\left(\dfrac{2+\mathrm{e}^{\frac{1}{x-1}}}{1+\mathrm{e}^{\frac{4}{x-1}}}+\dfrac{x-1}{|x-1|}\right)$ 的值.

解 因为 $x\to1^-$ 时， $\dfrac{1}{x-1}\to-\infty$ ， $\mathrm{e}^{\frac{1}{x-1}}\to0$ ，

所以　　$f(1^-)=\lim\limits_{x\to1^-}\left(\dfrac{2+\mathrm{e}^{\frac{1}{x-1}}}{1+\mathrm{e}^{\frac{4}{x-1}}}+\dfrac{x-1}{|x-1|}\right)=\lim\limits_{x\to1^-}\left[\dfrac{2+\mathrm{e}^{\frac{1}{x-1}}}{1+\mathrm{e}^{\frac{4}{x-1}}}+\dfrac{x-1}{-(x-1)}\right]=2-1=1$.

因为 $x\to1^+$ 时， $\dfrac{1}{x-1}\to+\infty$ ， $\mathrm{e}^{\frac{1}{x-1}}\to+\infty$ ， $\mathrm{e}^{-\frac{1}{x-1}}\to0$ ，

所以 $\quad f(1^+) = \lim\limits_{x \to 1^+}\left(\dfrac{2 + e^{\frac{1}{x-1}}}{1 + e^{\frac{4}{x-1}}} + \dfrac{x-1}{|x-1|}\right) = \lim\limits_{x \to 1^+}\left\{\dfrac{\left[\left(2 + e^{\frac{1}{x-1}}\right)\Big/ e^{\frac{4}{x-1}}\right]}{\left[\left(1 + e^{\frac{4}{x-1}}\right)\Big/ e^{\frac{4}{x-1}}\right]} + \dfrac{x-1}{x-1}\right\}$

$$= \lim\limits_{x \to 1^+}\left(\dfrac{2e^{-\frac{4}{x-1}} + e^{-\frac{3}{x-1}}}{e^{-\frac{4}{x-1}} + 1} + 1\right) = 0 + 1 = 1.$$

因为 $f(1^-) = f(1^+) = 1$，

所以 $\quad \lim\limits_{x \to 1}\left(\dfrac{2 + e^{\frac{1}{x-1}}}{1 + e^{\frac{4}{x-1}}} + \dfrac{x-1}{|x-1|}\right) = 1.$

例 2.4-11 求函数极限 $\lim\limits_{x \to \infty}(\sqrt{x^2 + x} - \sqrt{x^2 - x})\arctan x$ 的值.

解 因为 $\lim\limits_{x \to -\infty}(\sqrt{x^2 + x} - \sqrt{x^2 - x})\arctan x$

$$= \lim\limits_{x \to -\infty}\dfrac{(\sqrt{x^2 + x} - \sqrt{x^2 - x})(\sqrt{x^2 + x} + \sqrt{x^2 - x})}{\sqrt{x^2 + x} + \sqrt{x^2 - x}}\arctan x$$

$$= \lim\limits_{x \to -\infty}\dfrac{2x}{\sqrt{x^2 + x} + \sqrt{x^2 - x}}\lim\limits_{x \to -\infty}\arctan x = \lim\limits_{x \to -\infty}\dfrac{-2}{\sqrt{1 + \dfrac{1}{x}} + \sqrt{1 - \dfrac{1}{x}}}\left(-\dfrac{\pi}{2}\right)$$

$$= (-1)\left(-\dfrac{\pi}{2}\right) = \dfrac{\pi}{2},$$

$$\lim\limits_{x \to +\infty}(\sqrt{x^2 + x} - \sqrt{x^2 - x})\arctan x$$

$$= \lim\limits_{x \to +\infty}\dfrac{(\sqrt{x^2 + x} - \sqrt{x^2 - x})(\sqrt{x^2 + x} + \sqrt{x^2 - x})}{\sqrt{x^2 + x} + \sqrt{x^2 - x}}\arctan x$$

$$= \lim\limits_{x \to +\infty}\dfrac{2x}{\sqrt{x^2 + x} + \sqrt{x^2 - x}} \cdot \lim\limits_{x \to +\infty}\arctan x = \lim\limits_{x \to +\infty}\dfrac{2}{\sqrt{1 + \dfrac{1}{x}} + \sqrt{1 - \dfrac{1}{x}}} \cdot \dfrac{\pi}{2} = \dfrac{\pi}{2},$$

所以 $\quad \lim\limits_{x \to \infty}(\sqrt{x^2 + x} - \sqrt{x^2 - x})\arctan x = \dfrac{\pi}{2}.$

2.5 无穷小的性质及比较

2.5.1 具有极限的函数与无穷小的关系

定理 2.5-1 在 x 的同一变化过程中，若函数 $f(x)$ 有极限 A，则函数 $\alpha(x) = f(x) - A$ 是无穷小；反之，在 x 的同一变化过程中，若函数 $\alpha(x) = f(x) - A$ 是无穷小，则函数 $f(x)$ 以 A 为极限.

根据定理 2.5-1，函数 $f(x)$ 如果有极限 A，就可表达成极限 A 与某一无穷小 $\alpha(x)$ 之

和，即

$$f(x) = A + \alpha(x) \ (\alpha(x) \to 0).$$

因为函数极限与无穷小之间有如此的密切关系，所以函数极限的研究可以转化为相应的无穷小来研究，这正是无穷小之所以重要的一个原因. 此外，微积分基本分析方法的核心是利用"均匀"研究"非均匀"，而"非均匀"转化为"均匀"是通过局部无限变小实现的，这也是无穷小之所以重要的一个原因.

2.5.2　无穷小的代数性质

定理 2.5-2 在自变量的同一变化过程中

(1) 有限个无穷小的代数和还是无穷小；

(2) 有限个无穷小的乘积还是无穷小；

(3) 常数与无穷小的乘积是无穷小；

(4) 有界函数与无穷小的乘积是无穷小.

例 2.5-1 证明函数极限 $\lim\limits_{x \to 0} x \sin \dfrac{1}{x} = 0$.

证明 因 $\lim\limits_{x \to 0} \sin \dfrac{1}{x}$ 不存在，故不能用乘积的极限运算法则.

因当 $x \to 0$ 时，函数 x 是无穷小，且函数 $\sin \dfrac{1}{x}$ 为有界函数，由有界函数与无穷小的乘积是无穷小知，当 $x \to 0$ 时，函数 $x \sin \dfrac{1}{x}$ 是无穷小，即

$$\lim\limits_{x \to 0} x \sin \dfrac{1}{x} = 0.$$

例 2.5-2 求函数极限 $\lim\limits_{x \to \infty} \dfrac{x+2}{x^2+x}(3 + \sin x)$ 的值.

解 因为 $\lim\limits_{x \to \infty}(3 + \sin x)$ 不存在，所以不能用乘积的极限运算法则.

当 $x \to \infty$ 时，函数 $\dfrac{x+2}{x^2+x}$ 是无穷小，且函数 $3 + \sin x$ 为有界函数，所以

$$\lim\limits_{x \to \infty} \dfrac{x+2}{x^2+x}(3 + \sin x) = 0.$$

例 2.5-3 求函数极限 $\lim\limits_{x \to \infty} \dfrac{x - \sin x}{x + \cos x}$ 的值.

解 $\lim\limits_{x \to \infty} \dfrac{x - \sin x}{x + \cos x} = \lim\limits_{x \to \infty} \dfrac{1 - \dfrac{1}{x}\sin x}{1 + \dfrac{1}{x}\cos x} = \dfrac{1-0}{1+0} = 1.$

2.5.3　无穷小的比较

由定理 2.5-2 知，两个无穷小的和、差、积都是无穷小，但是两个无穷小的商不一定是无穷小. 两个无穷小商的极限，可能为零，可能是非零常数，可能为无穷大，也可能其

他形式的不存在. 因此比较两个无穷小在自变量同一变化过程中的商是有意义的, 且能为处理不定式极限问题带来新方法, 为此引入无穷小阶的概念.

定义 2.5-1 设函数 α 与函数 $\beta\,(\beta \neq 0)$ 在 x 的同一变化过程中都是无穷小:

(1) 若 $\lim \dfrac{\alpha}{\beta} = 0$, 则称函数 α 是比函数 β **高阶**的无穷小, 记作 $\alpha = o(\beta)$;

(2) 若 $\lim \dfrac{\alpha}{\beta} = \infty$, 则称函数 α 是比函数 β **低阶**的无穷小;

(3) 若 $\lim \dfrac{\alpha}{\beta} = C\,(C \neq 0)$, 则称函数 α 与函数 β 为**同阶**无穷小;

特别地, 若 $\lim \dfrac{\alpha}{\beta} = 1$, 则称函数 α 与函数 β 是**等价**无穷小, 记作 $\alpha \sim \beta$.

(4*) 若 $\lim \dfrac{\alpha}{\beta^k} = C\,(C \neq 0, k > 0)$, 则称函数 α 是函数 β 的 **k 阶无穷小**.

等价无穷小是同阶无穷小的特殊情形, 即 $C = 1$ 时的情形. 等价无穷小具有对称性与传递性, 即若 $\alpha \sim \beta$, 则 $\beta \sim \alpha$; 若 $\alpha \sim \beta, \beta \sim \gamma$, 则 $\alpha \sim \gamma$.

两个无穷小可以比较的前提是其商的极限存在或为无穷大, 这表明并不是任何两个无穷小相互之间都是可以进行比较的.

例如, 当 $x \to 0$ 时, x 与 $x\sin\dfrac{1}{x}$ 都是无穷小, 但 $\lim\limits_{x \to 0} \dfrac{x\sin\dfrac{1}{x}}{x} = \lim\limits_{x \to 0} \sin\dfrac{1}{x}$ 不存在, 这两个无穷小的比较是无意义的.

例 2.5-4 比较下列各对无穷小的阶:

(1) 当 $x \to -1$ 时, $x^2 + 2x + 1$ 与 $x^2 - 1$;

(2) 当 $x \to 0$ 时, x 与 $\sqrt{x^2 + 1} - 1$;

(3) 当 $x \to 2$ 时, $2x^2 - 3x + 2$ 与 $3x^2 + x - 14$;

(4) 当 $x \to 0$ 时, $\sqrt{1+x} - \sqrt{1-x}$ 与 x.

解 (1) 因为 $\lim\limits_{x \to -1} \dfrac{x^2 + 2x + 1}{x^2 - 1} = \lim\limits_{x \to -1} \dfrac{(x+1)^2}{(x+1)(x-1)} = \lim\limits_{x \to -1} \dfrac{x+1}{x-1} = 0$,

所以当 $x \to -1$ 时, $x^2 + 2x + 1$ 是比 $x^2 - 1$ 高阶的无穷小.

(2) 因为 $\lim\limits_{x \to 0} \dfrac{x}{\sqrt{x^2 + 1} - 1} = \lim\limits_{x \to 0} \dfrac{x(\sqrt{x^2 + 1} + 1)}{(\sqrt{x^2 + 1} - 1)(\sqrt{x^2 + 1} + 1)}$

$= \lim\limits_{x \to 0} \dfrac{x(\sqrt{x^2 + 1} + 1)}{x^2 + 1 - 1} = \lim\limits_{x \to 0} \dfrac{\sqrt{x^2 + 1} + 1}{x} = \infty$,

所以当 $x \to 0$ 时, x 是比 $\sqrt{x^2 + 1} - 1$ 低阶的无穷小.

(3) 因为 $\lim\limits_{x \to 2} \dfrac{2x^2 - 3x + 2}{3x^2 + x - 14} = \lim\limits_{x \to 2} \dfrac{(x-2)(2x-1)}{(x-2)(3x+7)} = \lim\limits_{x \to 2} \dfrac{2x-1}{3x+7} = \dfrac{3}{13}$,

所以当 $x \to 2$ 时, $2x^2 - 3x + 2$ 与 $3x^2 + x - 14$ 为同阶无穷小.

(4) 因为 $\lim\limits_{x\to 0}\dfrac{\sqrt{1+x}-\sqrt{1-x}}{x}=\lim\limits_{x\to 0}\dfrac{(\sqrt{1+x}-\sqrt{1-x})(\sqrt{1+x}+\sqrt{1-x})}{x(\sqrt{1+x}+\sqrt{1-x})}$

$=\lim\limits_{x\to 0}\dfrac{1+x-(1-x)}{x(\sqrt{1+x}+\sqrt{1-x})}=\lim\limits_{x\to 0}\dfrac{2}{\sqrt{1+x}+\sqrt{1-x}}=1$,

所以当 $x\to 0$ 时,$\sqrt{1+x}-\sqrt{1-x}$ 与 x 为同阶无穷小,且为等价无穷小.

即当 $x\to 0$ 时,$\sqrt{1+x}-\sqrt{1-x}\sim x$.

例 2.5-5* 若函数极限 $\lim\limits_{x\to 2}\dfrac{x^2+ax+b}{x-2}=6$,求常数 a 与 b 的值.

解 由 $\lim\limits_{x\to 2}(x-2)=0$ 与 $\lim\limits_{x\to 2}\dfrac{x^2+ax+b}{x-2}=6$ 及定义 2.5-1(3),得

$$\lim\limits_{x\to 2}(x^2+ax+b)=4+2a+b=0.$$

所以 $\qquad b=-4-2a$.

将 $b=-4-2a$ 代入 $\lim\limits_{x\to 2}\dfrac{x^2+ax+b}{x-2}=6$,得

$$\lim\limits_{x\to 2}\dfrac{x^2+ax-4-2a}{x-2}=\lim\limits_{x\to 2}\dfrac{(x-2)(x+a+2)}{x-2}=\lim\limits_{x\to 2}(x+a+2)=4+a=6,$$

所以 $\qquad\begin{cases}a=2\\b=-8\end{cases}$.

2.5.4 等价无穷小替换法则

定理 2.5-3 设函数 $\alpha(\alpha\neq 0)$、$\beta(\beta\neq 0)$、$\gamma(\gamma\neq 0)$ 都是在 x 的同一变化过程中的无穷小,则在该变化过程中:

(1) 若 $\alpha\sim\gamma$,则 $\lim\alpha\beta=\lim\gamma\beta$;

(2) 若 $\alpha\sim\gamma$,且 $\lim\dfrac{\gamma}{\beta}$ 存在,则 $\lim\dfrac{\alpha}{\beta}=\lim\dfrac{\gamma}{\beta}$;

(3) 若 $\alpha\sim\gamma$,且 $\lim\dfrac{\beta}{\gamma}$ 存在,则 $\lim\dfrac{\beta}{\alpha}=\lim\dfrac{\beta}{\gamma}$.

定理 2.5-3 表明在含有函数乘除的极限运算中,极限中乘积的因子或分式的分子、分母可用其等价无穷小来替换,而不改变原极限值. 作等价无穷小替换时,若分子或分母为几个因子的乘积,可以将其中的因子用其等价无穷小来替换. 用来替换的等价无穷小选择的适当,可以使某些 $\dfrac{0}{0}$ 型不定式的极限计算变得简单易解. 但是,若分子或分母为和式,不能将和式中的某一项或若干项用其等价无穷小来替换,而是应将分子或分母整个加以替换.

例 2.5-6 求函数极限 $\lim\limits_{x\to 0}\dfrac{\sqrt{1+x}-\sqrt{1-x}}{x^3-x^2+5x}$ 的值.

解 由例 2.5-4(4)知,当 $x\to 0$ 时,$\sqrt{1+x}-\sqrt{1-x}\sim x$,

所以 $\qquad\lim\limits_{x\to 0}\dfrac{\sqrt{1+x}-\sqrt{1-x}}{x^3-x^2+5x}=\lim\limits_{x\to 0}\dfrac{x}{x^3-x^2+5x}=\lim\limits_{x\to 0}\dfrac{1}{x^2-x+5}=\dfrac{1}{5}$.

2.6 两个重要极限

2.6.1 夹挤准则

无论是用极限定义及相关知识还是用极限运算法则确定函数的极限，都是在极限值已知的前提下，通过计算求得结果. 但若仅停留于此，则极限的作用不能充分发挥. 这是因为，有的函数的极限虽然是存在的，但其极限值却是从未见过的数. 所以还需要有在事先不涉及函数极限值的前提下，而仅依靠函数本身的内在性质来确定函数极限的方法.

定理 2.6-1(夹挤准则) 若当 $x \in U°(x_0)$ ($x \in U(\infty)$) 时，有 $g(x) \leqslant f(x) \leqslant h(x)$，且 $\lim\limits_{\substack{x \to x_0 \\ (x \to \infty)}} g(x) = A$、$\lim\limits_{\substack{x \to x_0 \\ (x \to \infty)}} h(x) = A$，则 $\lim\limits_{\substack{x \to x_0 \\ (x \to \infty)}} f(x) = A$.

夹挤准则(也称夹逼准则)是一个判定准则，它不仅是证明极限存在的行之有效的工具，而且提供了一个求极限的方法. 夹挤准则在确定极限存在的同时也确定了它的极限值，能具体求出极限值.

夹挤准则中的极限过程 $x \to x_0(x \to \infty)$ 改为 $x \to x_0^-$、$x \to x_0^+(x \to -\infty$、$x \to +\infty)$，并将其中的邻域 $U°(x_0)$($U(\infty)$)作相应的调整，其结论仍然成立.

2.6.2 第一个重要极限

利用 $\lim\limits_{x \to 0} \cos x = 1$ 与 $\lim\limits_{x \to 0} 1 = 1$ 和夹挤准则可以证明第一重要极限：

$$\lim_{x \to 0} \frac{\sin x}{x} = 1 \text{(这里 } x \text{ 以弧度为单位).}$$

例 2.6-1 求函数极限 $\lim\limits_{x \to 0} \dfrac{\tan x}{x}$ 的值.

解 $\lim\limits_{x \to 0} \dfrac{\tan x}{x} = \lim\limits_{x \to 0} \left(\dfrac{\sin x}{x} \cdot \dfrac{1}{\cos x} \right) = \lim\limits_{x \to 0} \dfrac{\sin x}{x} \cdot \lim\limits_{x \to 0} \dfrac{1}{\cos x} = 1$.

例 2.6-2 求函数极限 $\lim\limits_{x \to 0} \dfrac{1 - \cos x}{x^2}$ 的值.

解 $\lim\limits_{x \to 0} \dfrac{1 - \cos x}{x^2} = \lim\limits_{x \to 0} \dfrac{(1 - \cos x)(1 + \cos x)}{x^2(1 + \cos x)} = \lim\limits_{x \to 0} \left(\dfrac{\sin x}{x} \right)^2 \cdot \lim\limits_{x \to 0} \dfrac{1}{1 + \cos x} = \dfrac{1}{2}$.

例 2.6-3 求函数极限 $\lim\limits_{x \to 0} \dfrac{\arcsin x}{x}$ 的值.

解 设 $u = \arcsin x$，则 $x = \sin u$；且当 $x \to 0$ 时，$u \to 0$.

于是 $\lim\limits_{x \to 0} \dfrac{\arcsin x}{x} = \lim\limits_{u \to 0} \dfrac{u}{\sin u} = \lim\limits_{u \to 0} \dfrac{1}{\dfrac{\sin u}{u}} = 1$.

同法可得：$\lim\limits_{x \to 0} \dfrac{\arctan x}{x} = 1$.

由等价无穷小的定义和等价无穷小的对称性、传递性与例 2.6-1、例 2.6-2、例 2.6-3 及

第一重要极限，得

当 $x \to 0$ 时，$\sin x \sim \tan x \sim \arcsin x \sim \arctan x \sim x$，$1 - \cos x \sim \dfrac{1}{2} x^2$.

将上面的结果一般化(假设所涉及的各复合函数均有意义)，得：若在 x 的某一变化过程中，函数 $f(x) \to 0$，则在 x 的同一变化过程中，有

$$\sin f(x) \sim \tan f(x) \sim \arcsin f(x) \sim \arctan f(x) \sim f(x)，$$

$$1 - \cos f(x) \sim \frac{1}{2} f^2(x).$$

例 2.6-4 求函数极限 $\lim\limits_{x \to \infty} x \sin \dfrac{1}{x}$ 的值.

解 因当 $x \to \infty$ 时，$\dfrac{1}{x} \to 0$，所以当 $x \to \infty$ 时，$\sin \dfrac{1}{x} \sim \dfrac{1}{x}$.

于是　　$\lim\limits_{x \to \infty} x \sin \dfrac{1}{x} = \lim\limits_{x \to \infty} x \cdot \dfrac{1}{x} = 1$.

例 2.6-5 求函数极限 $\lim\limits_{x \to 3} \dfrac{\arcsin(x^2 - 9)}{x - 3}$ 的值.

解 因当 $x \to 3$ 时，$x^2 - 9 \to 0$，所以当 $x \to 3$ 时，$\arcsin(x^2 - 9) \sim x^2 - 9$.

于是　　$\lim\limits_{x \to 3} \dfrac{\arcsin(x^2 - 9)}{x - 3} = \lim\limits_{x \to 3} \dfrac{x^2 - 9}{x - 3} = \lim\limits_{x \to 3}(x + 3) = 6$.

例 2.6-6 求函数极限 $\lim\limits_{x \to 0} \dfrac{1 - \cos 3x}{x \arctan 7x}$ 的值.

解 因当 $x \to 0$ 时，$3x \to 0$，$7x \to 0$，

所以当 $x \to 0$ 时，$1 - \cos 3x \sim \dfrac{1}{2}(3x)^2$，$\arctan 7x \sim 7x$，

于是　　$\lim\limits_{x \to 0} \dfrac{1 - \cos 3x}{x \arctan 7x} = \lim\limits_{x \to 0} \dfrac{\dfrac{1}{2}(3x)^2}{x \cdot 7x} = \dfrac{9}{14}$.

例 2.6-7 求函数极限 $\lim\limits_{x \to 0} \dfrac{\tan x - \sin x}{x^3}$ 的值.

解　$\lim\limits_{x \to 0} \dfrac{\tan x - \sin x}{x^3} = \lim\limits_{x \to 0} \dfrac{\tan x(1 - \cos x)}{x^3}$　(当 $x \to 0$ 时，$\tan x \sim x, 1 - \cos x \sim \dfrac{1}{2} x^2$)

$= \lim\limits_{x \to 0} \dfrac{x \cdot \dfrac{1}{2} x^2}{x^3} = \dfrac{1}{2}$.

例 2.6-8 求函数极限 $\lim\limits_{x \to \pi} \dfrac{\sin 3x}{\tan 5x}$ 的值.

解 设 $t = x - \pi$，则当 $x \to \pi$ 时，$t \to 0$，且 $x = t + \pi$，所以

$$\lim\limits_{x \to \pi} \dfrac{\sin 3x}{\tan 5x} = \lim\limits_{t \to 0} \dfrac{\sin(3\pi + 3t)}{\tan(5\pi + 5t)} = \lim\limits_{t \to 0} \dfrac{-\sin 3t}{\tan 5t} = \lim\limits_{t \to 0} \dfrac{-3t}{5t} = -\dfrac{3}{5}.$$

2.6.3　第二个重要极限

利用单调有界准则(定理 7.1-5)可证明第二重要极限(见例 7.1-8):

$$\lim_{x\to\infty}\left(1+\frac{1}{x}\right)^{x}=\mathrm{e}.$$

其中 e 是无理数, 其值为 e = 2.718 28 ⋯.

若令 $t=\dfrac{1}{x}$, 则当 $x\to 0$ 时, $t\to\infty$, 于是得到第二重要极限的一个变式

$$\lim_{x\to 0}(1+x)^{\frac{1}{x}}=\lim_{t\to\infty}\left(1+\frac{1}{t}\right)^{t}=\mathrm{e}.$$

将上述结论进行一般化推广, 可得第二重要极限的一般形式:

若在自变量的某一变化过程中有 $f(x)\to 0$, 则

$$\lim[1+f(x)]^{\frac{1}{f(x)}}=\mathrm{e}.$$

求解幂指函数型函数 $[f(x)]^{g(x)}$ ($f(x)>0$ 且 $f(x)\neq 1$) 的极限时, 若 $\lim f(x)=1$, 且 $\lim g(x)=\infty$, 则称这样的极限为 1^{∞} 型不定式.

显然, 第二重要极限是 1^{∞} 型不定式. 根据求复合函数极限定理(定理 2.4-3)与指数函数的连续性, 以及第二重要极限的一般形式, 可以进一步得到 1^{∞} 型不定式极限计算的一般公式.

定理 2.6-2 (1^{∞} 型不定式极限的计算公式) 若在自变量的同一变化过程中, 有 $\lim f(x)=1$, $\lim g(x)=\infty$, 则

$$\lim[f(x)]^{g(x)}=\mathrm{e}^{\lim g(x)[f(x)-1]}.$$

证明 因为在自变量的同一变化过程中, 有 $\lim f(x)=1$, $\lim g(x)=\infty$, 所以有

$$\lim[f(x)]^{g(x)}=\lim[1+f(x)-1]^{g(x)} \qquad (此时显然有 \lim[f(x)-1]=0)$$

$$=\lim[1+f(x)-1]^{\frac{1}{f(x)-1}[f(x)-1]g(x)}=\lim\left\{[1+f(x)-1]^{\frac{1}{f(x)-1}}\right\}^{g(x)[f(x)-1]}=\mathrm{e}^{\lim g(x)[f(x)-1]}.$$

例 2.6-9 求下列各函数极限的值:

(1) $\lim\limits_{x\to 0}(1-x)^{\frac{1}{4x}}$;　　　　　　　　(2) $\lim\limits_{x\to\infty}\left(1+\dfrac{1}{3x}\right)^{2x-1}$;

(3) $\lim\limits_{x\to\infty}\left(\dfrac{5x-1}{5x+1}\right)^{3x+2}$;　　　　　(4) $\lim\limits_{x\to 2}(3x-5)^{\frac{3}{2-x}}$;

(5) $\lim\limits_{x\to 0}\sqrt[x]{(1+3x)^{1-2x}}$;　　　　　(6) $\lim\limits_{x\to 0}(1-5x)^{\frac{4}{\sin 3x}+1}$.

解 (1) 因为 $\lim\limits_{x\to 0}(1-x)^{\frac{1}{4x}}$ 是 1^{∞} 型不定式,

所以　　$\lim\limits_{x\to 0}(1-x)^{\frac{1}{4x}}=\mathrm{e}^{\lim\limits_{x\to 0}\frac{1}{4x}(1-x-1)}=\mathrm{e}^{-\frac{1}{4}}$.

(2) 因为 $\lim\limits_{x\to\infty}\left(1+\dfrac{1}{3x}\right)^{2x-1}$ 是 1^{∞} 型不定式,

所以　　　$\lim\limits_{x\to\infty}\left(1+\dfrac{1}{3x}\right)^{2x-1}=\mathrm{e}^{\lim\limits_{x\to\infty}(2x-1)\left(1+\frac{1}{3x}-1\right)}=\mathrm{e}^{\lim\limits_{x\to\infty}\frac{2x-1}{3x}}=\mathrm{e}^{\frac{2}{3}}$.

(3) 因为 $\lim\limits_{x\to\infty}\dfrac{5x-1}{5x+1}=1$，$\lim\limits_{x\to\infty}(3x+2)=\infty$，所以 $\lim\limits_{x\to\infty}\left(\dfrac{5x-1}{5x+1}\right)^{3x+2}$ 是 1^{∞} 型不定式.

又因为　　$\lim\limits_{x\to\infty}(3x+2)\left(\dfrac{5x-1}{5x+1}-1\right)=\lim\limits_{x\to\infty}\dfrac{-2(3x+2)}{5x+1}=-\dfrac{6}{5}$，

所以　　　$\lim\limits_{x\to\infty}\left(\dfrac{5x-1}{5x+1}\right)^{3x+2}=\mathrm{e}^{-\frac{6}{5}}$.

(4) 因为 $\lim\limits_{x\to2}(3x-5)=1$，$\lim\limits_{x\to2}\dfrac{3}{2-x}=\infty$，所以 $\lim\limits_{x\to2}(3x-5)^{\frac{3}{2-x}}$ 是 1^{∞} 型不定式.

又因为　　$\lim\limits_{x\to2}\dfrac{3}{2-x}(3x-5-1)=\lim\limits_{x\to2}\dfrac{9(x-2)}{2-x}=-9$，

所以　　　$\lim\limits_{x\to2}(3x-5)^{\frac{3}{2-x}}=\mathrm{e}^{-9}$.

(5) 因为 $\lim\limits_{x\to0}\sqrt[x]{(1+3x)^{1-2x}}=\lim\limits_{x\to0}(1+3x)^{\frac{1-2x}{x}}$ 是 1^{∞} 型不定式，

所以　　　$\lim\limits_{x\to0}\sqrt[x]{(1+3x)^{1-2x}}=\lim\limits_{x\to0}(1+3x)^{\frac{1-2x}{x}}=\mathrm{e}^{\lim\limits_{x\to0}\frac{1-2x}{x}\cdot3x}=\mathrm{e}^{\lim\limits_{x\to0}3(1-2x)}=\mathrm{e}^{3}$.

(6) 因为 $\lim\limits_{x\to0}(1-5x)^{\frac{4}{\sin3x}+1}$ 是 1^{∞} 型不定式，

又因为　　$\lim\limits_{x\to0}\left(\dfrac{4}{\sin3x}+1\right)(1-5x-1)=\lim\limits_{x\to0}\left(\dfrac{4}{\sin3x}+1\right)(-5x)=-\lim\limits_{x\to0}\left(\dfrac{20x}{\sin3x}+5x\right)$

$$=-\left(\lim\limits_{x\to0}\dfrac{20x}{\sin3x}+\lim\limits_{x\to0}5x\right)=-\left(\lim\limits_{x\to0}\dfrac{20x}{3x}+0\right)=-\dfrac{20}{3},$$

所以　　　$\lim\limits_{x\to0}(1-5x)^{\frac{4}{\sin3x}+1}=\mathrm{e}^{-\frac{20}{3}}$.

例 2.6-10　求函数极限 $\lim\limits_{x\to0}\dfrac{\ln(1+x)}{x}$ 的值.

解　$\lim\limits_{x\to0}\dfrac{\ln(1+x)}{x}=\lim\limits_{x\to0}\ln(1+x)^{\frac{1}{x}}=\ln\lim\limits_{x\to0}(1+x)^{\frac{1}{x}}=\ln\mathrm{e}=1$.

(即当 $x\to0$ 时，$\ln(1+x)\sim x$)

例 2.6-11　求函数极限 $\lim\limits_{x\to0}\dfrac{\mathrm{e}^{x}-1}{x}$ 的值.

解　设 $u=\mathrm{e}^{x}-1$，则 $x=\ln(1+u)$，且当 $x\to0$ 时，$u\to0$.

于是　　　$\lim\limits_{x\to0}\dfrac{\mathrm{e}^{x}-1}{x}=\lim\limits_{u\to0}\dfrac{u}{\ln(1+u)}=\lim\limits_{u\to0}\dfrac{1}{\dfrac{\ln(1+u)}{u}}=1$.

(即当 $x\to0$ 时，$\mathrm{e}^{x}-1\sim x$)

例 2.6-12*　求函数极限 $\lim\limits_{x\to0}\dfrac{(1+x)^{\alpha}-1}{x}$（$\alpha\in\mathbf{R}$ 且 $\alpha\neq0$）的值.

解　设 $u=(1+x)^{\alpha}-1$，则 $\ln(1+u)=\alpha\ln(1+x)$，且 $x\to0$ 时，$u\to0$，

于是 $\quad\lim\limits_{x\to 0}\dfrac{(1+x)^{\alpha}-1}{x}=\lim\limits_{x\to 0}\dfrac{(1+x)^{\alpha}-1}{\ln(1+x)}\qquad(x\to 0$ 时，$\ln(1+x)\sim x)$

$$=\lim\limits_{u\to 0}\dfrac{\alpha u}{\ln(1+u)}=\alpha.$$

(即当 $x\to 0$ 时，$(1+x)^{\alpha}-1\sim\alpha x$)

由等价无穷小的定义和等价无穷小的对称性、传递性与例 2.6-10、例 2.6-11、例 2.6-12 得：当 $x\to 0$ 时，$\ln(1+x)\sim e^x-1\sim x$，$(1+x)^{\alpha}-1\sim\alpha x\,(\alpha\in\mathbf{R}$ 且 $\alpha\neq 0)$.

将上面的结果一般化(假设所涉及的各复合函数均有意义)，得：若在 x 的某一变化过程中，函数 $f(x)\to 0$，则在 x 的同一变化过程中，有

$\ln[1+f(x)]\sim e^{f(x)}-1\sim f(x)$；

$a^{f(x)}-1=e^{f(x)\ln a}-1\sim f(x)\ln a\,(a>0$ 且 $a\neq 1)$；

$[1+f(x)]^{\alpha}-1\sim\alpha f(x)\,(\alpha\in\mathbf{R}$ 且 $\alpha\neq 0)$.

例 2.6-13 求函数极限 $\lim\limits_{x\to 0}\dfrac{\sqrt[3]{1+x^4}-1}{1-\cos x^2}$ 的值.

解 因当 $x\to 0$ 时，$x^4\to 0$，$x^2\to 0$，

所以当 $x\to 0$ 时，$\sqrt[3]{1+x^4}-1\sim\dfrac{1}{3}x^4$，$1-\cos x^2\sim\dfrac{1}{2}x^4$.

于是 $\quad\lim\limits_{x\to 0}\dfrac{\sqrt[3]{1+x^4}-1}{1-\cos x^2}=\lim\limits_{x\to 0}\dfrac{\dfrac{1}{3}x^4}{\dfrac{1}{2}x^4}=\dfrac{2}{3}$.

例 2.6-14 求函数极限 $\lim\limits_{x\to 0}\dfrac{\ln(1-2x)}{\sqrt{1+x+x^2}-1}$ 的值.

解 因 $x\to 0$ 时，$-2x\to 0$，$x+x^2\to 0$，

所以当 $x\to 0$ 时，$\ln(1-2x)\sim -2x$，$\sqrt{1+x+x^2}-1\sim\dfrac{1}{2}(x+x^2)$.

于是 $\quad\lim\limits_{x\to 0}\dfrac{\ln(1-2x)}{\sqrt{1+x+x^2}-1}=\lim\limits_{x\to 0}\dfrac{-2x}{\dfrac{1}{2}(x+x^2)}=\lim\limits_{x\to 0}\dfrac{-4}{1+x}=-4$.

例 2.6-15 求函数极限 $\lim\limits_{x\to\infty}x^2(e^{-\cos\frac{1}{x}}-e^{-1})$ 的值.

解 $\lim\limits_{x\to\infty}x^2(e^{-\cos\frac{1}{x}}-e^{-1})=e^{-1}\lim\limits_{x\to\infty}x^2(e^{1-\cos\frac{1}{x}}-1)=e^{-1}\lim\limits_{x\to\infty}x^2\left(1-\cos\dfrac{1}{x}\right)$

$=e^{-1}\lim\limits_{x\to\infty}\left[x^2\cdot\dfrac{1}{2}\left(\dfrac{1}{x}\right)^2\right]=\dfrac{1}{2e}$. $\qquad\left(\text{当}x\to\infty\text{时，}e^{1-\cos\frac{1}{x}}-1\sim 1-\cos\dfrac{1}{x}\sim\dfrac{1}{2}\left(\dfrac{1}{x}\right)^2\right)$

例 2.6-16 求函数极限 $\lim\limits_{x\to 0}\dfrac{e^{-x^2}-\arcsin x^2-1}{\ln^2(1-2x)+\arctan^2 2x}$ 的值.

解 $\lim\limits_{x\to 0}\dfrac{e^{-x^2}-\arcsin x^2-1}{\ln^2(1-2x)+\arctan^2 2x}=\lim\limits_{x\to 0}\dfrac{\dfrac{e^{-x^2}-1}{x^2}-\dfrac{\arcsin x^2}{x^2}}{\dfrac{\ln^2(1-2x)}{x^2}+\dfrac{\arctan^2 2x}{x^2}}$

$=\dfrac{\lim\limits_{x\to 0}\dfrac{e^{-x^2}-1}{x^2}-\lim\limits_{x\to 0}\dfrac{\arcsin x^2}{x^2}}{\lim\limits_{x\to 0}\dfrac{\ln^2(1-2x)}{x^2}+\lim\limits_{x\to 0}\dfrac{\arctan^2 2x}{x^2}}=\dfrac{\lim\limits_{x\to 0}\dfrac{-x^2}{x^2}-\lim\limits_{x\to 0}\dfrac{x^2}{x^2}}{\lim\limits_{x\to 0}\dfrac{(-2x)^2}{x^2}+\lim\limits_{x\to 0}\dfrac{(2x)^2}{x^2}}=\dfrac{-1-1}{4+4}=-\dfrac{1}{4}.$

例 2.6-17* 求函数极限 $\lim\limits_{x\to\infty}\left(\dfrac{1}{x}+e^{\frac{1}{x}}\right)^x$ 的值.

解 因为 $\lim\limits_{x\to\infty}x\left(\dfrac{1}{x}+e^{\frac{1}{x}}-1\right)=\lim\limits_{x\to\infty}\left(x\cdot\dfrac{1}{x}\right)+\lim\limits_{x\to\infty}x(e^{\frac{1}{x}}-1)=1+\lim\limits_{x\to\infty}x\cdot\dfrac{1}{x}=2$,

所以　　$\lim\limits_{x\to\infty}\left(\dfrac{1}{x}+e^{\frac{1}{x}}\right)^x=e^{\lim\limits_{x\to\infty}x\left(\frac{1}{x}+e^{\frac{1}{x}}-1\right)}=e^2.$

例 2.6-18* 求函数极限 $\lim\limits_{x\to 0}\left(\dfrac{a^x+b^x}{2}\right)^{\frac{1}{x}}$ (a、b 为正数)的值.

解 因为 $\lim\limits_{x\to 0}\dfrac{1}{x}\left(\dfrac{a^x+b^x}{2}-1\right)=\lim\limits_{x\to 0}\dfrac{a^x+b^x-2}{2x}=\lim\limits_{x\to 0}\dfrac{(a^x-1)+(b^x-1)}{2x}$

$=\lim\limits_{x\to 0}\dfrac{a^x-1}{2x}+\lim\limits_{x\to 0}\dfrac{b^x-1}{2x}=\lim\limits_{x\to 0}\dfrac{x\ln a}{2x}+\lim\limits_{x\to 0}\dfrac{x\ln b}{2x}=\dfrac{1}{2}(\ln a+\ln b)$,

所以　　$\lim\limits_{x\to 0}\left(\dfrac{a^x+b^x}{2}\right)^{\frac{1}{x}}=e^{\frac{1}{2}(\ln a+\ln b)}=e^{\frac{1}{2}\ln(ab)}=e^{\ln(ab)^{\frac{1}{2}}}=(ab)^{\frac{1}{2}}=\sqrt{ab}.$

第 3 章　导数与微分

微分学是微积分重要组成部分，它的基本概念是导数与微分．导数反映了函数相对于自变量的改变而变化的快慢程度，即函数的变化率；微分反映了当自变量有微小变化时，函数大约有多少变化，即函数增量的近似值．

3.1　导数的概念

在自然科学和工程技术领域中，以及在经济领域和社会科学研究中，还有许多有关变化率的问题都可以归结为计算形如式(2.1-1)、式(2.1-3)的极限．因需要求解这些问题，促使人们研究形如式(2.1-1)、式(2.1-3)的极限，从而导致了微分学的诞生．

3.1.1　导数的定义与几何意义

定义 3.1-1 设函数 $f(x)$ 在点 x_0 的某邻域 $U(x_0)$ 内有定义，若极限

$$\lim_{x \to x_0} \frac{f(x) - f(x_0)}{x - x_0} \tag{3.1-1}$$

存在，则称函数 $f(x)$ 在点 x_0 处**可导**，并称该极限值为函数 $f(x)$ 在点 x_0 处的**导数**，记作 $f'(x_0)$ 或 $y'\big|_{x=x_0}$，即

$$y'|_{x=x_0} = f'(x_0) = \lim_{x \to x_0} \frac{f(x) - f(x_0)}{x - x_0}.$$

若极限 $\lim\limits_{x \to x_0} \dfrac{f(x) - f(x_0)}{x - x_0}$ 不存在，则称函数 $f(x)$ 在点 x_0 处**不可导**．

若不可导的原因是极限 $\lim\limits_{x \to x_0} \dfrac{f(x) - f(x_0)}{x - x_0} = \infty$（$+\infty$ 或 $-\infty$），为方便起见，也称函数 $f(x)$ 在点 x_0 处的导数为无穷大(正无穷大或负无穷大)．

由导数定义知，运动方程为 $s = s(t)$ 的质点作变速直线运动时，在 t_0 时刻的速度

$$v(t_0) = s'(t_0).$$

由导数定义知，函数 $f(x)$ 在点 x_0 处的导数 $f'(x_0)$，表示函数曲线 $y = f(x)$ 在点 $(x_0, f(x_0))$ 处的切线斜率，这就是**导数的几何意义**．

例 3.1-1 证明函数 $f(x) = \sqrt[3]{x}$ 在点 $x = 0$ 处不可导．

证明 因为 $\lim\limits_{x \to 0} \dfrac{f(x) - f(0)}{x - 0} = \lim\limits_{x \to 0} \dfrac{\sqrt[3]{x} - 0}{x} = \lim\limits_{x \to 0} \dfrac{1}{\sqrt[3]{x^2}} = +\infty$，所以 $f'(0)$ 不存在．

例 3.1-2 设函数 $f(x) = x(x-1)(x-2)\cdots(x-100)$，求：$f'(1)$．

解 $f'(1) = \lim\limits_{x \to 1} \dfrac{f(x) - f(1)}{x - 1} = \lim\limits_{x \to 1} \dfrac{x(x-1)(x-2)\cdots(x-100) - 0}{x - 1}$

$$= \lim_{x \to 1} x(x-2) \cdots (x-100) = -99!.$$

注：对于 $n \in \mathbf{N}_+$，记 $1 \times 2 \times 3 \times \cdots \times (n-1)n = n!$ (读作 " n 的阶乘")；特别规定 $0! = 1$．

若将定义 3.1-1 中的邻域 $U(x_0)$ 改为左邻域 $(x_0 - \delta, x_0]$ (或右邻域 $[x_0, x_0 + \delta)$)，且极限 $\lim_{x \to x_0^-} \dfrac{f(x) - f(x_0)}{x - x_0}$ $\left(\text{或} \lim_{x \to x_0^+} \dfrac{f(x) - f(x_0)}{x - x_0}\right)$ 存在，则称函数 $f(x)$ 在点 x_0 处左可导(或右可导)，并称该极限值为函数 $f(x)$ 在点 x_0 处的**左导数**(或右导数)，记为 $f'_-(x_0)$ (或 $f'_+(x_0)$)，即

$$f'_-(x_0) = \lim_{x \to x_0^-} \frac{f(x) - f(x_0)}{x - x_0}; \quad f'_+(x_0) = \lim_{x \to x_0^+} \frac{f(x) - f(x_0)}{x - x_0}.$$

函数 $f(x)$ 在点 x_0 处可导的充要条件是：函数 $f(x)$ 在点 x_0 处的左导数与右导数都存在并且相等．

因此，当函数 $f(x)$ 在点 x_0 处的左导数、右导数都存在但不相等，或函数 $f(x)$ 在点 x_0 处的左导数、右导数中至少有一个不存在时，就可以断定函数 $f(x)$ 在点 x_0 处不可导．

例 3.1-3 证明函数 $f(x) = |x|$ 在点 $x = 0$ 处不可导．

证明 $f'_-(0) = \lim\limits_{x \to 0^-} \dfrac{f(x) - f(0)}{x - 0} = \lim\limits_{x \to 0^-} \dfrac{-x}{x} = -1$，

$f'_+(0) = \lim\limits_{x \to 0^+} \dfrac{f(x) - f(0)}{x - 0} = \lim\limits_{x \to 0^+} \dfrac{x}{x} = 1$．

因 $f'_-(0) \neq f'_+(0)$，所以函数 $f(x) = |x|$ 在点 $x = 0$ 处不可导．

例 3.1-4 设函数 $f(x) = \begin{cases} 2x - 4, & x < 1 \\ -2, & x = 1 \\ x^2 - 3, & x > 1 \end{cases}$，求：$f'(1)$．

解 $f'_-(1) = \lim\limits_{x \to 1^-} \dfrac{f(x) - f(1)}{x - 1} = \lim\limits_{x \to 1^-} \dfrac{2x - 4 - (-2)}{x - 1} = \lim\limits_{x \to 1^-} \dfrac{2x - 2}{x - 1} = 2$，

$f'_+(1) = \lim\limits_{x \to 1^+} \dfrac{f(x) - f(1)}{x - 1} = \lim\limits_{x \to 1^+} \dfrac{x^2 - 3 - (-2)}{x - 1} = \lim\limits_{x \to 1^+} \dfrac{x^2 - 1}{x - 1} = 2$．

因 $f'_-(1) = f'_+(1) = 2$，所以 $f'(1) = 2$．

3.1.2　函数可导性与连续性的关系

设函数 $f(x)$ 在点 x_0 处可导，即 $f'(x_0)$ 存在，则有

$$f'(x_0) = \lim_{x \to x_0} \frac{f(x) - f(x_0)}{x - x_0}; \quad \lim_{x \to x_0} (x - x_0) = 0.$$

由定义 2.5-1 知，

$$\lim_{x \to x_0} [f(x) - f(x_0)] = 0,$$

即 $\lim\limits_{x \to x_0} f(x) = f(x_0)$．

因此，若函数 $f(x)$ 在点 x_0 处可导，则函数 $f(x)$ 在点 x_0 处必连续．反之，当函数 $f(x)$ 在点 x_0 处连续时，函数 $f(x)$ 在点 x_0 处不一定可导．

例如，函数 $f(x) = |x|$ 在点 $x = 0$ 处连续，但在点 $x = 0$ 处不可导．

显然，若函数 $f(x)$ 在点 x_0 处不连续，则函数 $f(x)$ 在点 x_0 处必不可导.

3.1.3 函数增量与函数连续、可导的等价定义

对于函数 $y = f(x)$，当自变量 x 从它的一个初值 x_0 变到终值 x 时，相应的函数值从 $f(x_0)$ 变到 $f(x)$，此时称

$$x - x_0$$

为自变量 x 的增量(或改变量)，记作 Δx；相应地称

$$f(x) - f(x_0)$$

为函数 $f(x)$ 的增量(或改变量)，记作 $\Delta y \big|_{x=x_0}$.即

$$\Delta x = x - x_0 , \quad \Delta y \big|_{x=x_0} = f(x) - f(x_0) .$$

由 $\Delta x = x - x_0$ 得 $x = x_0 + \Delta x$，于是函数 $y = f(x)$ 在点 x_0 处的增量又可表示为

$$\Delta y \big|_{x=x_0} = f(x_0 + \Delta x) - f(x_0) ,$$

显然，当 $\Delta x = 0$ 时，有 $\Delta y = 0$.

因 $x \to x_0 \Leftrightarrow \Delta x \to 0$，所以函数 $f(x)$ 在点 x_0 处的导数定义可以写成增量形式.

定义 3.1-2 设函数 $y = f(x)$ 在 x_0 的某邻域 $U(x_0)$ 内有定义，若极限

$$\lim_{\Delta x \to 0} \frac{\Delta y}{\Delta x} = \lim_{\Delta x \to 0} \frac{f(x_0 + \Delta x) - f(x_0)}{\Delta x} \tag{3.1-2}$$

存在，则称函数 $f(x)$ 在点 x_0 处**可导**，并称该极限值为函数 $f(x)$ 在点 x_0 处的**导数**，记作 $f'(x_0)$ 或 $y' \big|_{x=x_0}$，即

$$f'(x_0) = \lim_{\Delta x \to 0} \frac{\Delta y}{\Delta x} = \lim_{\Delta x \to 0} \frac{f(x_0 + \Delta x) - f(x_0)}{\Delta x} .$$

因导数 $f'(x_0)$ 是 $\dfrac{\Delta y}{\Delta x}$ 当 $\Delta x \to 0$ 时的极限，故无论 Δx 如何选取，当 $\Delta x \to 0$ 时，只要 $\dfrac{\Delta y}{\Delta x}$ 的极限存在，则该极限值便是一个确定的数值，它不会再含有 Δx . 因此，导数 $f'(x_0)$ 的数值只与点 x_0 有关，并不依赖于 Δx .

也就是说，式(3.1-2)中的记号 Δx 只是一个运算记号，在极限运算完成后便会消失. 因此，在需要时可以用任意其他的记号代替 Δx .

例如，下面式(3.1-3)和式(3.1-4)与式(3.1-2)等价.

$$f'(x_0) = \lim_{t \to 0} \frac{f(x_0 + t) - f(x_0)}{t} \tag{3.1-3}$$

$$f'(x_0) = \lim_{h \to \infty} \frac{f\left(x_0 + \dfrac{1}{h}\right) - f(x_0)}{\dfrac{1}{h}} = \lim_{h \to \infty} h\left[f\left(x_0 + \dfrac{1}{h}\right) - f(x_0) \right] \tag{3.1-4}$$

例 3.1-5* 设 $f'(x_0)$ 与 $f'(2)$ 存在，求下列极限：

(1) $\displaystyle\lim_{\Delta x \to 0} \frac{f(x_0 - 2\Delta x) - f(x_0)}{\Delta x}$;

(2) $\displaystyle\lim_{x \to 2} \frac{f(x) - f(2)}{4 - 2x}$;

(3) $\lim\limits_{t\to\infty} t\left[f(x_0)-f\left(x_0-\dfrac{1}{t}\right)\right]$；

(4) $\lim\limits_{h\to0}\dfrac{f(x_0-4h)-f(x_0+3h)}{h}$．

解 (1) 原式 $=-2\lim\limits_{\Delta x\to0}\dfrac{f(x_0-2\Delta x)-f(x_0)}{-2\Delta x}=-2f'(x_0)$．

(2) 原式 $=-\dfrac{1}{2}\lim\limits_{x\to2}\dfrac{f(x)-f(2)}{x-2}=-\dfrac{1}{2}f'(2)$．

(3) 原式 $=\lim\limits_{t\to\infty}\dfrac{f\left(x_0-\dfrac{1}{t}\right)-f(x_0)}{-\dfrac{1}{t}}=f'(x_0)$．

(4) 原式 $=\lim\limits_{h\to0}\dfrac{f(x_0-4h)-f(x_0)+f(x_0)-f(x_0+3h)}{h}$

$\qquad =-4\lim\limits_{h\to0}\dfrac{f(x_0-4h)-f(x_0)}{-4h}-3\lim\limits_{h\to0}\dfrac{f(x_0+3h)-f(x_0)}{3h}=-7f'(x_0)$．

例 3.1-6[*] 设函数 $f(x)$ 在 $U(0)$ 内可导，且 $x\neq0$ 时，有 $f(x)\neq0$．如果 $f(0)=0$，$f'(0)=-2$，求：$\lim\limits_{x\to0}[1-2f(x)]^{\frac{1}{\sin x}}$．

解 因为 $\lim\limits_{x\to0}[1-2f(x)]^{\frac{1}{\sin x}}$ 为 1^{∞} 型未定式，所以

$$\lim\limits_{x\to0}[1-2f(x)]^{\frac{1}{\sin x}}=e^{\lim\limits_{x\to0}\frac{1}{\sin x}[-2f(x)]}=e^{-2\lim\limits_{x\to0}\frac{f(x)}{\sin x}}=e^{-2\lim\limits_{x\to0}\frac{f(x)-f(0)}{x-0}}=e^{-2f'(0)}=e^{4}.$$

因 $\lim\limits_{x\to x_0}f(x)=f(x_0)\Leftrightarrow\lim\limits_{x\to x_0}[f(x)-f(x_0)]=0\Leftrightarrow\lim\limits_{\Delta x\to0}\Delta y=0$，所以函数 $y=f(x)$ 在点 x_0 处连续的定义可以写成增量形式.

定义 3.1-3 若函数 $y=f(x)$ 在点 x_0 的某邻域 $U(x_0)$ 内有定义，且

$$\lim\limits_{\Delta x\to0}\Delta y=0,$$

则称函数 $f(x)$ 在点 x_0 处**连续**.

定义 3.1-3 称为函数连续的无穷小定义. 它表明，当自变量有微小的变化时，相应的函数值的变化也很微小.

若函数 $f(x)$ 在开区间 (a,b) 内的每一点处都可导，则称函数 $f(x)$ 在开区间 (a,b) 内**可导**，或称函数 $f(x)$ 是开区间 (a,b) 内的可导函数. 这时对开区间 (a,b) 内的每一个 x 值，都对应着函数 $f(x)$ 的一个确定的导数值，因而在开区间 (a,b) 内构成了一个新函数. 这个新函数称为函数 $f(x)$ 在开区间 (a,b) 内的**导函数**，记作 $f'(x)$ 或 y'. 在式(3.1-2)中，把 x_0 换为 x，即得计算导函数的公式

$$f'(x)=\lim\limits_{\Delta x\to0}\dfrac{f(x+\Delta x)-f(x)}{\Delta x}. \tag{3.1-5}$$

式(3.1-5)中的 x 可取开区间 (a,b) 内的任意值，但在计算极限时，要把 x 看作常量，把 Δx 看作变量.

导函数 $f'(x)$ 与函数 $f(x)$ 在点 x_0 处的导数 $f'(x_0)$ 是不同的. 对可导函数 $f(x)$ 而言，函数 $f(x)$ 在点 x_0 处的导数 $f'(x_0)$，就是它的导函数 $f'(x)$ 在点 x_0 处的函数值，即

$$f'(x_0) = f'(x)\big|_{x=x_0} .$$

以后为方便起见，在不致引起混淆的前提下，将导函数也简称为导数. 以后求导数时，若没有指明求在某一定点处的导数，都是指求导函数.

若函数 $f(x)$ 在开区间 (a,b) 内可导，且在左端点 a 处右可导并在右端点 b 处左可导，则称函数 $f(x)$ 在闭区间 $[a,b]$ 上可导.

3.1.4[*] 导数的几何意义及可导与连续的进一步讨论

1. 函数在一点处可导与函数曲线在该点处有切线的关系

定义 3.1-4 如果曲线 $y = f(x)$ 在点 $(x_0, f(x_0))$ 处的切线存在，则称过切点 $(x_0, f(x_0))$ 且与切线垂直的直线为曲线 $y = f(x)$ 在点 $(x_0, f(x_0))$ 处的**法线**.

由函数导数的几何意义知，函数 $f(x)$ 在点 x_0 处的导数 $f'(x_0)$ 表示函数曲线 $y = f(x)$ 在点 $(x_0, f(x_0))$ 处的切线斜率. 也就是说，若函数 $f(x)$ 在点 x_0 处可导，则其函数曲线在点 $(x_0, f(x_0))$ 处必有切线. 但是，若函数曲线 $y = f(x)$ 在点 $(x_0, f(x_0))$ 处有切线，函数 $f(x)$ 在点 x_0 处却不一定可导.

设函数 $f(x)$ 在点 x_0 处连续，则函数 $f(x)$ 在点 x_0 处可导与函数曲线在点 $(x_0, f(x_0))$ 处有切线的具体关系如下.

(1) 当 $f'(x_0)$ 存在且 $f'(x_0) \neq 0$ 时，曲线 $y = f(x)$ 在点 $(x_0, f(x_0))$ 处有切线，且切线与 x 轴斜交. 此时，

$$k_{切} = f'(x_0) , \quad k_{法} = -\frac{1}{f'(x_0)} ,$$

式(3.1-6)与式(3.1-7)分别为切线方程和法线方程.

$$y - f(x_0) = f'(x_0)(x - x_0) . \tag{3.1-6}$$

$$y - f(x_0) = -\frac{1}{f'(x_0)}(x - x_0) . \tag{3.1-7}$$

(2) 当 $f'(x_0) = 0$ 时，曲线 $y = f(x)$ 在点 $(x_0, f(x_0))$ 处有切线，且切线与 x 轴平行. 此时，

$$k_{切} = 0 , \quad k_{法} \text{ 不存在}(=\infty) ,$$

式(3.1-8)与式(3.1-9)分别为切线方程和法线方程.

$$y = f(x_0) . \tag{3.1-8}$$

$$x = x_0 . \tag{3.1-9}$$

(3) 当 $f'(x_0)$ 不存在但 $f'(x_0) = \infty$ 时，曲线 $y = f(x)$ 在点 $(x_0, f(x_0))$ 处有切线，且切线与 x 轴垂直. 此时，

$$k_{切} \text{ 不存在}(=\infty) , \quad k_{法} = 0 ,$$

式(3.1-10)与式(3.1-11)分别为切线方程和法线方程.

$$x = x_0 . \tag{3.1-10}$$

$$y = f(x_0) . \tag{3.1-11}$$

(4) 当 $f'(x_0)$ 不存在且 $f'(x_0) \neq \infty$ 时，曲线 $y = f(x)$ 在点 $(x_0, f(x_0))$ 处无切线.

例 3.1-7 写出下列各曲线在点 $(1, f(1))$ 处的切线方程与法线方程.

(1)　$y = x^2$；　　　　　　　　　(2)　$y = \sqrt[3]{(x-1)^2}$；

(3)　$y = (x-1)^3$；　　　　　　　(4)　$y = \dfrac{|x-1|}{x-1}$.

解　(1)　因为 $k_{切} = f'(1) = \lim\limits_{x \to 1} \dfrac{f(x) - f(1)}{x - 1} = \lim\limits_{x \to 1} \dfrac{x^2 - 1}{x - 1} = 2$，$k_{法} = -\dfrac{1}{k_{切}} = -\dfrac{1}{2}$，所以切线方

程为 $y - 1 = 2(x - 1) \Rightarrow 2x - y - 1 = 0$；

法线方程为 $y - 1 = -\dfrac{1}{2}(x - 1) \Rightarrow x + 2y - 3 = 0$.

(2)　因为 $k_{切} = f'(1) = \lim\limits_{x \to 1} \dfrac{f(x) - f(1)}{x - 1} = \lim\limits_{x \to 1} \dfrac{\sqrt[3]{(x-1)^2}}{x - 1} = \infty$，$k_{法} = -\dfrac{1}{k_{切}} = 0$，所以

切线方程为 $x = 1$；法线方程为 $y = f(1) = 0$.

(3)　因为 $k_{切} = f'(1) = \lim\limits_{x \to 1} \dfrac{f(x) - f(1)}{x - 1} = \lim\limits_{x \to 1} \dfrac{(x-1)^3}{x - 1} = 0$，$k_{法} = -\dfrac{1}{k_{切}} = \infty$，所以

切线方程为 $y = f(1) = 0$；法线方程为 $x = 1$.

(4)　因为 $f'_-(1) = \lim\limits_{x \to 1^-} \dfrac{f(x) - f(1)}{x - 1} = \lim\limits_{x \to 1^-} \dfrac{x - 1}{x - 1} = 1$，

$$f'_+(1) = \lim\limits_{x \to 1^+} \dfrac{f(x) - f(1)}{x - 1} = \lim\limits_{x \to 1^+} \dfrac{1 - x}{x - 1} = -1 \neq f'_-(1)，$$

所以 $f'(1)$ 不存在且 $f'(1) \neq \infty$，故曲线在点 $(1, f(1))$ 处无切线方程与法线方程.

2．单侧导数与连续的关系

定理 3.1-1　若函数 $f(x)$ 在点 x_0 处的左导数、右导数都存在，则函数 $f(x)$ 在点 x_0 处连续.

证明　若函数 $f(x)$ 在点 x_0 处的左导数存在，即

$$f'_-(x_0) = \lim\limits_{x \to x_0^-} \dfrac{f(x) - f(x_0)}{x - x_0}；\quad \lim\limits_{x \to x_0^-}(x - x_0) = 0，$$

所以　　　$\lim\limits_{x \to x_0^-}[f(x) - f(x_0)] = 0$，

即　　　　$\lim\limits_{x \to x_0^-} f(x) = f(x_0)$，

因此函数 $f(x)$ 在点 x_0 处左连续.

同理可得 $\lim\limits_{x \to x_0^+} f(x) = f(x_0)$，即函数 $f(x)$ 在点 x_0 处右连续.

因为函数 $f(x)$ 在点 x_0 处既左连续又右连续，所以函数 $f(x)$ 在点 x_0 处连续.

需注意的是，定理 3.1-1 的逆命题并不成立. 即当函数在一点处连续时，函数在该点处不一定存在左导数与右导数.

例如，函数 $f(x) = \sqrt[3]{x^2}$ 在点 $x = 0$ 处连续，但在点 $x = 0$ 处不存在左导数与右导数(请读者参照例 3.1-1 自行证明).

3.2 导数的四则运算法则

从理论上讲，函数 $f(x)$ 的导数计算问题已经解决. 因为，按照导数定义，只要计算出极限 $\lim\limits_{\Delta x \to 0} \dfrac{f(x + \Delta x) - f(x)}{\Delta x}$ 即可得到函数 $f(x)$ 的导数. 但是，往往直接计算此极限并不是一件容易的事. 特别是当 $f(x)$ 是较复杂的复合函数时，计算上述极限就更加困难. 因此，若没有一套化繁为简、化难为易的求导法则，导数的应用势必会受到很大的局限.

从本节起将系统地学习一套函数求导法则，借助于这些求导法则和基本初等函数的导数公式，就能比较方便地求出初等函数的导数.

3.2.1 几个基本初等函数的导数公式

例 3.2-1 求常数函数 $y = C$（C 为常数）的导数.

解 当自变量 x 有增量 Δx 时，

有 $\qquad \Delta y = f(x + \Delta x) - f(x) = C - C = 0$.

所以 $\qquad y' = \lim\limits_{\Delta x \to 0} \dfrac{\Delta y}{\Delta x} = \lim\limits_{\Delta x \to 0} \dfrac{0}{\Delta x} = 0$,

即 $\qquad C' = 0$.

例 3.2-2 求指数函数 $y = a^x$（$a > 0$ 且 $a \neq 1$）的导数.

解 当自变量 x 有增量 Δx 时，

有 $\qquad \Delta y = f(x + \Delta x) - f(x) = a^{x + \Delta x} - a^x = a^x(a^{\Delta x} - 1) = a^x(e^{\Delta x \cdot \ln a} - 1)$.

因为 $\Delta x \to 0$ 时，$e^{\Delta x \cdot \ln a} - 1 \sim \Delta x \ln a$,

所以 $\qquad y' = \lim\limits_{\Delta x \to 0} \dfrac{\Delta y}{\Delta x} = \lim\limits_{\Delta x \to 0} \dfrac{a^x(e^{\Delta x \cdot \ln a} - 1)}{\Delta x} = \lim\limits_{\Delta x \to 0} \dfrac{a^x(\Delta x \cdot \ln a)}{\Delta x} = a^x \ln a$.

即 $\qquad (a^x)' = a^x \ln a$.

特别地，有 $(e^x)' = e^x$.

例 3.2-3 求对数函数 $y = \log_a x$（$a > 0$ 且 $a \neq 1$）的导数.

解 当自变量 x 有增量 Δx 时，

有 $\qquad \Delta y = f(x + \Delta x) - f(x) = \log_a(x + \Delta x) - \log_a x = \log_a\left(1 + \dfrac{\Delta x}{x}\right) = \dfrac{\ln\left(1 + \dfrac{\Delta x}{x}\right)}{\ln a}$.

因为 $\Delta x \to 0$ 时，$\ln\left(1 + \dfrac{\Delta x}{x}\right) \sim \dfrac{\Delta x}{x}$,

所以 $\qquad y' = \lim\limits_{\Delta x \to 0} \dfrac{\Delta y}{\Delta x} = \lim\limits_{\Delta x \to 0} \dfrac{\ln\left(1 + \dfrac{\Delta x}{x}\right)}{\Delta x \cdot \ln a} = \lim\limits_{\Delta x \to 0} \dfrac{\dfrac{\Delta x}{x}}{\Delta x \cdot \ln a} = \dfrac{1}{x \ln a}$.

即 $\qquad (\log_a x)' = \dfrac{1}{x \ln a}$.

特别地，有 $(\ln x)' = \dfrac{1}{x}$.

可以证明，对于任意的 $x \neq 0$，有

$$(\log_a |x|)' = \frac{1}{x \ln a} \; ; \quad (\ln|x|)' = \frac{1}{x}.$$

例 3.2-4*　求幂函数 $y = x^\alpha$（$\alpha \in \mathbf{R}$ 且 $\alpha \neq 0$）的导数.

解　设 x 是 x^α 的定义域内的点，且 $x \neq 0$.

当自变量 x 有增量 Δx 时，

有　　$\Delta y = f(x + \Delta x) - f(x) = (x + \Delta x)^\alpha - x^\alpha = x^\alpha \left[\left(1 + \dfrac{\Delta x}{x} \right)^\alpha - 1 \right]$.

因为 $\Delta x \to 0$ 时，$\left(1 + \dfrac{\Delta x}{x} \right)^\alpha - 1 \sim \alpha \dfrac{\Delta x}{x}$，

所以　　$y' = \lim\limits_{\Delta x \to 0} \dfrac{\Delta y}{\Delta x} = \lim\limits_{\Delta x \to 0} \dfrac{x^\alpha \left[\left(1 + \dfrac{\Delta x}{x} \right)^\alpha - 1 \right]}{\Delta x \cdot \ln a} = \lim\limits_{\Delta x \to 0} \dfrac{x^\alpha \cdot \alpha \dfrac{\Delta x}{x}}{\Delta x} = \alpha x^{\alpha - 1}$.

即　　$(x^\alpha)' = \alpha x^{\alpha - 1}$　（$\alpha \neq 0, x \neq 0$）.

至于在点 $x = 0$ 处，则出现下面几种不同的情形.

(1) 当 $\alpha < 0$ 时，幂函数 x^α 在点 $x = 0$ 处无定义，从而在点 $x = 0$ 处不可导.

(2) 当 $\alpha > 0$ 时，幂函数 $y = x^\alpha$ 在点 $x = 0$ 处有定义，即 $f(0) = 0$. 这时

$$f'(0) = \lim_{x \to 0} \frac{f(x) - f(0)}{x - 0} = \lim_{x \to 0} \frac{x^\alpha}{x} = \lim_{x \to 0} x^{\alpha - 1} = \begin{cases} \infty, & 0 < \alpha < 1 \\ 1, & \alpha = 1 \\ 0, & \alpha > 1 \end{cases}.$$

这表示当 $\alpha > 0$ 时，公式 $(x^\alpha)' = \alpha x^{\alpha - 1}$ 对点 $x = 0$ 仍适用.

必须说明的是：若幂函数 x^α 仅在 $[0, +\infty)$ 上有定义（如 $\sqrt{x}$），则上面的极限应改为在点 $x = 0$ 处的右极限，且 $f'(0)$ 应改为 $f'_+(0)$.

例 3.2-5　求正弦函数 $y = \sin x$ 的导数.

解　当自变量 x 有增量 Δx 时，

有　　$\Delta y = f(x + \Delta x) - f(x) = \sin(x + \Delta x) - \sin x$

　　　　$= \sin x \cos \Delta x + \cos x \sin \Delta x - \sin x$

　　　　$= \sin x (\cos \Delta x - 1) + \sin \Delta x \cos x$.

因为 $\Delta x \to 0$ 时，$\cos \Delta x - 1 \sim -\dfrac{1}{2} (\Delta x)^2, \sin \Delta x \sim \Delta x$，

所以　　$y' = \lim\limits_{\Delta x \to 0} \dfrac{\Delta y}{\Delta x} = \lim\limits_{\Delta x \to 0} \dfrac{\sin x (\cos \Delta x - 1) + \sin \Delta x \cos x}{\Delta x}$

　　　　$= \lim\limits_{\Delta x \to 0} \dfrac{-\dfrac{1}{2} (\Delta x)^2 \sin x}{\Delta x} + \lim\limits_{\Delta x \to 0} \dfrac{\Delta x \cdot \cos x}{\Delta x} = \cos x$，

即　　$(\sin x)' = \cos x$.

同法可得：$(\cos x)' = -\sin x$.

3.2.2 导数的四则运算法则

定理 3.2-1 若函数 $u = u(x)$ 和 $v = v(x)$ 在点 x 处都可导，则

(1) $[u(x) \pm v(x)]' = u'(x) \pm v'(x)$；

特别地，有 $[u(x) + C]' = u'(x)$（C 为常数）；

(2) $[u(x) \cdot v(x)]' = u'(x) \cdot v(x) + v'(x) \cdot u(x)$；

特别地，有 $[Cu(x)]' = Cu'(x)$（C 为常数）；

(3) 当 $v(x) \neq 0$ 时，$\left[\dfrac{u(x)}{v(x)}\right]' = \dfrac{u'(x) \cdot v(x) - v'(x) \cdot u(x)}{v^2(x)}$；

特别地，有 $\left[\dfrac{C}{v(x)}\right]' = -\dfrac{Cv'(x)}{v^2(x)}$（$C$ 为常数）.

证明[*] (1)式是显然的，(3)式请读者自行证明. 下面证明(2)式.

当自变量 x 有增量 Δx 时，函数 $u(x)$、$v(x)$ 及 y 相应的有增量 Δu、Δv 及 Δy，且

$$\Delta u = u(x + \Delta x) - u(x) \Rightarrow u(x + \Delta x) = u(x) + \Delta u，$$
$$\Delta v = v(x + \Delta x) - v(x) \Rightarrow v(x + \Delta x) = v(x) + \Delta v，$$
$$\Delta y = u(x + \Delta x)v(x + \Delta x) - u(x)v(x)$$
$$= [u(x) + \Delta u][v(x) + \Delta v] - u(x)v(x)$$
$$= v(x)\Delta u + u(x)\Delta v + \Delta u\Delta v.$$

因为 $u(x)$、$v(x)$ 在点 x 处可导，所以有

$$u'(x) = \lim_{\Delta x \to 0} \frac{\Delta u}{\Delta x}，\quad v'(x) = \lim_{\Delta x \to 0} \frac{\Delta v}{\Delta x}.$$

由可导一定连续知

$$\lim_{\Delta x \to 0} \Delta u = 0，\quad \lim_{\Delta x \to 0} \Delta v = 0.$$

从而依导数定义及极限运算法则，得

$$y' = \lim_{\Delta x \to 0} \frac{\Delta y}{\Delta x} = \lim_{\Delta x \to 0}\left[v(x)\frac{\Delta u}{\Delta x} + u(x)\frac{\Delta v}{\Delta x} + \Delta u\frac{\Delta v}{\Delta x}\right]$$
$$= v(x)\lim_{\Delta x \to 0}\frac{\Delta u}{\Delta x} + u(x)\lim_{\Delta x \to 0}\frac{\Delta v}{\Delta x} + \lim_{\Delta x \to 0}\Delta u\lim_{\Delta x \to 0}\frac{\Delta v}{\Delta x}$$
$$= u'(x)v(x) + v'(x)u(x).$$

所以 $\quad\quad [u(x) \cdot v(x)]' = u'(x) \cdot v(x) + v'(x) \cdot u(x)$.

例 3.2-6 求下列函数的导数：

(1) $f(x) = \sqrt{x} + \dfrac{2}{x} - \cos\dfrac{\pi}{8}$；　　(2) $f(x) = x^2 \ln x$.

解 (1) $f'(x) = \left(x^{\frac{1}{2}}\right)' + 2(x^{-1})' - \left(\cos\dfrac{\pi}{8}\right)' = \dfrac{1}{2}x^{-\frac{1}{2}} - 2x^{-2} - 0 = \dfrac{1}{2\sqrt{x}} - \dfrac{2}{x^2}$.

(2) $f'(x) = (x^2)'\ln x + (\ln x)'x^2 = 2x\ln x + \dfrac{1}{x} \cdot x^2 = 2x\ln x + x$.

例 3.2-7 求下列函数的导数：

(1) $y = \sec x$；   (2) $y = \tan x$.

解 (1) $y' = \left(\dfrac{1}{\cos x}\right)' = -\dfrac{(\cos x)'}{\cos^2 x} = \dfrac{\sin x}{\cos^2 x} = \dfrac{1}{\cos x} \cdot \dfrac{\sin x}{\cos x} = \sec x \tan x$.

即 $(\sec x)' = \sec x \tan x$.

同法可得：$(\csc x)' = -\csc x \cot x$.

(2) $y' = \left(\dfrac{\sin x}{\cos x}\right)' = \dfrac{(\sin x)' \cos x - (\cos x)' \sin x}{\cos^2 x} = \dfrac{\cos^2 x + \sin^2 x}{\cos^2 x} = \sec^2 x$.

即 $(\tan x)' = \sec^2 x$.

同法可得：$(\cot x)' = -\csc^2 x$.

至此，我们已经得到除反三角函数外的所有基本初等函数的导数公式，即：

(1) $C' = 0$（C 为常数）；

(2) $(x^\alpha)' = \alpha x^{\alpha - 1}$（$\alpha \in \mathbf{R}$ 且 $\alpha \neq 0$）；

(3) $(a^x)' = a^x \ln a$（$a > 0$ 且 $a \neq 1$），

特别地，有 $(\mathrm{e}^x)' = \mathrm{e}^x$；

(4) $\left(\log_a |x|\right)' = \dfrac{1}{x \ln a}$（$a > 0$ 且 $a \neq 1$），

特别地，有 $\left(\ln |x|\right)' = \dfrac{1}{x}$；

(5) $(\sin x)' = \cos x$；

(6) $(\cos x)' = -\sin x$；

(7) $(\tan x)' = \sec^2 x$；

(8) $(\cot x)' = -\csc^2 x$；

(9) $(\sec x)' = \sec x \tan x$；

(10) $(\csc x)' = -\csc x \cot x$.

由于在今后的导数计算中使用频率比较高，所以下面的几个结论应特别记住.

$$(x)' = 1；\quad (\sqrt{x})' = \dfrac{1}{2\sqrt{x}}；\quad \left(\dfrac{1}{x}\right)' = -\dfrac{1}{x^2}.$$

例 3.2-8 求下列函数的导数：

(1) $y = (\cot x + \csc x)\log_2 x$；   (2) $y = \dfrac{1 + \tan x}{1 - \tan x}$.

解 (1) $y' = (\cot x + \csc x)' \log_2 x + (\log_2 x)'(\cot x + \csc x)$

$= -(\csc^2 x + \cot x \csc x)\log_2 x + \dfrac{\cot x + \csc x}{x \ln 2}$

$= (\cot x + \csc x)\left(\dfrac{1}{x \ln 2} - \csc x \log_2 x\right)$.

(2) $y' = \dfrac{\sec^2 x \cdot (1 - \tan x) - (-\sec^2 x)(1 + \tan x)}{(1 - \tan x)^2} = \dfrac{2\sec^2 x}{(1 - \tan x)^2}$.

例 3.2-9* 求曲线 $y = x \ln x$ 上平行于直线 $2x - y + 3 = 0$ 的切线方程.

解 设切点坐标为 (x_0, y_0).

由于函数 $y = x \ln x$ 的导数为

$$y' = 1 + \ln x,$$

所以曲线 $y = x \ln x$ 在切点 (x_0, y_0) 处的切线斜率为

$$k_{切} = y'|_{x=x_0} = 1 + \ln x_0.$$

直线 $2x - y + 3 = 0$ 的斜率为 2.

因曲线 $y = x \ln x$ 的切线与直线 $2x - y + 3 = 0$ 平行,

所以　　　$1 + \ln x_0 = 2$,

解得　　　$x_0 = e$,　$y_0 = e$.

所以所求切线方程为　$y - e = 2(x - e)$,

即　　　$y - 2x + e = 0$.

例 3.2-10 求函数 $f(x) = x \cdot \sin x \cdot \ln x$ 的导数.

解　$f'(x) = [(x \cdot \sin x) \cdot \ln x]' = (x \cdot \sin x)' \cdot \ln x + (\ln x)' x \cdot \sin x$

$= [x' \cdot \sin x + (\sin x)' \cdot x] \cdot \ln x + x \cdot \sin x \cdot (\ln x)'$

$= x' \cdot \sin x \cdot \ln x + x \cdot (\sin x)' \cdot \ln x + x \cdot \sin x \cdot (\ln x)'$

$= \sin x \cdot \ln x + x \cdot \cos x \cdot \ln x + x \cdot \sin x \cdot \dfrac{1}{x}$

$= (1 + \ln x) \sin x + x \cos x \ln x.$

事实上, 定理 3.2-1 中的(1)式与(2)式在使用中都可以由两个可导函数推广到有限个可导函数的情形.在求解例 3.2-10 的过程中可以明显看出, 当对三个函数连乘积求导时, 有着与两个函数乘积求导法则相同的特征, 即:

若函数 $u(x)$、$v(x)$、$k(x)$ 均在点 x 处可导, 则

$$(uvk)' = (u)'vk + u(v)'k + uv(k)'.$$

例 3.2-11 设函数 $f(x) = x(x-1)(x-2)\cdots(x-100)$, 求: $f'(0)$.

解 方法一(公式法):

$f'(x) = x'(x-1)\cdots(x-100) + x(x-1)'\cdots(x-100) + \cdots + x(x-1)\cdots(x-100)'$

$\qquad = (x-1)(x-2)\cdots(x-100) + x(x-2)\cdots(x-100) + \cdots + x(x-1)(x-2)\cdots(x-99),$

$f'(0) = (x-1)(x-2)\cdots(x-100)|_{x=0} = 100!.$

方法二(定义法):

$f'(0) = \lim\limits_{x \to 0} \dfrac{f(x) - f(0)}{x - 0} = \lim\limits_{x \to 0} \dfrac{x(x-1)(x-2)\cdots(x-100) - 0}{x}$

$\qquad = \lim\limits_{x \to 0}[(x-1)(x-2)\cdots(x-100)] = 100!.$

方法三(构造函数法):

设 $g(x) = (x-1)(x-2)\cdots(x-100)$, 则 $f(x) = xg(x)$.

因为 $f'(x) = [xg(x)]' = x'g(x) + x[g(x)]' = g(x) + x[g(x)]'$,

所以　　　$f'(0) = g(0) + x[g(x)]'|_{x=0} = g(0) = 100!.$

比较求解例 3.2-11 的三种方法，很显然方法一最为烦琐；方法二最快捷、易懂；方法三则明显需要很好的技巧，不易掌握.

在一般的导数计算中，使用频率最高，也是最方便使用的方法是公式法，即利用基本初等函数的导数公式以及导数四则运算法则进行计算. 但在某些时候，尤其是在计算函数在某一点处的导数的时候，公式法使用起来可能不方便或根本就不能使用，此时通常会考虑采用定义法，即利用导数的定义进行计算.

例 3.2-12[*] 设函数 $f(x) = \sqrt[3]{x}\sin x$，求：$f'(0)$.

解 因函数 $\sqrt[3]{x}$ 在点 $x=0$ 处不可导(见例 3.1-1)，故不能使用导数的四则运算法则.

$$f'(0) = \lim_{x \to 0} \frac{f(x) - f(0)}{x - 0} = \lim_{x \to 0} \frac{\sqrt[3]{x}\sin x}{x} = \lim_{x \to 0} \frac{\sqrt[3]{x} \cdot x}{x} = \lim_{x \to 0} \sqrt[3]{x} = 0.$$

由例 3.2-12 知，若函数 $f(x)$ 在点 x 处不可导，而函数 $g(x)$ 在点 x 处可导，则函数 $f(x)g(x)$ 在点 x 处有可能是可导的.

3.3　微分及反函数求导法则

3.3.1　函数增量公式

在许多实际问题中，当自变量有微小变化时，需要计算函数的改变量. 即当函数 $f(x)$ 在点 x 处有微小改变量 Δx 时，计算相应的函数的改变量 Δy. 这需要知道 Δy 与 Δx 之间的函数关系式，而函数的改变量的定义($\Delta y = f(x + \Delta x) - f(x)$)并没有给出 Δy 与 Δx 之间的函数关系式.

前面研究函数 $f(x)$ 在点 x 处的连续性($\lim_{\Delta x \to 0} \Delta y = 0$)与可导性($f'(x) = \lim_{\Delta x \to 0} \dfrac{\Delta y}{\Delta x}$)时，都涉及了自变量的增量 Δx 与函数的增量 Δy.

当函数 $f(x)$ 在点 x 处连续时，由 $\lim_{\Delta x \to 0} \Delta y = 0$ 只能得到当 $\Delta x \to 0$ 时，$\Delta y \to 0$，并不能建立 Δy 与 Δx 之间的函数关系式.

下面研究函数 $f(x)$ 在点 x 处可导的情形.

若函数 $f(x)$ 在点 x 处可导，由 $\lim_{\Delta x \to 0} \dfrac{\Delta y}{\Delta x} = f'(x)$ 和函数极限与无穷小的关系(定理 2.5-1)得

$$\frac{\Delta y}{\Delta x} = f'(x) + \alpha(\Delta x) \text{ (其中 } \alpha(\Delta x) \text{ 为 } \Delta x \to 0 \text{ 时的无穷小).} \tag{3.3-1}$$

将式(3.3-1)两端同乘以 Δx，得

$$\Delta y = f'(x)\Delta x + \alpha(\Delta x)\Delta x \quad = f'(x)\Delta x + o(\Delta x). \tag{3.3-2}$$

需指出的是，因为 Δx 在式(3.3-1)中出现于分母处，所以式(3.3-2)只在 $\Delta x \neq 0$ 时成立.事实上，因为当 $\Delta x = 0$ 时，式(3.3-2)中出现的 $\alpha(0)$ 尚未有定义，所以即使当 $\Delta x = 0$ 时，$\Delta y = 0$ 这个应有的结果也不能在式(3.3-2)中得出.

为此，不妨定义

$$\alpha(0) = \lim_{\Delta x \to 0} \alpha(\Delta x) = 0.$$

这样不仅无论 Δx 是否为零，式(3.3-2)都会成立，而且当 $\Delta x = 0$ 时，也会有 $\Delta y = 0$ 成立.

因此得到如下结论：

若函数 $f(x)$ 在点 x 处可导，则有**函数增量公式**

$$\Delta y = f'(x)\Delta x + \alpha(\Delta x)\Delta x = f'(x)\Delta x + o(\Delta x) , \tag{3.3-3}$$

其中 $\alpha(0) = \lim\limits_{\Delta x \to 0} \alpha(\Delta x) = 0$.

3.3.2 函数微分的定义

由函数增量公式可知，可导函数 $f(x)$ 在点 x 处的增量由两部分构成，即

$$f'(x)\Delta x \quad \text{与} \quad o(\Delta x) \text{(即} \alpha(\Delta x)\Delta x\text{)}.$$

$f'(x)\Delta x$ 与 $\alpha(\Delta x)\Delta x$ 具有如下特征：

(1) 若 $f'(x) \neq 0$，因为

$$\lim_{\Delta x \to 0} \frac{\Delta y}{f'(x)\Delta x} = \lim_{\Delta x \to 0} \frac{f'(x)\Delta x + \alpha(\Delta x)\Delta x}{f'(x)\Delta x} = \lim_{\Delta x \to 0}\left[1 + \frac{\alpha(\Delta x)}{f'(x)}\right] = 1,$$

所以当 $\Delta x \to 0$ 时，$f'(x)\Delta x$ 与 Δy 是等价无穷小；

(2) 因为

$$\lim_{\Delta x \to 0} \frac{\alpha(\Delta x)\Delta x}{\Delta y} = \lim_{\Delta x \to 0} \frac{\Delta y - f'(x)\Delta x}{\Delta y} = \lim_{\Delta x \to 0}\left[1 - \frac{f'(x)}{\dfrac{\Delta y}{\Delta x}}\right] = 0,$$

所以当 $\Delta x \to 0$ 时，$\alpha(\Delta x)\Delta x$ 是比 Δy 高阶的无穷小.

因此，对可导函数的增量 Δy 而言，若 $f'(x) \neq 0$，则当 $|\Delta x|$ 很小时，起主要作用的是 $f'(x)\Delta x$，称 $f'(x)\Delta x$ 为 Δy 的**线性主部**.

因在实际应用中，很多时候并不需要计算 Δy 的精确值，在保证一定精度的条件下求出 Δy 的近似值即可. 所以，当 $|\Delta x|$ 很小时，可用 $f'(x)\Delta x$ 近似代替 Δy，且 $|\Delta x|$ 越小，$f'(x)\Delta x$ 近似代替 Δy 的精度越高. 这就将计算复杂的 Δy 转化为计算其线性主部 $f'(x)\Delta x$，所产生的误差 $\alpha(\Delta x)\Delta x$ 是比 Δx 高阶的无穷小.

定义 3.3-1 可导函数 $f(x)$ 在点 x 处的增量 Δy 的线性主部 $f'(x)\Delta x$ 称为函数 $f(x)$ 在点 x 处(关于 Δx 的)**微分**，记作 $\mathrm{d}y$ 或 $\mathrm{d}f(x)$，即

$$\mathrm{d}y = \mathrm{d}f(x) = f'(x)\Delta x . \tag{3.3-4}$$

当函数 $f(x)$ 在点 x 处有微分 $\mathrm{d}y$ 时，也称函数 $f(x)$ 在点 x 处**可微**. 当函数 $f(x)$ 在区间 I 内的每一点处都可微时，称函数 $f(x)$ 在区间 I 内**可微**，或称函数 $f(x)$ 是区间 I 内的**可微函数**.

例 3.3-1 求函数 $y = x^3$ 在点 $x = 2$ 处当有 $\Delta x = 0.02$ 时的增量与微分.

解 因为 $\Delta y = (x + \Delta x)^3 - x^3 = 3x^2\Delta x + 3x \cdot (\Delta x)^2 + (\Delta x)^3$，

所以 $\Delta y\Big|_{\substack{x=2 \\ \Delta x=0.02}} = 3 \times 2^2 \times 0.02 + 3 \times 2 \times 0.02^2 + (0.02)^3 = 0.242\,408$.

因为 $\mathrm{d}y = f'(x)\Delta x = 3x^2\Delta x$，

所以 $\left. dy \right|_{\substack{x=2 \\ \Delta x=0.02}} = 3 \times 2^2 \times 0.02 = 0.24$.

例 3.3-2 设函数 $y = x\ln x - \sin x + e^2$ ，求： dy 与 $\left. dy \right|_{x=1}$.

解 因为 $y' = (x\ln x)' - (\sin x)' + (e^2)' = x'\ln x + x(\ln x)' - \cos x + 0 = \ln x + 1 - \cos x$ ，

所以 $dy = y'dx = (\ln x - \cos x + 1)dx$ ；

$\left. dy \right|_{x=1} = (\ln x - \cos x + 1)\big|_{x=1} dx = (1 - \cos 1)dx$.

3.3.3 可微与可导的关系

函数在一点处可导与可微在形式上看是不同的，但由定义 3.3-1 知，对一元函数 $f(x)$ 而言，函数 $f(x)$ 在点 x 处可导和函数 $f(x)$ 在点 x 处可微是等价的. 它们需要相同的条件，虽然形式各异，但本质相同，因此它们是同义语，彼此没有区别. 当专称函数 $f(x)$ 在点 x 处可微时，往往是为了突出函数 $f(x)$ 具有式(3.3-4)所表达的性质.

对函数 $y = x$ ，有

$$dy = dx = (x)'\Delta x = \Delta x ,$$

即 $dx = \Delta x$.

这表明，当 x 是自变量时，它的增量就等于自身的微分.

这样一来，式(3.3-4)又可改写成：

$$dy = f'(x)dx \tag{3.3-5}$$

现在可以给出"导数"的另外的一种记号.

将式(3.3-5)的两边同除以 dx ，得

$$\frac{dy}{dx} = f'(x) \tag{3.3-6}$$

这就是说，导数 $f'(x)$ 可用 $\dfrac{dy}{dx}$ 或 $\dfrac{df(x)}{dx}$ 或 $\dfrac{d}{dx}f(x)$ 表示. 从此以后，导数的这两种记号将经常被混用而无须加以特殊的说明.

由于 $\dfrac{dy}{dx}$ 是函数的微分 dy 与自变量的微分 dx 的商，因此导数也称为**微商**.

若求出了函数 $f(x)$ 在点 x 处的导数 $f'(x)$ ，再乘上 dx 即得函数 $f(x)$ 在点 x 处的微分 dy . 反之，若已知函数 $f(x)$ 在点 x 处的微分 dy ，再除以 dx 即得函数 $f(x)$ 在点 x 处的导数 $f'(x)$. 因此，求出了导数(微分)就意味着求出了微分(导数)，所以，求导数与求微分都称为**微分法**或**微分运算**.

必须注意，导数与微分虽然有着这样密切的关系，却还是有区别的.

首先，从导数和微分的来源和结构上看，导数作为具有确定结构的差商的极限，反映的是函数在一点处的变化率，比微分更为基本. 微分则是函数在一点处由自变量的增量而引起的函数增量的线性主部. 因导数可以表示成两个微分之商，故在某些场合，微分表现出比导数具有更大的灵活性与适应性.

其次，函数 $f(x)$ 在点 x_0 处的导数 $f'(x_0)$ 是一个确定的数值且仅与 x_0 有关. 而函数

$f(x)$ 在点 x_0 处的微分 $\mathrm{d}f(x)\big|_{x=x_0} = f'(x_0)\Delta x$ 是 Δx 的线性函数(定义域为 $\mathbf{R}$)，且是 $\Delta x \to 0$ 时的无穷小，它的值不仅与 x_0 有关，还与 Δx 有关.

3.3.4　反函数求导法则

定理 3.3-1(反函数求导法则)设可导函数 $f(x)$ 的反函数 $x = f^{-1}(y)$ 仍可导，且 $[f^{-1}(y)]' \neq 0$ ，则

$$f'(x) = \frac{\mathrm{d}y}{\mathrm{d}x} = \frac{1}{\dfrac{\mathrm{d}x}{\mathrm{d}y}} = \frac{1}{[f^{-1}(y)]'} . \tag{3.3-7}$$

因为反函数导数公式中没有改变自变量的记号，所以对 y 求导后需将 y 换回为 x.

例 3.3-3 求下列函数的导数：

(1) $y = \arcsin x$ ；　　　　　　(2) $y = \arctan x$.

解 (1) 因为 $y = \arcsin x (x \in (-1,1))$ 是 $x = \sin y \left(y \in \left(-\dfrac{\pi}{2}, \dfrac{\pi}{2} \right) \right)$ 的反函数，所以由反函数求导法则，得

$$(\arcsin x)' = \frac{1}{(\sin y)'} = \frac{1}{\cos y} = \frac{1}{\sqrt{1 - \sin^2 y}} = \frac{1}{\sqrt{1 - x^2}} (x \in (-1,1)) .$$

同法可得：$(\arccos x)' = -\dfrac{1}{\sqrt{1 - x^2}} (x \in (-1,1))$.

(2) 因为 $y = \arctan x (x \in \mathbf{R})$ 是 $x = \tan y \left(y \in \left(-\dfrac{\pi}{2}, \dfrac{\pi}{2} \right) \right)$ 的反函数，所以由反函数的求导法则，得

$$(\arctan x)' = \frac{1}{(\tan y)'} = \frac{1}{\sec^2 y} = \frac{1}{1 + \tan^2 y} = \frac{1}{1 + x^2} (x \in \mathbf{R}) .$$

同法可得：$(\operatorname{arccot} x)' = -\dfrac{1}{1 + x^2} (x \in \mathbf{R})$.

利用反函数求导法则，我们得到了四种常用反三角函数的导数公式，即

(1) $(\arcsin x)' = \dfrac{1}{\sqrt{1 - x^2}} (x \in (-1,1))$ ；

(2) $(\arccos x)' = -\dfrac{1}{\sqrt{1 - x^2}} (x \in (-1,1))$ ；

(3) $(\arctan x)' = \dfrac{1}{1 + x^2}$ ；

(4) $(\operatorname{arccot} x)' = -\dfrac{1}{1 + x^2}$.

至此，综合 3.2.2 节中的 10 个导数公式，我们已经得到所有基本初等函数的共 14 个导数公式.

3.3.5 微分公式与微分运算法则

因可导函数 $f(x)$ 的微分 $\mathrm{d}y$ 等于其导数 $f'(x)$ 乘以自变量的微分 $\mathrm{d}x$，从而根据基本初等函数导数公式和导数四则运算法则，即可得到相应的基本初等函数微分公式和微分四则运算法则.

1. 基本初等函数微分公式

(1) $\mathrm{d}(C) = 0$ (C 为常数);

(2) $\mathrm{d}(x^\alpha) = \alpha x^{\alpha-1}\mathrm{d}x$ ($\alpha \in \mathbf{R}$ 且 $\alpha \neq 0$);

(3) $\mathrm{d}(a^x) = a^x \ln a\mathrm{d}x$ ($a > 0$ 且 $a \neq 1$);

(4) $\mathrm{d}(\mathrm{e}^x) = \mathrm{e}^x\mathrm{d}x$;

(5) $\mathrm{d}\left(\log_a |x|\right) = \dfrac{1}{x\ln a}\mathrm{d}x$ ($a > 0$ 且 $a \neq 1$);

(6) $\mathrm{d}\left(\ln|x|\right) = \dfrac{1}{x}\mathrm{d}x$;

(7) $\mathrm{d}(\sin x) = \cos x\mathrm{d}x$;

(8) $\mathrm{d}(\cos x) = -\sin x\mathrm{d}x$;

(9) $\mathrm{d}(\tan x) = \sec^2 x\mathrm{d}x$;

(10) $\mathrm{d}(\cot x) = -\csc^2 x\mathrm{d}x$;

(11) $\mathrm{d}(\sec x) = \sec x \tan x\mathrm{d}x$;

(12) $\mathrm{d}(\csc x) = -\csc x \cot x\mathrm{d}x$;

(13) $\mathrm{d}(\arcsin x) = \dfrac{1}{\sqrt{1-x^2}}\mathrm{d}x$;

(14) $\mathrm{d}(\arccos x) = -\dfrac{1}{\sqrt{1-x^2}}\mathrm{d}x$;

(15) $\mathrm{d}(\arctan x) = \dfrac{1}{1+x^2}\mathrm{d}x$;

(16) $\mathrm{d}(\mathrm{arccot}\, x) = -\dfrac{1}{1+x^2}\mathrm{d}x$.

2. 微分四则运算法则

设函数 $u = u(x)$ 、 $v = v(x)$ 均在点 x 处可微，则

(1) $\mathrm{d}[u(x) \pm v(x)] = \mathrm{d}[u(x)] \pm \mathrm{d}[v(x)]$,

特别地，有 $\mathrm{d}[u(x) + C] = \mathrm{d}[u(x)]$ (C 为常数);

(2) $\mathrm{d}[u(x)v(x)] = v(x)\mathrm{d}[u(x)] + u(x)\mathrm{d}[v(x)]$,

特别地，有 $\mathrm{d}[Cu(x)] = C\mathrm{d}[u(x)]$ (C 为常数);

(3) $\mathrm{d}\left[\dfrac{u(x)}{v(x)}\right] = \dfrac{v(x)\mathrm{d}[u(x)] - u(x)\mathrm{d}[v(x)]}{v^2(x)}$ ($v(x) \neq 0$) .

例 **3.3-4** 求函数 $y = e^x \sin x - \dfrac{\ln x}{x}$ 的微分.

解 方法一：因为 $\dfrac{dy}{dx} = \left(e^x \sin x - \dfrac{\ln x}{x} \right)' = (e^x \sin x)' - \left(\dfrac{\ln x}{x} \right)'$

$$= (e^x)' \sin x + e^x (\sin x)' - \frac{x(\ln x)' - (x)' \ln x}{x^2}$$

$$= e^x \sin x + e^x \cos x - \frac{1 - \ln x}{x^2},$$

所以 $\quad dy = \left(e^x \sin x + e^x \cos x - \dfrac{1 - \ln x}{x^2} \right) dx.$

方法二：$dy = d\left(e^x \sin x - \dfrac{\ln x}{x} \right) = d(e^x \sin x) - d\left(\dfrac{\ln x}{x} \right)$

$$= \sin x \, d(e^x) + e^x d(\sin x) - \frac{x \, d(\ln x) - \ln x \, dx}{x^2}$$

$$= e^x \sin x \, dx + e^x \cos x \, dx - \frac{dx - \ln x \, dx}{x^2}$$

$$= \left(e^x \sin x + e^x \cos x - \frac{1 - \ln x}{x^2} \right) dx.$$

3.3.6 微分的几何意义

设函数 $f(x)$ 在点 x_0 处可导. 作出函数曲线 $y = f(x)$ ，以及曲线在点 $P_0(x_0, f(x_0))$ 处的切线 $P_0 T$. 设切线的倾角为 θ .

给自变量 x 以增量 Δx ，使自变量 x 由 x_0 变化到 $x_0 + \Delta x$. 那么，对应于横坐标 $x_0 + \Delta x$ ，曲线与切线上分别有点 P 与 T . 由图 3.5-1 知，

$$QT = P_0 Q \cdot \tan \theta = \Delta x \cdot \tan \theta = \Delta x \cdot f'(x_0) = dy .$$

因此，微分的几何意义是：函数 $f(x)$ 在点 x_0 处(关于 Δx)的微分 dy ，就是当自变量 x 有增量 Δx 而从点 x_0 变到点 $x_0 + \Delta x$ 时，函数曲线 $y = f(x)$ 在点 $P_0(x_0, f(x_0))$ 处的切线 $P_0 T$ 上分别对应于点 x_0 与点 $x_0 + \Delta x$ 的纵坐标的增量.

用函数的微分近似代替函数的增量，即是用点 P_0 的切线上纵坐标增量 QT 近似代替曲线上纵坐标增量 QP ，所产生的误差为 $TP = \Delta y - dy$. 从图 3.5-1 可以看出，当 $|\Delta x|$ 很小时，$|\Delta y - dy|$ 比 $|\Delta x|$ 要小得多.

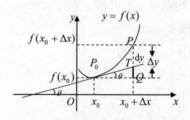

图 3.5-1

3.3.7* 微分几何意义的进一步讨论

由 $\Delta y \approx \mathrm{d}y$（当 $|\Delta x|$ 很小时）与 $\Delta x = x - x_0$，$\Delta y = f(x) - f(x_0)$，$\mathrm{d}y = f'(x_0)\Delta x$，得

$$f(x) - f(x_0) \approx f'(x_0)(x - x_0)，$$

即当 $|x - x_0|$ 很小时，

$$f(x) \approx f(x_0) + f'(x_0)(x - x_0). \tag{3.3-8}$$

式(3.3-8)表明，在点 x_0 附近，函数 $f(x)$ 可以用线性函数 $f(x_0) + f'(x_0)(x - x_0)$ 近似代替，这正是函数 $f(x)$ 在点 x_0 处可导或可微的实质. 式(3.3-8)也常被用来进行函数值的近似计算.

由于 $y = f(x_0) + f'(x_0)(x - x_0)$ 是曲线 $y = f(x)$ 在点 $(x_0, f(x_0))$ 处的切线方程，所以在点 $(x_0, f(x_0))$ 附近，曲线 $y = f(x)$ 可以用切线 $y = f(x_0) + f'(x_0)(x - x_0)$ 来近似代替，也即是所谓的"以直代曲".

例 3.3-5 计算 $\sqrt{1.01}$ 的近似值.

解 设函数 $f(x) = \sqrt{x}$，则 $f'(x) = (\sqrt{x})' = \dfrac{1}{2\sqrt{x}}$.

取 $x_0 = 1$，利用式(3.3-8)，有

$$\sqrt{1.01} = f(1.01) \approx f(1) + f'(1)(1.01 - 1) = 1 + \frac{1}{2\sqrt{x}}\bigg|_{x=1} \times 0.01 = 1.005.$$

3.4　复合函数的求导法则及一阶微分形式不变性

应用基本初等函数的导数公式和导数的四则运算法则，可求出一些比较复杂的初等函数的导数. 但产生初等函数的方法，除了函数的四则运算外，还有函数的复合运算，而且稍复杂一点的初等函数，是通过函数四则运算和复合运算产生的. 因此，若不解决复合函数的求导问题，则基本初等函数的导数公式和导数的四则运算法则就不能充分地发挥作用. 所以复合函数的求导法则是求初等函数的导数必不可少的工具.

3.4.1　复合函数的求导法则

定理 3.4-1 设函数 $y = f[g(x)]$ 由函数 $y = f(u)$ 与 $u = g(x)$ 复合而成，点 x 为函数 $y = f[g(x)]$ 定义域内的任意一点. 若函数 $u = g(x)$ 在点 x 处有导数 $\dfrac{\mathrm{d}u}{\mathrm{d}x} = g'(x)$，函数 $y = f(u)$ 在对应点 u 处有导数 $\dfrac{\mathrm{d}y}{\mathrm{d}u} = f'(u)$，则复合函数 $y = f[g(x)]$ 在点 x 处可导，且

$$\{f[g(x)]\}' = \frac{\mathrm{d}y}{\mathrm{d}x} = \frac{\mathrm{d}y}{\mathrm{d}u} \cdot \frac{\mathrm{d}u}{\mathrm{d}x} = f'(u)g'(x) = f'[g(x)] \cdot g'(x). \tag{3.4-1}$$

证明* 给自变量 x 以增量 Δx，函数 $u = g(x)$ 有增量 Δu，从而函数 $y = f(u)$ 有增量 Δy. 因为 u 是中间变量，所以当 $\Delta x \neq 0$ 时，Δu 可能为零. 但根据函数增量公式，无论 Δu 是否为零，都有

$$\Delta y = f'(u)\Delta u + \alpha(\Delta u)\Delta u , \tag{3.4-2}$$

其中 $\alpha(\Delta u)$ 是当 $\Delta u \to 0$ 时的无穷小.

因为函数 $u = g(x)$ 在点 x 处可导，所以函数 $u = g(x)$ 在点 x 处连续. 从而当 $\Delta x \to 0$ 时，有 $\Delta u \to 0$，因此 $\lim\limits_{\Delta x \to 0} \alpha(\Delta u) = 0$.

将式(3.4-2)的两边同除以 Δx，并对所得结果取 $\Delta x \to 0$ 时的极限，得

$$\frac{dy}{dx} = \lim_{\Delta x \to 0} \frac{\Delta y}{\Delta x} = \lim_{\Delta x \to 0}\left[f'(u)\frac{\Delta u}{\Delta x} + \alpha(\Delta u)\frac{\Delta u}{\Delta x} \right]$$

$$= f'(u)\lim_{\Delta x \to 0} \frac{\Delta u}{\Delta x} + \lim_{\Delta x \to 0}\alpha(\Delta u)\lim_{\Delta x \to 0}\frac{\Delta u}{\Delta x} = \frac{dy}{du}\cdot\frac{du}{dx} .$$

即

$$\{f[g(x)]\}' = f'(u)g'(x) = f'[g(x)]\cdot g'(x).$$

运用复合函数求导法则求导数的方法通常称为**链式求导法**.

需注意的是，运用链式求导法求导时，因引入中间变量 u，且对中间变量 u 求导，所以算式 $f'(u)g'(x)$ 中含有中间变量 u. 而欲求的是关于自变量 x 的导数，故运用链式求导法后，还需将算式 $f'(u)g'(x)$ 中的中间变量 u 换回为自变量 x 的函数 $g(x)$.

例 3.4-1 设函数 $f(x)$ 为可导函数，求下列各复合函数的导数：

(1) $f(x^2)$；   (2) $f(\sin x)$；

(3) $f^2(x)$；   (4) $\sin f(x)$.

解 (1) 因为函数 $f(x^2)$ 可看作由函数 $f(u)$、$u = x^2$ 复合而成，

所以 $[f(x^2)]' = f'(u)(x^2)' = 2xf'(x^2)$.

(2) 因为函数 $f(\sin x)$ 可看作由函数 $f(u)$、$u = \sin x$ 复合而成，

所以 $[f(\sin x)]' = f'(u)(\sin x)' = f'(\sin x)\cdot \cos x$.

(3) 因为函数 $f^2(x)$ 可看作由函数 u^2、$u = f(x)$ 复合而成，

所以 $[f^2(x)]' = (u^2)'f'(x) = 2u\cdot f'(x) = 2f(x)\cdot f'(x)$.

(4) 因为函数 $\sin f(x)$ 可看作由函数 $\sin u$、$u = f(x)$ 复合而成，

所以 $[\sin f(x)]' = (\sin u)'f'(x) = \cos u\cdot f'(x) = \cos[f(x)]\cdot f'(x)$.

例 3.4-2 求函数 $y = \arctan\dfrac{x}{a}(a \neq 0)$ 与 $y = \arcsin\dfrac{x}{a}(a > 0)$ 的导数.

解 因为函数 $y = \arctan\dfrac{x}{a}$ 可看作由函数 $y = \arctan u$、$u = \dfrac{x}{a}$ 复合而成，

所以 $y' = (\arctan u)'\cdot\left(\dfrac{x}{a}\right) = \dfrac{1}{1+u^2}\cdot\dfrac{1}{a} = \dfrac{a}{a^2+x^2}$.

即 $\left(\arctan\dfrac{x}{a}\right) = \dfrac{a}{a^2+x^2}\ (a \neq 0)$.

同法可得：$\left(\arcsin\dfrac{x}{a}\right) = \dfrac{1}{\sqrt{a^2-x^2}}\ (a > 0)$.

例 3.4-3 求函数 $y = (\arcsin x)^2$ 的导数.

解 因为函数 $y = (\arcsin x)^2$ 可看作由函数 $y = u^2$、$u = \arcsin x$ 复合而成，

所以 $\qquad y' = (u^2)' \cdot (\arcsin x)' = 2u \cdot \dfrac{1}{\sqrt{1-x^2}} = \dfrac{2\arcsin x}{\sqrt{1-x^2}}$.

例 3.4-4 求函数 $y = \ln\csc x$ 的导数.

解 因为函数 $y = \ln\csc x$ 可看作由函数 $y = \ln u$ 、 $u = \csc x$ 复合而成,

所以 $\qquad y' = (\ln u)' \cdot (\csc x)' = \dfrac{1}{u}(-\csc x \cot x) = -\cot x$.

在对复合函数的分解和链式求导法比较熟悉后,在求导过程中中间变量可以不写出来,而直接写出函数对中间变量的求导结果.

例 3.4-5 求函数 $y = 2\cos(5x-3)$ 的导数.

解 $y' = -2\sin(5x-3) \cdot (5x-3)' = -10\sin(5x-3)$.

例 3.4-6 求函数 $y = (1-2x^2)^{\frac{1}{3}}$ 的导数.

解 $y' = \dfrac{1}{3}(1-2x^2)^{-\frac{2}{3}} \cdot (1-2x^2)' = -\dfrac{4}{3}x(1-2x^2)^{-\frac{2}{3}}$.

例 3.4-7 求证:对于任意的 $x \neq 0$,有 $\left(\log_a|x|\right)' = \dfrac{1}{x\ln a}$ ($a > 0$ 且 $a \neq 1$).

证明 (1) 当 $x > 0$ 时, $\log_a|x| = \log_a x$,由例 3.2-3 知,

$$\left(\log_a|x|\right)' = (\log_a x)' = \dfrac{1}{x\ln a} .$$

(2) 当 $x < 0$ 时, $\log_a|x| = \log_a(-x)$,利用(1)中的结论,有

$$\left(\log_a|x|\right)' = [\log_a(-x)]' = \dfrac{1}{(-x)\ln a}(-x)' = \dfrac{1}{x\ln a} .$$

综合(1)、(2)的结论得: $\left(\log_a|x|\right)' = \dfrac{1}{x\ln a}$ ($a > 0$ 且 $a \neq 1$).

例 3.4-8 求函数 $y = \sin 2x \cos 3x$ 的导数.

解 $y' = (\sin 2x)'\cos 3x + (\cos 3x)'\sin 2x$

$= \cos 2x \cdot (2x)' \cdot \cos 3x - \sin 3x \cdot (3x)' \cdot \sin 2x = 2\cos 2x\cos 3x - 3\sin 3x\sin 2x$.

例 3.4-9 求函数 $y = \dfrac{e^x - e^{-x}}{e^x + e^{-x}}$ 的导数.

解 $y' = \dfrac{(e^x - e^{-x})'(e^x + e^{-x}) - (e^x + e^{-x})'(e^x - e^{-x})}{(e^x + e^{-x})^2}$

$= \dfrac{[e^x - e^{-x}(-x)'](e^x + e^{-x}) - [e^x + e^{-x}(-x)'](e^x - e^{-x})}{(e^x + e^{-x})^2}$

$= \dfrac{(e^x + e^{-x})(e^x + e^{-x}) - (e^x - e^{-x})(e^x - e^{-x})}{(e^x + e^{-x})^2} = \dfrac{4}{(e^x + e^{-x})^2}$.

例 3.4-10 求函数 $y = \ln(x + \sqrt{x^2 \pm a^2})$ ($a \neq 0$) 的导数.

解 $y' = \dfrac{1}{x + \sqrt{x^2 \pm a^2}}(x + \sqrt{x^2 \pm a^2})' = \dfrac{1}{x + \sqrt{x^2 \pm a^2}}\left[1 + \dfrac{1}{2\sqrt{x^2 \pm a^2}}(x^2 \pm a^2)'\right]$

$$= \frac{1}{x+\sqrt{x^2 \pm a^2}}\left(1+\frac{x}{\sqrt{x^2 \pm a^2}}\right) = \frac{1}{\sqrt{x^2 \pm a^2}}.$$

即 $\qquad [\ln(x+\sqrt{x^2 \pm a^2})]' = \dfrac{1}{\sqrt{x^2 \pm a^2}}\ (a \neq 0).$

例 3.4-11[*] 求幂指函数 $[f(x)]^{g(x)}\ (f(x) > 0$ 且 $f(x) \neq 1)$ 的导数.

解 $\quad y' = \{[f(x)]^{g(x)}\}' = [\mathrm{e}^{g(x)\cdot \ln f(x)}]' = \mathrm{e}^{g(x)\cdot \ln f(x)} \cdot [g(x) \cdot \ln f(x)]'$

$$= [f(x)]^{g(x)} \cdot \left[g'(x)\cdot \ln f(x) + g(x) \cdot \frac{f'(x)}{f(x)}\right]$$

$$= [f(x)]^{g(x)} \cdot g'(x)\cdot \ln f(x) + g(x)\cdot [f(x)]^{g(x)-1} \cdot f'(x) \qquad (3.4\text{-}3)$$

特别地，有 $(x^x)' = x^x(\ln x + 1)\ (x > 0$ 且 $x \neq 1).$ $\qquad\qquad (3.4\text{-}4)$

3.4.2 一阶微分形式不变性

当 u 是自变量时，可导函数 $y = f(u)$ 的微分为 $\mathrm{d}y = f'(u)\mathrm{d}u$；当 u 是自变量 x 的可导函数 $u = g(x)$ 时，由可导函数 $y = f(u)$、$u = g(x)$ 构成的复合函数 $y = f[g(x)]$ 的微分

$$\mathrm{d}y = y_x'\mathrm{d}x = f'(u)g'(x)\mathrm{d}x = f'(u)\mathrm{d}[g(x)] = f'(u)\mathrm{d}u.$$

由此可知，无论 u 是自变量还是中间变量，可导函数 $y = f(u)$ 的微分 $\mathrm{d}y$ 总保持同一个形式，都可以用 $f'(u)\mathrm{d}u$ 来表示. 这一性质，称为函数的**一阶微分形式不变性**.

根据一阶微分形式不变性，将基本初等函数微分公式中的 x 换成可导函数 $g(x)$ 后公式仍成立，这对于求复合函数 $y = f[g(x)]$ 的微分是十分方便的.

例如，由 $\mathrm{d}(\mathrm{e}^x) = \mathrm{e}^x\mathrm{d}x$ 可以得出

$$\mathrm{d}[\mathrm{e}^{g(x)}] = \mathrm{e}^{g(x)}\mathrm{d}[g(x)]\ (g(x)\ \text{为可导函数}).$$

利用一阶微分形式不变性，可以方便地求出复合关系比较复杂的复合函数的微分与导数. 在逐步微分的过程中，不论变量之间的关系和复合结构如何错综复杂，都可以不必对因变量、中间变量、自变量进行辨认和区别，而一律作为自变量来对待.

例 3.4-12 求函数 $y = \log_2 \sec 2^x$ 的微分.

解 $\quad \mathrm{d}y = \dfrac{1}{\sec 2^x \cdot \ln 2}\mathrm{d}(\sec 2^x) = \dfrac{\sec 2^x \cdot \tan 2^x}{\sec 2^x \cdot \ln 2}\mathrm{d}(2^x)$

$$= \frac{\tan 2^x}{\ln 2}2^x \ln 2\mathrm{d}x = 2^x \tan 2^x \mathrm{d}x.$$

例 3.4-13 求函数 $y = \sqrt{\cot\dfrac{x}{2}}$ 的微分.

解 $\quad \mathrm{d}y = \dfrac{1}{2}\left(\cot\dfrac{x}{2}\right)^{-\frac{1}{2}}\mathrm{d}\left(\cot\dfrac{x}{2}\right) = \dfrac{1}{2\sqrt{\cot\dfrac{x}{2}}}\left(-\csc^2\dfrac{x}{2}\right)\mathrm{d}\left(\dfrac{x}{2}\right) = -\dfrac{1}{4}\csc^2\dfrac{x}{2}\sqrt{\tan\dfrac{x}{2}}\mathrm{d}x.$

例 3.4-14 求函数 $y = \mathrm{e}^{\mathrm{arc\,cot}\sqrt{x}}$ 的微分.

解 $\quad \mathrm{d}y = \mathrm{e}^{\mathrm{arc\,cot}\sqrt{x}}\mathrm{d}(\mathrm{arc\,cot}\sqrt{x}) = \mathrm{e}^{\mathrm{arc\,cot}\sqrt{x}} \cdot \dfrac{-1}{1+(\sqrt{x})^2}\mathrm{d}(\sqrt{x}) = -\dfrac{\mathrm{e}^{\mathrm{arc\,cot}\sqrt{x}}}{2\sqrt{x}(1+x)}\mathrm{d}x.$

3.5 高阶导数及几种特殊求导方法

3.5.1 高阶导数

一般地讲，函数 $y = f(x)$ 的导函数 $y' = f'(x)$ 仍是关于 x 的函数，若极限

$$\lim_{\Delta x \to 0} \frac{f'(x + \Delta x) - f'(x)}{\Delta x}$$

存在，即函数 $y' = f'(x)$ 的导数存在，则称函数 $y' = f'(x)$ 的导数为函数 $y = f(x)$ 的二阶导数，记作 y''，$f''(x)$，$\dfrac{\mathrm{d}^2 y}{\mathrm{d} x^2}$，$\dfrac{\mathrm{d}^2 f(x)}{\mathrm{d} x^2}$，即

$$y'' = (y')' = \frac{\mathrm{d} y'}{\mathrm{d} x} = \frac{\mathrm{d}}{\mathrm{d} x}\left(\frac{\mathrm{d} y}{\mathrm{d} x}\right) = \frac{\mathrm{d}^2 y}{\mathrm{d} x^2}.$$

类似地，二阶导数 $f''(x)$ 的导数称为函数 $f(x)$ 的**三阶导数**，记作 $f'''(x)$ 或 $\dfrac{\mathrm{d}^3 y}{\mathrm{d} x^3}$．三阶导数 $f'''(x)$ 的导数称为函数 $f(x)$ 的**四阶导数**，记作 $f^{(4)}(x)$ 或 $\dfrac{\mathrm{d}^4 y}{\mathrm{d} x^4}$．其他阶导数以此类推．

一般地，函数 $f(x)$ 的 $n-1$ 阶导数 $f^{(n-1)}(x)$ 的导数称为函数 $f(x)$ 的 n **阶导数**，记作 $f^{(n)}(x)$ 或 $\dfrac{\mathrm{d}^n y}{\mathrm{d} x^n}$，即

$$y^{(n)} = (y^{(n-1)})' = \frac{\mathrm{d} y^{(n-1)}}{\mathrm{d} x} = \frac{\mathrm{d}}{\mathrm{d} x}\left(\frac{\mathrm{d}^{n-1} y}{\mathrm{d} x^{n-1}}\right) = \frac{\mathrm{d}^n y}{\mathrm{d} x^n} = \lim_{\Delta x \to 0} \frac{f^{(n-1)}(x + \Delta x) - f^{(n-1)}(x)}{\Delta x}.$$

二阶和二阶以上的导数统称为**高阶导数**．相对于高阶导数来说，把函数 $f(x)$ 的导数 $f'(x)$ 称为函数 $f(x)$ 的**一阶导数**，而把函数 $f(x)$ 称为它自己的**零阶导数**．

例 3.5-1 求函数 $y = \sqrt{a^2 - x^2}$ 的二阶导数 y''．

解 因为 $y' = \dfrac{1}{2\sqrt{a^2 - x^2}}(a^2 - x^2)' = -\dfrac{x}{\sqrt{a^2 - x^2}}$，

所以 $y'' = -\left(\dfrac{x}{\sqrt{a^2 - x^2}}\right)' = -\dfrac{\sqrt{a^2 - x^2} + x\dfrac{x}{\sqrt{a^2 - x^2}}}{a^2 - x^2} = -\dfrac{a^2}{(a^2 - x^2)^{\frac{3}{2}}} = -a^2(a^2 - x^2)^{-\frac{3}{2}}.$

例 3.5-2[*] 已知函数 $y = x^n (n \in \mathbf{N}_+)$，求：$y^{(n-1)}$，$y^{(n)}$，$y^{(n+1)}$．

解 因为 $y' = (x^n)' = nx^{n-1}$，$y'' = (nx^{n-1})' = n(n-1)x^{n-2}$，$y''' = n(n-1)(n-2)x^{n-3}$，…，

所以 $y^{(n-1)} = n(n-1)(n-2)\cdots 2 \cdot x = n!x$，$y^{(n)} = (n!x)' = n!$，$y^{(n+1)} = (n!)' = 0$．

即 $(x^n)^{(n-1)} = n!x$；$(x^n)^{(n)} = n!$；$(x^n)^{(n+1)} = 0$．

例 3.5-3[*] 设函数 $f(x)$ 为二阶可导函数，求函数 $y = f(x^2)$ 的二阶导数 y''．

解 因为 $y' = 2xf'(x^2)$（见例 3.4-1(1)），

所以 $y'' = [2xf'(x^2)]' = 2(x)'f'(x^2) + 2x[f'(x^2)]'$

$= 2f'(x^2) + 2x[f''(x^2) \cdot (x^2)'] = 2f'(x^2) + 4x^2 f''(x^2).$

3.5.2　由参数方程所确定的函数的导数

对平面曲线的描述，除了前面所介绍的显函数 $y = f(x)$ 以及后面将要学到的隐函数 $F(x, y) = 0$ 外，还学过曲线的参数方程

$$x = \varphi(t)、y = \phi(t)\,(\alpha \leqslant t \leqslant \beta).$$

在参数方程中给定一个 x 值，可通过 $x = \varphi(t)$ 求出 t 值，然后再通过 $y = \phi(t)$ 求出 y 值，所以 y 是关于 x 的函数，并称此函数关系所表达的函数为**由参数方程所确定的函数**.

虽然可以先将参数方程中的参数 t 消去后再对所得到的直角坐标方程求导，但从参数方程中消去参数 t 有时不仅比较麻烦，而且可能很困难. 因此，需要一种直接从参数方程求出它所确定的函数的导数的方法.

设曲线的方程为

$$x = \varphi(t)、y = \phi(t)(\alpha \leqslant t \leqslant \beta),$$

其中 $\varphi(t)$、$\phi(t)$ 都是关于 t 的可导函数，而且 $\varphi'(t) \neq 0$. 则由

$$\mathrm{d}y = y_t'\mathrm{d}t = \phi'(t)\mathrm{d}t、\mathrm{d}x = x_t'\mathrm{d}t = \varphi'(t)\mathrm{d}t,$$

得

$$y_x' = \frac{\mathrm{d}y}{\mathrm{d}x} = \frac{\phi'(t)\mathrm{d}t}{\varphi'(t)\mathrm{d}t} = \frac{\phi'(t)}{\varphi'(t)} = \frac{y_t'}{x_t'}. \tag{3.5-1}$$

式(3.5-1)就是由参数方程所确定的 y 关于 x 的函数的求导公式.

若函数 $x = \varphi(t)$、$y = \phi(t)(\alpha \leqslant t \leqslant \beta)$ 都具有二阶导数，且 $\varphi'(t) \neq 0$，则可由式(3.5-1)进一步推得由参数方程所确定的 y 关于 x 的函数的二阶导数公式：

$$\frac{\mathrm{d}^2y}{\mathrm{d}x^2} = \frac{\mathrm{d}y_x'}{\mathrm{d}x} = \frac{\mathrm{d}y_x'}{\mathrm{d}t} \bigg/ \frac{\mathrm{d}x}{\mathrm{d}t} = \frac{(y_x')_t'}{x_t'}. \tag{3.5-2}$$

例 3.5-4　求曲线 $\begin{cases} x = \ln(1 + t^2) + 1 \\ y = 2\arctan t - (1 + t)^2 \end{cases}$ 在对应 $t = 0$ 的点处的切线方程.

解　因为 $y_t' = \dfrac{1}{1 + t^2} - 2(1 + t) = \dfrac{-2(t^3 + t^2 + t)}{1 + t^2}$，$x_t' = \dfrac{2t}{1 + t^2}$，

所以　$\dfrac{\mathrm{d}y}{\mathrm{d}x} = \dfrac{y_t'}{x_t'} = -(t^2 + t + 1)$.

因为当 $t = 0$ 时，曲线上相应点 M_0 的坐标为 $(1, -1)$，所以曲线在点 $M_0(1, -1)$ 处的切线斜率为 $\dfrac{\mathrm{d}y}{\mathrm{d}x}\bigg|_{t=0} = -1$.

所以曲线在点 $M_0(-1, 1)$ 处的切线方程为　$y + 1 = -(x - 1)$，

即　$x + y = 0$.

例 3.5-5　求由参数方程 $\begin{cases} x = a(t - \sin t) \\ y = a(1 - \cos t) \end{cases}$ 所确定的函数的二阶导数 $\dfrac{\mathrm{d}^2y}{\mathrm{d}x^2}$.

解　因为 $x_t' = a(1 - \cos t)$，$y_t' = a\sin t$，

所以　　$y'_x = \dfrac{y'_t}{x'_t} = \dfrac{\sin t}{1 - \cos t}$.

因为 $(y'_x)'_t = \dfrac{\cos t(1 - \cos t) - \sin t \cdot \sin t}{(1 - \cos t)^2} = -\dfrac{1}{1 - \cos t}$;

所以　　$\dfrac{\mathrm{d}^2 y}{\mathrm{d}x^2} = \dfrac{(y'_x)'_t}{x'_t} = -\dfrac{1}{a(1 - \cos t)^2}$.

3.5.3　隐函数及其求导法

在此之前，所见到的函数都是把因变量 y 用含有自变量 x 的解析式(即熟知的 $y = f(x)$)的形式直接表示出来的，这样的函数称为**显函数**.

但在实际中，有一些函数的表达式不是像显函数那样将因变量用自变量的解析式表达出来，它的因变量与自变量的对应法则是由一个二元方程 $F(x, y) = 0$ 确定的(此时对应法则是被隐含起来的). 即在二元方程 $F(x, y) = 0$ 中，当 x 取某区间内的任一值时，相应的总有满足这二元方程 $F(x, y) = 0$ 的 y 值存在，故此时 y 可以看作关于 x 的函数.

通常称这种由二元方程 $F(x, y) = 0$ 所确定的函数为**隐函数**.

有些二元方程所确定的隐函数较容易化成显函数(称为**隐函数的显化**)，但相当多的隐函数化为显函数是很困难的，甚至是不可能的. 但是，不管隐函数是否能显化，都应能直接由二元方程求出它所确定的隐函数的导数.

根据一阶微分形式不变性，不论 y 是自变量或是因变量都有 $\mathrm{d}[\varphi(y)] = \varphi'(y)\mathrm{d}y$ ，所以在求微分的运算中 x 与 y 可同等看待，不必区分.

例 3.5-6　求曲线 $4x^2 - xy + y^2 = 6$ 在点 $(-1, 1)$ 处的切线方程.

解　将方程 $4x^2 - xy + y^2 = 6$ 两边同时求微分，得
$$4\mathrm{d}(x^2) - \mathrm{d}(xy) + \mathrm{d}(y^2) = 0 ,$$
$$8x\mathrm{d}x - y\mathrm{d}x - x\mathrm{d}y + 2y\mathrm{d}y = 0 ,$$
即　　$(x - 2y)\mathrm{d}y = (8x - y)\mathrm{d}x$ ，

从而　　$\dfrac{\mathrm{d}y}{\mathrm{d}x} = \dfrac{8x - y}{x - 2y}$.

故曲线在点 $(-1, 1)$ 处的切线斜率为
$$\left. \dfrac{\mathrm{d}y}{\mathrm{d}x} \right|_{(1, -1)} = 3 ,$$

曲线在点 $(-1, 1)$ 处的切线方程为　$y + 1 = 3(x - 1)$ ，

即　　$3x - y - 4 = 0$.

例 3.5-7*　求由方程 $y = \sin(x + y)$ 所确定的隐函数的二阶导数 $\dfrac{\mathrm{d}^2 y}{\mathrm{d}x^2}$.

解　将方程 $y = \sin(x + y)$ 两边同时求微分，得
$$\mathrm{d}y = \cos(x + y)(\mathrm{d}x + \mathrm{d}y) ,$$
即　　$[1 - \cos(x + y)]y = \cos(x + y)\mathrm{d}x$ ，

故　　$\dfrac{\mathrm{d}y}{\mathrm{d}x} = \dfrac{\cos(x+y)}{1-\cos(x+y)}$.

因为 $\mathrm{d}\left(\dfrac{\mathrm{d}y}{\mathrm{d}x}\right) = \dfrac{[1-\cos(x+y)][-\sin(x+y)(\mathrm{d}x+\mathrm{d}y)] - \cos(x+y)\sin(x+y)(\mathrm{d}x+\mathrm{d}y)}{[1-\cos(x+y)]^2}$

$= \dfrac{-\sin(x+y)\cdot(\mathrm{d}x+\mathrm{d}y)}{[1-\cos(x+y)]^2} = \dfrac{\sin(x+y)\mathrm{d}x}{[\cos(x+y)-1]^3}$ ，$\left(\text{注：代入}\ \mathrm{d}y = \dfrac{\cos(x+y)}{1-\cos(x+y)}\mathrm{d}x\right)$

所以　　$\dfrac{\mathrm{d}^2 y}{\mathrm{d}x^2} = \dfrac{\mathrm{d}\left(\dfrac{\mathrm{d}y}{\mathrm{d}x}\right)}{\mathrm{d}x} = \dfrac{\sin(x+y)}{[\cos(x+y)-1]^3}$.

3.5.4　对数求导法

对显函数 $y = f(x)$ 的等式两边取自然对数，

得　　　　　　　　　　　　$\ln|y| = \ln|f(x)|$.

将方程 $\ln|y| = \ln|f(x)|$ 两端同时对 x 求导数，

得　　　　　　　　　　　　$\dfrac{1}{y}y' = \left[\ln|f(x)|\right]'$ ，

即　　　　　　　　　　　　$y' = f(x)\left[\ln|f(x)|\right]'$.　　　　　　　　(3.5-3)

因为上面利用隐函数求导法，将求显函数 $y = f(x)$ 的导数转化成求其自然对数 $\ln|f(x)|$ 的导数，所以称这种求导方法为**对数求导法**.

例 3.5-8　求函数 $y = (x-1)\cdot\sqrt[3]{\dfrac{(x-2)^2}{x-3}}$ 的导数.

解　由式(3.5-3)得

$y' = (x-1)\cdot\sqrt[3]{\dfrac{(x-2)^2}{x-3}}\cdot\left[\ln\left|(x-1)\cdot\sqrt[3]{\dfrac{(x-2)^2}{x-3}}\right|\right]'$

$= (x-1)\cdot\sqrt[3]{\dfrac{(x-2)^2}{x-3}}\left(\ln|x-1| + \dfrac{2}{3}\ln|x-2| - \dfrac{1}{3}\ln|x-3|\right)'$

$= (x-1)\cdot\sqrt[3]{\dfrac{(x-2)^2}{x-3}}\left(\dfrac{1}{x-1} + \dfrac{2}{3}\cdot\dfrac{1}{x-2} - \dfrac{1}{3}\cdot\dfrac{1}{x-3}\right)$.

3.5.5*　关于求导方法的进一步讨论

1. 关于隐函数求导方法的进一步讨论

对于由方程 $F(x,y) = 0$ 确定的 y 关于 x 的隐函数的求导问题，除了前述的微分法外，还可以利用复合函数求导法加以解决.

具体地，在将 y 看作关于 x 的函数的前提下，将二元方程 $F(x,y) = 0$ 的两端同时对 x 进行求导，这样可以得到一个含有 y' (即 y 对 x 的导数)的方程. 再依据所得方程解出 y'，即可得到 y 对 x 的导数 $\dfrac{\mathrm{d}y}{\mathrm{d}x}$.

例 3.5-9 已知 $xy^2 = e^{x^2+y}$，求：$\dfrac{dy}{dx}$.

解 方程 $xy^2 = e^{x^2+y}$ 两端同时对 x 进行求导，

得　　　　$(x)'y^2 + x(y^2)_x' = e^{x^2+y}(x^2+y)_x'$，

即　　　　$y^2 + 2xyy' = e^{x^2+y}(2x+y')$.

解得　　　$\dfrac{dy}{dx} = y' = \dfrac{2xy - e^{x^2+y}}{2xe^{x^2+y} - y^2}$.

注：基于本题的特殊性，还可利用 $xy^2 = e^{x^2+y}$ 进一步化简得到

$$\frac{dy}{dx} = \frac{x(2-y)}{y(2x^2-1)}.$$

例 3.5-10 利用复合函数求导法求解例 3.5-6.

解 方程 $y = \sin(x+y)$ 两端同时对 x 进行求导，

得　　　$y' = [\sin(x+y)]_x' = \cos(x+y)\cdot(x+y)_x' = (1+y')\cos(x+y)$，

整理得　$y' = \dfrac{\cos(x+y)}{1-\cos(x+y)}$.

方程 $y' = (1+y')\cos(x+y)$ 两端同时对 x 进行求导，

得　　　$y'' = (1+y')_x'\cos(x+y) + (1+y')\cos(x+y)_x'$，

即　　　$y'' = y''\cos(x+y) - (1+y')^2\sin(x+y)$，

整理得　$y'' = \dfrac{(1+y')^2\sin(x+y)}{\cos(x+y)-1}$.

将 $y' = \dfrac{\cos(x+y)}{1-\cos(x+y)}$ 代入上式并整理得

$$\frac{d^2y}{dx^2} = y'' = \frac{\sin(x+y)}{[\cos(x+y)-1]^3}.$$

2. n 阶导数的计算方法

1) 直接法

由 n 阶导数定义可知，求函数 $f(x)$ 的 n 阶导数 $f^{(n)}(x)$ 就是对函数 $f(x)$ 连续地求 n 次导数，所以仍然可以应用前面的求导法则和基本初等函数的导数公式求函数 $f(x)$ 的 n 阶导数. 但因 n 是正整数，所以求函数 $f(x)$ 的 n 阶导数 $f^{(n)}(x)$，就是给出函数 $f(x)$ 的 n 阶导数 $f^{(n)}(x)$ 的表达式. 因此求 n 阶导数时必须在逐次求导过程中，分析归纳出规律，进而写出函数 $f(x)$ 的 n 阶导数 $f^{(n)}(x)$ 的表达式.

具体地，常先求出函数的一阶、二阶、三阶、……导数，从中分析归纳出函数的 n 阶导数应有怎样的表达式. 有时还需要对函数的一阶、二阶、三阶、……导数进行适当的恒等变形，但对各阶导数的系数一般不变形化简，以利于分析归纳出规律. 严格地讲，对分析归纳出的函数的 n 阶导数的表达式，应用数学归纳法予以证明. 但为了简便，一般应用时不需用数学归纳法予以证明.

例 3.5-11 求函数 $y = \mathrm{e}^{ax+b} (a \neq 0)$ 的 n 阶导数 $y^{(n)}$.

解 $(\mathrm{e}^{ax+b})' = a\mathrm{e}^{ax+b}$，$(\mathrm{e}^{ax+b})'' = a^2\mathrm{e}^{ax+b}$，$(\mathrm{e}^{ax+b})''' = a^3\mathrm{e}^{ax+b}$，$\cdots$.

一般地，可得

$$(\mathrm{e}^{ax+b})^{(n)} = a^n\mathrm{e}^{ax+b}.$$

例 3.5-12 求函数 $y = a^{bx} (a > 0 且 a \neq 1, b 为常数)$ 的 n 阶导数 $y^{(n)}$.

解 $(a^{bx})' = ba^{bx}\ln a$，$(a^{bx})'' = b^2 a^{bx}\ln^2 a$，$(a^{bx})''' = b^3 a^{bx}\ln^3 a$，$\cdots$.

一般地，可得

$$(a^{bx})^{(n)} = b^n a^{bx}\ln^n a.$$

例 3.5-13 求函数 $y = (1+x)^{\alpha} (\alpha \in \mathbf{R})$ 的 n 阶导数 $y^{(n)}$.

解 $[(1+x)^{\alpha}]' = \alpha(1+x)^{\alpha-1}$，$[(1+x)^{\alpha}]'' = \alpha(\alpha-1)(1+x)^{\alpha-2}$，

$[(1+x)^{\alpha}]''' = \alpha(\alpha-1)(\alpha-2)(1+x)^{\alpha-3}$，$\cdots$.

一般地，可得

$$[(1+x)^{\alpha}]^{(n)} = \alpha(\alpha-1)(\alpha-2)\cdots(\alpha-n+1)(1+x)^{\alpha-n}.$$

同法可得，$(x^{\alpha})^{(n)} = \alpha(\alpha-1)(\alpha-2)\cdots(\alpha-n+1)x^{\alpha-n}$.

特别地，有 $(x^n)^{(n)} = n!$，$(x^n)^{(m)} = 0 \ (m, n \in \mathbf{N}_+ 且 m > n)$.

例 3.5-14 求函数 $y = \dfrac{1}{ax+b} (a \neq 0)$ 的 n 阶导数 $y^{(n)}$.

解 $[(ax+b)^{-1}]' = (-1)a(ax+b)^{-2}$，$[(ax+b)^{-1}]'' = (-1)(-2)a^2(ax+b)^{-3}$，

$[(ax+b)^{-1}]''' = (-1)(-2)(-3)a^3(ax+b)^{-4}$，$\cdots$.

一般地，可得

$$\left(\frac{1}{ax+b}\right)^{(n)} = [(ax+b)^{-1}]^{(n)} = \frac{(-1)^n a^n n!}{(ax+b)^{n+1}}.$$

例 3.5-15 求函数 $y = \sin(ax+b) (a \neq 0)$ 的 n 阶导数 $y^{(n)}$.

解 $[\sin(ax+b)]' = a\cos(ax+b) = a\sin\left(\dfrac{\pi}{2} + ax + b\right)$，

$[\sin(ax+b)]'' = -a^2\sin(ax+b) = a^2\sin(\pi + ax + b) = a^2\sin\left(2\dfrac{\pi}{2} + ax + b\right)$，

$[\sin(ax+b)]''' = -a^3\cos(ax+b) = a^3\sin\left(3\dfrac{\pi}{2} + ax + b\right)$，

$\cdots\cdots$

一般地，可得

$$[\sin(ax+b)]^{(n)} = a^n\sin\left(n\dfrac{\pi}{2} + ax + b\right).$$

同法可得：$[\cos(ax+b)]^{(n)} = a^n\cos\left(n\dfrac{\pi}{2} + ax + b\right)$.

2) 间接法

对由两个函数的代数和构成的函数或可化成两个函数的代数和的函数，可利用两个函

数的代数和的 n 阶导数的线性运算法则

$$[au(x) + bv(x)]^{(n)} = a[u(x)]^{(n)} + b[v(x)]^{(n)} \quad (a \text{、} b \text{ 为常数})$$

以及常用函数的 n 阶导数公式(如例 3.5-9、例 3.5-14 的结论)求其 n 阶导数.

有些函数虽然不能直接使用常用函数的 n 阶导数公式,但其一阶、二阶、三阶、……导数却能转化成适合使用常用函数的 n 阶导数公式的形式,从而求出该函数的 n 阶导数.

例 3.5-16 求函数 $y = \ln(ax + b)\,(a \neq 0)$ 的 n 阶导数 $y^{(n)}$.

解 因为 $[\ln(ax + b)]' = \dfrac{a}{ax + b}$,

所以 $\quad [\ln(ax + b)]^{(n)} = (-1)^{n-1} \dfrac{a^n(n-1)!}{(ax + b)^n}$.

例 3.5-17 求函数 $y = \dfrac{1}{x^2 - 3x + 2}$ 的 n 阶导数 $y^{(n)}$.

解 因为 $\dfrac{1}{x^2 - 3x + 2} = \dfrac{1}{(x-1)(x-2)} = \dfrac{1}{x-2} - \dfrac{1}{x-1}$,

所以 $\quad \left(\dfrac{1}{x^2 - 3x + 2}\right)^{(n)} = \left(\dfrac{1}{x-2}\right)^{(n)} - \left(\dfrac{1}{x-1}\right)^{(n)}$

$$= (-1)^n n! \left[\dfrac{1}{(x-2)^{n+1}} - \dfrac{1}{(x-1)^{n+1}}\right].$$

3. 反函数的二阶导数

设二阶可导函数 $f(x)$ 的反函数 $x = f^{-1}(y)$ 仍二阶可导,且 $f'(x) \neq 0$,$[f^{-1}(y)]' \neq 0$,则

$$\dfrac{d^2 y}{dx^2} = \dfrac{d(y'_x)}{dx} = \dfrac{d\left(\dfrac{1}{x'_y}\right)}{dx} = \dfrac{d\left(\dfrac{1}{x'_y}\right)}{dy} \bigg/ \dfrac{dx}{dy} = -\dfrac{x''_y}{(x'_y)^2} \bigg/ x'_y = -\dfrac{x''_y}{(x'_y)^3}; \tag{3.5-4}$$

$$\dfrac{d^2 x}{dy^2} = \dfrac{d(x'_y)}{dy} = \dfrac{d\left(\dfrac{1}{y'_x}\right)}{dy} = \dfrac{d\left(\dfrac{1}{y'_x}\right)}{dx} \bigg/ \dfrac{dy}{dx} = -\dfrac{y''_x}{(y'_x)^2} \bigg/ y'_x = -\dfrac{y''_x}{(y'_x)^3}. \tag{3.5-5}$$

这两个式子说明:$y''_x \neq \dfrac{1}{x''_y}$、$x''_y \neq \dfrac{1}{y''_x}$.

运用这两个式子可以在某些情形下避免使用隐函数求导法则和复合函数求导法则以及商的求导法则.

例 3.5-18 已知 $x = y^2 + y$,$u = x^2 + x$,求:$\dfrac{d^2 y}{dx^2}$,$\dfrac{d^2 x}{du^2}$,$\dfrac{d^2 y}{du^2}$.

解 因为 $x'_y = \dfrac{dx}{dy} = (y^2 + y)' = 2y + 1$;$u'_x = \dfrac{du}{dx} = (x^2 + x)' = 2x + 1$,

所以 $\quad u'_y = \dfrac{du}{dy} = \dfrac{du}{dx} \cdot \dfrac{dx}{dy} = u'_x \cdot x'_y = (2x + 1)(2y + 1)$.

故 $\quad \dfrac{dy}{dx} = y'_x = \dfrac{1}{x'_y} = \dfrac{1}{2y + 1}$;

$$\frac{\mathrm{d}x}{\mathrm{d}u} = x_u' = \frac{1}{u_x'} = \frac{1}{2x+1} \ ;$$

$$\frac{\mathrm{d}y}{\mathrm{d}u} = y_u' = \frac{1}{u_y'} = \frac{1}{(2x+1)(2y+1)} \ .$$

因为 $x_y'' = (2y+1)_y' = 2$ ； $u_x'' = (2x+1)_x' = 2$ ，

所以　　$u_y'' = (u_x' x_y')_y' = (u_x')_y' \cdot x_y' + u_x' \cdot x_y'' = (u_x'' \cdot x_y')x_y' + u_x' \cdot x_y''$

$$= 2(2y+1)(2y+1) + 2(2x+1) = 2(2y+1)^2 + 2(2x+1) \ .$$

故　　　$\dfrac{\mathrm{d}^2 y}{\mathrm{d}x^2} = -\dfrac{x_y''}{(x_y')^3} = -\dfrac{2}{(2y+1)^3} \ ;$

$$\frac{\mathrm{d}^2 x}{\mathrm{d}u^2} = -\frac{u_x''}{(u_x')^3} = -\frac{2}{(2x+1)^3} \ ;$$

$$\frac{\mathrm{d}^2 y}{\mathrm{d}u^2} = -\frac{u_y''}{(u_y')^3} = -\frac{2(2y+1)^2 + 2(2x+1)}{[(2x+1)(2y+1)]^3} \ .$$

第4章 定积分与不定积分

在第 3 章中学习了微分学，本章将要学习的积分学与微分学有着密切的联系，它们共同组成了高等数学的主要部分——微积分学.积分学包括定积分和不定积分，通过对定积分计算公式的研讨导入了微积分学基本公式，并引入了原函数(不定积分)，从而将原本各自独立的积分与微分联系起来，使微分学与积分学成为一个统一的整体——微积分学.

4.1 定 积 分

4.1.1 定积分的定义

定积分与导数一样，也是在解决一系列实际问题的过程中逐渐形成的数学概念. 这些问题尽管实质不同，但解决它们的方法与计算的步骤及所得的数学模型却完全一样，所求量最后都归结为求形如式(2.1-4)、式(2.1-5)的和式的极限. 这就是定积分产生的实际背景.

定义 4.1-1 设函数 $f(x)$ 在闭区间 $[a,b]$ 上有定义. 在开区间 (a,b) 内任意地插入 $n-1$ 个分点：

$$a = x_0 < x_1 < x_2 < \cdots < x_{i-1} < x_i < \cdots < x_{n-1} < x_n = b,$$

将闭区间 $[a,b]$ 划分成 n 个小闭区间

$$[x_0, x_1], [x_1, x_2], \cdots, [x_{i-1}, x_i], \cdots, [x_{n-1}, x_n],$$

各个小闭区间的长度依次为

$$\Delta x_1 = x_1 - x_0, \quad \Delta x_2 = x_2 - x_1, \quad \cdots, \quad \Delta x_i = x_i - x_{i-1}, \quad \cdots, \quad \Delta x_n = x_n - x_{n-1}.$$

在每个小闭区间 $[x_{i-1}, x_i]$ 上任取一点 ξ_i，作乘积 $f(\xi_i)\Delta x_i (i = 1, 2, \cdots, n)$，并作和式(该和式称为**积分和**)

$$\sum_{i=1}^{n} f(\xi_i)\Delta x_i.$$

若不论将闭区间 $[a,b]$ 怎样划分成小闭区间 $[x_{i-1}, x_i]$，也不论在小闭区间 $[x_{i-1}, x_i]$ 上的点 ξ_i 怎样选取，当各个小闭区间长度的最大值 $\lambda (\lambda = \max\limits_{1 \le i \le n} \{\Delta x_i\})$ 趋于零时，和式 $\sum\limits_{i=1}^{n} f(\xi_i)\Delta x_i$ 都趋于同一个确定的常数(即极限值)，则称函数 $f(x)$ 在闭区间 $[a,b]$ 上**可积**，且将此极限值称为函数 $f(x)$ 在闭区间 $[a,b]$ 上的**定积分**，记作

$$\int_a^b f(x)\mathrm{d}x,$$

即

$$\int_a^b f(x)\mathrm{d}x = \lim_{\lambda \to 0} \sum_{i=1}^{n} f(\xi_i)\Delta x_i.$$

其中 x 称为**积分变量**，$f(x)$ 称为**被积函数**，$f(x)\mathrm{d}x$ 称为**被积表达式**，闭区间 $[a,b]$ 称为**积分区间**，a 称为**积分下限**，b 称为**积分上限**，"$\int$"称为**积分号**.

因为定积分 $\int_a^b f(x)\mathrm{d}x$ 是和式的极限，所以当定积分 $\int_a^b f(x)\mathrm{d}x$ 存在时，其值是一个确定的常数. 因此，定积分 $\int_a^b f(x)\mathrm{d}x$ 的值只与被积函数 $f(x)$ 及积分区间 $[a,b]$ 有关，而与积分变量用什么字母表示无关，从而将积分变量换成其他的字母时并不改变定积分的值，即

$$\int_a^b f(x)\mathrm{d}x = \int_a^b f(t)\mathrm{d}t = \int_a^b f(u)\mathrm{d}u .$$

由定积分的定义可知，若函数 $f(x)$ 在闭区间 $[a,b]$ 上可积，则函数 $f(x)$ 在闭区间 $[a,b]$ 上必为有界函数. 这是因为，若函数 $f(x)$ 在闭区间 $[a,b]$ 上为无界函数，则在闭区间 $[a,b]$ 的某一个划分下，函数 $f(x)$ 至少在其中一个小闭区间 $[x_{i-1},x_i]$ $(i=1,2,\cdots,n)$ 上仍为无界函数. 于是可选取 $\xi_i \in [x_{i-1},x_i]$，使 $|f(\xi_i)|$ 任意大，从而可使 $\left|\sum_{i=1}^n f(\xi_i)\Delta x_i\right|$ 任意大，这说明和式 $\sum_{i=1}^n f(\xi_i)\Delta x_i$ 是无界变量. 而在极限过程中，无界变量没有极限，于是函数 $f(x)$ 在闭区间 $[a,b]$ 上不可积.

由此可知，定积分是对有界函数而言的. 下面的例 4.1-1 表明，函数 $f(x)$ 在闭区间 $[a,b]$ 上有界只是函数 $f(x)$ 在闭区间 $[a,b]$ 上可积的必要条件，并非充分条件.

例 4.1-1[*] 确定下面狄利克雷函数的可积性：

$$D(x) = \begin{cases} 1, & x\text{为有理数} \\ 0, & x\text{为无理数} \end{cases}.$$

解 显然狄利克雷函数在任一闭区间 $[a,b]$ 上有界. 对闭区间 $[a,b]$ 的任一划分，每个小闭区间 $[x_{i-1},x_i]$ $(i=1,2,\cdots,n)$ 中都既有有理数又有无理数.

在每个小闭区间 $[x_{i-1},x_i]$ 上任取一点 ξ_i.

若 ξ_i 全取为有理数，则

$$\sum_{i=1}^n D(\xi_i)\Delta x_i = \sum_{i=1}^n \Delta x_i = b-a ;$$

若 ξ_i 全取为无理数，则

$$\sum_{i=1}^n D(\xi_i)\Delta x_i = 0 .$$

所以，当 $\lambda \to 0$ 时，$\sum_{i=1}^n D(\xi_i)\Delta x_i$ 无极限，即狄利克雷函数 $D(x)$ 在闭区间 $[a,b]$ 上是不可积的.

下面给出函数 $f(x)$ 在闭区间 $[a,b]$ 上的定积分一定存在的两个充分条件(证明超出本课程范围).

4.1.2 定积分的存在性

定理 4.1-1 (1) 若函数 $f(x)$ 在闭区间 $[a,b]$ 上连续，则函数 $f(x)$ 在闭区间 $[a,b]$ 上可积.

(2) 若函数 $f(x)$ 在闭区间 $[a,b]$ 上为有界函数，且仅有有限个间断点，则函数 $f(x)$ 在闭区间 $[a,b]$ 上可积.

4.1.3 定积分的基本性质

在下面的讨论中，假定所遇到的函数在所给定的闭区间上是可积的.

定理 4.1-2 被积函数中的常数因子可以提到积分号的外面，即

$$\int_a^b kf(x)\mathrm{d}x = k\int_a^b f(x)\mathrm{d}x \ (k \text{ 为常数}).$$

证明[*] 因函数 $f(x)$ 在闭区间 $[a,b]$ 上可积，依定积分定义，$\lim\limits_{\lambda\to 0}\sum\limits_{i=1}^{n}f(\xi_i)\Delta x_i$ 存在，于是有

$$\int_a^b kf(x)\mathrm{d}x = \lim_{\lambda\to 0}\sum_{i=1}^{n}kf(\xi_i)\Delta x_i = k\lim_{\lambda\to 0}\sum_{i=1}^{n}f(\xi_i)\Delta x_i = k\int_a^b f(x)\mathrm{d}x .$$

定理 4.1-3 两个可积函数代数和的定积分等于它们定积分的代数和，即

$$\int_a^b [f(x)\pm g(x)]\mathrm{d}x = \int_a^b f(x)\mathrm{d}x \pm \int_a^b g(x)\mathrm{d}x .$$

证明[*] 因函数 $f(x)$、$g(x)$ 在闭区间 $[a,b]$ 上可积，依定积分的定义，对闭区间 $[a,b]$ 的同一个划分，有 $\lim\limits_{\lambda\to 0}\sum\limits_{i=1}^{n}f(\xi_i)\Delta x_i$ 和 $\lim\limits_{\lambda\to 0}\sum\limits_{i=1}^{n}g(\xi_i)\Delta x_i$ 存在.

据定积分的定义和极限运算法则，有

$$\int_a^b [f(x)\pm g(x)]\mathrm{d}x = \lim_{\lambda\to 0}\sum_{i=1}^{n}[f(\xi_i)\pm g(\xi_i)]\Delta x_i = \lim_{\lambda\to 0}\sum_{i=1}^{n}f(\xi_i)\Delta x_i \pm \lim_{\lambda\to 0}\sum_{i=1}^{n}g(\xi_i)\Delta x_i$$

$$= \int_a^b f(x)\mathrm{d}x \pm \int_a^b g(x)\mathrm{d}x .$$

定理 4.1-4 (定积分对积分区间的可加性) 设函数 $f(x)$ 在闭区间 $[a,b]$ 上可积，c 为 $[a,b]$ 内任意一点，则

$$\int_a^b f(x)\mathrm{d}x = \int_a^c f(x)\mathrm{d}x + \int_c^b f(x)\mathrm{d}x . \tag{4.1-1}$$

证明[*] 因为函数 $f(x)$ 在闭区间 $[a,b]$ 上可积，所以不论将闭区间 $[a,b]$ 如何划分，积分和的极限是不变的. 因此在划分闭区间 $[a,b]$ 时，可使点 c 始终是一个分点，将和式分成两部分，即

$$\sum_{[a,b]}f(\xi_i)\Delta x_i = \sum_{[a,c]}f(\xi_i)\Delta x_i + \sum_{[c,b]}f(\xi_i)\Delta x_i .$$

其中三个和式分别表示相应闭区间 $[a,b]$、$[a,c]$、$[c,b]$ 上的和式.

令 $\lambda\to 0$，上式两边同时取极限，得

$$\lim_{\lambda\to 0}\sum_{[a,b]}f(\xi_i)\Delta x_i = \lim_{\lambda\to 0}\sum_{[a,c]}f(\xi_i)\Delta x_i + \lim_{\lambda\to 0}\sum_{[c,b]}f(\xi_i)\Delta x_i ,$$

所以 $\qquad \int_a^b f(x)\mathrm{d}x = \int_a^c f(x)\mathrm{d}x + \int_c^b f(x)\mathrm{d}x .$

在定积分定义中限定了 $a<b$，给实际应用和理论分析带来不便. 为此，对定积分作以下两点补充规定。

(1) 当 $a>b$ 时，规定 $\int_a^b f(x)\mathrm{d}x = -\int_b^a f(x)\mathrm{d}x$；

(2) 当 $a=b$ 时，规定 $\int_a^a f(x)\mathrm{d}x = 0$.

有了这两个规定后，式(4.1-1)中的 c 可以不必介于 a 和 b 之间，即不论 a、b、c 间的

精编高等数学

大小关系如何，只要函数 $f(x)$ 在所述区间上可积，式(4.1-1)总是成立的.

例如，当 $a < b < c$ 时，由式(4.1-1)，有

$$\int_a^c f(x)\mathrm{d}x = \int_a^b f(x)\mathrm{d}x + \int_b^c f(x)\mathrm{d}x,$$

移项得

$$\int_a^b f(x)\mathrm{d}x = \int_a^c f(x)\mathrm{d}x - \int_b^c f(x)\mathrm{d}x = \int_a^c f(x)\mathrm{d}x + \int_c^b f(x)\mathrm{d}x.$$

4.1.4 定积分的计算公式

用定积分定义求定积分的值不仅是很烦琐的，而且有时是很困难的，甚至可能根本无法求得定积分的值. 因此必须寻找一个具有普遍性且行之有效的计算定积分的方法，否则就会影响定积分的实用价值.

根据定积分的定义，以连续函数 $v(t)$ 为瞬时速度作变速直线运动的质点，从时刻 $t=a$ 到时刻 $t=b$ 这一时间间隔内所经过的路程为

$$\int_a^b v(t)\mathrm{d}t.$$

这段路程又等于路程函数 $s(t)$ 在闭区间 $[a,b]$ 上的增量

$$s(b) - s(a).$$

因此有

$$\int_a^b v(t)\mathrm{d}t = s(b) - s(a).$$

由于 $v(t) = s'(t)$，从而若求定积分 $\int_a^b v(t)\mathrm{d}t$ 的值，就只需求满足 $s'(t) = v(t)$ 的函数 $s(t)$ 在闭区间 $[a,b]$ 上的增量 $s(b) - s(a)$.

上面得出的结果是否具有普遍性呢？即一般地，定积分 $\int_a^b f(x)\mathrm{d}x$ 的值是否等于满足 $F'(x) = f(x)$ 的函数 $F(x)$ 在闭区间 $[a,b]$ 上的增量 $F(b) - F(a)$ 呢？若结论正确，则大大地简化了定积分的计算，为计算定积分提供了一种非常有效的方法.

牛顿(Newton)和莱布尼茨(Leibniz)证明了上面得出的结果具有一般性，并建立了下面的微积分学基本公式.

定理 4.1-5 (牛顿—莱布尼茨公式(证明见例 6.8-1)) 设函数 $f(x)$ 在闭区间 $[a,b]$ 上连续，且在闭区间 $[a,b]$ 上有 $F'(x) = f(x)$，则

$$\int_a^b f(x)\mathrm{d}x = F(x)\Big|_a^b = F(b) - F(a). \tag{4.1-2}$$

牛顿—莱布尼茨公式阐明了函数 $f(x)$ 在闭区间 $[a,b]$ 上的定积分 $\int_a^b f(x)\mathrm{d}x$ 与函数 $F(x)$ 之间的密切关系：函数 $f(x)$ 在闭区间 $[a,b]$ 上的定积分 $\int_a^b f(x)\mathrm{d}x$ 的值等于函数 $F(x)$ 在积分上限 b 与积分下限 a 处的函数值之差 $F(b) - F(a)$.

这样，就将求繁重的和式极限问题转化为求函数 $F(x)$ 的问题. 使定积分计算这个难题获得了突破性进展，成为计算定积分的强有力工具.

例 4.1-2 计算下列各定积分的值。

(1) $\displaystyle\int_1^2 e^x dx$;

(2) $\displaystyle\int_0^\pi \cos x dx$;

(3) $\displaystyle\int_1^2 \frac{3}{x} dx$;

(4) $\displaystyle\int_0^1 (3x^2 - 2x + 1) dx$.

解 (1) 因 $(e^x)' = e^x$，所以

$$\int_1^2 e^x dx = e^x \Big|_1^2 = e^2 - e .$$

(2) 因 $(\sin x)' = \cos x$，所以

$$\int_0^\pi \cos x dx = \sin x \Big|_0^\pi = \sin \pi - \sin 0 = 0 .$$

(3) 因 $(\ln |x|)' = \dfrac{1}{x}$，所以

$$\int_1^2 \frac{3}{x} dx = 3\int_1^2 \frac{1}{x} dx = 3\ln |x| \Big\|_1^2 = 3(\ln 2 - \ln 1) = 3\ln 2 .$$

(4) 因 $(x^3)' = 3x^2$，$(x^2)' = 2x$，$(x)' = 1$，所以

$$\int_0^1 (3x^2 - 2x + 1) dx = \int_0^1 3x^2 dx - \int_0^1 2x dx + \int_0^1 dx$$

$$= x^3 \Big|_0^1 - x^2 \Big|_0^1 + x \Big|_0^1 = (1-0) - (1-0) + (1-0) = 1 .$$

例 4.1-3 设函数 $f(x) = \begin{cases} x, & 0 \le x < 2 \\ x^2, & 2 \le x \le 4 \end{cases}$，求：$\displaystyle\int_1^3 f(x) dx$.

解 由定理 4.1-4 知，$\displaystyle\int_1^3 f(x) dx = \int_1^2 f(x) dx + \int_2^3 f(x) dx = \int_1^2 x dx + \int_2^3 x^2 dx$.

因 $\left(\dfrac{1}{2} x^2\right)' = x$，$\left(\dfrac{1}{3} x^3\right)' = x^2$，所以

$$\int_1^3 f(x) dx = \int_1^2 x dx + \int_2^3 x^2 dx = \frac{1}{2} x^2 \Big|_1^2 + \frac{1}{3} x^3 \Big|_2^3$$

$$= \frac{1}{2}(4-1) + \frac{1}{3}(27-8) = \frac{47}{6} .$$

例 4.1-4[*] 计算定积分 $\displaystyle\int_0^{\frac{\pi}{2}} \max(\sin x, \cos x) dx$ 的值.

解 因 $\displaystyle\max_{0 \le x \le \frac{\pi}{2}} (\sin x, \cos x) = \begin{cases} \cos x, & 0 \le x < \dfrac{\pi}{4} \\ \dfrac{\sqrt{2}}{2}, & x = \dfrac{\pi}{4} \\ \sin x, & \dfrac{\pi}{4} < x \le \dfrac{\pi}{2} \end{cases}$，且 $(\sin x)' = \cos x$，$(-\cos x)' = \sin x$，

所以　$\displaystyle\int_0^{\frac{\pi}{2}} \max(\sin x, \cos x) dx = \int_0^{\frac{\pi}{4}} \cos x dx + \int_{\frac{\pi}{4}}^{\frac{\pi}{2}} \sin x dx$

$$= \sin x \Big|_0^{\frac{\pi}{4}} + (-\cos x) \Big|_{\frac{\pi}{4}}^{\frac{\pi}{2}} = \left(\sin \frac{\pi}{4} - \sin 0 \right) - \left(\cos \frac{\pi}{2} - \cos \frac{\pi}{4} \right)$$

$$= \left(\frac{\sqrt{2}}{2} - 0 \right) - \left(0 - \frac{\sqrt{2}}{2} \right) = \sqrt{2} .$$

例 4.1-5[*] 设函数 $f(x)$ 满足 $f(x) = \dfrac{1}{1+x^2} + x^3 \displaystyle\int_0^1 f(x)\mathrm{d}x$，求函数 $f(x)$ 的解析式.

解 设 $\displaystyle\int_0^1 f(x)\mathrm{d}x = A$，则 $f(x) = \dfrac{1}{1+x^2} + Ax^3$.

因为 $(\arctan x)' = \dfrac{1}{1+x^2}$，$\left(\dfrac{1}{4} x^4 \right)' = x^3$，

所以 $\quad A = \displaystyle\int_0^1 \left(\frac{1}{1+x^2} + Ax^3 \right)\mathrm{d}x = \arctan x \Big|_0^1 + \frac{A}{4} x^4 \Big|_0^1$

$$= (\arctan 1 - \arctan 0) + \frac{A}{4}(1-0) = \left(\frac{\pi}{4} - 0 \right) + \frac{A}{4}$$

$$= \frac{\pi}{4} + \frac{A}{4}$$

解得 $\quad A = \dfrac{\pi}{3}$，

所以 $\quad f(x) = \dfrac{1}{1+x^2} + \dfrac{\pi}{3} x^3$.

4.2 原函数与不定积分

4.2.1 原函数及其性质

鉴于牛顿——莱布尼茨公式中的函数 $F(x)$ 对计算定积分的重要性，引入一个新的概念——原函数.

定义 4.2-1 若在某一区间 I 上，函数 $f(x)$ 与函数 $F(x)$ 满足关系式

$$F'(x) = f(x) \quad \text{或} \quad \mathrm{d}F(x) = f(x)\mathrm{d}x ,$$

则称函数 $F(x)$ 为函数 $f(x)$ 在区间 I 上的一个原函数.

凡说到原函数，都是指在某一区间上而言的. 为了叙述方便，今后讨论原函数时，在不至于发生混淆的情况下，不再指明相关区间.

关于一个已知函数的原函数是否存在问题，将在 6.8.2 节中证明如下的原函数存在定理.

定理 4.2-1 若函数 $f(x)$ 在闭区间 $[a,b]$ 上连续，则函数 $f(x)$ 在闭区间 $[a,b]$ 上存在原函数.

若函数 $F(x)$ 是函数 $f(x)$ 的一个原函数，由 $[F(x) + C]' = F'(x) = f(x)$（其中 C 是任意常数，即可取任何一个确定的常数）和定义 4.2-1 知，函数 $F(x) + C$ 也是函数 $f(x)$ 的一个原函数. 这就说明，若函数 $f(x)$ 存在原函数，则其原函数会有无穷多个. 更重要的是，下面的定理 4.2-2 表明：除函数 $F(x) + C$ 外，函数 $f(x)$ 无其他形式的原函数.

定理 4.2-2 若函数 $F(x)$ 是函数 $f(x)$ 的一个原函数，则函数 $F(x) + C$ 表示函数 $f(x)$ 的任意一个原函数，其中 C 是任意常数.

证明[*] 设函数 $G(x)$ 是函数 $f(x)$ 的任意一个不同于函数 $F(x)$ 的原函数，则

$$G'(x) = F'(x) = f(x).$$

由 $[G(x) - F(x)]' = G'(x) - F'(x) = f(x) - f(x) = 0$ 及推论 6.2-1 知

$$G(x) - F(x) = C，$$

所以　　　$G(x) = F(x) + C.$

定理 4.2-2 表明，函数 $f(x)$ 的任意一个原函数都可以表示成 $F(x) + C$，即函数 $f(x)$ 的所有原函数都可以写成 $F(x) + C$ 的形式，所以函数 $F(x) + C$ 是函数 $f(x)$ 的原函数的一般表达式.

定理 4.2-2 同时指出了函数 $f(x)$ 的原函数的特征：若函数 $f(x)$ 存在一个原函数，则其就有无穷多个原函数存在，且函数 $f(x)$ 的任意两个原函数之间仅相差一个常数，即

$$G'(x) = F'(x) \Leftrightarrow G(x) - F(x) = C.$$

例 4.2-1 判断下列各组函数是否为同一函数的原函数：

(1) $\sin x$ 与 $\sin 2x$；　　　　　　(2) $\arctan x$ 与 $-\text{arccot}\, x$；

(3) $\ln 2x$ 与 $\ln 3x$；　　　　　　(4) e^x 与 e^{x+2}.

解 (1) 因 $(\sin x)' = \cos x$，$(\sin 2x)' = \cos x \cdot (2x)' = 2\cos x \neq \cos x$，

所以函数 $\sin x$ 与 $\sin 2x$ 不是同一函数的原函数.

(2) 因 $(\arctan x)' = \dfrac{1}{1 + x^2}$，$(-\text{arccot}\, x)' = \dfrac{1}{1 + x^2}$，

所以函数 $\arctan x$ 与 $-\text{arccot}\, x$ 是同一函数 $\dfrac{1}{1 + x^2}$ 的原函数.

(3) 因 $(\ln 2x)' = \dfrac{1}{2x} \cdot (2x)' = \dfrac{1}{2x} \cdot 2 = \dfrac{1}{x}$，$(\ln 3x)' = \dfrac{1}{3x} \cdot (3x)' = \dfrac{1}{3x} \cdot 3 = \dfrac{1}{x}$，

所以函数 $\ln 2x$ 与 $\ln 3x$ 是同一函数 $\dfrac{1}{x}$ $(x > 0)$ 的原函数.

(4) 因 $(e^x)' = e^x$，$(e^{x+2})' = e^{x+2}(x + 2)' = e^{x+2} \neq e^x$，

所以函数 e^x 与 e^{x+2} 不是同一函数的原函数.

4.2.2　不定积分与基本积分公式

定义 4.2-2 函数 $f(x)$ 的任意一个原函数 $F(x) + C$ 称为函数 $f(x)$ 的**不定积分**，记作

$$\int f(x)\mathrm{d}x，$$

即　　　　　　　　　　　　$\displaystyle\int f(x)\mathrm{d}x = F(x) + C，$

这里 C 是任意一个常数，且 $F'(x) = f(x)$.

定义 4.2-2 中各符号的含义与定义 4.1-1 中一致. 由定义 4.2-2 知，求函数 $f(x)$ 的不定积分 $\displaystyle\int f(x)\mathrm{d}x$，只需求出函数 $f(x)$ 的一个原函数 $F(x)$ 后再加上任意常数 C 即可.

需要特别指出的是，由于函数 $f(x)$ 的不定积分 $\displaystyle\int f(x)\mathrm{d}x$ 表示的是函数 $f(x)$ 的任意一个原函数，所以 $\displaystyle\int f(x)\mathrm{d}x = \int f(x)\mathrm{d}x$（即 $\displaystyle\int f(x)\mathrm{d}x - \int f(x)\mathrm{d}x = 0$）并不恒成立. 因为函数 $f(x)$ 的任意两个原函数之间相差一个常数 C，所以有

$$\int f(x)\mathrm{d}x = \int f(x)\mathrm{d}x + C \ (即 \int f(x)\mathrm{d}x - \int f(x)\mathrm{d}x = C); \tag{4.2-1}$$

$$k_1 \int f(x)\mathrm{d}x + k_2 \int f(x)\mathrm{d}x = (k_1 + k_2)\int f(x)\mathrm{d}x + C \ (k_1 \text{、} k_2 \text{ 为常数}). \tag{4.2-2}$$

由于在不定积分 $\int f(x)\mathrm{d}x$ 的结果中必然包含着一个任意常数，因此式(4.2-2)右边的任意常数 C 在积分的计算过程中可以先不写出来，只要在最终的计算结果中体现出来即可.

定理 4.2-3 $[\int f(x)\mathrm{d}x]' = f(x)$ 或 $\mathrm{d}[\int f(x)\mathrm{d}x] = f(x)\mathrm{d}x$；

$$\int f'(x)\mathrm{d}x = f(x) + C \ 或 \int \mathrm{d}f(x) = f(x) + C.$$

证明 $[\int f(x)\mathrm{d}x]' = [F(x) + C]' = F'(x) = f(x)$；

$\mathrm{d}[\int f(x)\mathrm{d}x] = [\int f(x)\mathrm{d}x]'\mathrm{d}x = f(x)\mathrm{d}x$；

由不定积分定义知 $\int f'(x)\mathrm{d}x = f(x) + C$ 成立；

$$\int \mathrm{d}f(x) = \int f'(x)\mathrm{d}x = f(x) + C.$$

求不定积分或求原函数都称为积分法. 定理 4.2-3 表明，若先积分后微分，则二者的作用相互抵消；反之，若先微分后积分，则二者的作用抵消后差一常数项. 因此，可以认为积分法和微分法是互逆运算.

求导数与求不定积分由下述的等价事实联系着：

$$F'(x) = f(x) \Leftrightarrow \int f(x)\mathrm{d}x = F(x) + C \tag{4.2-3}$$

式(4.2-3)表明，借助于由"$\Leftrightarrow$"号联系着的上述关系，可以将有关导数的公式与法则"逆转"到不定积分里来，从而得到相应的不定积分的公式与法则. 对应于基本初等函数的导数公式，有如下的基本积分公式(以下各积分公式中的 C 均表示任意常数)：

(1) $\int 0\mathrm{d}x = C$；

(2) $\int \mathrm{d}x = x + C$，

特别地，有 $\int k\mathrm{d}x = kx + C$（$k$ 为常数）；

(3) $\int a^x \mathrm{d}x = \dfrac{a^x}{\ln a} + C$ （$a > 0$ 且 $a \neq 1$），

特别地，有 $\int \mathrm{e}^x \mathrm{d}x = \mathrm{e}^x + C$；

(4) $\int \dfrac{1}{x}\mathrm{d}x = \ln|x| + C$；

(5) $\int x^\alpha \mathrm{d}x = \dfrac{x^{\alpha+1}}{\alpha+1} + C \ (\alpha \neq -1)$，

特别地，有 $\int \dfrac{1}{x^2}\mathrm{d}x = -\dfrac{1}{x} + C$，$\int \dfrac{1}{\sqrt{x}}\mathrm{d}x = 2\sqrt{x} + C$；

(6) $\int \sin x\mathrm{d}x = -\cos x + C$；

(7) $\int \cos x\mathrm{d}x = \sin x + C$；

(8) $\int \dfrac{1}{\cos^2 x}\mathrm{d}x = \int \sec^2 x\mathrm{d}x = \tan x + C$；

(9) $\int \dfrac{1}{\sin^2 x}\mathrm{d}x = \int \csc^2 x\mathrm{d}x = -\cot x + C$；

(10) $\int \sec x \tan x \mathrm{d}x = \sec x + C$；

(11) $\int \csc x \cot x \mathrm{d}x = -\csc x + C$；

(12) $\int \dfrac{1}{\sqrt{a^2 - x^2}} \mathrm{d}x = \arcsin \dfrac{x}{a} + C = -\arccos \dfrac{x}{a} + C \ (a > 0)$，

特别地，有 $\int \dfrac{1}{\sqrt{1 - x^2}} \mathrm{d}x = \arcsin x + C = -\arccos x + C$；

(13) $\int \dfrac{1}{a^2 + x^2} \mathrm{d}x = \dfrac{1}{a} \arctan \dfrac{x}{a} + C = -\dfrac{1}{a} \operatorname{arccot} \dfrac{x}{a} + C \ (a > 0)$，

特别地，有 $\int \dfrac{1}{1 + x^2} \mathrm{d}x = \arctan x + C = -\operatorname{arccot} x + C$；

(14*) $\int \dfrac{1}{\sqrt{x^2 \pm a^2}} \mathrm{d}x = \ln \left| x + \sqrt{x^2 \pm a^2} \right| + C \ (a > 0)$，

特别地，有 $\int \dfrac{1}{\sqrt{x^2 \pm 1}} \mathrm{d}x = \ln \left| x + \sqrt{x^2 \pm 1} \right| + C$。

4.2.3　不定积分的性质

定理 4.2-4　被积函数中不为零的常数因子可以提到积分号的外面，即

$$\int k f(x) \mathrm{d}x = k \int f(x) \mathrm{d}x \ (k \ \text{为不等于零的常数}). \tag{4.2-4}$$

证明*　设 $\int f(x) \mathrm{d}x = F(x) + C_1$（$C_1$ 为任意常数），

则 $\qquad k \int f(x) \mathrm{d}x = k F(x) + k C_1 = k F(x) + C \ (k \neq 0, C = k C_1 \ \text{为任意常数}).$

因为 $[k F(x) + C]' = k f(x)$，所以 $k F(x) + C$ 为函数 $k f(x)$ 的任意一个原函数，从而有

$\int k f(x) \mathrm{d}x = k F(x) + C = k \int f(x) \mathrm{d}x \ (k \ \text{为不等于零的常数}).$

在式(4.2-4)中之所以要求 $k \neq 0$，是因为当 $k = 0$ 时，

$$\int k f(x) \mathrm{d}x = \int 0 \mathrm{d}x = C,$$

而

$$k \int f(x) \mathrm{d}x = 0 \int f(x) \mathrm{d}x = 0,$$

等式不恒成立.

定理 4.2-5　两个函数代数和的不定积分等于它们不定积分的代数和，即

$$\int [f(x) \pm g(x)] \mathrm{d}x = \int f(x) \mathrm{d}x \pm \int g(x) \mathrm{d}x. \tag{4.2-5}$$

证明*　设 $\int f(x) \mathrm{d}x = F(x) + C_1$，$\int g(x) \mathrm{d}x = G(x) + C_2$（其中 C_1、C_2 为两个任意常数），

则

$$\int f(x) \mathrm{d}x \pm \int g(x) \mathrm{d}x = [F(x) + C_1] \pm [G(x) + C_2] = F(x) \pm G(x) + C,$$

其中 $C = C_1 \pm C_2$ 为任意常数.

因为 $[F(x) \pm G(x) + C]' = f(x) \pm g(x)$，所以 $F(x) \pm G(x) + C$ 是 $f(x) \pm g(x)$ 的任意原函数，即

$$\int [f(x) \pm g(x)] \mathrm{d}x = F(x) \pm G(x) + C = \int f(x) \mathrm{d}x \pm \int g(x) \mathrm{d}x.$$

例 4.2-2 计算下列不定积分：

(1) $\int\left(2x\sqrt{x}+\dfrac{3}{x^2}-\dfrac{1}{x}+\dfrac{2}{\sqrt{x}}+\sin 3\right)\mathrm{d}x$；   (2) $\int(4\cos x+5\sin x+\ln 2)\mathrm{d}x$；

(3) $\int(2^x-3^x+\mathrm{e}^2)\mathrm{d}x$；   (4) $\int\left(\dfrac{3}{1+x^2}-\dfrac{2}{\sqrt{1-x^2}}\right)\mathrm{d}x$.

解 (1) $\int\left(2x\sqrt{x}+\dfrac{3}{x^2}-\dfrac{1}{x}+\dfrac{2}{\sqrt{x}}+\sin 3\right)\mathrm{d}x$

$=\int 2x\sqrt{x}\,\mathrm{d}x+\int\dfrac{3}{x^2}\mathrm{d}x-\int\dfrac{1}{x}\mathrm{d}x+\int\dfrac{2}{\sqrt{x}}\mathrm{d}x+\int\sin 3\,\mathrm{d}x$

$=2\int x^{\frac{3}{2}}\mathrm{d}x+3\int\dfrac{1}{x^2}\mathrm{d}x-\int\dfrac{1}{x}\mathrm{d}x+2\int\dfrac{1}{\sqrt{x}}\mathrm{d}x+\sin 3\cdot\int\mathrm{d}x$

$=\dfrac{4}{5}x^{\frac{5}{2}}-\dfrac{3}{x}-\ln|x|+4\sqrt{x}+x\sin 3+C$.

(2) $\int(4\cos x+5\sin x+\ln 2)\mathrm{d}x=4\sin x-5\cos x+x\ln 2+C$.

(3) $\int(2^x-3^x+\mathrm{e}^2)\mathrm{d}x=\dfrac{2^x}{\ln 2}-\dfrac{3^x}{\ln 3}+\mathrm{e}^2 x+C$.

(4) $\int\left(\dfrac{3}{1+x^2}-\dfrac{2}{\sqrt{1-x^2}}\right)\mathrm{d}x=3\arctan x-2\arcsin x+C$.

由原函数存在定理与初等函数的连续性可知，初等函数在其有定义的任一区间上都存在原函数，从而初等函数在其有定义的任一区间上其不定积分都存在. 因此，如无特别需要，对于初等函数的不定积分，通常不指明其存在区间，而默认其存在区间就是被积函数有定义的区间.

虽然初等函数在它有定义区间上的原函数一定存在，但仍有相当多的初等函数的原函数不能用初等函数来表示，这样的初等函数的不定积分称为不能表示为有限形式的积分(通常称这样的不定积分是"积不出"的). 下面一些不定积分被证明是积不出的(证明超出本课程范围)：

$$\int\mathrm{e}^{-x^2}\mathrm{d}x\ ,\quad \int\sin x^2\mathrm{d}x\ ,\quad \int\cos x^2\mathrm{d}x\ ,\quad \int\dfrac{\mathrm{e}^x}{x}\mathrm{d}x\ ,\quad \int\dfrac{\sin x}{x}\mathrm{d}x\ ,\quad \int\dfrac{\cos x}{x}\mathrm{d}x\ ,\quad \int\dfrac{1}{\ln x}\mathrm{d}x\ ,$$

$$\int\sqrt{1+x^3}\mathrm{d}x\ ,\quad \int\sqrt{1+x^4}\mathrm{d}x\ ,\quad \int\sqrt{1-k^2\sin^2 x}\mathrm{d}x\,(0<k<1)\ .$$

4.2.4 不定积分的几何意义

求已知函数 $f(x)$ 的不定积分 $\int f(x)\mathrm{d}x$，在几何上，就是要找一条曲线 $y=F(x)+C$（其中 C 为任意常数），使该曲线上横坐标为 x 的点处的切线的斜率等于函数 $f(x)$，这条曲线称为函数 $f(x)$ 的一条**积分曲线**. 由常数 C 的任意性知，函数 $f(x)$ 的积分曲线不只一条，而是一族曲线，函数 $f(x)$ 的全部积分曲线称为函数 $f(x)$ 的**积分曲线族**，其曲线方程的一般表达式为 $y=F(x)+C$（其中 C 为任意常数）.

积分曲线族具有这样的特点：在横坐标相同的点 x 处，各条积分曲线上的切线的斜率

都等于函数 $f(x)$，因此各条积分曲线在点 x 处的切线是相互平行的. 因各条积分曲线的方程只相差一个常数，所以它们都可以由其中任意一条积分曲线(如 $y = F(x)$)沿 y 轴方向平行移动而得到.

4.3　直接积分法

在基本积分公式中，仅仅涵盖了部分基本初等函数，而对于正切函数、余切函数、正割函数、余割函数、对数函数以及反三角函数等众多基本初等函数来说，并没有如导数计算那样给出相应的积分公式. 而且，在不定积分的运算性质中，也仅仅给出了形如 $\int [k_1 f(x) \pm k_2 g(x)] dx$ (k_1、k_2 为常数)的不定积分的解决方法，而对于那些常见的形如 $\int u(x) v(x) dx$、$\int \dfrac{u(x)}{v(x)} dx$ 以及 $\int f[g(x)] dx$ 的不定积分来说，并没有确定的解决方法. 因此，如何将各种形式的不定积分转化为可以运用基本积分公式和不定积分的运算性质进行计算的形式，是不定积分的解法研究的核心.

在求解不定积分 $\int f(x) dx$ 时，特别是针对形如 $\int u(x) v(x) dx$ 和 $\int \dfrac{u(x)}{v(x)} dx$ 的不定积分，直接积分法通常是首先要尝试的选择.

将被积函数进行恒等变形后直接运用基本积分公式和不定积分的运算性质计算不定积分的方法，称为**直接积分法**.

使用直接积分法，其核心就是"拆"，就是要将不定积分 $\int f(x) dx$ 中的被积函数 $f(x)$ 拆解为代数和的形式，以进一步利用不定积分运算性质和基本积分公式求出结果. 一般来说，在求解不定积分时，对被积函数"能拆则拆".

例 4.3-1　求不定积分 $\int \dfrac{(x - \sqrt{x})(1 + \sqrt{x})}{\sqrt[3]{x}} dx$.

解　$\int \dfrac{(x - \sqrt{x})(1 + \sqrt{x})}{\sqrt[3]{x}} dx = \int \dfrac{x\sqrt{x} - \sqrt{x}}{\sqrt[3]{x}} dx = \int \left(x^{\frac{7}{6}} - x^{\frac{1}{6}} \right) dx = \int x^{\frac{7}{6}} dx - \int x^{\frac{1}{6}} dx$

$\qquad = \dfrac{x^{\frac{7}{6}+1}}{\frac{7}{6}+1} + \dfrac{x^{\frac{1}{6}+1}}{\frac{1}{6}+1} + C = \dfrac{6}{13} x^{\frac{13}{6}} - \dfrac{6}{7} x^{\frac{7}{6}} + C$.

例 4.3-2　求不定积分 $\int (2^x + 3^x)^2 dx$.

解　$\int (2^x + 3^x)^2 dx = \int (2^{2x} + 2 \times 2^x \times 3^x + 3^{2x}) dx = \int (4^x + 2 \cdot 6^x + 9^x) dx$

$\qquad = \dfrac{4^x}{\ln 4} + 2 \cdot \dfrac{6^x}{\ln 6} + \dfrac{9^x}{\ln 9} + C = \dfrac{2^{2x}}{2\ln 2} + 2 \cdot \dfrac{6^x}{\ln 6} + \dfrac{3^{2x}}{2\ln 3} + C$.

例 4.3-3　求不定积分 $\int \dfrac{x^2}{1 + x^2} dx$.

解　$\int \dfrac{x^2}{1 + x^2} dx = \int \dfrac{(x^2 + 1) - 1}{1 + x^2} dx = \int \left(1 - \dfrac{1}{1 + x^2} \right) dx = x - \arctan x + C$.

例 4.3-4 求不定积分 $\int \dfrac{2-3x^2}{1+x^2}dx$.

解 $\int \dfrac{2-3x^2}{1+x^2}dx = 2\int \dfrac{1}{1+x^2}dx - 3\int \dfrac{x^2}{1+x^2}dx = 2\int \dfrac{1}{1+x^2}dx - 3\int \left(1-\dfrac{1}{1+x^2}\right)dx$

$= 5\int \dfrac{1}{1+x^2}dx - 3\int dx = 5\arctan x - 3x + C$.

(本例有更快捷的解法，请读者自行探究.)

例 4.3-5 求定积分 $\int_0^1 \dfrac{x^4}{1+x^2}dx$ 的值.

解 $\int_0^1 \dfrac{x^4}{1+x^2}dx = \int_0^1 \dfrac{(x^4-1)+1}{1+x^2}dx = \int_0^1 \dfrac{(x^2+1)(x^2-1)+1}{1+x^2}dx$

$= \int_0^1 \left(x^2-1+\dfrac{1}{1+x^2}\right)dx = \left(\dfrac{x^3}{3}-x+\arctan x\right)\Big|_0^1$

$= \dfrac{1}{3}-1+\arctan 1 = \dfrac{\pi}{4}-\dfrac{2}{3}$.

例 4.3-6 求不定积分 $\int \dfrac{1}{x^2(1+x^2)}dx$.

解 $\int \dfrac{1}{x^2(1+x^2)}dx = \int \dfrac{(1+x^2)-x^2}{x^2(1+x^2)}dx = \int \left(\dfrac{1}{x^2}-\dfrac{1}{1+x^2}\right)dx = -\dfrac{1}{x}-\arctan x + C$.

例 4.3-7 求不定积分 $\int \dfrac{4+3x^2-5x^4}{x^2(1+x^2)}dx$.

解 $\int \dfrac{4+3x^2-5x^4}{x^2(1+x^2)}dx = 4\int \dfrac{1}{x^2(1+x^2)}dx + 3\int \dfrac{x^2}{x^2(1+x^2)}dx - 5\int \dfrac{x^4}{x^2(1+x^2)}dx$

$= 4\int \left(\dfrac{1}{x^2}-\dfrac{1}{1+x^2}\right)dx + 3\int \dfrac{1}{1+x^2}dx - 5\int \dfrac{x^2}{1+x^2}dx$

$= 4\int \dfrac{1}{x^2}dx - \int \dfrac{1}{1+x^2}dx - 5\int \left(1-\dfrac{1}{1+x^2}\right)dx = 4\int \dfrac{1}{x^2}dx + 4\int \dfrac{1}{1+x^2}dx - 5\int dx$

$= -\dfrac{4}{x}+4\arctan x - 5x + C$.

(本例有更快捷的解法，请读者自行探究.)

例 4.3-8 求不定积分 $\int \tan^2 x dx$.

解 $\int \tan^2 x dx = \int (\sec^2 x - 1)dx = \tan x - x + C$.

例 4.3-9 求不定积分 $\int \dfrac{1}{1+\cos 2x}dx$.

解 $\int \dfrac{1}{1+\cos 2x}dx = \int \dfrac{1}{2\cos^2 x}dx = \dfrac{1}{2}\tan x + C$.

例 4.3-10 求不定积分 $\int \sin^2 \dfrac{x}{2}dx$.

解 $\int \sin^2 \dfrac{x}{2}dx = \int \dfrac{1-\cos x}{2}dx = \dfrac{1}{2}(x-\sin x) + C$.

例 4.3-11　求不定积分 $\displaystyle\int \frac{1}{\sin^2 \frac{x}{2} \cos^2 \frac{x}{2}} \mathrm{d}x$.

解　$\displaystyle\int \frac{1}{\sin^2 \frac{x}{2} \cos^2 \frac{x}{2}} \mathrm{d}x = \int \frac{4}{\sin^2 x} \mathrm{d}x = -4\cot x + C$.

例 4.3-12　求不定积分 $\displaystyle\int \frac{1}{\sin^2 x \cdot \cos^2 x} \mathrm{d}x$.

解　$\displaystyle\int \frac{1}{\sin^2 x \cdot \cos^2 x} \mathrm{d}x = \int \frac{\sin^2 x + \cos^2 x}{\sin^2 x \cdot \cos^2 x} \mathrm{d}x = \int \left(\frac{1}{\cos^2 x} + \frac{1}{\sin^2 x} \right) \mathrm{d}x$

$$= \tan x - \cot x + C.$$

例 4.3-13　求不定积分 $\displaystyle\int \frac{\cos 2x}{\cos x - \sin x} \mathrm{d}x$.

解　$\displaystyle\int \frac{\cos 2x}{\cos x - \sin x} \mathrm{d}x = \int \frac{\cos^2 x - \sin^2 x}{\cos x - \sin x} \mathrm{d}x = \int (\cos x + \sin x) \mathrm{d}x = \sin x - \cos x + C$.

例 4.3-14　求不定积分 $\displaystyle\int \frac{1 + \sin 2x}{\sin x + \cos x} \mathrm{d}x$.

解　$\displaystyle\int \frac{1 + \sin 2x}{\sin x + \cos x} \mathrm{d}x = \int \frac{\sin^2 x + \cos^2 x + 2\sin x \cos x}{\sin x + \cos x} \mathrm{d}x$

$$= \int \frac{(\sin x + \cos x)^2}{\sin x + \cos x} \mathrm{d}x = \int (\sin x + \cos x) \mathrm{d}x = -\cos x + \sin x + C.$$

4.4　换元积分法

对于很多形如 $\displaystyle\int u(x)v(x)\mathrm{d}x$、$\displaystyle\int \frac{u(x)}{v(x)} \mathrm{d}x$ 与 $\displaystyle\int f[g(x)]\mathrm{d}x$ 的不定积分来说，被积函数是很难转化为代数和的形式的，即直接积分法对其是无效的. 因此，必须进一步研究相应的解决方法.

4.4.1　第一类换元积分法

积分法是微分法的逆运算，与微分法中非常重要的复合函数微分法相对应，积分法中有换元积分法.

定理 4.4-1　若 $\displaystyle\int f(x)\mathrm{d}x = F(x) + C$，则

$\displaystyle\int f[\varphi(x)]\mathrm{d}[\varphi(x)] = F[\varphi(x)] + C$　（其中 $\varphi(x)$ 是可导函数）.

证明[*]　因为 $\displaystyle\int f(x)\mathrm{d}x = F(x) + C$，所以 $\mathrm{d}F(x) = f(x)\mathrm{d}x$.

根据一阶微分形式不变性，有

$$\mathrm{d}F[\varphi(x)] = f[\varphi(x)]\mathrm{d}[\varphi(x)] \quad (\varphi(x) \text{ 是可导函数}).$$

两边积分，得

$$\int f[\varphi(x)]\mathrm{d}[\varphi(x)] = F[\varphi(x)] + C.$$

定理 4.4-1 称为不定积分形式不变性. 将 $\mathrm{d}[\varphi(x)] = \varphi'(x)\mathrm{d}x$ 代入, 得

$$\int f[\varphi(x)]\varphi'(x)\mathrm{d}x = \int f[\varphi(x)]\mathrm{d}[\varphi(x)] = F[\varphi(x)] + C. \tag{4.4-1}$$

在式 (4.4-1) 中, 因其将 $\varphi'(x)\mathrm{d}x$ 凑成了微分 $\mathrm{d}[\varphi(x)]$, 故称这种积分法为**凑微分法**. 事实上, 这一凑微分的过程也可以理解为求解不定积分 $\int \varphi'(x)\mathrm{d}x$ 的过程.

若设 $u = \varphi(x)$, 则有

$$\int f[\varphi(x)]\varphi'(x)\mathrm{d}x = \int f[\varphi(x)]\mathrm{d}[\varphi(x)] = \int f(u)\mathrm{d}u,$$

即可以将不定积分 $\int f[\varphi(x)]\varphi'(x)\mathrm{d}x$ 转化成关于新积分变量 u 的不定积分 $\int f(u)\mathrm{d}u$. 在求出关于新积分变量 u 的不定积分 $\int f(u)\mathrm{d}u$ 之后, 再利用 $u = \varphi(x)$ 换回原来的积分变量 x, 就可以得到不定积分 $\int f[\varphi(x)]\varphi'(x)\mathrm{d}x$ 的结果.

因此, 通常也称凑微分法为**第一类换元积分法**.

在对于凑微分法的使用上, 大致可分为两种情况, 即 "凑系数" 与 "凑函数".

1. 凑系数

设 $\int f(x)\mathrm{d}x = F(x) + C$, 则当 k、b 为常数且 $k \neq 0$ 时, 有

$$\int f(kx+b)\mathrm{d}x = \frac{1}{k}F(kx+b) + C. \tag{4.4-2}$$

证明[*] 设 $u = kx + b$, 则 $\mathrm{d}u = \mathrm{d}(kx+b) = k\mathrm{d}x$, 即 $\mathrm{d}x = \frac{1}{k}\mathrm{d}u$.

所以

$$\int f(kx+b)\mathrm{d}x = \frac{1}{k}\int f(u)\mathrm{d}u = \frac{1}{k}F(u) + C = \frac{1}{k}F(ax+b) + C.$$

"凑系数" 法解决了一部分形如 $\int f[g(x)]\mathrm{d}x$ ($g(x) = kx+b$) 的不定积分问题, 其核心就是 "凑". 事实上, 所谓的 "凑系数", 即是将基本积分公式推广为了更一般的表达形式, 即**基本积分推广公式为**(k、b 为常数且 $k \neq 0$, C 为任意常数):

(1) $\int a^{kx+b}\mathrm{d}x = \dfrac{a^{kx+b}}{k\ln a} + C$ ($a > 0$ 且 $a \neq 1$),

特别地, 有 $\int \mathrm{e}^{kx+b}\mathrm{d}x = \dfrac{1}{k}\mathrm{e}^{kx+b} + C$;

(2) $\int \dfrac{1}{kx+b}\mathrm{d}x = \dfrac{1}{k}\ln|kx+b| + C$;

(3) $\int (kx+b)^{\alpha}\mathrm{d}x = \dfrac{(kx+b)^{\alpha+1}}{k(\alpha+1)} + C$ ($\alpha \neq -1$),

特别地, 有 $\int \dfrac{1}{(kx+b)^2}\mathrm{d}x = -\dfrac{1}{k}\cdot\dfrac{1}{kx+b} + C$, $\int \dfrac{1}{\sqrt{kx+b}}\mathrm{d}x = \dfrac{2}{k}\sqrt{kx+b} + C$;

(4) $\int \sin(kx+b)\mathrm{d}x = -\dfrac{1}{k}\cos(kx+b) + C$;

(5) $\int \cos(kx+b)\mathrm{d}x = \dfrac{1}{k}\sin(kx+b) + C$;

(6) $\displaystyle\int\frac{1}{\cos^2(kx+b)}\mathrm{d}x=\int\sec^2(kx+b)\mathrm{d}x=\frac{1}{k}\tan(kx+b)+C$；

(7) $\displaystyle\int\frac{1}{\sin^2(kx+b)}\mathrm{d}x=\int\csc^2(kx+b)\mathrm{d}x=-\frac{1}{k}\cot(kx+b)+C$；

(8) $\displaystyle\int\sec(kx+b)\tan(kx+b)\mathrm{d}x=\frac{1}{k}\sec(kx+b)+C$；

(9) $\displaystyle\int\csc(kx+b)\cot(kx+b)\mathrm{d}x=-\frac{1}{k}\csc(kx+b)+C$；

(10) $\displaystyle\int\frac{1}{\sqrt{a^2-(kx+b)^2}}\mathrm{d}x=\frac{1}{k}\arcsin\frac{kx+b}{a}+C=-\frac{1}{k}\arccos\frac{kx+b}{a}+C\ (a>0)$，

特别地，有 $\displaystyle\int\frac{1}{\sqrt{1-(kx+b)^2}}\mathrm{d}x=\frac{1}{k}\arcsin(kx+b)+C=-\frac{1}{k}\arccos(kx+b)+C$；

(11) $\displaystyle\int\frac{1}{a^2+(kx+b)^2}\mathrm{d}x=\frac{1}{ka}\arctan\frac{kx+b}{a}+C=-\frac{1}{ka}\operatorname{arccot}\frac{kx+b}{a}+C\ (a>0)$，

特别地，有 $\displaystyle\int\frac{1}{1+(kx+b)^2}\mathrm{d}x=\frac{1}{k}\arctan(kx+b)+C=-\frac{1}{k}\operatorname{arccot}(kx+b)+C$；

(12*) $\displaystyle\int\frac{1}{\sqrt{(kx+b)^2\pm a^2}}\mathrm{d}x=\frac{1}{k}\ln\left|(kx+b)+\sqrt{(kx+b)^2\pm a^2}\right|+C\ (a>0)$，

特别地，有 $\displaystyle\int\frac{1}{\sqrt{(kx+b)^2\pm 1}}\mathrm{d}x=\frac{1}{k}\ln\left|(kx+b)+\sqrt{(kx+b)^2\pm 1}\right|+C$．

例 4.4-1 求下列各不定积分：

(1) $\displaystyle\int\sin 5x\,\mathrm{d}x$；　　　　　　　(2) $\displaystyle\int\mathrm{e}^{2-3x}\,\mathrm{d}x$；

(3) $\displaystyle\int(2x+1)^{20}\,\mathrm{d}x$；　　　　　(4) $\displaystyle\int\frac{1}{3x+2}\,\mathrm{d}x$；

(5) $\displaystyle\int\frac{1}{x^2+2x+1}\,\mathrm{d}x$；　　　(6*) $\displaystyle\int\frac{1}{x^2+4x+8}\,\mathrm{d}x$．

解 (1) $\displaystyle\int\sin 5x\,\mathrm{d}x=-\frac{1}{5}\cos 5x+C$；

(2) $\displaystyle\int\mathrm{e}^{2-3x}\,\mathrm{d}x=-\frac{1}{3}\mathrm{e}^{2-3x}+C$；

(3) $\displaystyle\int(2x+1)^{20}\,\mathrm{d}x=\frac{1}{2}\cdot\frac{(2x+1)^{21}}{21}+C=\frac{(2x+1)^{21}}{42}+C$；

(4) $\displaystyle\int\frac{1}{3x+2}\,\mathrm{d}x=\frac{1}{3}\ln|3x+2|+C$；

(5) $\displaystyle\int\frac{1}{x^2+2x+1}\,\mathrm{d}x=\int\frac{1}{(x+1)^2}\,\mathrm{d}x=-\frac{1}{x+1}+C$；

(6*) $\displaystyle\int\frac{1}{x^2+4x+8}\,\mathrm{d}x=\int\frac{1}{(x+2)^2+2^2}\,\mathrm{d}x=\frac{1}{2}\arctan\frac{x+2}{2}+C$．

2. 凑函数

设 $\int f(x)\mathrm{d}x = F(x) + C$，$\varphi(x)$ 为可导函数，则当 k、b 为常数且 $k \neq 0$ 时，有

$$\int f[k\varphi(x)+b]\varphi'(x)\mathrm{d}x = \frac{1}{k}F[k\varphi(x)+b] + C. \tag{4.4-3}$$

证明* 由 $\mathrm{d}[\varphi(x)] = \varphi'(x)\mathrm{d}x$ 得

$$\int f[k\varphi(x)+b]\varphi'(x)\mathrm{d}x = \int f[k\varphi(x)+b]\mathrm{d}[\varphi(x)].$$

设 $u = \varphi(x)$，由式(4.4-2)得

$$\int f[k\varphi(x)+b]\mathrm{d}[\varphi(x)] = \int f(ku+b)\mathrm{d}u = \frac{1}{k}F(ku+b) + C = \frac{1}{k}F[k\varphi(x)+b] + C.$$

当无法使用直接积分法解决形如 $\int u(x)v(x)\mathrm{d}x$ 和 $\int \dfrac{u(x)}{v(x)}\mathrm{d}x$ 的不定积分时，"凑函数"法为我们提供了另一个解决问题的途径，其核心依然是**"凑"**，也就是将被积函数中的某一个因式首先进行凑微分.

例 4.4-2 求下列各函数的不定积分：

(1) $\displaystyle\int x\sin x^2\mathrm{d}x$；

(2) $\displaystyle\int \frac{\arctan x}{1+x^2}\mathrm{d}x$；

(3) $\displaystyle\int \frac{1}{x^2}\cos\frac{5}{x}\mathrm{d}x$；

(4) $\displaystyle\int \frac{1}{\sqrt{x}}\mathrm{e}^{4\sqrt{x}-3}\mathrm{d}x$；

(5) $\displaystyle\int \frac{\mathrm{e}^x}{1+\mathrm{e}^x}\mathrm{d}x$；

(6) $\displaystyle\int (3\sin 2x+1)^{20}\cos 2x\mathrm{d}x$.

解 (1) $\displaystyle\int x\sin x^2\mathrm{d}x = \int \sin x^2\mathrm{d}\left(\frac{x^2}{2}\right) = \frac{1}{2}\int \sin x^2\mathrm{d}(x^2) = -\frac{1}{2}\cos x^2 + C$；

(2) $\displaystyle\int \frac{\arctan x}{1+x^2}\mathrm{d}x = \int \arctan x\cdot\frac{1}{1+x^2}\mathrm{d}x = \int \arctan x\,\mathrm{d}(\arctan x) = \frac{1}{2}(\arctan x)^2 + C$；

(3) $\displaystyle\int \frac{1}{x^2}\cos\frac{5}{x}\mathrm{d}x = -\int \cos\frac{5}{x}\mathrm{d}\left(\frac{1}{x}\right) = -\frac{1}{5}\sin\frac{1}{x} + C$；

(4) $\displaystyle\int \frac{1}{\sqrt{x}}\mathrm{e}^{4\sqrt{x}-3}\mathrm{d}x = 2\int \mathrm{e}^{4\sqrt{x}-3}\mathrm{d}(\sqrt{x}) = \frac{2}{4}\mathrm{e}^{4\sqrt{x}-3} + C = \frac{1}{2}\mathrm{e}^{4\sqrt{x}-3} + C$；

(5) $\displaystyle\int \frac{\mathrm{e}^x}{1+\mathrm{e}^x}\mathrm{d}x = \int \frac{1}{1+\mathrm{e}^x}\cdot\mathrm{e}^x\mathrm{d}x = \int \frac{1}{1+\mathrm{e}^x}\mathrm{d}(\mathrm{e}^x) = \ln(1+\mathrm{e}^x) + C$；

(6) $\displaystyle\int (3\sin 2x+1)^{20}\cos 2x\mathrm{d}x = \frac{1}{2}\int (3\sin 2x+1)^{20}\mathrm{d}(\sin 2x) = \frac{1}{2}\cdot\frac{1}{3}\cdot\frac{(3\sin 2x+1)^{21}}{21} + C$

$$= \frac{1}{126}(3\sin 2x+1)^{21} + C.$$

观察例 4.4-2 中的各题，其被积函数均无法"拆"，且均有一个因式可以"凑"，因此选择凑微分法（"凑函数"）. 而且，在"凑"后得到的积分形式都是 $\int f[k\varphi(x)+b]\mathrm{d}[\varphi(x)]$，所以继续"凑"（"凑系数"）并最终得出积分结果.

例 4.4-3 求定积分 $\int_1^e \dfrac{\ln x}{x} dx$ 的值.

解 $\int_1^e \dfrac{\ln x}{x} dx = \int_1^e \ln x d(\ln x) = \dfrac{1}{2} \ln^2 x \Big|_1^e = \dfrac{1}{2}$.

例 4.4-3 的解法表明，在定积分的计算中，凑微分法依然适用.

例 4.4-4 求不定积分 $\int \dfrac{x}{\sqrt{1-x^2}} dx$.

解 $\int \dfrac{x}{\sqrt{1-x^2}} dx = \dfrac{1}{2} \int \dfrac{1}{\sqrt{-x^2+1}} d(x^2) = \dfrac{1}{2}(-2\sqrt{1-x^2}) + C = -\sqrt{1-x^2} + C$.

例 4.4-5 求不定积分 $\int \dfrac{x}{1+x^2} dx$.

解 $\int \dfrac{x}{1+x^2} dx = \dfrac{1}{2} \int \dfrac{1}{1+x^2} d(x^2) = \dfrac{1}{2} \ln(1+x^2) + C$.

例 4.4-4 与例 4.4-5 是比较特殊的，因其被积函数中的两个因式均可以凑微分，这里给出的解法显然是比较简捷的. 事实上，如果将另一个因式 $\left(\text{即} \dfrac{1}{\sqrt{1-x^2}} \text{与} \dfrac{1}{1+x^2}\right)$ 进行凑微分 $\left(\text{即} \dfrac{1}{\sqrt{1-x^2}} dx = d(\arcsin x) \text{与} \dfrac{1}{1+x^2} dx = d(\arctan x)\right)$ ，依然可以通过换元得到形如 $\int f(u) du$ 的积分形式，只是解题过程更加烦琐，有兴趣的读者可以自行探究.

需要特别指出的是，这种被积函数中的有一个或多个因式可以凑微分的不定积分，并不总是可以得到形如 $\int f[k\varphi(x) + b] d[\varphi(x)]$ 的积分形式的，因此也就并不总是可以仅仅利用凑微分法求出结果的，这一类问题我们将在后续的研究中加以解决.

例 4.4-6 求不定积分 $\int \tan x dx, \int \cot x dx$ (结果可作公式直接使用).

解 $\int \tan x dx = \int \dfrac{\sin x}{\cos x} dx = -\int \dfrac{1}{\cos x} d(\cos x) = -\ln|\cos x| + C$.

同法可得： $\int \cot x dx = \ln|\sin x| + C$.

例 4.4-7* 求不定积分 $\int \dfrac{2x+3}{x^2+3x-5} dx$.

解 $\int \dfrac{2x+3}{x^2+3x-5} dx = \int \dfrac{1}{x^2+3x-5} d(x^2+3x) = \ln|x^2+3x-5| + C$.

例 4.4-8* 求不定积分 $\int \sec x dx, \int \csc x dx$ (结果可作公式直接使用).

解 $\int \sec x dx = \int \dfrac{\sec x(\sec x + \tan x)}{\sec x + \tan x} dx = \int \dfrac{\sec^2 x + \sec x \tan x}{\sec x + \tan x} dx$

$= \int \dfrac{1}{\sec x + \tan x} d(\sec x + \tan x) = \ln|\sec x + \tan x| + C$.

同法可得： $\int \csc x dx = \ln|\csc x - \cot x| + C = -\ln|\csc x + \cot x| + C$.

至此，我们得到了以下六种三角函数的积分公式，即：

(1) $\int \sin x dx = -\cos x + C$ ；

(2) $\int \cos x dx = \sin x + C$ ；

(3) $\int \tan x \mathrm{d}x = -\ln|\cos x| + C$；

(4) $\int \cot x \mathrm{d}x = \ln|\sin x| + C$；

(5) $\int \sec x \mathrm{d}x = \ln|\sec x + \tan x| + C$；

(6) $\int \csc x \mathrm{d}x = \ln|\csc x - \cot x| + C = -\ln|\csc x + \cot x| + C$.

对于形如 $\int u(x)v(x)\mathrm{d}x$ 与 $\int \dfrac{u(x)}{v(x)}\mathrm{d}x$ 的不定积分，多数情况下需要通过对直接积分法与凑微分法的结合使用来求解. 一般来说，当被积函数为乘积形式(商也看作乘积形式)的时候，首先应考虑使用直接积分法将其拆解为代数和的形式(即 "**先拆**")，无法拆解时才考虑使用凑微分法(即 "**后凑**").

例 4.4-9 求不定积分 $\int \cos^2 x \mathrm{d}x$.

解 $\displaystyle\int \cos^2 x \mathrm{d}x = \frac{1}{2}\int(1+\cos 2x)\mathrm{d}x = \frac{1}{2}\int \mathrm{d}x + \frac{1}{2}\int \cos 2x \mathrm{d}x = \frac{x}{2} + \frac{1}{4}\sin 2x + C$.

例 4.4-10 求不定积分 $\int \sin^3 x \mathrm{d}x$.

解 $\displaystyle\int \sin^3 x \mathrm{d}x = -\int \sin^2 x \mathrm{d}(\cos x) = -\int(1-\cos^2 x)\mathrm{d}(\cos x)$

$\displaystyle \qquad = \int \cos^2 x \mathrm{d}(\cos x) - \int \mathrm{d}(\cos x) = \frac{1}{3}\cos^3 x - \cos x + C$.

例 4.4-11 求定积分 $\int_0^1 \dfrac{x^3}{1+x^2}\mathrm{d}x$ 的值.

解 $\displaystyle\int_0^1 \frac{x^3}{1+x^2}\mathrm{d}x = \int_0^1 \frac{(x^3+x)-x}{1+x^2}\mathrm{d}x = \int_0^1 x \mathrm{d}x - \int_0^1 \frac{x}{1+x^2}\mathrm{d}x$

$\displaystyle \qquad = \frac{1}{2}x^2\Big|_0^1 - \frac{1}{2}\int_0^1 \frac{1}{1+x^2}\mathrm{d}(x^2) = \frac{1}{2} - \frac{1}{2}\ln(1+x^2)\Big|_0^1 = \frac{1}{2} - \frac{1}{2}\ln 2 = \frac{1}{2}(1-\ln 2)$.

例 4.4-12 求不定积分 $\int \dfrac{1}{x(1+x^2)}\mathrm{d}x$.

解 $\displaystyle\int \frac{1}{x(1+x^2)}\mathrm{d}x = \int \frac{1+x^2-x^2}{x(1+x^2)}\mathrm{d}x = \int \frac{1}{x}\mathrm{d}x - \int \frac{x}{1+x^2}\mathrm{d}x$

$\displaystyle \qquad = \ln|x| - \frac{1}{2}\int \frac{1}{1+x^2}\mathrm{d}(x^2) = \ln|x| - \frac{1}{2}\ln(1+x^2) + C$.

一般地，在求解形如 $\int \dfrac{P_m(x)}{Q_n(x)}\mathrm{d}x$ 的不定积分时，当 $m \geqslant n$ 或 $Q_n(x)$ 可以分解因式时应使用直接积分法；当 $m < n$ 且 $Q_n(x)$ 不能分解因式时应使用凑微分法. 其中，$P_m(x)$ ($m \in \mathbf{N}$) 为 m 次多项式，$Q_n(x)$ ($n \in \mathbf{N}$ 且 $n \neq 0$) 为 n 次多项式.

例 4.4-13* 求不定积分 $\int \dfrac{x^2}{4+9x^2}\mathrm{d}x$.

解 $\displaystyle\int \frac{x^2}{4+9x^2}\mathrm{d}x = \frac{1}{9}\int \frac{9x^2+4-4}{4+9x^2}\mathrm{d}x = \frac{1}{9}\int \mathrm{d}x - \frac{4}{9}\int \frac{1}{2^2+(3x)^2}\mathrm{d}x$

$\displaystyle \qquad = \frac{x}{9} - \frac{4}{9}\times\frac{1}{3\times2}\arctan\frac{3x}{2} + C = \frac{x}{9} - \frac{2}{27}\arctan\frac{3x}{2} + C$.

例 4.4-14[*] 求不定积分 $\int \dfrac{1}{a^2 - x^2}\mathrm{d}x \, (a \neq 0)$.

解　$\displaystyle \int \frac{1}{a^2 - x^2}\mathrm{d}x = \int \frac{1}{(a-x)(a+x)}\mathrm{d}x = \frac{1}{2a}\int \frac{(a-x)+(a+x)}{(a-x)(a+x)}\mathrm{d}x$

$$= \frac{1}{2a}\left(\int \frac{1}{a+x}\mathrm{d}x + \int \frac{1}{a-x}\mathrm{d}x\right) = \frac{1}{2a}\left(\ln|a+x| - \ln|a-x|\right) + C$$

$$= \frac{1}{2a}\ln\left|\frac{a+x}{a-x}\right| + C.$$

4.4.2　第二类换元积分法

由式 $\int f[\varphi(x)]\varphi'(x)\mathrm{d}x = \int f[\varphi(x)]\mathrm{d}[\varphi(x)] = \int f(u)\mathrm{d}u$ 知，第一类换元积分法(凑微分法)是先将被积表达式 $f[\varphi(x)]\varphi'(x)\mathrm{d}x$ 凑成 $f[\varphi(x)]\mathrm{d}[\varphi(x)]$，然后换元 $u = \varphi(x)$，再通过求出 $\int f(u)\mathrm{d}u$ 来求出的 $\int f[\varphi(x)]\varphi'(x)\mathrm{d}x$. 但有时情形刚好相反，即 $\int f(u)\mathrm{d}u$ 不易求出，这时若作适当的变量替换 $u = \varphi(x)$，将被积表达式 $f(u)\mathrm{d}u$ 转化成 $f[\varphi(x)]\varphi'(x)\mathrm{d}x$，而 $\int f[\varphi(x)]\varphi'(x)\mathrm{d}x$ 却容易求出. 这样，就得到换元积分法的另一种情形——第二类换元积分法(拆微分法).

定理 4.4-2[*]　设函数 $f(x)$ 连续，函数 $x = \varphi(t)$ 有连续的导数且 $\varphi'(t) \neq 0$，则

$$\int f(x)\mathrm{d}x = \int f[\varphi(t)]\varphi'(t)\mathrm{d}t. \tag{4.4-4}$$

证明[*]　由函数 $f[\varphi(t)]\varphi'(t)$ 连续知其原函数存在，设为 $F(t)$，则

$$F'(t) = f[\varphi(t)]\varphi'(t); \quad \int f[\varphi(t)]\varphi'(t)\mathrm{d}t = F(t) + C.$$

因为 $\varphi'(t) \neq 0$，所以函数 $x = \varphi(t)$ 的反函数 $t = \varphi^{-1}(x)$ 存在，由复合函数和反函数求导法则得

$$\{F[\varphi^{-1}(x)]\}' = [F(t)]' = \frac{\mathrm{d}F}{\mathrm{d}t} \cdot \frac{\mathrm{d}t}{\mathrm{d}x} = f[\varphi(t)]\varphi'(t)\frac{1}{\varphi'(t)} = f[\varphi(t)] = f(x).$$

因此函数 $F(t) = F[\varphi^{-1}(x)]$ 是函数 $f(x)$ 的一个原函数，从而

$$\int f(x)\mathrm{d}x = F[\varphi^{-1}(x)] + C = F(t) + C = \int f[\varphi(t)]\varphi'(t)\mathrm{d}t.$$

需要特别指出的是，使用第二类换元积分法并不能直接将所给积分求出，而只是将所给积分转化成另一个更为易于求出的形式. 因此，第二类换元积分法通常是在直接积分法与凑微分法不易直接使用时的一种解决问题的方法，其使用的关键在于如何针对被积函数的特点选择适当的变换 $x = \varphi(t)$.

1. 三角代换

(1) 若被积函数中含有无理式 $\sqrt{a^2 - x^2} \, (a > 0)$，可设

$$x = a\sin t \left(-\frac{\pi}{2} < t < \frac{\pi}{2}\right),$$

则　　　　$\sqrt{a^2 - x^2} = \sqrt{a^2 - a^2\sin^2 t} = \sqrt{a^2(1 - \sin^2 t)} = \sqrt{a^2\cos^2 t} = a\cos t.$

这时 $x' = a\cos t$ 在区间 $\left(-\dfrac{\pi}{2}, \dfrac{\pi}{2}\right)$ 内连续且大于零，满足第二类换元积分法的条件.

(2) 若被积函数中含有无理式 $\sqrt{a^2 + x^2}\ (a>0)$，可设

$$x = a\tan t \left(-\dfrac{\pi}{2} < t < \dfrac{\pi}{2}\right),$$

则 $\qquad \sqrt{a^2 + x^2} = \sqrt{a^2 + a^2\tan^2 t} = \sqrt{a^2(1 + \tan^2 t)} = \sqrt{a^2 \sec^2 t} = a\sec t.$

这时 $x' = a\sec^2 t$ 在区间 $\left(-\dfrac{\pi}{2}, \dfrac{\pi}{2}\right)$ 内连续且大于零，满足第二类换元积分法的条件.

(3) 若被积函数中含有无理式 $\sqrt{x^2 - a^2}\ (a>0)$，可设

$$x = a\sec t \left(t \in \left(0, \dfrac{\pi}{2}\right) \cup \left(\dfrac{\pi}{2}, \pi\right)\right).$$

则 $\qquad \sqrt{x^2 - a^2} = \sqrt{a^2\sec^2 t - a^2} = \sqrt{a^2(\sec^2 t - 1)} = \sqrt{a^2\tan^2 t} = a|\tan t|.$

当 $x > a$ 时，$t \in \left(0, \dfrac{\pi}{2}\right)$，$\sqrt{x^2 - a^2} = a\tan t$；

当 $x < -a$ 时，$t \in \left(\dfrac{\pi}{2}, \pi\right)$，$\sqrt{x^2 - a^2} = -a\tan t$.

这时，$x' = a\sec t \cdot \tan t$ 在 $\left(0, \dfrac{\pi}{2}\right)$ 与 $\left(\dfrac{\pi}{2}, \pi\right)$ 内连续且大于零，满足第二类换元积分法的条件.

变量替换后，原来关于积分变量 x 的不定积分转化成关于新积分变量 t 的不定积分，求出关于新积分变量 t 的不定积分后，必须将新积分变量 t 换回为原来的积分变量 x.

对三角代换，通常利用直角三角形的边角关系，以所作的三角代换为依据，做出辅助直角三角形，以有助于将新积分变量 t 换回为原来的积分变量 x.

例 4.4-15 求不定积分 $\displaystyle\int \sqrt{a^2 - x^2}\,\mathrm{d}x\ (a>0)$.

解 设 $x = a\sin t \left(-\dfrac{\pi}{2} < t < \dfrac{\pi}{2}\right)$，则 $\sqrt{a^2 - x^2} = a\cos t$，$\mathrm{d}x = a\cos t\,\mathrm{d}t$.

$$\int \sqrt{a^2 - x^2}\,\mathrm{d}x = \int a\cos t \cdot a\cos t\,\mathrm{d}t = a^2\int \cos^2 t\,\mathrm{d}t = \dfrac{a^2}{2}\int (1 + \cos 2t)\,\mathrm{d}t$$

$$= \dfrac{a^2}{2}\left(t + \dfrac{1}{2}\sin 2t\right) + C = \dfrac{a^2}{2}(t + \sin t\cos t) + C.$$

根据 $x = a\sin t$，作辅助直角三角形如图 4.4-1，将

$$\sin t = \dfrac{x}{a}, \quad \cos t = \dfrac{\sqrt{a^2 - x^2}}{a}, \quad t = \arcsin\dfrac{x}{a}$$

代入上式，得

$$\int \sqrt{a^2 - x^2}\,\mathrm{d}x = \dfrac{a^2}{2}\arcsin\dfrac{x}{a} + \dfrac{x}{2}\sqrt{a^2 - x^2} + C.$$

例 4.4-16 求不定积分 $\int \dfrac{1}{x^2\sqrt{1+x^2}}\mathrm{d}x$.

解 设 $x = \tan t\left(-\dfrac{\pi}{2} < t < \dfrac{\pi}{2}\right)$，则 $\sqrt{1+x^2} = \sec t$ ，$\mathrm{d}x = \sec^2 t\,\mathrm{d}t$.

$$\int \frac{1}{x^2\sqrt{1+x^2}}\mathrm{d}x = \int \frac{1}{\tan^2 t\sec t}\sec^2 t\,\mathrm{d}t = \int \frac{\sec t}{\tan^2 t}\mathrm{d}t$$

$$= \int \frac{\cos t}{\sin^2 t}\mathrm{d}t = \int \frac{1}{\sin^2 t}\mathrm{d}(\sin t) = -\frac{1}{\sin t} + C .$$

根据 $x = \tan t$ ，作辅助直角三角形如图 4.4-2 所示，得

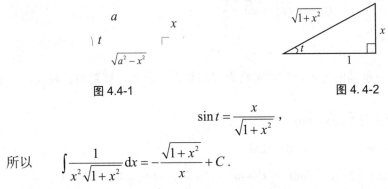

图 4.4-1　　　　　　　　　　　图 4.4-2

$$\sin t = \frac{x}{\sqrt{1+x^2}} ,$$

所以　　　$\displaystyle\int \frac{1}{x^2\sqrt{1+x^2}}\mathrm{d}x = -\frac{\sqrt{1+x^2}}{x} + C$.

用第二类换元积分法求不定积分时，求出关于新积分变量 t 的不定积分后必须将新积分变量 t 换回为原来的积分变量 x ，而这一步有时相当复杂. 但下面的定理 4.4-3 表明，用第二类换元积分法计算定积分时，只要随着积分变量的替换相应地替换定积分的上下限，则可以在求出新积分变量的原函数后不必换回原来的积分变量，可以直接将新积分限代入牛顿——莱布尼茨公式进行计算，从而使计算得以简化.

定理 4.4-3[*] 设函数 $x = \varphi(t)$ 在闭区间 $[\alpha, \beta]$ 上有连续的导数且值域为 I ，函数 $f(x)$ 在区间 I 上连续，且 $\varphi(\alpha) = a, \varphi(\beta) = b$ ，则

$$\int_a^b f(x)\mathrm{d}x = \int_\alpha^\beta f[\varphi(t)]\varphi'(t)\mathrm{d}t . \tag{4.4-5}$$

证明 不妨设 $a < b$. 由假设知式(4.4-5)两端的被积函数都连续，故式(4.4-5)两端的定积分都存在，且式(4.4-5)两端的被积函数都有原函数.

设函数 $F(x)$ 是函数 $f(x)$ 的一个原函数，由牛顿——莱布尼茨公式知，

$$\int_a^b f(x)\mathrm{d}x = F(x)\Big|_a^b = F(b) - F(a) .$$

由复合函数求导法则得

$$\{F[\varphi(t)]\}' = F'[\varphi(t)]\varphi'(t) = f[\varphi(t)]\varphi'(t) ,$$

即函数 $F[\varphi(t)]$ 是函数 $f[\varphi(t)]\varphi'(t)$ 的一个原函数.

由牛顿——莱布尼茨公式得

$$\int_\alpha^\beta f[\varphi(t)]\varphi'(t)\mathrm{d}t = F[\varphi(t)]\Big|_\alpha^\beta = F[\varphi(\beta)] - F[\varphi(\alpha)] = F(b) - F(a) ,$$

即 $\displaystyle\int_a^b f(x)\mathrm{d}x = \int_\alpha^\beta f[\varphi(t)]\varphi'(t)\mathrm{d}t$.

例 4.4-17 求定积分 $\displaystyle\int_1^2 \frac{\sqrt{x^2-1}}{x}\mathrm{d}x$ 的值.

解 设 $x = \sec t\left(0 \leqslant t < \dfrac{\pi}{2}\right)$ ，则 $\sqrt{x^2-1} = \tan t$ ， $\mathrm{d}x = \tan t \sec t\mathrm{d}t$.

且当 $x = 1$ 时， $t = 0$ ；当 $x = 2$ 时， $t = \dfrac{\pi}{3}$.

$$\int_1^2 \frac{\sqrt{x^2-1}}{x}\mathrm{d}x = \int_0^{\frac{\pi}{3}} \frac{\tan t}{\sec t}\tan t\sec t\mathrm{d}t = \int_0^{\frac{\pi}{3}} \tan^2 t\mathrm{d}t = \int_0^{\frac{\pi}{3}}(\sec^2 t - 1)\mathrm{d}t$$

$$= (\tan t - t)\Big|_0^{\frac{\pi}{3}} = \sqrt{3} - \frac{\pi}{3}.$$

2. 有理代换

若被积函数中含有单调的无理函数，可将无理函数进行换元，即可消去被积函数中的无理函数.

例 4.4-18 求不定积分 $\displaystyle\int x\sqrt{x-6}\mathrm{d}x$.

解 设 $\sqrt{x-6} = t$ ，则 $x = t^2 + 6$ ， $\mathrm{d}x = 2t\mathrm{d}t$.

$$\int x\sqrt{x-6}\mathrm{d}x = \int 2t^2(t^2+6)\mathrm{d}t = \frac{2}{5}t^5 + 4t^3 + C = \frac{2}{5}(x-6)^{\frac{5}{2}} + 4(x-6)^{\frac{3}{2}} + C.$$

例 4.4-19 求不定积分 $\displaystyle\int \frac{\sqrt{x}}{1+\sqrt{x}}\mathrm{d}x$.

解 设 $1 + \sqrt{x} = t$ ，则 $x = (t-1)^2 = t^2 - 2t + 1$ ， $\mathrm{d}x = (2t+2)\mathrm{d}t = 2(t+1)\mathrm{d}t$.

$$\int \frac{\sqrt{x}}{1+\sqrt{x}}\mathrm{d}x = 2\int \frac{t-1}{t}(t+1)\mathrm{d}t = 2\int \frac{t^2-1}{t}\mathrm{d}t = 2\int\left(t - \frac{1}{t}\right)\mathrm{d}t = 2\left(\frac{1}{2}t^2 - \ln|t|\right) + C$$

$$= t^2 - 2\ln|t| + C = (1+\sqrt{x})^2 - 2\ln(1+\sqrt{x}) + C.$$

(本例也可通过设 $\sqrt{x} = t$ 进行换元求解，请读者自行探究.)

例 4.4-20 求定积分 $\displaystyle\int_1^{64} \frac{1}{\sqrt{x}(1+\sqrt[3]{x})}\mathrm{d}x$.

解 设 $\sqrt[6]{x} = t$ ，则 $x = t^6$ ， $\mathrm{d}x = 6t^5\mathrm{d}t$.
且当 $x = 1$ 时， $t = 1$ ；当 $x = 64$ 时， $t = 2$.

$$\int_1^{64} \frac{1}{\sqrt{x}(1+\sqrt[3]{x})}\mathrm{d}x = \int_1^2 \frac{6t^5}{t^3(1+t^2)}\mathrm{d}t = 6\int_1^2 \frac{t^2}{1+t^2}\mathrm{d}t = 6\int_1^2 \frac{(1+t^2)-1}{1+t^2}\mathrm{d}t$$

$$= 6\int_1^2\left(1 - \frac{1}{1+t^2}\right)\mathrm{d}t = 6(t - \arctan t)\Big|_1^2 = 6\left(1 + \frac{\pi}{4} - \arctan 2\right).$$

例 4.4-21 求不定积分 $\displaystyle\int \frac{\ln x}{x\sqrt{1+\ln x}}\mathrm{d}x$.

解 设 $\sqrt{1+\ln x} = t$ ，则 $x = \mathrm{e}^{t^2-1}$ ， $\mathrm{d}x = \mathrm{d}(\mathrm{e}^{t^2-1}) = 2t\mathrm{e}^{t^2-1}\mathrm{d}t$.

$$\int \frac{\ln x}{x\sqrt{1+\ln x}}dx = \int \frac{t^2-1}{(e^{t^2}-1)t}2t(e^{t^2}-1)dt = 2\int(t^2-1)dt$$

$$= 2\left(\frac{1}{3}t^3 - t\right) + C = \frac{2}{3}(1+\ln x)^{\frac{3}{2}} - 2\sqrt{1+\ln x} + C.$$

第二类换元积分法并不局限于求前面所讲的无理函数的积分，它是非常灵活的方法. 根据所给积分中被积函数的特点，还可以选择适当的变量替换，将有理函数或分段函数的积分转化成易于求解的形式.

例 4.4-22 求不定积分 $\int x^2(1-x)^{10}dx$.

解 设 $t = x-1$，则 $x = t+1$，$dx = dt$.

$$\int x^2(1-x)^{10}dx = \int (t+1)^2 t^{10}dt = \int(t^{12}+2t^{11}+t^{10})dt = \frac{1}{13}t^{13} + \frac{1}{6}t^{12} + \frac{1}{11}t^{11} + C$$

$$= \frac{1}{13}(x-1)^{13} + \frac{1}{6}(x-1)^{12} + \frac{1}{11}(x-1)^{11} + C.$$

例 4.4-23[*] 设函数 $f(x) = \begin{cases} e^{-x}, & x \geqslant 0 \\ 1+x^2, & x < 0 \end{cases}$，求定积分 $\int_1^3 f(x-2)dx$ 的值.

解 设 $t = x-2$，则 $x = t+2$，$dx = dt$.

且当 $x = 1$ 时，$t = -1$；当 $x = 3$ 时，$t = 1$.

$$\int_1^3 f(x-2)dx = \int_{-1}^1 f(t)dt = \int_{-1}^0 (1+t^2)dt + \int_0^1 e^{-t}dt$$

$$= \left(t + \frac{1}{3}t^3\right)\Big|_{-1}^0 - e^{-t}\Big|_0^1 = \frac{7}{3} - \frac{1}{e}.$$

例 4.4-24 设函数 $f(x)$ 在 $[-a,a]$ $(a>0)$ 上可积，证明：

$$\int_{-a}^a f(x)dx = \begin{cases} 0, & f(x)\text{为奇函数} \\ 2\int_0^a f(x)dx, & f(x)\text{为偶函数} \end{cases}. \tag{4.4-6}$$

证明 由定积分对积分区间的可加性，有

$$\int_{-a}^a f(x)dx = \int_{-a}^0 f(x)dx + \int_0^a f(x)dx.$$

对 $\int_{-a}^0 f(x)dx$，设 $x = -t$，则 $dx = -dt$. 且当 $x = -a$ 时，$t = a$；当 $x = 0$ 时，$t = 0$.

由定积分定义补充规定和定积分值与积分变量的无关性，得

$$\int_{-a}^0 f(x)dx = -\int_a^0 f(-t)dt = \int_0^a f(-t)dt = \int_0^a f(-x)dx.$$

若函数 $f(x)$ 为可积的奇函数，则 $f(-x) = -f(x)$，此时 $\int_0^a f(-x)dx = -\int_0^a f(x)dx$；

若函数 $f(x)$ 为可积的偶函数，则 $f(-x) = f(x)$，此时 $\int_0^a f(-x)dx = \int_0^a f(x)dx$.

因此，当函数 $f(x)$ 在 $[-a,a]$ $(a>0)$ 上可积时，有

$$\int_{-a}^a f(x)dx = \begin{cases} 0, & f(x)\text{为奇函数} \\ 2\int_0^a f(x)dx, & f(x)\text{为偶函数} \end{cases}.$$

例 4.4-25 求定积分 $\int_{-\frac{\pi}{4}}^{\frac{\pi}{4}} \frac{1+x^3}{\cos^2 x} \mathrm{d}x$ 的值.

解 因在 $\left[-\dfrac{\pi}{4}, \dfrac{\pi}{4}\right]$ 上函数 $\dfrac{1}{\cos^2 x}$ 是偶函数，函数 $\dfrac{x^3}{\cos^2 x}$ 是奇函数，由式(4.4-6)得

$$\int_{-\frac{\pi}{4}}^{\frac{\pi}{4}} \frac{1+x^3}{\cos^2 x}\mathrm{d}x = \int_{-\frac{\pi}{4}}^{\frac{\pi}{4}} \frac{1}{\cos^2 x}\mathrm{d}x + \int_{-\frac{\pi}{4}}^{\frac{\pi}{4}} \frac{x^3}{\cos^2 x}\mathrm{d}x = 2\int_0^{\frac{\pi}{4}} \frac{1}{\cos^2 x}\mathrm{d}x = 2\tan x\Big|_0^{\frac{\pi}{4}} = 2 .$$

例 4.4-26* 求定积分 $\int_0^4 \cos(\sqrt{x}-1)\mathrm{d}x$ 的值.

解 设 $\sqrt{x}-1 = t$ ，则 $x = (t+1)^2$ ， $\mathrm{d}x = 2(t+1)\mathrm{d}t$.

且当 $x=0$ 时， $t=-1$ ；当 $x=4$ 时， $t=1$.

$$\int_0^4 \cos(\sqrt{x}-1)\mathrm{d}x = 2\int_{-1}^1 (t+1)\cos t\mathrm{d}t = 2\int_{-1}^1 t\cos t\mathrm{d}t + 2\int_{-1}^1 \cos t\mathrm{d}t .$$

因在区间 $[-1,1]$ 上，函数 $\cos t$ 是偶函数，函数 $t\cos t$ 是奇函数，由式(4.4-6)得

$$\int_0^4 \cos(\sqrt{x}-1)\mathrm{d}x = 2\int_{-1}^1 \cos t\mathrm{d}t = 4\int_0^1 \cos t\mathrm{d}t = 4\sin t\Big|_0^1 = 4\sin 1 .$$

4.5 分部积分法

在系统地学习了直接积分法与换元积分法之后，我们发现，目前还有基本初等函数中的对数函数与反三角函数的积分问题没有得到解决.这也就导致了有很多的形如 $\int u(x)v(x)\mathrm{d}x$ 、 $\int \dfrac{u(x)}{v(x)}\mathrm{d}x$ 与 $\int f[g(x)]\mathrm{d}x$ 的不定积分问题无法利用直接积分法与换元积分法加以解决(如 $\int xe^x\mathrm{d}x$).考虑到微分法与积分法的互逆关系，我们将重新从微分的运算性质入手，寻找新的积分方法.

相应于两个函数乘积的微分法，可以推出另一种基本积分法——分部积分法.

4.5.1 分部积分公式

设函数 $u(x)$ 、 $v(x)$ 具有连续导函数，由两个函数乘积的微分法则

$$\mathrm{d}(u\cdot v) = v\mathrm{d}u + u\mathrm{d}v ,$$

移项得 $\quad u\mathrm{d}v = \mathrm{d}(u\cdot v) - v\mathrm{d}u ,$

即 $\quad uv'\mathrm{d}x = (u\cdot v)'\mathrm{d}x - vu'\mathrm{d}x .$ $\qquad$ (4.5-1)

对式(4.5-1)两端求不定积分，得出不定积分的**分部积分公式**

$$\int u\cdot v'\mathrm{d}x = uv - \int v\cdot u'\mathrm{d}x \quad \text{或} \quad \int u\mathrm{d}v = uv - \int v\mathrm{d}u . \qquad (4.5\text{-}2)$$

对式(4.5-1)两端求从 a 到 b 的定积分，得出定积分的**分部积分公式**

$$\int_a^b u\cdot v'\mathrm{d}x = (u\cdot v)\Big|_a^b - \int_a^b v\cdot u'\mathrm{d}x \quad \text{或} \quad \int_a^b u\mathrm{d}v = (u\cdot v)\Big|_a^b - \int_a^b v\mathrm{d}u . \qquad (4.5\text{-}3)$$

例 4.5-1 求不定积分 $\int \ln x\mathrm{d}x$ ， $\int \log_a x\mathrm{d}x$ $(a>0$ 且 $a \neq 1)$.

解 $\displaystyle\int \ln x\mathrm{d}x = x\ln x - \int x\mathrm{d}(\ln x) = x\ln x - \int x\cdot\frac{1}{x}\mathrm{d}x = x\ln x - x + C = x(\ln x - 1) + C$ ；

$$\int \log_a x \mathrm{d}x = \int \frac{\ln x}{\ln a}\mathrm{d}x = \frac{1}{\ln a}\int \ln x \mathrm{d}x = \frac{x}{\ln a}(\ln x - 1) + C.$$

例 4.5-2　求不定积分 $\int \arctan x \mathrm{d}x$.

解　$\int \arctan x \mathrm{d}x = x\arctan x - \int x\mathrm{d}(\arctan x) = x\arctan x - \int \frac{x}{1+x^2}\mathrm{d}x = x\arctan x -$

$$\frac{1}{2}\int \frac{1}{1+x^2}\mathrm{d}(x^2) \quad = x\arctan x - \frac{1}{2}\ln(1+x^2) + C.$$

很显然，我们可以使用相同的方法解决不定积分 $\int \arcsin x \mathrm{d}x$、$\int \arccos x \mathrm{d}x$ 以及 $\int \mathrm{arc}\cot x \mathrm{d}x$ 的求解问题(请读者自行探究求解过程).

利用分部积分公式，我们很好地解决了对数函数与反三角函数的不定积分问题，即：

(1) $\int \log_a x \mathrm{d}x = \frac{x}{\ln a}(\ln x - 1) + C$（$a > 0$ 且 $a \neq 1$），

特别地，有 $\int \ln x \mathrm{d}x = x(\ln x - 1) + C$；

(2) $\int \arcsin x \mathrm{d}x = x\arcsin x + \sqrt{1-x^2} + C$；

(3) $\int \arccos x \mathrm{d}x = x\arccos x - \sqrt{1-x^2} + C$；

(4) $\int \arctan x \mathrm{d}x = x\arctan x - \frac{1}{2}\ln(1+x^2) + C$；

(5) $\int \mathrm{arc}\cot x \mathrm{d}x = x\,\mathrm{arccot}\,x + \frac{1}{2}\ln(1+x^2) + C$.

至此，基本初等函数的不定积分求解问题得以全部解决.

用分部积分公式求一个函数的不定积分，通常会伴随着凑微分法的使用. 事实上，如果仅从计算的角度考虑，分部积分法与凑微分法一样，都是解决被积函数为乘积形式而又无法使用直接积分法的积分问题的方法. 因此，这两种方法在解题之初是很难做明确甄选的(除去由经验即可判断的简单形式). 虽然从理论上讲，每一个不定积分 $\int f(x)\mathrm{d}x$ 都可以选择使用分部积分法，但从具体使用上来看，分部积分法通常是在其他积分方法无法使用时的一种选择.

例 4.5-3　求不定积分 $\int \frac{\ln x}{x^2}\mathrm{d}x$.

解 (方法 1) $\int \frac{\ln x}{x^2}\mathrm{d}x = -\int \ln x \mathrm{d}\left(\frac{1}{x}\right) = -\frac{\ln x}{x} + \int \frac{1}{x}\mathrm{d}(\ln x) = -\frac{\ln x}{x} + \int \frac{1}{x^2}\mathrm{d}x$

$$= -\frac{\ln x}{x} - \frac{1}{x} + C = -\frac{\ln x + 1}{x} + C.$$

例 4.5-3(方法 1)的解法显示，第一步因为可以使用凑微分法，所以没有选择直接使用分部积分法；到了第二步，已经无法凑微分了，所以选择使用分部积分法. 当然，从最终的效果来说，应该理解为正是为了更好地使用分部积分法，才在第一步进行凑微分.

事实上，也可利用换元积分法与积分公式 $\int \ln x \mathrm{d}x = x(\ln x - 1) + C$ 的结合使用来对例 4.5-3 进行求解.

(方法2)设 $\dfrac{1}{x}=t$，则 $\ln x=\ln\dfrac{1}{t}=-\ln t$，从而

$$\int\frac{\ln x}{x^2}dx=-\int t^2\ln td\left(\frac{1}{t}\right)=\int\ln tdt=t(\ln t-1)+C=\frac{1}{x}\left(\ln\frac{1}{x}-1\right)+C$$

$$=\frac{1}{x}(-\ln x-1)+C=-\frac{\ln x+1}{x}+C.$$

由于对数函数与反三角函数的积分公式的结论较为复杂难记，并且类似于例 4.5-3(方法 2)中的换元并不总是可以顺利进行，因此例 4.5-3(方法 1)的解法更具有普遍适用性，不建议使用(方法 2)提供的解法.

例 4.5-4 求不定积分 $\int xe^xdx$.

解 (方法 1) $\int xe^xdx=\int e^xd\left(\dfrac{x^2}{2}\right)=\dfrac{x^2}{2}e^x-\dfrac{1}{2}\int x^2d(e^x)=\dfrac{x^2}{2}e^x-\dfrac{1}{2}\int x^2e^xdx.$

显然新的积分比原题目还要复杂难解，说明此路不通.

(方法 2) $\int xe^xdx=\int xd(e^x)=xe^x-\int e^xdx=xe^x-e^x+C.$

对于形如 $\int x^\alpha f(x)dx$ （$\alpha\in\mathbf{R}$ 且 $\alpha\neq0$）的不定积分，若积分 $\int f(x)dx=F(x)+C$ 可以不使用分部积分法求出，则通常幂函数部分(指 x^α)不应首先凑微分，而应将函数 $f(x)$ 首先凑微分. 也就是说，将原积分化归为

$$\int x^\alpha f(x)dx=\int x^\alpha d[F(x)]=x^\alpha F(x)-\int F(x)d(x^\alpha).$$

否则，如果首先将幂函数部分(指 x^α)凑微分，则往往会使题目越解越复杂(如例 4.5-4(方法 1)). 当然，也会有特殊情况，如例 4.4-5 与例 4.4-6.

例 4.5-5 求不定积分 $\int x^2\cos xdx$.

解 $\int x^2\cos xdx=\int x^2d(\sin x)=x^2\sin x-2\int x\sin xdx=x^2\sin x+2\int xd(\cos x)$

$$=x^2\sin x+2(x\cos x-\int\cos xdx)=x^2\sin x+2(x\cos x-\sin x)+C.$$

例 4.5-6 求不定积分 $\int\dfrac{\ln(\cos x)}{\cos^2 x}dx$.

解 $\int\dfrac{\ln(\cos x)}{\cos^2 x}dx=\int\ln(\cos x)d(\tan x)=\tan x\cdot\ln(\cos x)-\int\tan xd[\ln(\cos x)]$

$$=\tan x\cdot\ln(\cos x)+\int\tan^2 xdx=\tan x\cdot\ln(\cos x)+\int(\sec^2 x-1)dx$$

$$=\tan x\cdot\ln(\cos x)+\tan x-x+C=[\ln(\cos x)+1]\tan x-x+C.$$

例 4.5-7 求定积分 $\int_0^{\sqrt{3}}\ln(x+\sqrt{1+x^2})dx$.

解 $\int_0^{\sqrt{3}}\ln(x+\sqrt{1+x^2})dx=x\ln(x+\sqrt{1+x^2})\Big|_0^{\sqrt{3}}-\int_0^{\sqrt{3}}xd[\ln(x+\sqrt{1+x^2})]$

$$=\sqrt{3}\ln(\sqrt{3}+2)-\int_0^{\sqrt{3}}\frac{x}{\sqrt{1+x^2}}dx=\sqrt{3}\ln(\sqrt{3}+2)-\frac{1}{2}\int_0^{\sqrt{3}}\frac{1}{\sqrt{1+x^2}}d(x^2)$$

$$=\sqrt{3}\ln(\sqrt{3}+2)-\sqrt{1+x^2}\Big|_0^{\sqrt{3}}=\sqrt{3}\ln(\sqrt{3}+2)-1.$$

例 4.5-8　求不定积分 $\int_0^{\frac{1}{2}} \arcsin^2 x\, \mathrm{d}x$.

解　$\int_0^{\frac{1}{2}} \arcsin^2 x\, \mathrm{d}x = x\arcsin^2 x\Big|_0^{\frac{1}{2}} - \int_0^{\frac{1}{2}} x\, \mathrm{d}(\arcsin^2 x) = \frac{\pi^2}{72} - 2\int_0^{\frac{1}{2}} \frac{x}{\sqrt{1-x^2}} \arcsin x\, \mathrm{d}x$

$= \frac{\pi^2}{72} + \int_0^{\frac{1}{2}} \arcsin x\, \mathrm{d}(\sqrt{1-x^2}) = \frac{\pi^2}{72} + 2\sqrt{1-x^2}\arcsin x\Big|_0^{\frac{1}{2}} - 2\int_0^{\frac{1}{2}} \mathrm{d}x = \frac{\pi^2}{72} + \frac{\sqrt{3}}{6}\pi - 1$.

例 4.5-9*　求不定积分 $\int \mathrm{e}^x \cos x\, \mathrm{d}x$.

解　$\int \mathrm{e}^x \cos x\, \mathrm{d}x = \int \cos x\, \mathrm{d}(\mathrm{e}^x) = \mathrm{e}^x \cos x - \int \mathrm{e}^x \mathrm{d}(\cos x)$

$= \mathrm{e}^x \cos x + \int \mathrm{e}^x \sin x\, \mathrm{d}x = \mathrm{e}^x \cos x + \int \sin x\, \mathrm{d}(\mathrm{e}^x)$

$= \mathrm{e}^x \cos x + \mathrm{e}^x \sin x - \int \mathrm{e}^x \mathrm{d}(\sin x) = \mathrm{e}^x(\sin x + \cos x) - \int \mathrm{e}^x \cos x\, \mathrm{d}x$,

即　　　　$\int \mathrm{e}^x \cos x\, \mathrm{d}x = \mathrm{e}^x(\sin x + \cos x) - \int \mathrm{e}^x \cos x\, \mathrm{d}x$,

所以　　　$2\int \mathrm{e}^x \cos x\, \mathrm{d}x = \mathrm{e}^x(\sin x + \cos x) + C$,

即　　　　$\int \mathrm{e}^x \cos x\, \mathrm{d}x = \frac{1}{2}\mathrm{e}^x(\sin x + \cos x) + C$.

4.5.2　求解不定积分的一般思路总结

积分法虽然是微分法的逆运算，但由于积分运算性质并没有像导数那样涵盖所有的四则运算，因此求一个初等函数的不定积分远比求一个初等函数的导数困难得多．不过，对于初等函数 $f(x)$ 的不定积分 $\int f(x)\mathrm{d}x$ 的计算，虽然没有固定的格式可循，但还是可以找到一般思路的，那就是"**先拆后凑**"．具体地：

(1) "**拆**"是指使用直接积分法．"**先拆**"则是指在求解不定积分 $\int f(x)\mathrm{d}x$ 时，一般应首先考察被积函数 $f(x)$ 是否可以被拆解成代数和的形式，通常"能拆则拆"．

(2) "**凑**"是指使用凑微分法．"**后凑**"则是指在被积函数 $f(x)$ 不能"拆"的时候，应首要考虑使用凑微分法．

此时，可将不定积分 $\int f(x)\mathrm{d}x$ 中的被积函数 $f(x)$ 看作两部分乘积的形式 (即 $f(x) = u(x)\cdot v(x)$)，然后将可以凑微分的部分 (即 $u(x)\mathrm{d}x$ 或 $v(x)\mathrm{d}x$)进行凑微分 (即得到 $\int v(x)\mathrm{d}[U(x)]$ $(U'(x)=u(x))$ 或 $\int u(x)\mathrm{d}[V(x)]$ $(V'(x)=v(x))$).若此时的不定积分可视为关于新积分变量 (即 U 或 V)的函数的新不定积分 (即 $\int g(aU+b)\mathrm{d}U$ 或 $\int g(aV+b)\mathrm{d}V$ (a ， b 为常数且 $a\neq 0$))，则继续利用"先拆后凑"的方法进行求解；反之，则可对 $\int v(x)\mathrm{d}[U(x)]$ 或 $\int u(x)\mathrm{d}[V(x)]$ 使用分部积分公式进行求解．特别应注意的是，若此时 $u(x)\mathrm{d}x$ 与 $v(x)\mathrm{d}x$ 这两部分均可凑微分，则应根据题目具体情况或以往解题的经验选择其一．

(3) 对有些不定积分 $\int f(x)\mathrm{d}x$ 来说，"拆"或"凑"都是无法进行的，此时则应根据题目具体情况考虑使用第二类换元积分法，或者直接使用分部积分法．

(4) 两个重要的解题经验：

① 对于形如 $\int x^\alpha f(x)\mathrm{d}x$ ($\alpha \in \mathbf{R}$ 且 $\alpha \neq 0$)的不定积分，若积分 $\int f(x)\mathrm{d}x = F(x)+C$ 可以

不使用分部积分法求出，则通常幂函数部分(指 x^{α})不应首先凑微分，而应将函数 $f(x)$ 首先凑微分. 也就是说，将原积分化归为

$$\int x^{\alpha} f(x)\mathrm{d}x = \int x^{\alpha}\mathrm{d}[F(x)] = x^{\alpha}F(x) - \int F(x)\mathrm{d}(x^{\alpha}).$$

② 一般地，在求解形如 $\int \dfrac{P_m(x)}{Q_n(x)}\mathrm{d}x$ 的不定积分时，当 $m \geqslant n$ 或 $Q_n(x)$ 可以分解因式时应使用直接积分法；当 $m < n$ 且 $Q_n(x)$ 不能分解因式时应使用凑微分法. 其中，$P_m(x)(m \in \mathbf{N})$ 为 m 次多项式，$Q_n(x)(n \in \mathbf{N}$ 且 $n \neq 0)$ 为 n 次多项式.

例 4.5-10 求不定积分 $\int x\tan^2 x\mathrm{d}x$.

解 由于被积函数 $x\tan^2 x$ 可拆解为 $x(\sec^2 x - 1) = x\sec^2 x - x$，所以首先使用直接积分法，得

$$\int x\tan^2 x\mathrm{d}x = \int(x\sec^2 x - x)\mathrm{d}x = \int x\sec^2 x\mathrm{d}x - \frac{1}{2}x^2.$$

因为新被积函数 $x\sec^2 x$ 无法进行拆解，并且 $\sec^2 x\mathrm{d}x$ 可以"凑"，因此凑微分得

$$\int x\sec^2 x\mathrm{d}x = \int x\mathrm{d}(\tan x).$$

因为新被积函数 x 难以被看作关于新积分变量 $\tan x$ 的函数，所以使用分部积分法，得

$$\int x\sec^2 x\mathrm{d}x = \int x\mathrm{d}(\tan x) = x\tan x - \int\tan x\mathrm{d}x = x\tan x + \ln|\cos x| + C,$$

所以 $$\int x\tan^2 x\mathrm{d}x = x\tan x + \ln|\cos x| - \frac{1}{2}x^2 + C.$$

注：在求解不定积分 $\int x\mathrm{d}(\tan x)$ 时，若将新被积函数 x 看作关于新积分变量 $\tan x$ 的函数(即 $x = \arctan(\tan x)$)，同样可以求出正确结果，请读者自行探究求解过程.

例 4.5-11 求不定积分 $\int x^2 e^{3x^3-4}\mathrm{d}x$.

解 由于被积函数不能"拆"，而且只有 $x^2\mathrm{d}x$ 可以"凑"，因此使用凑微分法. 即：

$$\int x^2 e^{3x^3-4}\mathrm{d}x = \frac{1}{3}\int e^{3x^3-4}\mathrm{d}(x^3).$$

因为新被积函数 e^{3x^3-4} 显然可以被看作关于新积分变量 x^3 的函数而且不能"拆"，所以继续使用凑微分法("凑系数")，得

$$\int x^2 e^{3x^3-4}\mathrm{d}x = \frac{1}{3}\int e^{3x^3-4}\mathrm{d}(x^3) = \frac{1}{3}\cdot\frac{1}{3}e^{3x^3-4} + C = \frac{1}{9}e^{3x^3-4} + C.$$

例 4.5-12 求不定积分 $\int e^{\sqrt[3]{x}}\mathrm{d}x$.

解 由于对被积函数"拆"或"凑"都是无法进行的，而被积函数中含有无理式，因此首先使用第二类换元积分法，再依据变形后新的积分形式进行求解. 即：

设 $\sqrt[3]{x} = t$，则 $x = t^3$，$\mathrm{d}x = 3t^2\mathrm{d}t$.

$$\int e^{\sqrt[3]{x}}\mathrm{d}x = 3\int t^2 e^t\mathrm{d}t = 3\int t^2\mathrm{d}(e^t) = 3[t^2 e^t - \int e^t\mathrm{d}(t^2)]$$
$$= 3(t^2 e^t - 2\int te^t\mathrm{d}t) = 3[t^2 e^t - 2\int t\mathrm{d}(e^t)] = 3(t^2 e^t - 2te^t + 2\int e^t\mathrm{d}t)$$
$$= 3(t^2 e^t - 2te^t + 2e^t) + C = 3e^{\sqrt[3]{x}}\left(3x^{\frac{2}{3}} - 2x^{\frac{1}{3}} + 2\right) + C.$$

例 4.5-13　求不定积分 $\int \arcsin x \, dx$.

解　由于对被积函数"拆"或"凑"都是无法进行的，因此使用分部积分法. 即：

$$\int \arcsin x \, dx = x \arcsin x - \int x \, d(\arcsin x) = x \arcsin x - \int \frac{x}{\sqrt{1-x^2}} \, dx$$

$$= x \arcsin x - \frac{1}{2} \int \frac{1}{\sqrt{1-x^2}} \, d(x^2) = x \arcsin x + \sqrt{1-x^2} + C .$$

注：若设 $\arcsin x = t$，换元后再求解也是可行的解法，但最终解法的本质是一样的，具体的求解过程请读者自行探究.

例 4.5-14　求不定积分 $\int x \ln(x-1) \, dx$.

解　$\int x \ln(x-1) \, dx = \frac{1}{2} \int \ln(x-1) \, d(x^2) = \frac{x^2}{2} \ln(x-1) - \frac{1}{2} \int x^2 \, d[\ln(x-1)]$

$$= \frac{x^2}{2} \ln(x-1) - \frac{1}{2} \int \frac{x^2}{x-1} \, dx = \frac{x^2}{2} \ln(x-1) - \frac{1}{2} \int \frac{(x^2-1)+1}{x-1} \, dx$$

$$= \frac{x^2}{2} \ln(x-1) - \frac{1}{2} \int \left(x+1 + \frac{1}{x-1} \right) dx$$

$$= \frac{x^2}{2} \ln(x-1) - \frac{1}{2} \left[\frac{x^2}{2} + x + \ln(x-1) \right] + C$$

$$= \frac{x^2-1}{2} \ln(x-1) - \frac{x^2}{4} - \frac{x}{2} + C .$$

例 4.5-15＊　设函数 $f(x)$ 二阶可导，函数 $F(x)$ 为可积函数，且 $F'(x) = f(x)$，求

(1) $\int f(x) F(x) \, dx$；　　　　　　(2) $\int x f(5x^2-1) \, dx$；

(3) $\int x f'(3x) \, dx$；　　　　　　(4) $\int x^2 f''(x) \, dx$.

解　(1) $\int f(x) F(x) \, dx = \int F(x) \, d[F(x)] = \frac{1}{2} F^2(x) + C$.

(2) $\int x f(5x^2-1) \, dx = \frac{1}{2} \int f(5x^2-1) \, d(x^2) = \frac{1}{10} F(5x^2-1) + C$.

(3) $\int x f'(3x) \, dx = \frac{1}{3} \int x f'(3x) \, d(3x) = \frac{1}{3} \int x \, d[f(3x)] = \frac{1}{3} x f(3x) - \frac{1}{3} \int f(3x) \, dx$

$$= \frac{1}{3} x f(3x) - \frac{1}{3} \cdot \frac{1}{3} \int f(3x) \, d(3x) = \frac{1}{3} x f(3x) - \frac{1}{9} F(3x) + C .$$

(4) $\int x^2 f''(x) \, dx = \int x^2 \, d[f'(x)] = x^2 f'(x) - \int f'(x) \, d(x^2)$

$$= x^2 f'(x) - 2 \int x f'(x) \, dx = x^2 f'(x) - 2 \int x \, d[f(x)]$$

$$= x^2 f'(x) - 2 \left[x f(x) - \int f(x) \, dx \right] = x^2 f'(x) - 2x f(x) + 2F(x) + C .$$

"先拆后凑"是求解不定积分 $\int f(x) \, dx$ 的一般思路，但并非绝对有效的解题方法. 由于不定积分中的被积函数 $f(x)$ 具有着多样化的形式，因此必须是具体问题具体分析. 而且，不断积累解题经验，对于熟练求解不定积分 $\int f(x) \, dx$ 也是非常重要的.

例 4.5-16＊　求不定积分 $\int \frac{\sin x - \cos x}{\sin x + \cos x} \, dx$.

解 因为 $(\sin x + \cos x)' = \cos x - \sin x$，

即 $\qquad (\cos x - \sin x)\mathrm{d}x = \mathrm{d}(\sin x + \cos x)$，

所以 $\qquad \displaystyle\int \frac{\sin x - \cos x}{\sin x + \cos x}\mathrm{d}x = -\int \frac{1}{\sin x + \cos x}\mathrm{d}(\sin x + \cos x) = -\ln|\sin x + \cos x| + C$.

在例 4.5-16 的求解中，直接使用了凑微分法. 这一精巧的解法，正是源于求解例 4.4-7 与例 4.4-8 的经验积累. 此时，如果根据"先拆后凑"的一般思路，首先将被积函数拆解为

$$\frac{\sin x - \cos x}{\sin x + \cos x} = \frac{\sin x}{\sin x + \cos x} - \frac{\cos x}{\sin x + \cos x},$$

则解题的难度反而会加大.

第 5 章 常微分方程

在科学研究和生产实际中，常常需要寻求与问题有关的变量之间的函数关系，这种函数关系有时可以直接建立，有时却只能根据一些基本科学原理，建立所求函数及其变化率(导数)之间的关系式，然后再从中解出所求函数. 这种含所求函数及其导数的关系式就是微分方程. 微分方程是描述客观事物数量关系的一种重要的数学模型，是高等数学的重要内容之一. 本章主要介绍微分方程的基本概念和几种常见的微分方程的解法.

5.1 微分方程的基本概念

5.1.1 引例

为了说明**微分方程**的有关概念，先考察两个具体例子.

例 5.1-1 某曲线过点 $(1,2)$，且其上任意点 $P(x,y)$ 处的切线斜率为 $2x$，求曲线的方程.

解 设所求曲线方程为 $y = f(x)$. 由导数的几何意义和题设知，函数 $y = f(x)$ 应满足方程

$$\frac{\mathrm{d}y}{\mathrm{d}x} = 2x \ \text{或} \ \mathrm{d}y = 2x\mathrm{d}x \tag{5.1-1}$$

对式(5.1-1)两端积分，得

$$y = \int 2x\mathrm{d}x = x^2 + C . \tag{5.1-2}$$

其中 C 为任意常数.

由题意，所求曲线方程还应满足条件

$$y(1) = 2 . \tag{5.1-3}$$

将条件式(5.1-3)代入式(5.1-2)，得

$$C = 1 ,$$

从而所求曲线方程为

$$y = x^2 + 1 .$$

例 5.1-2 在距地面高度为 H 处，以初速度 v_0 垂直下抛一物体，假设该物体运动只受重力影响，试求物体下落距离 s 与时间 t 之间的函数关系.

解 设物体的质量为 m. 因为下抛后物体只受重力作用，所以物体所受之力为

$$F = mg .$$

根据牛顿第二定律 $F = ma$ 及加速度 $a = s''(t)$，所以

$$ms''(t) = mg ,$$

即

$$s''(t) = g . \tag{5.1-4}$$

对式(5.1-4)两端积分，得

$$s'(t) = gt + C_1 . \tag{5.1-5}$$

再对式(5.1-5)两端积分，得

$$s = \frac{1}{2}gt^2 + C_1 t + C_2 . \tag{5.1-6}$$

其中 C_1、C_2 是两个任意常数.

由题意知，$t = 0$ 时，有

$$s(0) = 0 , \quad v(0) = s'(0) = v_0 . \tag{5.1-7}$$

将式(5.1-7)分别代入式(5.1-5)、式(5.1-6)，得

$$C_1 = v_0 , \quad C_2 = 0 ,$$

即

$$s(t) = \frac{1}{2}gt^2 + v_0 t . \tag{5.1-8}$$

这就是物体以初速度 v_0 垂直下抛时下落距离 s 与时间 t 之间的函数关系. 设时间 $t = T$ 时下抛的物体落地，即 $s(T) = H$ ，因此自变量 $t \in [0, T]$.

上面两个例子虽然实际意义不同，但解决问题的方法都可归结为：首先建立含有未知函数的导数的方程，然后通过解该方程，求出满足所给附加条件的未知函数. 这类问题及其解决过程具有普遍意义，下面从数学上加以抽象，引进微分方程的有关概念.

5.1.2 微分方程的基本概念

定义 5.1-1 含有未知函数的导数或微分的方程称为**微分方程**. 微分方程中未知函数的导数的最高阶数，称为**微分方程的阶**.

例如，方程(5.1-1)是一阶微分方程，方程(5.1-4)是二阶微分方程.

又如，方程 $y''' + x^3 y'' - xy^2 = x$ 是三阶微分方程；方程 $xy^{(4)} + y''' - 5y' + 13xy^5 = e^{2x}$ 是四阶微分方程.

一般地，n 阶微分方程可以表示为

$$F(x, y, y', y'', \cdots, y^{(n)}) = 0 .$$

若将函数 $y = f(x)$ 和它的导数代入某微分方程，使该微分方程成为恒等式，则称函数 $y = f(x)$ 为该微分方程的**解**.

例如，函数 $y = x^2 + C$ 和 $y = x^2 + 1$ 都是微分方程(5.1-1)的解；函数 $s = \frac{1}{2}gt^2 + v_0 t$ 和 $s = \frac{1}{2}gt^2 + C_1 t + C_2$ 都是微分方程(5.1-4)的解.

若微分方程的解中含有任意常数，且**相互独立**的任意常数(指不能因合并而使任意常数的个数减少)的个数与微分方程的阶数相等，则这样的解称为微分方程的**通解**(或**一般解**).一个微分方程的通解，在一定范围内就是该微分方程的所有解的一个共同表达式.

例如，函数 $y = x^2 + C$ 和 $s = \frac{1}{2}gt^2 + C_1 t + C_2$ 分别是微分方程(5.1-1)和方程(5.1-4)的通解.

例 5.1-3 验证函数 $y = C_1 e^{C_2 - 3x} - 1$ 是否为微分方程 $y'' - 9y = 9$ 的解？若是解，是否为通

解？其中 C_1、C_2 为任意常数.

解 因为 $y = C_1 e^{C_2 - 3x} - 1 = C_1 e^{C_2} e^{-3x} - 1 = C e^{-3x} - 1$ $(C = C_1 e^{C_2})$，

所以 $\qquad\qquad y' = -3C e^{-3x}$，$y'' = 9C e^{-3x}$.

因此 $\qquad\qquad y'' - 9y = 9C e^{-3x} - 9(C e^{-3x} - 1) = 9$，

即函数 $y = C e^{-3x} - 1$ 是微分方程 $y'' - 9y = 9$ 的解.

因为微分方程是 $y'' - 9y = 9$ 二阶的，而函数 $y = C_1 e^{C_2 - 3x} - 1$ 中实质上只含有一个独立的任意常数，所以函数 $y = C_1 e^{C_2 - 3x} - 1$ 不是微分方程 $y'' - 9y = 9$ 的通解.

微分方程的通解中含有任意常数，它反映的是微分方程所描述的某一类运动过程的一般规律，它还不能完全确定地反映某一客观事物的具体规律.

当需要确定某一具体变化过程的规律时，必须根据具体问题给出确定这一具体变化过程的**定解条件**，以确定微分方程通解中任意常数的值. 微分方程通解中任意常数的值确定后所得到的解称为微分方程的**特解**.

例如，函数 $y = x^2 + 1$ 和 $s = \dfrac{1}{2} g t^2 + v_0 t$ 是微分方程(5.1-1)和方程(5.1-4)的特解.

定解条件通常以运动开始时的状态，或曲线在一点处的状态给出. 这种由运动的初始状态(或曲线在一特定点处的状态)所给出的，用以确定通解中任意常数的定解条件，称为**初始条件**.

例如，条件(5.1-3)是例 5.1-1 的初始条件，它可写成

$$y(1) = 2 \text{ 或 } y\big|_{x=1} = 2.$$

条件(5.1-7)是例 5.1-2 的初始条件，它可写成

$$s(0) = 0，\quad v(0) = s'(0) = v_0，$$

或 $\qquad\qquad s\big|_{t=0} = 0，\quad v\big|_{t=0} = s'\big|_{t=0} = v_0.$

5.2 一阶微分方程

一阶微分方程的一般形式是：

$$F(x, y, y') = 0，$$

或 $\qquad\qquad y' = f(x, y).$

下面介绍几种常见的一阶微分方程及其解法.

5.2.1 可分离变量的微分方程

形如

$$\frac{\mathrm{d}y}{\mathrm{d}x} = f(x) g(y)$$

的微分方程称为**可分离变量的一阶微分方程**.

当 $g(y) \neq 0$ 时，将 $\dfrac{\mathrm{d}y}{\mathrm{d}x} = f(x) g(y)$ 分离变量，得

$$\frac{\mathrm{d}y}{g(y)} = f(x)\mathrm{d}x ,$$

两边分别求积分，得

$$\int \frac{\mathrm{d}y}{g(y)} = \int f(x)\mathrm{d}x ,$$

求出不定积分就可求出微分方程 $\frac{\mathrm{d}y}{\mathrm{d}x} = f(x)g(y)$ 的通解.

上述解法是在 $g(y) \neq 0$ 的前提下进行的. 若存在 $y = y_0$，使 $g(y_0) = 0$，则由 $g(y_0) = 0$ 和 $y' = (y_0)' = 0$，知 $y = y_0$ 满足微分方程 $\frac{\mathrm{d}y}{\mathrm{d}x} = f(x)g(y)$，从而 $y = y_0$ 也是微分方程 $\frac{\mathrm{d}y}{\mathrm{d}x} = f(x)g(y)$ 的一个解，这个解有时可以合并在通解之中.

例 5.2-1 求微分方程 $y' = 2xy$ 的通解.

解 当 $y \neq 0$ 时，将所给微分方程分离变量得

$$\frac{1}{y}\mathrm{d}y = 2x\mathrm{d}x ,$$

两边分别求积分，得

$$\ln|y| = x^2 + C_1 \,(C_1 \text{ 为任意常数}),$$

即 $\qquad |y| = \mathrm{e}^{x^2 + C_1}$ 或 $y = \pm \mathrm{e}^{C_1}\mathrm{e}^{x^2}$.

令 $\pm \mathrm{e}^{C_1} = C$（C 是可正可负的任意常数），得所给微分方程的通解为 $y = C\mathrm{e}^{x^2}$（C 是可正可负的任意常数）.

显然 $y = 0$ 也是所给微分方程的解，且它可以合并在通解中，只需令 $C = 0$ 即可. 所以，所给微分方程的通解为 $y = C\mathrm{e}^{x^2}$（C 为任意常数）.

以后为了运算方便，在求解微分方程时可把 $\ln|y|$ 写成 $\ln y$. 并且，若得到一个含有对数运算的等式，为了利用对数的性质将结果进一步化简，可将任意常数 C 写成 $K \ln C$ 的形式，K 的值依据实际情况确定，但必须记住最后得到的任意常数 C 可正可负.

例 5.2-2 求微分方程 $(1+x)\mathrm{d}y - y\mathrm{d}x = 0$ 满足初始条件 $y|_{x=1} = 1$ 的特解.

解 当 $y \neq 0$ 时，将所给微分方程分离变量，得

$$\frac{1}{y}\mathrm{d}y = \frac{1}{1+x}\mathrm{d}x ,$$

两边分别求积分，得

$$\ln y = \ln(1+x) + \ln C ,$$

即 $\qquad y = C(1+x) \quad (C \neq 0)$.

将初始条件 $y|_{x=1} = 1$ 代入通解中，得到

$$1 = 2C \Rightarrow C = \frac{1}{2} ,$$

故所求特解为

$$y = \frac{1}{2}(1+x).$$

例 5.2-3 求微分方程 $\dfrac{\mathrm{d}y}{\mathrm{d}x} = \dfrac{y^2+1}{y(x^2-1)}$ 的通解.

解 将所给微分方程分离变量，得

$$\frac{y}{y^2+1}\mathrm{d}y = \frac{1}{x^2-1}\mathrm{d}x,$$

两边分别求积分，得

$$\frac{1}{2}\ln(1+y^2) = \frac{1}{2}\ln\frac{1-x}{1+x} + \frac{1}{2}\ln C,$$

所给微分方程的通解为

$$1+y^2 = C\left(\frac{1-x}{1+x}\right) \quad (C \neq 0).$$

例 5.2-4 求微分方程 $\sqrt{1-y^2} = 3x^2 yy'$ 的通解.

解 当 $y \neq \pm 1$ 时，将所给微分方程分离变量，得

$$\frac{y\mathrm{d}y}{\sqrt{1-y^2}} = \frac{\mathrm{d}x}{3x^2},$$

两边分别求积分，得

$$-\sqrt{1-y^2} = -\frac{1}{3x} + C\,(C\ \text{为任意常数}),$$

故所给微分方程的通解为

$$\sqrt{1-y^2} - \frac{1}{3x} + C = 0\,(C\ \text{为任意常数}).$$

显然，$y = \pm 1$ 也是所给微分方程的解，但是它们不能合并在通解中.

5.2.2　一阶线性微分方程

若一阶微分方程中未知函数及其导数的关系是线性的(即一次的)，则称此一阶微分方程称为一阶线性微分方程. 一阶线性微分方程的一般形式为

$$y' + P(x)y = Q(x). \tag{5.2-1}$$

其中 $Q(x)$ 称为非齐次项(或干扰项).

若 $Q(x) \equiv 0$，即

$$y' + P(x)y = 0, \tag{5.2-2}$$

则式(5.2-2)称为一阶线性齐次微分方程.

若 $Q(x) \neq 0$，则式(5.2-1)称为一阶线性非齐次微分方程.

1. 一阶线性齐次微分方程的通解公式

当 $y \neq 0$ 时，对式(5.2-2)分离变量，得

$$\frac{\mathrm{d}y}{y} = -P(x)\mathrm{d}x,$$

两边分别求积分，得

$$\ln y = -\int P(x)\mathrm{d}x + \ln C,$$

即
$$y = C\mathrm{e}^{-\int P(x)dx} \quad (C \neq 0).$$

因为 $y=0$ 是一阶线性齐次微分方程(5.2-2)的解，且它可以合并在通解中(只需令 $C=0$)，所以一阶线性齐次微分方程(5.2-2)的通解公式为

$$y = C\mathrm{e}^{-\int P(x)dx} (C \text{ 为任意常数}).$$

这里的不定积分 $\int P(x)\mathrm{d}x$ 表示 $P(x)$ 的一个确定的原函数.

2. 一阶线性非齐次微分方程的通解公式

将方程(5.2-1)两端同乘以 $\mathrm{e}^{\int P(x)dx}$，得

$$y'\mathrm{e}^{\int P(x)dx} + P(x)\mathrm{e}^{\int P(x)dx}y = Q(x)\mathrm{e}^{\int P(x)dx},$$

即
$$(y\mathrm{e}^{\int P(x)dx})' = Q(x)\mathrm{e}^{\int P(x)dx},$$

两边分别求积分，得

$$y\mathrm{e}^{\int P(x)dx} = \int Q(x)\mathrm{e}^{\int P(x)dx}\mathrm{d}x + C (C \text{ 为任意常数}),$$

即
$$y = \mathrm{e}^{-\int P(x)dx}\left[\int Q(x)\mathrm{e}^{\int P(x)dx}\mathrm{d}x + C\right].$$

所以，一阶线性非齐次微分方程的通解公式为

$$y = \mathrm{e}^{-\int P(x)dx}\left[\int Q(x)\mathrm{e}^{\int P(x)dx}\mathrm{d}x + C\right]. \tag{5.2-3}$$

将式(5.2-3)改写成展开式，即为

$$y = C\mathrm{e}^{-\int P(x)dx} + \mathrm{e}^{-\int P(x)dx}\int Q(x)\mathrm{e}^{\int P(x)dx}\mathrm{d}x. \tag{5.2-4}$$

式(5.2-4)的右端第一项是对应的一阶线性齐次微分方程的通解，第二项则是一阶线性非齐次微分方程的一个特解(在通解公式(5.2-3)中取 $C=0$ 便得到这个特解). 由此可知，一阶线性非齐次微分方程的通解等于其对应的齐次微分方程的通解与非齐次微分方程的一个特解之和.

这里的不定积分 $\int P(x)\mathrm{d}x$ 和 $\int Q(x)\mathrm{e}^{\int P(x)dx}\mathrm{d}x$ 分别表示 $P(x)$ 和 $Q(x)\mathrm{e}^{\int P(x)dx}$ 的一个确定的原函数.

例 5.2-5 求微分方程 $x\dfrac{\mathrm{d}y}{\mathrm{d}x} - y = x$ 的通解.

解 将所给微分方程化成标准形式，即

$$y' - \frac{1}{x}y = 1.$$

利用公式(5.2-3)求得它的通解为

$$y = \mathrm{e}^{-\int\left(-\frac{1}{x}\right)dx}\left(\int 1 \cdot \mathrm{e}^{\int\left(-\frac{1}{x}\right)dx}\mathrm{d}x + C\right) = \mathrm{e}^{\ln x}(\int \mathrm{e}^{-\ln x}\mathrm{d}x + C)$$

$$= x\left(\int \frac{1}{x}\mathrm{d}x + C\right) = x(\ln x + C).$$

例 5.2-6 求微分方程 $xy' + y = xe^x$ 的通解.

解 将所给微分方程化成标准形式，即

$$y' + \frac{1}{x}y = e^x .$$

利用公式(5.2-3)求得它的通解为

$$y = e^{-\int \frac{1}{x}dx}\left[\int (e^x \cdot e^{\int \frac{1}{x}dx})dx + C\right] = e^{-\ln x}[\int (e^x \cdot e^{\ln x})dx + C]$$

$$= \frac{1}{x}(\int xe^x dx + C) = \frac{1}{x}[\int xd(e^x) + C]$$

$$= \frac{1}{x}(xe^x - \int e^x dx + C) = \frac{1}{x}(xe^x - e^x + C) .$$

在一阶微分方程中，通常将 y 看成是关于 x 的函数. 但有些时候，如果将 x 看成是关于 y 的函数反而更易于求解. 需要特别指出的是，这种思想在判断一个一阶微分方程是否为一阶线性微分方程时是非常重要的.

例 5.2-7* 求微分方程 $y' = \dfrac{y^2}{y^2 + 2xy - x}$ 的通解.

解 所给的微分方程可以转化成

$$\frac{dx}{dy} = \frac{y^2 + 2xy - x}{y^2} = \frac{2y-1}{y^2}x + 1 ,$$

即

$$\frac{dx}{dy} + \frac{1-2y}{y^2}x = 1 .$$

这是关于变量 x 的一阶线性微分方程，其通解为

$$x = e^{-\int \frac{1-2y}{y^2}dy}\left(\int e^{\int \frac{1-2y}{y^2}dy}dy + C\right) = e^{\frac{1}{y}+2\ln y}\left(\int e^{-\frac{1}{y}-2\ln y}dy + C\right)$$

$$= y^2 e^{\frac{1}{y}}\left(\int \frac{1}{y^2}e^{-\frac{1}{y}}dy + C\right) = y^2 e^{\frac{1}{y}}\left[\int e^{-\frac{1}{y}}d\left(-\frac{1}{y}\right) + C\right]$$

$$= y^2 e^{\frac{1}{y}}(e^{-\frac{1}{y}} + C) = y^2(1 + Ce^{\frac{1}{y}}) .$$

5.2.3* 齐次型微分方程

形如

$$y' = f\left(\frac{y}{x}\right)$$

的微分方程称为**齐次型微分方程**，简称**齐次方程**.

齐次型微分方程求解的方法是：引进新的未知函数 $u(x)$，即

设 $u = \dfrac{y}{x}$，则 $y = xu$，

两边同时对 x 求导，得

$$y' = u + xu',$$

代入原微分方程，得

$$u + xu' = f(u),$$

即 $\qquad xu' = f(u) - u.$

这是关于新未知函数 u 的可分离变量的微分方程. 求解后，再将 $u = \dfrac{y}{x}$ 回代，即可得到所给齐次方程的通解.

例 5.2-8 求微分方程 $y' = \dfrac{x+y}{x-y}$ 的通解.

解 将所给微分方程化为

$$y' = \frac{1 + \dfrac{y}{x}}{1 - \dfrac{y}{x}}.$$

令 $u = \dfrac{y}{x}$，则 $y = xu$，$y' = u + xu'$，

代入所给微分方程并化简且分离变量，得

$$\frac{1-u}{1+u^2}\,\mathrm{d}u = \frac{1}{x}\,\mathrm{d}x,$$

两边分别求积分，得

$$\arctan u - \frac{1}{2}\ln(1+u^2) = \ln x + \ln C,$$

即 $\qquad \mathrm{e}^{\arctan u} = Cx\sqrt{1+u^2} = C\sqrt{x^2 + u^2 x^2} \quad (C \neq 0).$

将 $u = \dfrac{y}{x}$ 代入，得所给微分方程通解为

$$\mathrm{e}^{\arctan \frac{y}{x}} = C\sqrt{x^2 + y^2} \quad (C \neq 0).$$

例 5.2-9 求微分方程 $\dfrac{\mathrm{d}y}{\mathrm{d}x} = \dfrac{xy}{x^2 - y^2}$ 满足初始条件 $y\big|_{x=0} = 1$ 的特解.

解 将所给微分方程化为

$$\frac{\mathrm{d}y}{\mathrm{d}x} = \frac{\dfrac{y}{x}}{1 - \left(\dfrac{y}{x}\right)^2}.$$

令 $u = \dfrac{y}{x}$，则 $y = xu$，$y' = u + xu'$，

代入所给微分方程并化简且分离变量，得

$$\frac{1-u^2}{u^3}\,\mathrm{d}u = \frac{1}{x}\,\mathrm{d}x,$$

两边分别求积分，得

$$-\frac{1}{2u^2} - \ln u = \ln x + \ln C \quad (C \neq 0),$$

即 $\qquad Cux = \mathrm{e}^{-\frac{1}{2u^2}} \quad (C \neq 0)$.

将 $u = \dfrac{y}{x}$ 代入，得所给微分方程的通解为

$$Cy - \mathrm{e}^{-\frac{x^2}{2y^2}} = 0 .$$

由初始条件 $y|_{x=0} = 1$，得

$$C - \mathrm{e}^0 = 0 \Rightarrow C = 1 ,$$

所以所求特解为

$$y - \mathrm{e}^{-\frac{x^2}{2y^2}} = 0 .$$

例 5.2-10 求微分方程 $\dfrac{\mathrm{d}y}{\mathrm{d}x} = \dfrac{xy}{x^2 + xy - y^2}$ 的通解.

解 所给的微分方程可以转化成

$$\frac{\mathrm{d}x}{\mathrm{d}y} = \frac{x^2 + xy - y^2}{xy} = \frac{x}{y} + 1 - \frac{y}{x} ,$$

这是关于变量 x 的齐次型微分方程.

设 $u = \dfrac{x}{y}$，则 $x = yu$，$\dfrac{\mathrm{d}x}{\mathrm{d}y} = u + y\dfrac{\mathrm{d}u}{\mathrm{d}y}$，从而有

$$u + y\frac{\mathrm{d}u}{\mathrm{d}y} = u + 1 - \frac{1}{u} .$$

分离变量，得

$$\frac{1}{y}\mathrm{d}y = \frac{u}{u-1}\mathrm{d}u = \left(1 + \frac{1}{u-1}\right)\mathrm{d}u ,$$

两边分别积分，得

$$\ln y - \ln C = u + \ln(u-1) ,$$

即 $\qquad \dfrac{y}{C(u-1)} = \mathrm{e}^u$.

将 $u = \dfrac{x}{y}$ 代入，得所给微分方程通解为

$$\frac{y^2}{C(x-y)} = \mathrm{e}^{\frac{x}{y}} .$$

5.2.4[*] 伯努利(Bernoulli)方程

形如

$$y' + P(x)y = y^k Q(x) \tag{5.2-5}$$

的微分方程称为**伯努利方程**，其中 $k \in \mathbf{R}$ 且 $k \neq 0, 1$.

伯努利方程虽然是一阶非线性微分方程，但是对其作变量替换，可以将其转化成一阶线性微分方程.

将微分方程(5.2-5)的两端同除以 y^k，得

$$y^{-k}y' + P(x)y^{1-k} = Q(x).$$

因为 $(y^{1-k})' = (1-k)y^{-k}y'$，所以有

$$(y^{1-k})' + (1-k)P(x)y^{1-k} = (1-k)Q(x). \tag{5.2-6}$$

式(5.2-6)是关于变量 y^{1-k} 的一阶线性微分方程.

由式(5.2-3) 得伯努利方程的通解公式为

$$y^{1-k} = e^{-\int(1-k)P(x)dx}[\int(1-k)Q(x)e^{\int(1-k)P(x)dx}dx + C].$$

例 5.2-11 求微分方程 $xydx + (y^4 - 2x^2)dy = 0$ 的通解.

解 所给微分方程可以转化成

$$\frac{dx}{dy} - \frac{2}{y}x = -x^{-1}y^3,$$

这是关于变量 x 的伯努利方程 $(k = -1)$，其通解为

$$x^2 = e^{\int\frac{4}{y}dy}\left[\int 2(-y^3)e^{\int\left(-\frac{4}{y}\right)dy}dy + C\right] = e^{4\ln y}(-2\int y^3 e^{-4\ln y}dy + C)$$

$$= y^4(-2\int y^3 y^{-4}dy + C) = y^4\left(-2\int\frac{1}{y}dy + C\right) = y^4(C - 2\ln y).$$

5.2.5* 可降阶的高阶微分方程

求解高阶微分方程的基本方法之一，就是设法降低高阶微分方程的阶数. 若能将高阶微分方程降阶为一阶微分方程，则有可能运用已知的求解一阶微分方程的方法求出其解.

下面以二阶微分方程为例讲解两类经过变量替换可降阶的二阶微分方程的解法.

1. $y'' = f(x, y')$ 型的微分方程

这类微分方程的特点是方程中不显含未知函数 y，求解方法是：

设 $y' = p$，并将 p 看作是新的未知函数(自变量仍然是 x)，则

$$y'' = \frac{dp}{dx} = p',$$

从而二阶微分方程 $y'' = f(x, y')$ 可以转化成关于 p 的一阶微分方程

$$p' = f(x, p).$$

求出其通解 $p = \varphi(x, C_1)$ 后，回代 $p = y'$，再对所得的一阶微分方程 $y' = \varphi(x, C_1)$ 求积分，即可得二阶微分方程 $y'' = f(x, y')$ 的通解

$$y = \int\varphi(x, C_1)dx + C_2.$$

例 5.2-12 求微分方程 $(x+1)y'' - 2y' = 0$ 的通解.

解 设 $y' = p$，则 $y'' = \frac{dp}{dx}$，原微分方程可以转化成

$$(x+1)\frac{dp}{dx} = 2p,$$

即

$$\frac{1}{p}dp = \frac{2}{x+1}dx.$$

两边分别积分，得

$$\ln p = 2\ln(x+1) + \ln C_1 = \ln[C_1(x+1)^2],$$

即　　　　$y' = p = C_1(1+x)^2.$

两边分别积分，得原微分方程的通解为

$$y = \frac{1}{3}C_1(1+x)^3 + C_2.$$

2. $y'' = f(y, y')$ **型微分方程**

这类微分方程的特点是方程中不显含自变量 x，求解方法是：

设 $y' = p$，并将 p 看作是关于 y 的函数，则

$$y'' = \frac{\mathrm{d}p}{\mathrm{d}x} = \frac{\mathrm{d}p}{\mathrm{d}y} \cdot \frac{\mathrm{d}y}{\mathrm{d}x} = p\frac{\mathrm{d}p}{\mathrm{d}y},$$

从而二阶微分方程 $y'' = f(x, y')$ 可以转化成关于 p 的一阶微分方程

$$p\frac{\mathrm{d}p}{\mathrm{d}y} = f(y, p).$$

求出其通解 $p = \varphi(y, C_1)$ 后，回代 $p = y'$，再对所得一阶微分方程 $y' = \varphi(y, C_1)$ 求积分，即可得二阶微分方程 $y'' = f(x, y')$ 的通解

$$\int \frac{1}{\varphi(y, C_1)}\mathrm{d}y = x + C_2.$$

例 5.2-13 求微分方程 $yy'' + y'^2 = 0$ 满足初始条件 $y|_{x=0} = 1$，$y'|_{x=0} = \frac{1}{2}$ 的特解.

解 设 $y' = p$，则 $y'' = p\frac{\mathrm{d}p}{\mathrm{d}y}$，原微分方程可以转化成

$$py\frac{\mathrm{d}p}{\mathrm{d}y} + p^2 = 0.$$

由所给初始条件知 $p \neq 0$，

因此有　　$y\frac{\mathrm{d}p}{\mathrm{d}y} + p = 0$，

即　　　　$\frac{1}{p}\mathrm{d}p = -\frac{1}{y}\mathrm{d}y.$

两边分别积分，得

$$\ln p = -\ln y + \ln C_1,$$

即　　　　$y' = p = \frac{C_1}{y}.$

由 $y|_{x=0} = 1$，$y'|_{x=0} = \frac{1}{2}$ 知，$y'|_{y=1} = \frac{1}{2}$，

从而得　　$C_1 = \frac{1}{2}.$

将 $\frac{\mathrm{d}y}{\mathrm{d}x} = \frac{1}{2y}$ 分离变量，得

$$2y\mathrm{d}y = \mathrm{d}x,$$

两边分别积分，得

$$y^2 = x + C_2 .$$

由 $y|_{x=0} = 1$，得 $C_2 = 1$，

故所求特解为

$$y^2 = x + 1 .$$

对可降阶的高阶微分方程，若求满足所给初始条件的特解，应该在求解过程中尽可能早地利用所给初始条件逐步定出任意常数的值，这样可使后面的积分计算更简单些.

当所给的可降阶的高阶微分方程既可看作 $y'' = f(x, y')$ 型又可看作 $y'' = f(y, y')$ 型，即所给的可降阶的高阶微分方程既不显含 x 也不显含 y 时，通常按不显含 y 的类型进行求解会相对简单些.

5.3 二阶线性微分方程

若二阶微分方程中未知函数及其导数的关系是线性的(即一次的)，则称该二阶微分方程为二阶线性微分方程.

二阶线性微分方程的一般形式为

$$y'' + p(x)y' + q(x)y = f(x) . \tag{5.3-1}$$

其中 $f(x)$ 称为非齐次项(或干扰项).

若 $f(x) \equiv 0$，即

$$y'' + p(x)y' + q(x)y = 0 , \tag{5.3-2}$$

则式(5.3-2)称为二阶线性齐次微分方程.

若 $f(x) \neq 0$，则式(5.3-1)称为二阶线性非齐次微分方程.

定理 5.3-1 若函数 y_1、y_2 是二阶线性非齐次微分方程(5.3-1)的两个特解，则函数 $y_1 - y_2$ 是二阶线性齐次微分方程(5.3-2)的一个特解.

证明 若 y_1、y_2 是二阶线性非齐次微分方程(5.3-1)的两个特解，则有

$$y_1'' + p(x)y_1' + q(x)y_1 \equiv f(x) , \quad y_2'' + p(x)y_2' + q(x)y_2 \equiv f(x) ,$$

两式相减得

$$y_1'' - y_2'' + p(x)(y_1' - y_2') + q(x)(y_1 - y_2) = 0 ,$$

即

$$(y_1 - y_2)'' + p(x)(y_1 - y_2)' + q(x)(y_1 - y_2) = 0 .$$

所以函数 $y_1 - y_2$ 是二阶线性齐次微分方程(5.3-2)的一个特解.

5.3.1 二阶线性齐次微分方程

1. 二阶线性齐次微分方程的通解结构

定理 5.3-2 若函数 y_1、y_2 是二阶线性齐次微分方程(5.3-2)的两个特解，则函数

$$y = C_1 y_1 + C_2 y_2 \tag{5.3-3}$$

也是二阶线性齐次微分方程(5.3-2)的解，其中 C_1、C_2 为任意常数.

证明　若 y_1、y_2 是二阶线性齐次微分方程(5.3-2)的两个特解，则有

$$y_1'' + p(x)y_1' + q(x)y_1 \equiv 0 , \quad y_2'' + p(x)y_2' + q(x)y_2 = 0 .$$

将 $C_1 y_1 + C_2 y_2$ 代入二阶线性齐次微分方程(5.3-2)的左端，得

$$(C_1 y_1 + C_2 y_2)'' + p(x)(C_1 y_1 + C_2 y_2)' + q(x)(C_1 y_1 + C_2 y_2)$$

$$= C_1 y_1'' + C_2 y_2'' + p(x)C_1 y_1' + p(x)C_2 y_2' + q(x)C_1 y_1 + q(x)C_2 y_2$$

$$= C_1[y_1'' + p(x)y_1' + q(x)y_1] + C_2[y_2'' + p(x)y_2' + q(x)y_2] = 0 .$$

所以函数 $C_1 y_1 + C_2 y_2$ 是二阶线性齐次微分方程(5.3-2)的解.

这一性质是线性齐次微分方程所特有的，称为**解的叠合性**.

既然式(5.3-3)是二阶线性齐次微分方程(5.3-2)的解，而且其中又含有两个任意常数 C_1 和 C_2，那么式(5.3-3)是否就是二阶线性齐次微分方程(5.3-2)的通解呢？这自然要看任意常数 C_1 和 C_2 是否相互独立了. 那么，在什么情况下才能保证任意常数 C_1 和 C_2 是相互独立的，继而保证式(5.3-3)是二阶线性齐次微分方程(5.3-2)的通解呢？要回答这个问题，需要引入一个新的概念，即**线性相关与线性无关**.

定义 5.3-1　设 $y_1(x)$ 与 $y_2(x)$ 是定义在区间 I 上的两个函数，若

$$\frac{y_1(x)}{y_2(x)} \equiv C \ (C \text{ 为常数}), \tag{5.3-4}$$

则称函数 $y_1(x)$ 与 $y_2(x)$ 在区间 I 上**线性相关**.

反之，若 $y_1(x)$ 与 $y_2(x)$ 之比不恒等于一个常数，即

$$\frac{y_1(x)}{y_2(x)} = u(x) \neq C \ (C \text{ 为常数}),$$

则称函数 $y_1(x)$ 与 $y_2(x)$ 在区间 I 上**线性无关**(或线性独立).

现在回到二阶线性齐次微分方程(5.3-2)的求解问题.

若得到二阶线性齐次微分方程(5.3-2)的两个特解 $y_1(x)$ 与 $y_2(x)$ 是线性相关的，则由式(5.3-4)知，$\dfrac{y_1(x)}{y_2(x)} \equiv C$，即 $y_1(x) \equiv Cy_2(x)$. 因而式(5.3-3)，即 $y = C_1 y_1(x) + C_2 y_2(x)$ 可以改写成

$$y = C_1 Cy_2(x) + C_2 y_2(x) = (C_1 C + C_2)y_2(x) . \tag{5.3-5}$$

式(5.3-5)表明：式(5.3-3)中的两个任意常数 C_1 与 C_2 不是相互独立的，它们可以合并成一个任意常数 $C_3 = C_1 C + C_2$. 从而，式(5.3-3)不是二阶线性齐次微分方程(5.3-2)的通解.

若得到二阶线性齐次微分方程(5.3-2)的两个线性无关的特解 $y_1(x)$ 与 $y_2(x)$，则由 $\dfrac{y_1(x)}{y_2(x)} = u(x) \neq C$ 知，式(5.3-3)中的两个任意常数 C_1 与 C_2 不能合并(即相互独立)，从而由定理 5.3-2 得定理 5.3-3.

定理 5.3-3　若函数 $y_1(x)$ 与 $y_2(x)$ 是二阶线性齐次微分方程(5.3-2)的两个线性无关的特解，则函数

$$y = C_1 y_1(x) + C_2 y_2(x)$$

是二阶线性齐次微分方程(5.3-2)的通解，其中 C_1 与 C_2 为任意常数.

定理 5.3-3 表明，若能得到二阶线性齐次微分方程(5.3-2)的两个线性无关的特解 $y_1(x)$

与 $y_2(x)$，则可得到二阶线性齐次微分方程(5.3-2)的通解，且其通解的结构为：

$$y = C_1 y_1(x) + C_2 y_2(x)，$$

其中 C_1 与 C_2 为两个任意常数.

2. 二阶常系数线性齐次微分方程的解法

虽然已经知道了二阶线性齐次微分方程(5.3-2)的通解结构，但二阶线性齐次微分方程(5.3-2)通解的寻求却是建立在其特解已知的基础上的. 可遗憾的是，对二阶线性齐次微分方程(5.3-2)特解的寻求并没有一般性的方法. 而且，除一些特殊情形外，二阶线性齐次微分方程(5.3-2)的特解通常都是很难求得的. 然而，对于常系数的二阶线性齐次微分方程来说，它的通解是可按一定的方法很容易求得的.

形如

$$y'' + py' + qy = 0 \ (p, \ q \text{ 为常数}) \tag{5.3-6}$$

的二阶线性齐次微分方程称为**二阶常系数线性齐次微分方程**.

由定理 5.3-3 知，求二阶常系数线性齐次微分方程通解的关键是求出其两个线性无关的特解. 因为指数函数 e^{rx} (r 为常数)和它的各阶导数之间都只相差一个常数因子，所以猜想函数 $y = e^{rx}$ 有可能是二阶常系数线性齐次微分方程(5.3-6)的解.

设函数 $y = e^{rx}$ (r 为常数)为二阶常系数线性齐次微分方程(5.3-6)的解. 将

$$y = e^{rx}，\quad y' = re^{rx}，\quad y'' = r^2 e^{rx}$$

代入二阶常系数线性齐次微分方程(5.3-6)，得

$$r^2 e^{rx} + pre^{rx} + qe^{rx} = 0，$$

即 $\qquad e^{rx}(r^2 + pr + q) = 0$.

因为 $e^{rx} > 0$，所以有

$$r^2 + pr + q = 0. \tag{5.3-7}$$

因此，只要常数 r 满足一元二次方程(5.3-7)，则函数 $y = e^{rx}$ 就是二阶常系数线性齐次微分方程(5.3-6)的一个特解.

一元二次方程(5.3-7)称为二阶常系数线性齐次微分方程(5.3-6)的**特征方程**.

特征方程的根称为二阶常系数线性齐次微分方程(5.3-6)的**特征根**.

特征方程(5.3-7)的根为 $r_{1,2} = \dfrac{-p \pm \sqrt{p^2 - 4q}}{2}$. 相对于 p、q 的不同取值，特征根会有三种不同的情况，所以二阶常系数线性齐次微分方程(5.3-6)的通解也将根据这三种不同的情况进行讨论.

(1) 当 $p^2 - 4q > 0$ 时二阶常系数线性齐次微分方程的通解公式

因为当 $p^2 - 4q > 0$ 时，特征根为两个不相等的实根，即

$$r_{1,2} = \frac{-p \pm \sqrt{p^2 - 4q}}{2}，$$

所以可以得到二阶常系数线性齐次微分方程的两个特解，即

$$y_1 = e^{r_1 x}，\quad y_2 = e^{r_2 x}.$$

由 $r_1 \neq r_2$ 知，$\dfrac{\mathrm{e}^{r_1 x}}{\mathrm{e}^{r_2 x}} = \mathrm{e}^{(r_1 - r_2)x} \neq$ 常数，即函数 $\mathrm{e}^{r_1 x}$ 与 $\mathrm{e}^{r_2 x}$ 线性无关. 从而根据定理 5.3-3 知，当 $p^2 - 4q > 0$ 时，二阶常系数线性齐次微分方程的通解公式为

$$y = C_1 \mathrm{e}^{r_1 x} + C_2 \mathrm{e}^{r_2 x}.$$

(2) 当 $p^2 - 4q = 0$ 时二阶常系数线性齐次微分方程的通解公式

因为当 $p^2 - 4q = 0$ 时，特征根为两个相等的实根，即

$$r_1 = r_2 = r = -\frac{p}{2}.$$

所以，此时只能得到二阶常系数线性齐次微分方程的一个特解，即

$$y_1 = \mathrm{e}^{rx}.$$

因此，还需找一个与 y_1 线性无关的特解 y_2，使得

$$\frac{y_2}{y_1} = \frac{y_2}{\mathrm{e}^{rx}} = u(x) \neq 常数,$$

故设　　$y_2 = u(x)\mathrm{e}^{rx}$.

对 y_2 求导，得

$$y_2' = u'(x)\mathrm{e}^{rx} + ru(x)\mathrm{e}^{rx}, \quad y_2'' = u''(x)\mathrm{e}^{rx} + 2ru'(x)\mathrm{e}^{rx} + r^2 u(x)\mathrm{e}^{rx}.$$

将 y_2、y_2'、y_2'' 代入二阶常系数线性齐次微分方程(5.3-6)，并合并同类项，得

$$[u''(x) + (2r + p)u'(x) + (r^2 + pr + q)u(x)]\mathrm{e}^{rx} = 0.$$

因为 $\mathrm{e}^{rx} > 0$，r 是特征方程(5.3-7)的二重根，所以有

$$r^2 + pr + q = 0 \ 及 \ 2r + p = 0,$$

因此　　$[u''(x) + (2r + p)u'(x) + (r^2 + pr + q)u(x)]\mathrm{e}^{rx} = u''(x)\mathrm{e}^{rx} = 0$，

即　　　$u''(x) = 0$.

积分两次，得

$$u'(x) = C_1, \quad u(x) = C_1 x + C_2 \ (C_1、C_2 \ 为任意常数).$$

因为仅需一个特解 y_2，故只需求出一个特定的函数 $u(x)$ 即可. 因此，可以将常数 C_1、C_2 取为特定值，只要保证函数 $u(x)$ 不为常函数即可.

不妨取 $C_1 = 1$，$C_2 = 0$，得

$$u(x) = x, \quad y_2 = x\mathrm{e}^{rx}.$$

因为 $\dfrac{x\mathrm{e}^{rx}}{\mathrm{e}^{rx}} = x \neq$ 常数，所以函数 $y_1 = \mathrm{e}^{rx}$ 与 $y_2 = x\mathrm{e}^{rx}$ 为二阶常系数线性齐次微分方程(5.3-6)的两个线性无关的特解.

根据定理 5.3-3 知，当 $p^2 - 4q = 0$ 时二阶常系数线性齐次微分方程通解公式为

$$y = C_1 \mathrm{e}^{rx} + C_2 x\mathrm{e}^{rx} = (C_1 + C_2 x)\mathrm{e}^{rx}.$$

(3) 当 $p^2 - 4q < 0$ 时二阶常系数线性齐次微分方程的通解公式

因为当 $p^2 - 4q < 0$ 时，特征根为一对共轭虚根，即

$$r_{1,2} = -\frac{p}{2} \pm \frac{\mathrm{i}}{2}\sqrt{4q - p^2} = \alpha \pm \beta\mathrm{i} \ (其中 \ \alpha = -\frac{p}{2}, \quad \beta = \frac{1}{2}\sqrt{4q - p^2}),$$

所以可得到二阶常系数线性齐次微分方程的两个虚数形式的特解，即

$$y_1 = \mathrm{e}^{(\alpha + \mathrm{i}\beta)x}, \quad y_2 = \mathrm{e}^{(\alpha - \mathrm{i}\beta)x}.$$

由于实数形式的解更具有实用性，因此我们利用 y_1、y_2 构造二阶常系数线性齐次微分方程(5.3-6)的两个线性无关的实数形式的特解.

由欧拉(Euler)公式($\mathrm{e}^{\mathrm{i}\theta} = \cos\theta + \mathrm{i}\sin\theta$)知

$$y_1 = \mathrm{e}^{\alpha x}(\cos\beta x + \mathrm{i}\sin\beta x), \quad y_2 = \mathrm{e}^{\alpha x}(\cos\beta x - \mathrm{i}\sin\beta x).$$

令 $\quad y_3 = \dfrac{1}{2}(y_1 + y_2) = \mathrm{e}^{\alpha x}\cos\beta x, \quad y_4 = \dfrac{1}{2\mathrm{i}}(y_1 - y_2) = \mathrm{e}^{\alpha x}\sin\beta x.$

由定理 5.3-2 知，函数 y_3、y_4 为二阶常系数线性齐次微分方程(5.3-6)的两个特解.

因为 $\dfrac{\mathrm{e}^{\alpha x}\cos\beta x}{\mathrm{e}^{\alpha x}\sin\beta x} = \cot\beta x \neq$ 常数，所以函数 y_3、y_4 为二阶常系数线性齐次微分方程(5.3-6)的两个线性无关的特解.

因此，根据定理 5.3-3 知，当 $p^2 - 4q < 0$ 时二阶常系数线性齐次微分方程通解公式为

$$y = C_1\mathrm{e}^{\alpha x}\cos\beta x + C_2\mathrm{e}^{\alpha x}\sin\beta x = \mathrm{e}^{\alpha x}(C_1\cos\beta x + C_2\sin\beta x).$$

上面给出的求二阶常系数线性齐次微分方程通解的方法，称为**特征根法**. 具体解题步骤如下。

(1) 写出二阶常系数线性齐次微分方程所对应的特征方程；

(2) 求出特征根；

(3) 根据特征根的不同情况，写出二阶常系数线性齐次微分方程的通解(见表 5.3-1).

表 5.3-1　二阶常系数线性齐次微分方程的通解公式

特征方程 $r^2 + pr + q = 0$ 的两个根	微分方程 $y'' + py' + qy = 0$ 的通解公式
两个不等的实根 $r_1 \neq r_2$	$y = C_1\mathrm{e}^{r_1 x} + C_2\mathrm{e}^{r_2 x}$
两个相等的实根 $r_1 = r_2 = r$	$y = (C_1 + C_2 x)\mathrm{e}^{r x}$
一对共轭虚根 $r_{1,2} = \alpha \pm \mathrm{i}\beta$	$y = \mathrm{e}^{\alpha x}(C_1\cos\beta x + C_2\sin\beta x)$

例 5.3-1 求微分方程 $y'' - 2y' - 3y = 0$ 的通解.

解 所给微分方程的特征方程为

$$r^2 - 2r - 3 = 0,$$

解得特征根为两个不同的实根，即

$$r_1 = -1, \quad r_2 = 3.$$

因此，所求微分方程的通解为

$$y = C_1\mathrm{e}^{-x} + C_2\mathrm{e}^{3x}.$$

例 5.3-2 求微分方程 $y'' + 2y' + 5y = 0$ 的通解.

解 所给微分方程的特征方程为

$$r^2 + 2r + 5 = 0,$$

解得特征根为一对共轭虚根，即

$$r_{1,2} = -1 \pm 2\mathrm{i}.$$

因此，所求微分方程的通解为

$$y = \mathrm{e}^{-x}(C_1 \cos 2x + C_2 \sin 2x).$$

例 5.3-3 求微分方程 $y'' - 12y' + 36y = 0$ 满足初始条件 $y|_{x=0} = 1$，$y'|_{x=0} = 0$ 的特解.

解 所给微分方程的特征方程为

$$r^2 - 12r + 36 = 0,$$

解得特征根为二重根，即

$$r_1 = r_2 = 6.$$

因此，所给微分方程的通解为

$$y = \mathrm{e}^{6x}(C_1 + C_2 x).$$

由 $y|_{x=0} = 1$，$y'|_{x=0} = 0$ 解得

$$y|_{x=0} = \mathrm{e}^{6x}(C_1 + C_2 x)|_{x=0} = 0 \Rightarrow 1 = C_1.$$

$$y'|_{x=0} = [\mathrm{e}^{6x}(6C_1 + C_2 + 6C_2 x)]|_{x=0} = 0 \Rightarrow 0 = 6C_1 + C_2,$$

即　　　　$C_2 = -6.$

于是，所求微分方程的特解为

$$y = \mathrm{e}^{6x}(1 - 6x).$$

5.3.2　二阶线性非齐次微分方程

1. 二阶线性非齐次微分方程的通解

二阶线性齐次微分方程(5.3-2)称为二阶线性非齐次微分方程(5.3-1)对应的二阶线性齐次微分方程.

在 5.2.3 节中看到，一阶线性非齐次微分方程的通解由两部分构成：一部分是对应的一阶线性齐次微分方程的通解，另一部分则是一阶线性非齐次微分方程本身的一个特解. 实际上，不仅一阶线性非齐次微分方程的通解具有这样的结构，而且二阶及更高阶的线性非齐次微分方程的通解也具有同样的结构.

定理 5.3-4 设函数 $y*$ 是二阶线性非齐次微分方程 $y'' + p(x)y' + q(x)y = f(x)$ 的一个特解，函数 y_1、y_2 是对应的齐次微分方程 $y'' + p(x)y' + q(x)y = 0$ 的两个线性无关的特解，则二阶线性非齐次微分方程的通解为

$$y = C_1 y_1 + C_2 y_2 + y*（其中 C_1、C_2 是任意常数）.$$

证明 设 $Y = C_1 y_1 + C_2 y_2$，把 $y = Y + y*$ 代入二阶线性非齐次微分方程(5.3-1)左端得

$$(Y'' + y*'') + p(x)(Y' + y*') + q(x)(Y + y*)$$
$$= [Y'' + p(x)Y' + q(x)Y] + [y*'' + p(x)y*' + q(x)y*]$$
$$= 0 + f(x) = f(x).$$

即函数 $y = Y + y*$ 是二阶线性非齐次微分方程(5.3-1)的解.

因为对应的二阶线性齐次微分方程(5.3-2)的通解 $Y = C_1 y_1 + C_2 y_2$ 中含有两个相互独立的任意常数，所以 $y = Y + y*$ 中也含有两个相互独立的任意常数，从而它就是二阶线性非齐次微分方程(5.3-1)的通解.

定理 5.3-5 若函数 $y = y_1(x) \pm \mathrm{i} y_2(x)$ 是二阶线性微分方程

$$y'' + p(x)y' + q(x)y = f_1(x) + \mathrm{i}f_2(x) \tag{5.3-8}$$

的解，则函数 $y_1(x)$ 与 $y_2(x)$ 分别是二阶线性微分方程

$$y'' + p(x)y' + q(x)y = f_1(x) \tag{5.3-9}$$

与 $$y'' + p(x)y' + q(x)y = f_2(x) \tag{5.3-10}$$

的解. 其中 $p(x)$、$q(x)$、$y_1(x)$、$y_2(x)$、$f_1(x)$、$f_2(x)$ 都是实值函数.

证明 将 $y = y_1(x) \pm \mathrm{i}y_2(x)$ 代入二阶线性微分方程(5.3-8)，得

$$(y_1'' \pm \mathrm{i}y_2'') + p(x)(y_1' \pm \mathrm{i}y_2') + q(x)(y_1 \pm \mathrm{i}y_2) = f_1(x) \pm \mathrm{i}f_2(x)，$$

即 $$[y_1'' + p(x)y_1' + q(x)y_1] \pm \mathrm{i}[y_2'' + p(x)y_2' + q(x)y_2] = f_1(x) \pm \mathrm{i}f_2(x).$$

因为两个复数相等的充要条件是当且仅当它们的实部与虚部分别相等，所以

$$y_1'' + p(x)y_1' + q(x)y_1 = f_1(x)，\quad y_2'' + p(x)y_2' + q(x)y_2 = f_2(x)，$$

即函数 y_1 与 y_2 分别是二阶线性微分方程(5.3-9)与方程(5.3-10)的解.

定理 5.3-6 若函数 $y_1(x)$ 与 $y_2(x)$ 分别是二阶线性非齐次微分方程

$$y'' + p(x)y' + q(x)y = f_1(x) \tag{5.3-11}$$

与 $$y'' + p(x)y' + q(x)y = f_2(x) \tag{5.3-12}$$

的特解，则函数 $y_1(x) + y_2(x)$ 是二阶线性非齐次微分方程

$$y'' + p(x)y' + q(x)y = f_1(x) + f_2(x) \tag{5.3-13}$$

的特解.

证明 若函数 y_1、y_2 分别是二阶线性非齐次微分方程(5.3-11)与方程(5.3-12)的解，则

$$y'' + p(x)y' + q(x)y = f_1(x)，\quad y'' + p(x)y' + q(x)y = f_2(x)，$$

二式相加，得

$$y_1'' + y_2'' + p(x)(y_1' + y_2') + q(x)(y_1 + y_2) = f_1(x) + f_2(x)，$$

即 $$(y_1 + y_2)'' + p(x)(y_1 + y_2)' + q(x)(y_1 + y_2) = f_1(x) + f_2(x).$$

所以函数 $y_1 + y_2$ 是二阶线性非齐次微分方程(5.3-13)的解.

2. 二阶常系数线性非齐次微分方程的解法

由定理 5.3-4 知，求二阶常系数线性非齐次微分方程

$$y'' + py' + qy = f(x)（其中 p、q 均为常数） \tag{5.3-14}$$

的通解，可以归结为求其对应的二阶常系数线性齐次微分方程 $y'' + py' + qy = 0$ 的通解和二阶常系数线性非齐次微分方程(5.3-14)本身的一个特解.

按照上述方法，对应的二阶常系数线性齐次微分方程的通解已经会求，因此现在的问题是如何求出二阶常系数线性非齐次微分方程的一个特解(记作 y^*).

当函数 $f(x)$ 具有某些特殊形式时，用待定系数法可求出二阶常系数线性非齐次微分方程(5.3-14)的特解 y^*.

现讨论函数 $f(x)$ 为 $P_m(x)$、$P_m(x)\mathrm{e}^{\alpha x}$、$P_m(x)\mathrm{e}^{\alpha x}\cos\beta x$ 或 $P_m(x)\mathrm{e}^{\alpha x}\sin\beta x$ (其中 $P_m(x)$ 是关于 x 的 m 次多项式，α、β 是实数)等几种特殊情况时，二阶常系数线性非齐次微分方程(5.3-14)的特解问题.

事实上，利用欧拉公式，上述几种形式都可以合并为同一种形式，即

$$f(x) = P_m(x)e^{(\alpha+i\beta)x}. \tag{5.3-15}$$

当 $\alpha = \beta = 0$ 时，$f(x) = P_m(x)$；

当 $\alpha \neq 0, \beta = 0$ 时，$f(x) = P_m(x)e^{\alpha x}$.

当 $\beta \neq 0$ 时，$P_m(x)e^{\alpha x}\cos\beta x$ 与 $P_m(x)e^{\alpha x}\sin\beta x$ 分别为函数

$$f(x) = P_m(x)e^{(\alpha+i\beta)x} = P_m(x)e^{\alpha x}(\cos\beta x + i\sin\beta x)$$

的实部与虚部.

因此，只需讨论形如式(5.3-15)的函数 $f(x)$ 即可. 为简便，将式(5.3-15)写为

$$f(x) = P_m(x)e^{\lambda x} \ (\lambda\text{ 可取任意复数}). \tag{5.3-16}$$

下面利用待定系数法求二阶常系数线性非齐次微分方程

$$y'' + py' + qy = P_m(x)e^{\lambda x} \tag{5.3-17}$$

的一个特解 y^*.

因为多项式函数 $P_m(x)$（m 次多项式）与指数函数 $e^{\lambda x}$ 之积(即 $P_m(x)e^{\lambda x}$)的导数仍为多项式函数与指数函数之积(即 $Q_m(x)e^{\lambda x}$（$Q_m(x)$ 为 m 次多项式))，联系到二阶常系数线性非齐次微分方程(5.3-17)左端的系数均为常数这一特点，所以猜想二阶常系数线性非齐次微分方程(5.3-17)应有多项式函数与指数函数的乘积形式的特解. 故可设特解的形式为

$$y^* = Q(x)e^{\lambda x},$$

称此 y^* 为**待定特解**，其中 $Q(x)$ 为待定的多项式.

对 y^* 求导，得

$$y^{*\prime} = e^{\lambda x}[Q'(x) + \lambda Q(x)], \quad y^{*\prime\prime} = e^{\lambda x}[Q''(x) + 2\lambda Q'(x) + \lambda^2 Q(x)].$$

将 y^*、$y^{*\prime}$、$y^{*\prime\prime}$ 代入二阶常系数线性非齐次微分方程(5.3-17)并消去 $e^{\lambda x}$，得

$$Q''(x) + (2\lambda + p)Q'(x) + (\lambda^2 + p\lambda + q)Q(x) = P_m(x). \tag{5.3-18}$$

(1) 若 λ 不是特征方程 $r^2 + pr + q = 0$ 的根(即 $\lambda \neq r_1$ 且 $\lambda \neq r_2$)，则 $\lambda^2 + p\lambda + q \neq 0$，因为式(5.3-18)的右端是 m 次多项式，所以 $Q(x)$ 也必须是 m 次多项式，从而可以设待定特解为

$$y^* = Q_m(x)e^{\lambda x},$$

其中 $Q_m(x) = \sum_{i=0}^{m} a_i x^{m-i}$（$a_i(i=0,1,2,\cdots,m)$ 为待定系数).

其后，将 $y^* = Q_m(x)e^{\lambda x}$ 及其导数代入二阶常系数线性非齐次微分方程(5.3-17)，并通过比较等式两端 x 的同次幂项的系数来确定 $Q_m(x)$ 中的系数 $a_i \ (i=0,1,2,\cdots,m)$.

(2) 若 λ 是特征方程 $r^2 + pr + q = 0$ 的单根(即 $\lambda = r_1 \neq r_2$ 或 $\lambda = r_2 \neq r_1$)，则有 $\lambda^2 + p\lambda + q = 0$ 且 $2\lambda + p \neq 0$，此时式(5.3-18)应表示为

$$Q''(x) + (2\lambda + p)Q'(x) = P_m(x). \tag{5.3-19}$$

因为式(5.3-19)的右端是 m 次多项式，所以 $Q'(x)$ 必须是 m 次多项式，即 $Q(x)$ 是 $m+1$ 次多项式. 故可以设待定特解为

$$y^* = xQ_m(x)e^{\lambda x},$$

并可用与(1)中同样的方法确定 $Q_m(x)$ 的系数 $a_i \ (i=0,1,2,\cdots,m)$.

(3) 若 λ 是特征方程 $r^2 + pr + q = 0$ 的二重根(即 $\lambda = r_1 = r_2$)，则有 $\lambda^2 + p\lambda + q = 0$ 且

$2\lambda + p = 0$，此时式(5.3-18)应表示为

$$Q''(x) = P_m(x). \qquad (5.3\text{-}20)$$

因为式(5.3-20)的右端是 m 次多项式，所以 $Q''(x)$ 必须是 m 次多项式，即 $Q(x)$ 是 $m+2$ 次多项式. 故可设待定特解为

$$y^* = x^2 Q_m(x) \mathrm{e}^{\lambda x},$$

并可用与(1)同样的方法确定 $Q_m(x)$ 的系数 a_i $(i = 0, 1, 2, \cdots, m)$.

综上所述，可设二阶常系数线性非齐次微分方程(5.3-17)的待定特解为

$$y^* = x^k Q_m(x) \mathrm{e}^{\lambda x}.$$

其中 $Q_m(x)$ 是与 $P_m(x)$ 同次(m 次)的待定多项式. 按 λ 不是特征根、是单特征根、是二重特征根分类，k 分别取值 0、1、2.

例 5.3-4 求微分方程 $y'' + 4y' + 3y = x - 2$ 的一个特解.

解 所给微分方程对应的特征方程为

$$r^2 + 4r + 3 = 0,$$

解得特征根为两个不同的实根，即

$$r_1 = -1, r_2 = -3.$$

因为函数 $f(x) = (x-2)\mathrm{e}^{0x}$，所以有

$$P_m(x) = x - 2，\text{即 } m = 1；\lambda = 0.$$

因为 $\lambda = 0$ 不是特征根，所以取 $k = 0$.

因此设待定特解为 $y^* = a_0 x + a_1$，则

$$y^{*\prime} = a_0,$$
$$y^{*\prime\prime} = 0.$$

将 y^*、$y^{*\prime}$、$y^{*\prime\prime}$ 代入原微分方程，得

$$4a_0 + 3a_0 x + 3a_1 = x - 2.$$

比较等式两端 x 的同次幂项的系数，得

$$3a_0 = 1，\quad 4a_0 + 3a_1 = -2,$$

解得

$$a_0 = \frac{1}{3}，\quad a_1 = -\frac{10}{9}.$$

所以所求特解为

$$y^* = \frac{1}{3}x - \frac{10}{9}.$$

例 5.3-5 求微分方程 $y'' - 6y' + 9y = \mathrm{e}^{3x}$ 的一个特解.

解 所给微分方程对应的特征方程为

$$r^2 - 6r + 9 = 0,$$

解得特征根为二重根，即

$$r_1 = r_2 = 3.$$

因为函数 $f(x) = \mathrm{e}^{3x}$，所以有

$$P_m(x) = 1，\text{即 } m = 0；\lambda = 3.$$

因为 $\lambda = 3$ 是二重特征根，所以取 $k = 2$.

因此设待定特解为 $y^* = a_0 x^2 e^{3x}$，则

$$y^{*\prime} = (2a_0 x + 3a_0 x^2)e^{3x},$$

$$y^{*\prime\prime} = (2a_0 + 12a_0 x + 9a_0 x^2)e^{3x}.$$

将 y^*、$y^{*\prime}$、$y^{*\prime\prime}$ 代入原微分方程并消去 e^{3x}，得

$$2a_0 + 12a_0 x + 9a_0 x^2 - 6(2a_0 x + 3a_0 x^2) + 9a_0 x^2 = 1,$$

解得　　$2a_0 = 1 \Rightarrow a_0 = \dfrac{1}{2}$.

所以所求特解为

$$y^* = \frac{1}{2}x^2 e^{3x}.$$

例 5.3-6 求微分方程 $y'' - 5y' + 6y = xe^{2x}$ 的通解.

解 所给微分方程对应的特征方程为

$$r^2 - 5r + 6 = 0,$$

解得特征根为两个不同的实根，即

$$r_1 = 2, r_2 = 3.$$

从而所给微分方程对应的齐次方程的通解为

$$Y = C_1 e^{2x} + C_2 e^{3x}.$$

因为函数 $f(x) = xe^{2x}$，所以有

$$P_m(x) = x，\text{即} m = 1，\lambda = 2.$$

因为 $\lambda = 2$ 是单特征根，所以取 $k = 1$.

因此设待定特解为 $y^* = x(a_0 x + a_1)e^{2x}$，则

$$y^{*\prime} = [2a_0 x^2 + 2(a_0 + a_1)x + a_1]e^{2x},$$

$$y^{*\prime\prime} = [4a_0 x^2 + 4(2a_0 + a_1)x + 2(a_0 + 2a_1)]e^{2x}.$$

将 y^*、$y^{*\prime}$、$y^{*\prime\prime}$ 代入原微分方程并消去 e^{2x}，得

$$4a_0 x^2 + 4(2a_0 + a_1)x + 2(a_0 + 2a_1) - 5[2a_0 x^2 + 2(a_0 + a_1)x + a_1] + 6(a_0 x^2 + a_1 x) = x,$$

整理得　$-2a_0 x + 2a_0 - a_1 = x$.

比较等式两端 x 的同次幂项的系数，得

$$-2a_0 = 1，\quad 2a_0 - a_1 = 0,$$

解得　　$a_0 = -\dfrac{1}{2}$，$a_1 = -1$.

所以所给微分方程的一个特解为

$$y^* = -\left(\frac{x^2}{2} + x\right)e^{2x} = -\frac{1}{2}x(x+2)e^{2x}.$$

于是，所求通解为

$$y = Y + y^* = C_1 e^{2x} + C_2 e^{3x} - \frac{1}{2}x(x+2)e^{2x}.$$

例 5.3-7 求微分方程 $y'' + y' - 20y = 3e^{4x}\cos x$ 的一个特解.

解 因为 $3e^{4x}\cos x$ 是 $3e^{(4+i)x}$ 的实部，所以依据定理 5.3-5 可先求二阶常系数线性非齐次微分方程

$$y'' + y' - 20y = 3e^{(4+i)x} \tag{5.3-21}$$

的一个特解 $y*$，而 $y*$ 的实部就是所给微分方程的一个特解 y_1^*.

因为 $\lambda = 4 + i$ 不是特征根，所以取 $k = 0$.

因此设待定特解为 $y* = a_0 e^{(4+i)x}$，则

$$y*' = a_0(4+i)e^{(4+i)x},$$
$$y*'' = a_0(4+i)^2 e^{(4+i)x}.$$

将 $y*$、$y*'$、$y*''$ 代入微分方程(5.3-21)并消去 $e^{(4+i)x}$，得

$$a_0 = -\frac{3}{82}(1+9i).$$

因此微分方程(5.3-21)的一个特解为

$$y* = -\frac{3}{82}(1+9i)e^{(4+i)x} = -\frac{3}{82}e^{4x}[(\cos x - 9\sin x) + i(9\cos x + \sin x)].$$

取其实部，得所给微分方程的一个特解为

$$y_1^* = -\frac{3}{82}e^{4x}(\cos x - 9\sin x).$$

例 5.3-8 求微分方程 $y'' + y = x\cos 2x$ 的通解.

解 所给微分方程对应的特征方程为

$$r^2 + 1 = 0,$$

解得特征根为一对共轭虚根，即

$$r_{1,2} = \pm i.$$

从而所给微分方程对应的齐次方程的通解为

$$Y = C_1\cos x + C_2\sin x.$$

因为 $x\cos 2x$ 是 xe^{2ix} 的实部，所以依据定理 5.3-5 可以先求二阶常系数线性非齐次微分方程

$$y'' + y = xe^{2ix} \tag{5.3-22}$$

一个的特解 $y*$，而 $y*$ 的实部就是原微分方程的一个特解 y_1^*.

因为 $\lambda = 2i$ 不是特征根，所以取 $k = 0$.

设待定特解为 $y* = (a_0 x + a_1)e^{2ix}$，则

$$y*' = [2i(a_0 x + a_1) + a_0]e^{2ix},$$
$$y*'' = \{2a_0 i + 2i[2i(a_0 x + a_1) + a_0]\}e^{2ix}.$$

将 $y*$、$y*'$、$y*''$ 代入微分方程(5.3-22)并消去 e^{2ix}，得

$$2a_0 i + 2i[2i(a_0 x + a_1) + a_0] + a_0 x + a_1 = x.$$

比较等式两端 x 的同次幂项的系数，得

$$-3a_0 = 1, \quad 4a_0 i - 3a_1 = 0,$$

解得
$$a_0 = -\frac{1}{3}, \quad a_1 = -\frac{4}{9}\mathrm{i}.$$

因此微分方程(5.3-22)的一个特解为
$$y^* = \left(-\frac{1}{3}x - \frac{4}{9}\mathrm{i}\right)\mathrm{e}^{2\mathrm{i}x} = \frac{4}{9}\sin 2x - \frac{1}{3}x\cos 2x - \mathrm{i}\left(\frac{x}{3}\sin 2x + \frac{4}{9}\cos 2x\right).$$

取其实部，得原微分方程的一个特解为
$$y_1^* = \frac{4}{9}\sin 2x - \frac{1}{3}x\cos 2x.$$

于是所求通解为
$$y = Y + y_1^* = C_1\cos x + C_2\sin x + \frac{4}{9}\sin 2x - \frac{1}{3}x\cos 2x.$$

例 5.3-9*　求微分方程 $y'' + y = x\mathrm{e}^x\cos x$ 的一个特解.

解　所给微分方程对应的特征方程为
$$r^2 + 1 = 0,$$

解得特征根为一对共轭虚根，即
$$r_{1,2} = \pm\mathrm{i}.$$

因为 $x\mathrm{e}^x\cos x$ 是 $x\mathrm{e}^{(1+\mathrm{i})x}$ 的实部，所以依据定理 5.3-5 可先求二阶常系数线性非齐次微分方程
$$y'' + y = x\mathrm{e}^{(1+\mathrm{i})x} \tag{5.3-23}$$
的一个特解 y^*，而 y^* 的实部就是原微分方程的一个特解 y_1^*.

因为 $\lambda = 1 + \mathrm{i}$ 不是特征根，所以取 $k = 0$.

因此设待定特解为 $y^* = (a_0 x + a_1)\mathrm{e}^{(1+\mathrm{i})x}$，则
$$y^{*\prime} = [(1+\mathrm{i})(a_0 x + a_1) + a_0]\mathrm{e}^{(1+\mathrm{i})x},$$
$$y^{*\prime\prime} = \{(1+\mathrm{i})a_0 + (1+\mathrm{i})[(1+\mathrm{i})(a_0 x + a_1) + a_0]\}\mathrm{e}^{(1+\mathrm{i})x}.$$

将 y^*、$y^{*\prime}$、$y^{*\prime\prime}$ 代入微分方程(5.3-23)并消去 $\mathrm{e}^{(1+\mathrm{i})x}$，得
$$(1+\mathrm{i})a_0 + (1+\mathrm{i})[(1+\mathrm{i})(a_0 x + a_1) + a_0] + a_0 x + a_1 = x.$$

比较等式两端 x 的同次幂项的系数，得
$$a_0(1 + 2\mathrm{i}) = 1, \quad 2a_0(1+\mathrm{i}) + 2a_1\mathrm{i} + a_1 = 0,$$

解得
$$a_0 = \frac{1 - 2\mathrm{i}}{5}, \quad a_1 = \frac{-2 + 14\mathrm{i}}{25}.$$

因此微分方程(5.3-23)的一个特解为
$$y^* = \mathrm{e}^x\left(\frac{1 - 2\mathrm{i}}{5}x + \frac{-2 + 14\mathrm{i}}{25}\right)(\cos x + \mathrm{i}\sin x).$$

取其实部，得所求原微分方程的一个特解为
$$y_1^* = \mathrm{e}^x\left[\left(\frac{1}{5}x - \frac{2}{25}\right)\cos x + \left(\frac{2}{5}x - \frac{14}{25}\right)\sin x\right],$$

即
$$y_1^* = \frac{\mathrm{e}^x}{25}[(5x - 2)\cos x + 2(5x - 7)\sin x].$$

例 5.3-10* 求微分方程 $y'' + y = x(\mathrm{e}^x \cos x + \cos 2x)$ 的一个特解.

解 例 5.3-9 解得, $y_1^* = \dfrac{\mathrm{e}^x}{25}[(5x-2)\cos x + 2(5x-7)\sin x]$ 为微分方程

$$y'' + y = x\mathrm{e}^x \cos x$$

的一个特解.

例 5.3-8 解得, $y_2^* = \dfrac{4}{9}\sin 2x - \dfrac{1}{3}x\cos 2x$ 为微分方程

$$y'' + y = x\cos 2x$$

的一个特解.

由定理 5.3-6 知, $y^* = y_1^* + y_2^*$ 为微分方程

$$y'' + y = x\mathrm{e}^x \cos x + x\cos 2x = x(\mathrm{e}^x \cos x + \cos 2x)$$

的一个特解.

所以, 微分方程 $y'' + y = x(\mathrm{e}^x \cos x + \cos 2x)$ 的一个特解为

$$y^* = \frac{\mathrm{e}^x}{25}[(5x-2)\cos x + 2(5x-7)\sin x] + \frac{4}{9}\sin 2x - \frac{1}{3}x\cos 2x .$$

第6章 一元微积分应用

在前面的学习中，讨论了导数(微分)与定积分(不定积分)的概念及其计算方法，并解决了一些简单的问题，本章将继续利用导数与定积分作为工具去解决更复杂的问题. 为此，先介绍在微积分应用中起重要作用的极限局部性质和闭区间上连续函数的性质.

6.1 函数的最值与极值

6.1.1 极限的局部保号性

定理 6.1-1 设 $\lim\limits_{x \to x_0} f(x) = A$，$\lim\limits_{x \to x_0} g(x) = B$，则存在点 x_0 的某个空心邻域 $U^{\circ}(x_0)$，使得对于任意的点 $x \in U^{\circ}(x_0)$，总有

(1) $f(x) \geqslant 0$ (或 $f(x) \leqslant 0$) $\Leftrightarrow$ $A \geqslant 0$ (或 $A \leqslant 0$)；

(2) $f(x) \geqslant g(x) \Leftrightarrow A \geqslant B$.

在定理 6.1-1(1)中，即使将条件 $f(x) \geqslant 0$ (或 $f(x) \leqslant 0$) 改为 $f(x) > 0$ (或 $f(x) < 0$)，也不能得出 $A > 0$ (或 $A < 0$)的结论，仍只能是 $A \geqslant 0$ (或 $A \leqslant 0$).

例如，对函数 $f(x) = |x|$，当 $x \neq 0$ 时，恒有 $f(x) > 0$，但 $\lim\limits_{x \to 0} |x| = 0$. 这时 $A = 0$，而不是 $A > 0$.

若将定理 6.1-1 的极限过程 $x \to x_0$ 改为 $x \to x_0^-, x \to x_0^+, x \to \infty, x \to -\infty, x \to +\infty$，并将其中的空心邻域 $U^{\circ}(x_0)$ 作相应地调整，其结论仍然成立.

6.1.2 闭区间上连续函数的基本性质

1. 最大值和最小值定理

定义 6.1-1 设函数 $f(x)$ 在区间 I 上有定义，若存在点 $x_0 \in I$，使得对任意的点 $x \in I$，总有

$$f(x) \leqslant f(x_0) \, (f(x) \geqslant f(x_0)),$$

则称 $f(x_0)$ 是函数 $f(x)$ 在区间 I 上的**最大(小)值**，并称点 x_0 为函数 $f(x)$ 的**最大(小)值点**函数的最大值与最小值统称为函数的**最值**，最大值点与最小值点统称为**最值点**.

一般来说，函数在其定义区间内是否有最大值和最小值是不确定的. 例如：

(1) 函数 $f(x) = x^2$ 在开区间 $(0,1)$ 内连续，它在区间 $(0,1)$ 内既无最大值也无最小值；

(2) 函数 $f(x) = \begin{cases} -1-x, & -1 \leqslant x < 0 \\ 0, & x = 0 \\ 1-x, & 0 < x \leqslant 1 \end{cases}$ 在点 $x = 0$ 处间断(见例 2.2-18)，它在闭区间 $[-1,1]$ 上既无最大值也无最小值(参见图 2.2-3)；

(3) 函数 $f(x) = \dfrac{x^2}{x} = x$ $(x \neq 0)$ 虽然在闭区间 $[-1,1]$ 上不连续，但却是既有最大值，又有最小值(见图 6.1-1).

下述定理给出了函数在其定义区间上既有最大值又有最小值的充分条件.

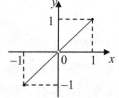

图 6.1-1

定理 6.1-2 (最值定理) 若函数 $f(x)$ 在闭区间 $[a,b]$ 上连续，则函数 $f(x)$ 的在闭区间 $[a,b]$ 上一定有最大值和最小值.

推论 6.1-1 (有界性定理) 若函数 $f(x)$ 在闭区间 $[a,b]$ 上连续，则函数 $f(x)$ 在闭区间 $[a,b]$ 上有界.

2. 介值定理

定理 6.1-3 (介值定理) 设函数 $f(x)$ 在闭区间 $[a,b]$ 上连续，且 $f(a) \neq f(b)$. 若 C 为介于 $f(a)$ 与 $f(b)$ 之间的任意一个常数，则在开区间 (a,b) 内至少存在一点 ξ，使得

$$f(\xi) = C.$$

推论 6.1-2 闭区间 $[a,b]$ 上的连续函数 $f(x)$ 一定能取得介于其最大值与最小值之间的任何值.

定义 6.1-2 若点 x_0 使方程 $f(x) = 0$ 成立，则称点 x_0 为函数 $f(x)$ 的**零点**.

推论 6.1-3 (零点定理(根的存在性定理)) 若函数 $f(x)$ 在闭区间 $[a,b]$ 上连续，且 $f(a)$ 与 $f(b)$ 异号(即 $f(a)f(b) < 0$)，则在开区间 (a,b) 内至少存在一点 ξ，使得

$$f(\xi) = 0,$$

即方程 $f(x) = 0$ 在开区间 (a,b) 内至少存在一个实根 ξ.

零点定理的几何意义是：若连续曲线弧 $y = f(x)$ 的两个端点位于 x 轴的上下两侧，则该曲线弧与 x 轴至少有一个交点.

例 6.1-1 证明方程 $x = a \sin x + b$ $(a > 0, b > 0)$ 至少有一个不超过 $a+b$ 的正根.

证明 设函数 $f(x) = x - a \sin x - b$.

因为函数 $f(x)$ 的定义域为 $(-\infty, +\infty)$，且 $[0, a+b] \subseteq (-\infty, +\infty)$，由定理 2.4-5 知，函数 $f(x)$ 在闭区间 $[0, a+b]$ 上连续. 并且，有

$$f(0) = -b < 0 , \quad f(a+b) = a[1 - \sin(a+b)] \geqslant 0 .$$

(1) 当 $f(a+b) > 0$ 时，由零点定理可知，至少存在一点 $\xi \in (0, a+b)$，使得

$$f(\xi) = \xi - a \sin \xi - b = 0 ,$$

即

$$\xi = a \sin \xi + b ,$$

所以 ξ 即是方程 $x = a \sin x + b$ 的一个根，且有 $0 < \xi < a+b$.

(2) 当 $f(a+b) = 0$ 时，即有

$$(a+b) - a \sin(a+b) - b = 0 ,$$

即

$$(a+b) = a \sin(a+b) - b ,$$

所以 $a+b$ 即为方程 $x = a \sin x + b$ 的一个根，且有 $a+b > 0$.

综合(1)、(2)知，方程 $x = a \sin x + b$ $(a > 0, b > 0)$ 至少有一个不超过 $a+b$ 的正根.

例 6.1-2　某人早 8:00 从山下旅馆出发，沿一条路径上山，下午 5:00 到达山顶并留宿. 次日早 8:00 沿同一条路径下山，下午 5:00 回到旅馆.

证明：此人必在两天中的某同一时刻经过同一地点.

证明　假设山下旅馆至山顶的垂直高度为 $H\,(>0)$. 设此人上山时距山下旅馆的垂直高度函数为 $f(t)$（$t \in [8,17]$）；次日下山时距山下旅馆的垂直高度函数为 $g(t)$（$t \in [8,17]$）. 其中，t 代表时间点，即某一时刻.

据题意，显然有 $f(t)$ 与 $g(t)$ 均为闭区间 $[8,17]$ 上的连续函数，且有

$$f(8)=0，\quad f(17)=H；\quad g(8)=H，\quad g(17)=0.$$

构造函数 $F(t)=f(t)-g(t)$，则函数 $F(t)$ 在闭区间 $[8,17]$ 上连续，且有

$$F(8)=f(8)-g(8)=-H<0；\quad F(17)=f(17)-g(17)=H>0.$$

由零点定理知，至少存在一点 $\xi \in (8,17)$，使得

$$F(\xi)=f(\xi)-g(\xi)=0，$$

即

$$f(\xi)=g(\xi).$$

所以，至少存在某一时刻 $t=\xi \in (8,17)$，使得此人在上山与次日下山时距山下旅馆的垂直高度相同. 由于此人在上山与次日下山时走的是同一条路径，因此，此人必在两天中的某同一时刻经过同一地点.

6.1.3　函数的极值与费马(Fermat)定理

定义 6.1-3　设函数 $f(x)$ 在点 x_0 的某邻域 $U(x_0)$ 内连续，若对于任意的点 $x \in U(x_0)$，总有

$$f(x)\leqslant f(x_0)\,(\,f(x)\geqslant f(x_0)\,)，$$

则称 $f(x_0)$ 为函数 $f(x)$ 的**极大(小)值**，并称点 x_0 为函数 $f(x)$ 的**极大(小)值点**.

函数的极大值与极小值统称为**极值**，极大值点与极小值点统称为**极值点**.

由定义 6.1-3 知：

(1) 函数定义区间的端点一定不是函数的极值点.

因为，作为一个极值，要同它左右两侧的函数值进行比较. 所以，函数若有极值点，则一定在其连续区间的内部取得.

(2) 函数的极值是局部性的概念.

极值是仅就极值点的某个邻域而言的，它只是在极值点的一个充分小的近旁具有了最大值或最小值的特征.

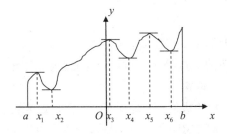

图 6.1-2

函数 $f(x)$ 在一个连续区间内可以有多个极大值和极小值，且极大值与极小值之间没有必然的大小关系.

例如，在图 6.1-2 中，极大值 $f(x_3)$ 大于极小值 $f(x_4)$ 和 $f(x_6)$，而极大值 $f(x_1)$ 却小于极小值 $f(x_4)$ 和 $f(x_6)$.

最值是整体性概念，是函数在整个定义区间上的最大值或最小值，故最值可在区间端点处取得，所以极值不一定是最值. 当最值在连续区间的内部取得时，则该最值就一定是极值.

例如，在图 6.1-2 中，函数 $f(x)$ 在闭区间 $[a,b]$ 上的最大值在右端点 $x=b$ 处取得，而区间端点处是不能取得极值的；而函数的最小值点 x_2 恰在闭区间 $[a,b]$ 的内部，因此点 x_2 也是极小点.

定理 6.1-4 (费马定理) 若函数在 $f(x)$ 点 x_0 处取得极值，且函数 $f(x)$ 在点 x_0 处可导，则 $f'(x_0)=0$.

证明[*] 只证点 x_0 是函数 $f(x)$ 的极大值点的情形(点 x_0 是函数 $f(x)$ 的极小值点的情形的证明类似).

由定义 6.1-3 知，存在点 x_0 的某个邻域 $U(x_0)$，使得当 $x \in U(x_0)$ 时，总有

$$f(x) \leqslant f(x_0),$$

即

$$f(x) - f(x_0) \leqslant 0.$$

于是，存在 $\delta > 0$，使得当 $x \in (x_0 - \delta, x_0)$ 时，有

$$\frac{f(x) - f(x_0)}{x - x_0} \leqslant 0;$$

当 $x \in (x_0, x_0 + \delta)$ 时，有

$$\frac{f(x) - f(x_0)}{x - x_0} \geqslant 0.$$

因 $f(x)$ 在点 x_0 处可导，由可导的充要条件和极限的局部保号性知，

$$f'(x_0) = f'_+(x_0) = \lim_{x \to x_0^+} \frac{f(x) - f(x_0)}{x - x_0} \leqslant 0;$$

$$f'(x_0) = f'_-(x_0) = \lim_{x \to x_0^-} \frac{f(x) - f(x_0)}{x - x_0} \geqslant 0,$$

从而有 $\quad 0 \leqslant f'(x_0) \leqslant 0$,

所以 $\quad f'(x_0) = 0$.

费马定理的几何意义是：在可导函数 $f(x)$ 的极值点处，曲线 $y = f(x)$ 的切线是平行于 x 轴的直线(见图 6.1-2).

定义 6.1-4 使 $f'(x) = 0$ 的点 x，称为函数 $f(x)$ 的**驻点**.

由于函数在其连续区间的端点处无法讨论可导性(只能讨论单侧导数)，因此函数的驻点只能在函数的连续区间内部取得.

费马定理是说，可导函数的极值点一定是驻点. 但反过来，驻点却不一定是极值点.

例如，对于函数 $f(x) = x^3$，由 $f'(0) = 0$ 知点 $x = 0$ 是函数 $f(x) = x^3$ 的驻点，但点 $x = 0$

不是函数 $f(x)=x^3$ 的极值点(参见图 1.2-12).

例 6.1-3 设可导函数 $f(x)$ 在点 $x=1$ 处取得极小值 2,求极限 $\lim\limits_{x \to 1} \dfrac{f(x)-2}{x-1}$ 的值.

解 因为可导函数 $f(x)$ 在点 $x=1$ 处取得极小值 2,由定理 6.1-4 知,有
$$f(1)=2 \; ; \quad f'(1)=0 .$$

所以 $\quad \lim\limits_{x \to 1} \dfrac{f(x)-2}{x-1} = \lim\limits_{x \to 1} \dfrac{f(x)-f(1)}{x-1} = f'(1)=0 .$

对于一个连续函数 $f(x)$,除驻点外,那些使 $f'(x)$ 不存在的点也有可能是函数 $f(x)$ 的极值点.

例如,对于函数 $f(x)=|x|$,虽然 $f'(0)$ 不存在(参见例 3.1-3),但点 $x=0$ 是函数 $f(x)=|x|$ 的极小值点(参见图 1.2-3).而对于函数 $f(x)=\sqrt[3]{x}$,虽然 $f'(0)$ 也是不存在的(参见例 3.1-1),但点 $x=0$ 不是函数 $f(x)=\sqrt[3]{x}$ 的极值点(参见图 1.2-14(d)).

定义 6.1-5 连续函数的驻点与一阶导数不存在的点统称为函数的**临界点**(或**稳定点**).

很显然,如同驻点一样,函数的临界点也是只能在函数的连续区间的内部取得.

综上所述,连续函数的极值点一定是临界点,但临界点不一定是连续函数的极值点. 也就是说,连续函数仅在临界点处才有可能取到极值. 而至于临界点是不是极值点,以至于是极值点时,是极大值点还是极小值点,尚需进一步判定.

6.2 微分中值定理

6.2.1 罗尔(Rolle)定理

定理 6.2-1 (罗尔定理) 若函数 $f(x)$ 在闭区间 $[a,b]$ 上连续,在开区间 (a,b) 内可导,且 $f(a)=f(b)$,则至少存在一点 $\xi \in (a,b)$,使得
$$f'(\xi)=0 ,$$
即函数 $f(x)$ 在开区间 (a,b) 内至少有一个驻点 ξ,亦即方程 $f'(x)=0$ 在开区间 (a,b) 内至少有一个实根 ξ.

罗尔定理的几何意义是:在闭区间 $[a,b]$ 上两端等高的连续曲线 $y=f(x)$,若在开区间 (a,b) 内的每一点处都有不垂直于 x 轴的切线,则其中至少有一条切线与 x 轴平行.

罗尔定理指出了函数 $y=f(x)$ 存在驻点的典型条件. 当罗尔定理中的三个条件不能全部满足时,不能保证其结论一定成立. 例如:

(1) 函数 $f(x)=x$ 在闭区间 $[-1,1]$ 上连续,且在开区间 $(-1,1)$ 内可导($f'(x)=1$),但 $f(-1) \neq f(1)$,这时不存在 $\xi \in (-1,1)$,使 $f'(\xi)=0$.

(2) 函数 $f(x)=|x|$ 在闭区间 $[-1,1]$ 上连续,且 $f(-1)=f(1)$. 但函数 $f(x)$ 在点 $x=0$ 处不可导(参见例 3.1-3),此时不存在 $\xi \in (-1,1)$,使 $f'(\xi)=0$.

(3) 函数 $f(x)=\begin{cases} x, & -1 < x \leqslant 1 \\ 1, & x=-1 \end{cases}$ 在开区间 $(-1,1)$ 内可导($f'(x)=1$),且 $f(-1)=f(1)$. 但函数 $f(x)$ 在上 $[-1,1]$ 不连续(参见例 2.4-1),这时不存在 $\xi \in (-1,1)$,使 $f'(\xi)=0$.

需特别指出的是，罗尔定理中的三个条件不能全部满足时，函数 $y=f(x)$ 是有可能存在驻点的. 例如，函数 $f(x)=\dfrac{x}{x}$ 在闭区间 $[-1,1]$ 上不连续(显然有间断点 $x=0$)，但对于任意的点 $x\in(-1,1)$ 且 $x\neq 0$ ，都有 $f'(x)=0$ (见图 6.2-1).

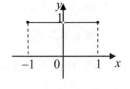

图 6.2-1

例 6.2-1 验证罗尔定理对函数 $f(x)=\sin x$ 在区间 $[0,\pi]$ 上的正确性.

解 因为函数 $f(x)=\sin x$ 的定义域为 $(-\infty,+\infty)$ ，且 $[0,\pi]\subseteq(-\infty,+\infty)$ ，所以函数 $f(x)$ 在闭区间 $[0,\pi]$ 上连续.

因为 $f'(x)=\cos x$ 的定义域为 $(-\infty,+\infty)$ ，且 $(0,\pi)\subseteq(-\infty,+\infty)$ ，所以函数 $f(x)$ 在开区间 $(0,\pi)$ 内可导.

又因为 $f(0)=0=f(\pi)$ ，所以函数 $f(x)$ 在闭区间 $[0,\pi]$ 上满足罗尔定理的条件，则应至少存在一点 $\xi\in(0,\pi)$ ，使得

$$f'(\xi)=\cos\xi=0.$$

由于 $\cos\dfrac{\pi}{2}=0$ 且 $\dfrac{\pi}{2}\in(0,\pi)$ ，所以罗尔定理对函数 $f(x)=\sin x$ 在区间 $[0,\pi]$ 上是正确的.

例 6.2-2* 设实数 $a_1,a_2,\cdots,a_n$ 满足： $a_1-\dfrac{a_2}{3}+\cdots+(-1)^{n-1}\dfrac{a_n}{2n-1}=0$ ，证明方程

$$a_1\cos x+a_2\cos 3x+\cdots+a_n\cos(2n-1)x=0$$

在开区间 $\left(0,\dfrac{\pi}{2}\right)$ 内至少有一个根.

证明 设函数 $f(x)=a_1\sin x+\dfrac{a_2}{3}\sin 3x+\cdots+\dfrac{a_n}{2n-1}\sin(2n-1)x$.

因为函数 $f(x)$ 的定义域为 $(-\infty,+\infty)$ ，且 $\left[0,\dfrac{\pi}{2}\right]\subseteq(-\infty,+\infty)$ ，所以由定理 2.4-5 知，函数 $f(x)$ 在闭区间 $\left[0,\dfrac{\pi}{2}\right]$ 上连续.

因为函数 $f'(x)=a_1\cos x+a_2\cos 3x+\cdots+a_n\cos(2n-1)x$ 的定义域为 $(-\infty,+\infty)$ ，且 $\left(0,\dfrac{\pi}{2}\right)\subseteq(-\infty,+\infty)$ ，所以函数 $f(x)$ 在开区间 $\left(0,\dfrac{\pi}{2}\right)$ 内可导.

因为 $f\left(\dfrac{\pi}{2}\right)=a_1-\dfrac{a_2}{3}+\cdots+(-1)^{n-1}\dfrac{a_n}{2n-1}=0$ ， $f(0)=0$ ，

即 $\qquad f\left(\dfrac{\pi}{2}\right)=f(0)$ ，

所以，函数 $f(x)$ 在闭区间 $\left[0,\dfrac{\pi}{2}\right]$ 上满足罗尔定理的条件.

因此，至少存在一点 $\xi\in\left(0,\dfrac{\pi}{2}\right)$ ，使得

$$f'(\xi)=a_1\cos\xi+a_2\cos 3\xi+\cdots+a_n\cos(2n-1)\xi=0,$$

即 $\xi \in \left(0, \dfrac{\pi}{2}\right)$ 为方程 $a_1 \cos x + a_2 \cos 3x + \cdots + a_n \cos(2n-1)x = 0$ 的一个根.

6.2.2　拉格朗日(Lagrange)中值定理与柯西(Cauchy)中值定理

定理 6.2-2 (拉格朗日中值定理) 设函数 $f(x)$ 在闭区间 $[a,b]$ 上连续，在开区间 (a,b) 内可导，则至少存在一点 $\xi \in (a,b)$，使得

$$f'(\xi) = \frac{f(b) - f(a)}{b - a}. \tag{6.2-1}$$

式(6.2-1)也可表示成

$$f(b) - f(a) = (b - a)f'(\xi). \tag{6.2-2}$$

例 6.2-3 验证函数 $f(x) = \cos x$ 在区间 $[0, \pi]$ 上满足拉格朗日中值定理的条件，并求出相应的 ξ 值.

解　因为函数 $f(x) = \cos x$ 的定义域为 $(-\infty, +\infty)$，且 $[0, \pi] \subseteq (-\infty, +\infty)$，所以函数 $f(x)$ 在闭区间 $[0, \pi]$ 上连续.

又因为 $f'(x) = -\sin x$ 的定义域为 $(-\infty, +\infty)$，且 $(0, \pi) \subseteq (-\infty, +\infty)$，所以函数 $f(x)$ 在开区间 $(0, \pi)$ 内可导.

所以函数 $f(x)$ 在闭区间 $[0, \pi]$ 上满足拉格朗日中值定理的条件.

因此，至少存在一点 $\xi \in (0, \pi)$，使得

$$f'(\xi) = -\sin\xi = \frac{f(\pi) - f(0)}{\pi - 0} = \frac{\cos\pi - \cos 0}{\pi} = \frac{-1 - 1}{\pi} = -\frac{2}{\pi},$$

即　$\xi = \arcsin\dfrac{2}{\pi}$ 或 $\xi = \pi - \arcsin\dfrac{2}{\pi}$.

推论 6.2-1 设函数 $f(x)$ 在区间 I 内可导，若在区间 I 内 $f'(x) = 0$，则在区间 I 内函数 $f(x)$ 是一个常函数.

证明　任取两点 $x_1 < x_2 \in I$.

由已知条件知，函数 $f(x)$ 在以 x_1、x_2 为端点的区间上满足拉格朗日中值定理的条件，所以，存在 $\xi \in (x_1, x_2)$，使得

$$f(x_2) - f(x_1) = f'(\xi)(x_2 - x_1).$$

因为，在区间 I 内 $f'(x) = 0$，

所以　　$f'(\xi) = 0$，

$$f(x_2) - f(x_1) = 0 \Rightarrow f(x_2) = f(x_1).$$

由 x_1、x_2 的任意性知，函数 $f(x)$ 在区间 I 内任意两点处的函数值都相等，从而函数 $f(x)$ 在区间 I 内是一个常函数.

例 6.2-4 证明：$\arcsin x + \arccos x = \dfrac{\pi}{2}$　$x \in [-1, 1]$.

证明　设函数 $f(x) = \arcsin x + \arccos x$，则

$$f'(x) = \frac{1}{\sqrt{1 - x^2}} - \frac{1}{\sqrt{1 - x^2}} = 0 \quad (x \in (-1, 1)).$$

由推论 6.2-1 知，
$$f(x) = \arcsin x + \arccos x = C \quad x \in (-1,1).$$

令 $x = 0$，得
$$C = f(0) = \arcsin 0 + \arccos 0 = \frac{\pi}{2}.$$

因为 $f(-1) = \arcsin(-1) + \arccos(-1) = -\frac{\pi}{2} + \pi = \frac{\pi}{2}$；
$$f(1) = \arcsin 1 + \arccos 1 = \frac{\pi}{2} + 0 = \frac{\pi}{2}.$$

所以， $\arcsin x + \arccos x = \frac{\pi}{2} \quad x \in [-1,1].$

定理 6.2-3* (柯西中值定理) 设函数 $f(x)$ 和 $g(x)$ 在闭区间 $[a,b]$ 上连续，在开区间 (a,b) 内可导，且当 $x \in (a,b)$ 时， $g'(x) \neq 0$，则至少存在一点 $\xi \in (a,b)$，使得
$$\frac{f'(\xi)}{g'(\xi)} = \frac{f(b) - f(a)}{g(b) - g(a)}. \tag{6.2-3}$$

6.3 洛必达(L'Hospital)法则及其应用

导数在函数研究中的一个重要应用就是不定式的确定问题. 早在第 2 章中就曾研讨过不定式的确定问题，但只用初等方法不易甚至不能解决不定式的确定问题. 由导数本身是 $\frac{0}{0}$ 型的极限这一点得到启示，在建立了关于导数的一系列运算公式与法则之后，有可能反过来利用导数求出某些不定式的极限值. 对此，洛必达法则给出了一个简单易行，并有广泛使用价值的方法.

6.3.1 洛必达法则

定理 6.3-1 (洛必达法则) 设函数 $f(x)$、$g(x)$ 在点 x_0 的某空心邻域 $U^\circ(x_0)$ 内可导，且 $g'(x) \neq 0$.若 $\lim\limits_{x \to x_0} \dfrac{f(x)}{g(x)}$ 满足

(1) $\lim\limits_{x \to x_0} \dfrac{f(x)}{g(x)}$ 是 $\dfrac{0}{0}$ 型或 $\dfrac{\infty}{\infty}$ 型不定式，即有

$\lim\limits_{x \to a} f(x) = \lim\limits_{x \to a} g(x) = 0$ 或 $\lim\limits_{x \to a} g(x) = \lim\limits_{x \to a} f(x) = \infty$；

(2) $\lim\limits_{x \to x_0} \dfrac{f'(x)}{g'(x)} = A$（或为 $-\infty, +\infty, \infty$），

则
$$\lim_{x \to x_0} \frac{f(x)}{g(x)} = \lim_{x \to x_0} \frac{f'(x)}{g'(x)}. \tag{6.3-1}$$

洛必达法则中的极限过程 $x \to x_0$，改为 $x \to x_0^-, x \to x_0^+, x \to \infty, x \to +\infty, x \to -\infty$ 时，其结论仍然成立.

6.3.2　洛必达法则的使用

因为洛必达法则仅适用于 $\dfrac{0}{0}$ 型或 $\dfrac{\infty}{\infty}$ 型不定式，故使用洛必达法则前，必须先检验所要求的极限是否满足条件(1). 至于条件(2)，通常是在计算过程中进行考察，解题前无须特别考虑.

若极限 $\lim \dfrac{f'(x)}{g'(x)}$ 仍是 $\dfrac{0}{0}$ 或 $\dfrac{\infty}{\infty}$ 型不定式，且函数 $f'(x)$、$g'(x)$ 仍满足洛必达法则的条件，则可对极限 $\lim \dfrac{f'(x)}{g'(x)}$ 继续使用洛必达法则，即有

$$\lim \frac{f(x)}{g(x)} = \lim \frac{f'(x)}{g'(x)} = \lim \frac{f''(x)}{g''(x)}.$$

在需要时，这一过程可以继续下去.

例 6.3-1　求函数极限 $\displaystyle\lim_{x \to 2} \dfrac{x^3 - 3x^2 + 4}{x^2 - 4x + 4}$ 的值.

解　$\displaystyle\lim_{x \to 2} \dfrac{x^3 - 3x^2 + 4}{x^2 - 4x + 4}$　　（$\dfrac{0}{0}$ 型不定式，使用洛必达法则）

$= \displaystyle\lim_{x \to 2} \dfrac{3x^2 - 6x}{2x - 4}$　　（仍是 $\dfrac{0}{0}$ 型不定式，再次使用洛必达法则）

$= \displaystyle\lim_{x \to 2} \dfrac{6x - 6}{2} = 3$.

例 6.3-2　求函数极限 $\displaystyle\lim_{x \to 0} \dfrac{\tan x - x}{x^3}$.

解　$\displaystyle\lim_{x \to 0} \dfrac{\tan x - x}{x^3}$　　（$\dfrac{0}{0}$ 型不定式，使用洛必达法则）

$= \displaystyle\lim_{x \to 0} \dfrac{\sec^2 x - 1}{3x^2} = \lim_{x \to 0} \dfrac{\tan^2 x}{3x^2}$　　（当 $x \to 0$ 时，$\tan x \sim x$）

$= \displaystyle\lim_{x \to 0} \dfrac{x^2}{3x^2} = \dfrac{1}{3}$.

例 6.3-3　求函数极限 $\displaystyle\lim_{x \to 0} \dfrac{x - x\cos x}{x - \sin x}$ 的值.

解　$\displaystyle\lim_{x \to 0} \dfrac{x - x\cos x}{x - \sin x} = \lim_{x \to 0} \dfrac{x(1 - \cos x)}{x - \sin x}$　　（当 $x \to 0$ 时，$1 - \cos x \sim \dfrac{1}{2}x^2$）

$= \displaystyle\lim_{x \to 0} \dfrac{x \cdot \dfrac{1}{2}x^2}{x - \sin x} = \dfrac{1}{2} \lim_{x \to 0} \dfrac{x^3}{x - \sin x}$　　（$\dfrac{0}{0}$ 型不定式，使用洛必达法则）

$= \dfrac{1}{2} \displaystyle\lim_{x \to 0} \dfrac{3x^2}{1 - \cos x} = \dfrac{1}{2} \lim_{x \to 0} \dfrac{3x^2}{\dfrac{1}{2}x^2} = 3$.

例 6.3-4 求函数极限 $\lim\limits_{x\to 0}\dfrac{1-x^2-\mathrm{e}^{-x^2}}{\ln(1-2x^4)}$ 的值.

解 $\lim\limits_{x\to 0}\dfrac{1-x^2-\mathrm{e}^{-x^2}}{\ln(1-2x^4)}$ （当 $x\to 0$ 时，$\ln(1-2x^4)\sim -2x^4$）

$=\lim\limits_{x\to 0}\dfrac{1-x^2-\mathrm{e}^{-x^2}}{-2x^4}$ （$\dfrac{0}{0}$ 型不定式，使用洛必达法则）

$=\lim\limits_{x\to 0}\dfrac{-2x+2x\mathrm{e}^{-x^2}}{-8x^3}=\lim\limits_{x\to 0}\dfrac{\mathrm{e}^{-x^2}-1}{-4x^2}$ （当 $x\to 0$ 时，$\mathrm{e}^{-x^2}-1\sim -x^2$）

$=\lim\limits_{x\to 0}\dfrac{-x^2}{-4x^2}=\dfrac{1}{4}$.

例 6.3-5 求函数极限 $\lim\limits_{x\to 0}\dfrac{x-\arcsin x}{x^3}$ 的值.

解 $\lim\limits_{x\to 0}\dfrac{x-\arcsin x}{x^3}$ （$\dfrac{0}{0}$ 型不定式，使用洛必达法则）

$=\lim\limits_{x\to 0}\dfrac{1-\dfrac{1}{\sqrt{1-x^2}}}{3x^2}=\lim\limits_{x\to 0}\dfrac{\sqrt{1-x^2}-1}{3x^2\sqrt{1-x^2}}$ （当 $x\to 0$ 时，$\sqrt{1-x^2}-1\sim -\dfrac{1}{2}x^2$）

$=\lim\limits_{x\to 0}\dfrac{-\dfrac{1}{2}x^2}{3x^2\sqrt{1-x^2}}=-\dfrac{1}{6}$.

例 6.3-6 求函数极限 $\lim\limits_{x\to 0^+}\dfrac{\cot x}{\ln\sin 2x}$ 的值.

解 $\lim\limits_{x\to 0^+}\dfrac{\cot x}{\ln\sin 2x}$ （$\dfrac{\infty}{\infty}$ 型不定式，使用洛必达法则）

$=\lim\limits_{x\to 0^+}\dfrac{-\csc^2 x}{2\cot 2x}=\lim\limits_{x\to 0^+}\dfrac{-\tan 2x}{2\sin^2 x}$ （当 $x\to 0^+$ 时，$\sin x\sim x$，$\tan 2x\sim 2x$）

$=\lim\limits_{x\to 0^+}\dfrac{-2x}{2x^2}=-\infty$.

当极限 $\lim\dfrac{f'(x)}{g'(x)}$ 不存在(也不是 $-\infty,+\infty$ 或 ∞)时，不能断定极限 $\lim\dfrac{f(x)}{g(x)}$ 也不存在，只能说明此时不能使用洛必达法则. 而此时极限 $\lim\dfrac{f(x)}{g(x)}$ 可能存在，需另找求极限的途径.

一般地，在以下两种情况下不能使用洛必达法则：

(1) 在自变量 x 的某种变化趋势下，当有 $f(x)\to\infty$，且所求的极限式中含有函数 $\sin f(x)$ 或 $\cos f(x)$ 或 $\arctan f(x)$ 或 $\operatorname{arccot} f(x)$ 时，不能使用洛必达法则.

例如，极限 $\lim\limits_{x\to\infty}\dfrac{x-\sin x}{x+\cos x}$ 是 $\dfrac{\infty}{\infty}$ 型不定式，由例 2.5-3 知其值为 1. 但对它使用洛必达法则后所得的极限 $\lim\limits_{x\to\infty}\dfrac{1-\cos x}{1-\sin x}$ 却是不存在极限的.

(2) 当极限 $\lim\dfrac{f'(x)}{g'(x)}$ 并不比极限 $\lim\dfrac{f(x)}{g(x)}$ 简单易求时，不能使用洛必达法则.

例如，极限 $\lim\limits_{x \to +\infty} \dfrac{e^x + e^{-x}}{e^x - e^{-x}}$ 是 $\dfrac{\infty}{\infty}$ 型不定式，由例 2.4-2 知其值为 1. 但对它使用洛必达法则就会出现循环现象，从而求不到结果，即

$$\lim_{x \to +\infty} \frac{e^x + e^{-x}}{e^x - e^{-x}} = \lim_{x \to +\infty} \frac{e^x - e^{-x}}{e^x + e^{-x}} = \lim_{x \to +\infty} \frac{e^x + e^{-x}}{e^x - e^{-x}}.$$

需特别注意的是，有些 $\dfrac{0}{0}$ 型或 $\dfrac{\infty}{\infty}$ 型不定式看似属于情况(2)，但经过恒等变形后却是可以使用洛必达法则进行求解的.

例 6.3-7　求函数极限 $\lim\limits_{x \to 0^+} \dfrac{e^{-\frac{1}{x}}}{x}$ 的值.

解 (方法一) 本例是 $\dfrac{0}{0}$ 型不定式，所以使用洛必达法则进行求解.

$$\lim_{x \to 0^+} \frac{e^{-\frac{1}{x}}}{x} = \lim_{x \to 0^+} \left(e^{-\frac{1}{x}} \cdot \frac{1}{x^2} \right) = \lim_{x \to 0^+} \frac{e^{-\frac{1}{x}}}{x^2}.$$

很显然，使用洛必达法则后所得到的极限比原极限更为复杂，无法求出结果.

(方法二) $\lim\limits_{x \to 0^+} \dfrac{e^{-\frac{1}{x}}}{x} = \lim\limits_{x \to 0^+} \dfrac{\dfrac{1}{x}}{e^{\frac{1}{x}}}$　　　$\left(\dfrac{\infty}{\infty} \text{型不定式，使用洛必达法则} \right)$

$$= \lim_{x \to 0^+} \frac{\left(\dfrac{1}{x} \right)'}{e^{\frac{1}{x}} \cdot \left(\dfrac{1}{x} \right)'} = \lim_{x \to 0^+} e^{-\frac{1}{x}} = 0.$$

通过恒等变形，将原 $\dfrac{0}{0}$ 型不定式变形为 $\dfrac{\infty}{\infty}$ 型不定式，使用洛必达法则顺利地求出结果.

6.3.3　其他类型不定式

除 $\dfrac{0}{0}$ 型或 $\dfrac{\infty}{\infty}$ 型不定式外，还有 $\infty - \infty$ 型、$0 \cdot \infty$ 型以及 0^0 型、∞^0 型、1^∞ 型等不定式，对于这五种不定式，只要经过适当变换，最终都可以把它们转化为 $\dfrac{0}{0}$ 型或 $\dfrac{\infty}{\infty}$ 型不定式，然后再使用洛必达法则求其值.

1. $\infty - \infty$ 型不定式(转化方法见 2.4.4 节)

例 6.3-8　求函数极限 $\lim\limits_{x \to 0} \left(\dfrac{1}{x^2} - \dfrac{\cot x}{x} \right)$ 的值

解　$\lim\limits_{x \to 0} \left(\dfrac{1}{x^2} - \dfrac{\cot x}{x} \right) = \lim\limits_{x \to 0} \left(\dfrac{1}{x^2} - \dfrac{\cos x}{x \sin x} \right)$

$$= \lim_{x \to 0} \frac{\sin x - x \cos x}{x^2 \sin x} \qquad (\text{当 } x \to 0 \text{ 时，} \sin x \sim x)$$

$$= \lim_{x \to 0} \frac{\sin x - x \cos x}{x^3} \qquad (\frac{0}{0} \text{型不定式，使用洛必达法则})$$

$$= \lim_{x \to 0} \frac{\cos x + x \sin x - \cos x}{3x^2} = \lim_{x \to 0} \frac{\sin x}{3x} = \frac{1}{3}.$$

2. $0 \cdot \infty$ 型不定式

若在同一极限过程中，函数 $f(x) \to 0$，函数 $g(x) \to \infty(-\infty, +\infty)$，则称极限

$$\lim[f(x)g(x)]$$

为 $0 \cdot \infty$ 型不定式.

$0 \cdot \infty$ 型不定式的转化方法为：将乘积 $f(x)g(x)$ 转化为分式，即

$$f(x)g(x) = \frac{f(x)}{\dfrac{1}{g(x)}} \quad \text{或} \quad f(x)g(x) = \frac{g(x)}{\dfrac{1}{f(x)}}.$$

当分母确定后，$0 \cdot \infty$ 型不定式自然随之转化为 $\dfrac{0}{0}$ 型或 $\dfrac{\infty}{\infty}$ 型不定式.

例 6.3-9 求函数极限 $\lim\limits_{x \to +\infty} x\left(\dfrac{\pi}{2} - \arctan x\right)$

解 $\lim\limits_{x \to +\infty} x\left(\dfrac{\pi}{2} - \arctan x\right)$ $\qquad (0 \cdot \infty \text{型不定式})$

$$= \lim_{x \to +\infty} \frac{\dfrac{\pi}{2} - \arctan x}{\dfrac{1}{x}} \qquad (\frac{0}{0} \text{型不定式，使用洛必达法则})$$

$$= \lim_{x \to +\infty} \frac{-\dfrac{1}{1 + x^2}}{-\dfrac{1}{x^2}} = \lim_{x \to +\infty} \frac{x^2}{1 + x^2} = 1.$$

3. 0^0 型、∞^0 型、1^∞ 型不定式

设函数 $f(x) > 0$，则函数 $[f(x)]^{g(x)} = e^{g(x) \ln f(x)}$.

(1) 若极限 $\lim[f(x)]^{g(x)}$ 为 0^0 型不定式，则极限 $\lim[g(x) \ln f(x)]$ 是 $0 \cdot \infty$ 型不定式；

(2) 若极限 $\lim[f(x)]^{g(x)}$ 为 ∞^0 型不定式，则极限 $\lim[g(x) \ln f(x)]$ 是 $0 \cdot \infty$ 型不定式；

(3) 若极限 $\lim[f(x)]^{g(x)}$ 为 1^∞ 型不定式，则极限 $\lim[g(x) \ln f(x)]$ 是 $\infty \cdot 0$ 型不定式.

因此，求幂指函数型不定式的极限 $\lim[f(x)]^{g(x)}$ 时，可以先求其自然对数的极限 $\lim[g(x) \ln f(x)]$（$0 \cdot \infty$ 型不定式），而这已在 "2" 中研究过了.

在求出极限 $\lim[g(x) \ln f(x)]$ 的值后，再利用定理 2.5-3 与指数函数的连续性，即可求得极限的值，即

$$\lim[f(x)]^{g(x)} = \lim e^{g(x) \ln f(x)} = e^{\lim[g(x) \ln f(x)]}.$$

一般地，对 1^∞ 型不定式，还是应先使用在 2.6.3 节中学过的 "1^∞ 型极限计算公式".

例 6.3-10 求函数极限 $\lim\limits_{x \to 0^+} \ln x^{\arctan x}$ 的值.

解 本例是 0^0 型不定式,因为

$$\lim_{x \to 0^+} \ln x^{\arctan x} = \lim_{x \to 0^+} (\arctan x \cdot \ln x) \quad (\text{当 } x \to 0 \text{ 时,} \arctan x \sim x)$$

$$= \lim_{x \to 0^+} x \ln x = \lim_{x \to 0^+} \frac{\ln x}{\dfrac{1}{x}} \quad (\dfrac{\infty}{\infty} \text{型不定式,使用洛必达法则})$$

$$= \lim_{x \to 0^+} \frac{\dfrac{1}{x}}{-\dfrac{1}{x^2}} = \lim_{x \to 0^+} (-x) = 0.$$

所以 $\quad \lim\limits_{x \to 0^+} x^{\arctan x} = \mathrm{e}^{\lim\limits_{x \to 0^+} \arctan x \cdot \ln x} = \mathrm{e}^0 = 1.$

例 6.3-11 求函数极限 $\lim\limits_{x \to 0^+} \ln(\cot x)^{\arcsin x}$ 的值.

解 本例是 ∞^0 型不定式,因为

$$\lim_{x \to 0^+} \ln(\cot x)^{\arcsin x} = \lim_{x \to 0^+} \arcsin x \ln(\cot x) \quad (\text{当 } x \to 0 \text{ 时,} \arcsin x \sim x)$$

$$= \lim_{x \to 0^+} x \ln(\cot x) = \lim_{x \to 0^+} \frac{\ln \cot x}{\dfrac{1}{x}} \quad (\dfrac{\infty}{\infty} \text{型不定式,使用洛必达法则})$$

$$= \lim_{x \to 0^+} \frac{-\dfrac{\csc^2 x}{\cot x}}{-\dfrac{1}{x^2}} = \lim_{x \to 0^+} \frac{x^2 \tan x}{\sin^2 x} = \lim_{x \to 0^+} \frac{x^2 \cdot x}{x^2} = 0. \ (\text{当 } x \to 0 \text{ 时,} \sin x \sim \tan x \sim x)$$

所以 $\quad \lim\limits_{x \to 0^+} (\cot x)^{\arcsin x} = \mathrm{e}^{\lim\limits_{x \to 0^+} \arcsin x \cdot \ln \cot x} = \mathrm{e}^0 = 1.$

例 6.3-12 求函数极限 $\lim\limits_{x \to +\infty} x\left(\dfrac{2}{\pi} \arctan x\right)^x$ 的值.

解 本例是 1^∞ 型不定式,利用 "1^∞ 型极限计算公式" 求解.

因为 $\lim\limits_{x \to +\infty} x\left(\dfrac{2}{\pi} \arctan x - 1\right) = \lim\limits_{x \to +\infty} \dfrac{2 \arctan x - \pi}{\dfrac{\pi}{x}} = \lim\limits_{x \to +\infty} \dfrac{\dfrac{2}{1 + x^2}}{-\dfrac{\pi}{x^2}} = -\dfrac{2}{\pi},$

所以 $\quad \lim\limits_{x \to +\infty} \left(\dfrac{2}{\pi} \arctan x\right)^x = \mathrm{e}^{\lim\limits_{x \to +\infty} \left(\dfrac{2}{\pi} \arctan x - 1\right)} = \mathrm{e}^{-\frac{2}{\pi}}.$

需特别指出,虽然洛必达法则可弥补等价替换法的不足(合适的等价无穷小有时找不到),以及在某种程度上替代等价替换法,但对于 $\dfrac{0}{0}$ 型不定式还是应首先使用等价替换法.只有当等价替换法不适用时才用洛必达法则,这样可避免由于求导而带来的复杂化现象,从而简化求极限的过程.

6.4 函数的单调性与极(最)值

6.4.1 函数严格单调性的判定与极值的求法

使用初等数学的方法判断函数的单调性通常是比较烦琐的, 而函数的严格单调性与导数的正负之间却是有着密切的联系的.

一方面, 严格单调增加(减少)的可导函数的图形是一条沿 x 轴正方向上升(下降)的曲线, 其上任意点 x 处的切线与 x 轴正向的夹角成锐角(钝角), 即曲线上任意点 x 处的切线的斜率 $\tan\alpha = f'(x)$ 为正(负).

另一方面, 导数是函数的变化率, 导数为正(负)即表明函数值向着增加(减少)的方向进行变化.

综合考虑上述两个方面, 可以得到下面的定理 6.4-1.

定理 6.4-1 设函数 $f(x)$ 在区间 I 内可导. 若对于任意的 $x \in I$, 总有

(1) $f'(x) > 0$, 则函数 $f(x)$ 在区间 I 内是严格单调增加函数;

(2) $f'(x) < 0$, 则函数 $f(x)$ 在区间 I 内是严格单调减少函数;

(3) $f'(x) = 0$, 则函数 $f(x)$ 在区间 I 内是常函数.

证明* 任取 x_1、$x_2 \in I$, 设 $x_1 < x_2$.

由已知条件知, 函数 $f(x)$ 在以 x_1、x_2 为端点的区间上满足拉格朗日中值定理的条件, 所以存在 $\xi \in (x_1, x_2)$, 使得

$$f'(\xi) = \frac{f(x_2) - f(x_1)}{x_2 - x_1}.$$

因为 $x_2 - x_1 > 0$, 所以, 若对于任意的 $x \in I$, 总有

(1) $f'(x) > 0$, 则有 $f'(\xi) > 0 \Rightarrow f(x_2) - f(x_1) > 0 \Rightarrow f(x_2) > f(x_1)$,
由 x_1、x_2 的任意性知, 函数 $f(x)$ 在区间 I 内是严格单调增加函数;

(2) $f'(x) < 0$, 则有 $f'(\xi) < 0 \Rightarrow f(x_2) - f(x_1) < 0 \Rightarrow f(x_2) < f(x_1)$,
由 x_1、x_2 的任意性知, 函数 $f(x)$ 在区间 I 内是严格单调减少函数;

(3) $f'(x) = 0$, 则有 $f'(\xi) = 0 \Rightarrow f(x_2) - f(x_1) = 0 \Rightarrow f(x_2) = f(x_1)$,
由 x_1、x_2 的任意性知, 函数 $f(x)$ 在区间 I 内是常函数.

由函数极值的定义易知, 连续函数增减区间的分界点必为其极值点. 由于函数的极值点必为临界点, 从而由定理 6.4-1 可得到下面的极值判定定理.

定理 6.4-2 (极值的第一充分条件) 设点 x_0 为函数 $f(x)$ 的临界点, 且函数 $f(x)$ 在点 x_0 的某个空心邻域 $U°(x_0, \delta)(\delta > 0)$ 内可导.

(1) 若当 $x \in (x_0 - \delta, x_0)$ 时, 总有 $f'(x) > 0(<0)$; 且当 $x \in (x_0, x_0 + \delta)$ 时, 总有 $f'(x) < 0(>0)$, 则点 x_0 是函数 $f(x)$ 的极大(小)值点.

(2) 若当 $x \in U°(x_0)$ 时, 总有 $f'(x) > 0(<0)$, 则点 x_0 不是函数 $f(x)$ 的极值点.

综合定理 6.4-1 与定理 6.4-2 可知, 如果连续函数 $f(x)$ 在它的定义区间内除有限个点

外均具有导数，则可按下列步骤来确定连续函数 $f(x)$ 的单调区间与极值：

(1) 确定定义域：求出函数 $f(x)$ 的定义域．

(2) 求导：求出函数 $f(x)$ 的导数 $f'(x)$．

(3) 求临界点：求出函数 $f(x)$ 的全部临界点，即求出所有使 $f'(x)=0$ 或使 $f'(x)$ 不存在的点 x．

(4) 列表判断：用所求出的临界点将定义域划分为若干个小区间；确定 $f'(x)$ 在每个小区间上的符号；确定函数 $f(x)$ 在每个小区间上的严格单调性(用"↑"与"↓"分别表示严格单调增加与严格单调减少)；判断各临界点是否为极值点并求出极值．

(5) 得出结论：根据题目要求写出相应的结论．

例 6.4-1 求函数 $f(x)=\sqrt[3]{(2x-x^2)^2}$ 的单调区间和极值．

解 (1) 函数 $f(x)$ 的定义域为 $(-\infty,+\infty)$；

(2) $f'(x)=\dfrac{2}{3}(2x-x^2)^{-\frac{1}{3}}(2-2x)=\dfrac{4(1-x)}{3\cdot\sqrt[3]{2x-x^2}}$；

(3) 使 $f'(x)=0$ 的点为 $x=1$；使 $f'(x)$ 不存在的点为 $x=0$ 和 $x=2$．

(4) 列表：

x	$(-\infty,0)$	0	$(0,1)$	1	$(1,2)$	2	$(2,+\infty)$
$f'(x)$	−	不存在	+	0	−	不存在	+
$f(x)$	↓	极小值 0	↑	极大值 1	↓	极小值 0	↑

(5) 结论：

函数 $f(x)$ 的严格单调减少区间为 $(-\infty,0)$ 和 $(1,2)$；严格单调增加区间为 $(0,1)$ 和 $(2,+\infty)$；函数 $f(x)$ 的极小值为 $f(0)=f(2)=0$；极大值为 $f(1)=1$．

定理 6.4-3 (极值的第二充分条件) 设函数 $f(x)$ 在驻点 x_0 (即有 $f'(x_0)=0$)处具有二阶导数，且 $f''(x_0)\neq 0$，则点 x_0 是函数 $f(x)$ 的极值点．并且，

(1) 当 $f''(x_0)<0$ 时，函数 $f(x)$ 在点 x_0 处取得极大值；

(2) 当 $f''(x_0)>0$ 时，函数 $f(x)$ 在点 x_0 处取得极小值．

定理 6.4-2 适用于所有函数临界点处的极值判定问题，而定理 6.4-3 只能用来判定函数的驻点是否为极值点．因此，定理 6.4-3 通常用于处理二阶导数比较简单或导数符号不好判定的情形(如隐函数极值的确定)，但其无法解决 $f'(x_0)=f''(x_0)=0$ 时的极值判定．

例如，函数 $f(x)=x^3$，$g(x)=x^4$，$h(x)=-x^4$ 在点 $x=0$ 处的一阶导数和二阶导数均为零，但点 $x=0$ 不是函数 $f(x)$ 的极值点，却是函数 $g(x)$ 的极小值点和函数 $h(x)$ 的极大值点．因此，若在驻点处函数的二阶导数为零，则仍需使用定理 6.4-2 来进行极值判定．

例 6.4-2 求函数 $f(x)=x^3-9x^2+15x+3$ 的极值．

解 (1) 函数 $f(x)$ 的定义域为 $(-\infty,+\infty)$；

(2) $f'(x)=3x^2-18x+15=3(x-1)(x-5)$，$f''(x)=6x-18=6(x-3)$；

(3) 令 $f'(x)=0$，得驻点 $x_1=1$，$x_2=5$；

(4) $f''(1)=-12<0$，$f''(5)=12>0$；

(5) 结论：

函数 $f(x)$ 在点 $x = 1$ 处取得极大值 $f(1) = 10$，在点 $x = 5$ 处取得极小值 $f(5) = -22$.

6.4.2 函数最值的求法及其应用

1. 闭区间上连续函数最值的求法

因闭区间 $[a,b]$ 上的连续函数 $f(x)$ 一定存在最大值和最小值. 下面讨论求连续函数在闭区间上最大值和最小值的方法.

设函数 $f(x)$ 在闭区间 $[a,b]$ 上连续，在开区间 (a,b) 内除去至多有限个使 $f'(x)$ 不存在的点外，其余各点均具有导数. 若函数 $f(x)$ 的最大（小）值在开区间 (a,b) 内的某点处取得，则它一定同时是极大（小）值. 但函数 $f(x)$ 的最大（小）值也可在区间端点处取得. 因此，只需比较函数 $f(x)$ 在开区间 (a,b) 内的所有极大（小）值与函数 $f(x)$ 在区间端点处的函数值的大小，即可得出函数 $f(x)$ 在闭区间 $[a,b]$ 上的最大值和最小值.

需特别指出的是：由于函数的最大值与最小值之间存在着必然的大小关系，因此可不进行极值的判定，而只需把各临界点处的函数值计算出来，将其同区间端点处的函数值放在一起进行比较，即可确定出函数的最大值与最小值.

所以，求连续函数 $f(x)$ 在闭区间 $[a,b]$ 上的最值可归纳为以下步骤：

(1) 求出函数 $f(x)$ 的导数，进而求出函数 $f(x)$ 在开区间 (a,b) 内的全部临界点；

(2) 求出所有临界点处的函数值，以及函数 $f(x)$ 在闭区间 $[a,b]$ 端点处的函数值；

(3) 比较(2)中所求出的所有函数值的大小，其中数值最大的即为函数的最大值，数值最小的即为函数的最小值.

例 6.4-3 求函数 $f(x) = \sqrt[3]{2x^2(x-6)}$ 在闭区间 $[-2,4]$ 上的最大值和最小值.

解 (1) $f'(x) = 2^{\frac{1}{3}} \left[x^{\frac{2}{3}} (x-6)^{\frac{1}{3}} \right]' = 2^{\frac{1}{3}} \left[\frac{2}{3} x^{-\frac{1}{3}} (x-6)^{\frac{1}{3}} + \frac{1}{3} x^{\frac{2}{3}} (x-6)^{-\frac{2}{3}} \right]$

$$= 2^{\frac{1}{3}} \cdot \frac{1}{3} x^{-\frac{1}{3}} (x-6)^{-\frac{2}{3}} [2(x-6) + x] = 2^{\frac{1}{3}} x^{-\frac{1}{3}} (x-6)^{-\frac{2}{3}} (x-4).$$

使 $f'(x) = 0$ 的点为 $x = 4 \notin (-2,4)$（舍去）；

使 $f'(x)$ 不存在的点为 $x = 0$，$x = 6 \notin (-2,4)$（舍去）.

(2) $f(0) = 0$，$f(-2) = f(4) = -4$.

(3) 比较所求出的各函数值，得

在闭区间 $[-2,4]$ 上，函数的最大值为 $f(0) = 0$，最小值为 $f(-2) = f(4) = -4$.

2. 实际应用中的最值问题

最值问题是社会生产实践中的一种常见问题. 然而，在最值问题的实际应用中，要得到闭区间上的连续函数通常是比较困难甚至是无法实现的. 因此，在解决实际应用中的最值问题时，通常要用到下面的定理 6.4-4.

定理 6.4-4 若点 x_0 为函数 $f(x)$ 在其连续区间 I 内的唯一极值点，则点 x_0 必为函数 $f(x)$ 在区间 I 内的最值点. 此时，若 $f(x_0)$ 为极大（小）值，则其必为最大（小）值.

例 6.4-4 有一块宽为 $2a$ 的长方形铁片，将它的两个边缘向上折起成一个开口水槽，其横截面为矩形，高为 x . 问高 x 取何值时，水槽流量最大？

解 因为水槽的横截面为矩形，且高为 x ，所以水槽横截面的面积为
$$S(x) = x(2a - 2x)，\text{其中 } x \in (0, a).$$
$$S'(x) = 2a - 4x ；\quad S''(x) = -4 < 0.$$

令 $S'(x) = 0$ ，得驻点 $x = \dfrac{a}{2}$.

因为 $S''\left(\dfrac{a}{2}\right) = -4 < 0$ ，由定理 6.4-3 知，点 $x = \dfrac{a}{2}$ 为极大点，且为函数 $S(x)$ 在区间 $(0, a)$ 内的唯一极值点.

由定理 6.4-4 知，点 $x = \dfrac{a}{2}$ 为函数 $S(x)$ 在区间 $(0, a)$ 内的最大点.

所以，当长方形铁片两边折起的高度为 $\dfrac{a}{2}$ 时，水槽横截面的面积最大，此时水槽的流量最大.

事实上，在实际问题中，往往根据问题本身的性质就可以直接断定连续函数在其定义区间内确有最大值或最小值. 这时，若函数 $f(x)$ 在定义区间内有且仅有一个临界点 x_0 ，则不必讨论 $f(x_0)$ 是否为极值，就可直接断定 $f(x_0)$ 是函数 $f(x)$ 的最大值或最小值.

例 6.4-5 某工厂欲建造一个容积为 300m^3 的带盖圆桶，问桶盖的半径 r 和桶高 h 如何确定，才能使所用材料最省？

解 因为桶的容积 $v = 300 \text{ m}^3$ ，
所以　　$300 = \pi r^2 h \Rightarrow h = \dfrac{300}{\pi r^2}$.

因为桶的表面积为
$$S(r) = 2\pi r h + 2\pi r^2 = 2\pi r^2 + \frac{600}{r}，$$
所以　　$S'(r) = 4\pi r - \dfrac{600}{r^2} = 2\left(2\pi r - \dfrac{300}{r^2}\right).$

令 $S'(r) = 0$ ，得
$$\frac{300}{r^2} = 2\pi r \Rightarrow r = \sqrt[3]{\frac{150}{\pi}}，\quad h = \frac{300}{\pi r^2} = 2r.$$

因该问题确实存在最小值，且该问题仅有一个驻点 $r = \sqrt[3]{\dfrac{150}{\pi}} \in (0, +\infty)$ ，所以，当圆桶盖的半径 r 为圆桶高 h 的一半时，所用材料最省.

6.5　函数曲线的凹向与拐点

研究了函数的严格单调性与极值之后，对曲线的变化情况有了大致的了解，但只有这些还是不够的. 如图 6.5-1(a)、(b)所示的两个函数，虽然它们都是严格单调增加的，但它们

增加的快慢是不同的. 图 6.5-1(a)中的曲线向下弯曲，函数增加得越来越慢；图 6.5-1(b)中的曲线向上弯曲，函数增加得越来越快.

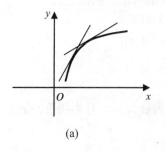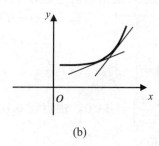

(a)	(b)

图 6.5-1

从图 6.5-1(a)中可以看出，向下弯曲的曲线弧位于它的任意一点处的切线的下方；从图 6.5-1(b)中可以看出，向上弯曲的曲线弧位于它的任意一点处的切线的上方. 因此可以用曲线弧与切线的相对位置来刻画曲线的这种特性.

6.5.1 曲线的凹向

定义 6.5-1 设函数 $f(x)$ 在区间 I 内可导. 若对任意的点 $x_0 \in I$，曲线 $y = f(x)$ 都位于过其上点 $M(x_0, f(x_0))$ 处的切线的上(下)方，即有

$$f(x) > (<) f(x_0) + f'(x_0) \cdot (x - x_0) \ (x \in I),$$

则称 $f(x)$ 为区间 I 内的**上(下)凹函数**，并称曲线 $y = f(x)$ 在区间 I 内是**上(下)凹**的.

从图 6.5-1 还可看出，下凹曲线弧上各点的切线斜率 $\tan \alpha = f'(x)$（α 为切线的倾角）随着 x 的增大而减小，即 $f'(x)$ 是严格单调减少函数；上凹曲线弧上各点的切线斜率 $f'(x)$ 随着 x 的增大而增大，即 $f'(x)$ 是严格单调增加函数. 由此可得曲线凹向的判别法.

定理 6.5-1 设函数 $f(x)$ 在区间 I 内可导.

(1) 若 $f'(x)$ 在区间 I 内是严格单调减少函数，则曲线 $y = f(x)$ 在区间 I 内是下凹的；

(2) 若 $f'(x)$ 在区间 I 内是严格单调增加函数，则曲线 $y = f(x)$ 在区间内 I 是上凹的；

(3) 若 $f'(x)$ 在区间 I 内是常函数，则曲线 $y = f(x)$ 在区间 I 内是直线.

这样，对可导函数 $f(x)$，曲线 $y = f(x)$ 凹向的判定就归结为对其导函数 $f'(x)$ 的严格单调性的判定. 由定理 6.4-1 与定理 6.5-1，可得如下推论：

推论 6.5-1 设函数 $f(x)$ 在区间 I 内二阶可导. 若对于任意的 $x \in I$，总有

(1) $f''(x) < 0$，则曲线 $y = f(x)$ 在区间 I 内是下凹的；

(2) $f''(x) > 0$，则曲线 $y = f(x)$ 在区间 I 内是上凹的

(3) $f''(x) = 0$，则曲线 $y = f(x)$ 在区间 I 内是直线，即 $y = kx + b$.

6.5.2 曲线的拐点

定义 6.5-2 连续曲线 $y = f(x)$ 凹向的转折点，即上凹曲线弧与下凹曲线弧的分界点，称为曲线 $y = f(x)$ 的**拐点**.

特别应注意，拐点是曲线 $y=f(x)$ 上的点，因此拐点坐标需用横坐标与纵坐标同时表示. 对于函数 $f(x)$ 来说，是不存在拐点的概念的.

对于可导函数 $f(x)$，曲线 $y=f(x)$ 的凹向等价于其导函数 $f'(x)$ 的严格单调性，所以曲线 $y=f(x)$ 的拐点的横坐标就相当于函数 $f'(x)$ 的极值点. 因而曲线 $y=f(x)$ 的拐点的横坐标只可能出现于函数 $f'(x)$ 的临界点处，也就是使 $f''(x)=0$ 或使 $f''(x)$ 不存在的点处.

定理 6.5-2 设函数 $f(x)$ 在点 x_0 处连续，在点 x_0 的某空心邻域 $U°(x_0,\delta)\,(\delta>0)$ 内二阶可导.

(1) 若函数 $f''(x)$ 在区间 $(x_0-\delta,x_0)$ 与 $(x_0,x_0+\delta)$ 内符号相异，则点 $(x_0,f(x_0))$ 为曲线 $y=f(x)$ 的拐点；

(2) 若函数 $f''(x)$ 在区间 $(x_0-\delta,x_0)$ 与 $(x_0,x_0+\delta)$ 内符号相同，则点 $(x_0,f(x_0))$ 不是曲线 $y=f(x)$ 的拐点.

综合推论 6.5-1 与定理 6.5-2 可知，若连续函数 $f(x)$ 在它的定义区间内除有限个点外均具有二阶导数，则可以按照下列步骤求曲线 $y=f(x)$ 的凹向与拐点.

(1) 确定定义域：求出函数 $f(x)$ 的定义域.

(2) 求导：求出函数 $f(x)$ 的二阶导数 $f''(x)$.

(3) 求函数 $f'(x)$ 的临界点：求出函数 $f'(x)$ 的全部临界点，即求出所有使 $f''(x)=0$ 或使 $f''(x)$ 不存在的点 x.

(4) 列表判断：用(3)中所求各点将定义域划分为若干个小区间；确定 $f''(x)$ 在每个小区间上的符号；确定函数 $f(x)$ 在每个小区间上的凹向(用"$\cap$"与"$\cup$"分别表示下凹曲线弧与上凹曲线弧)；判断(3)中所求各点是否为拐点并求出拐点的坐标.

(5) 得出结论：根据题目要求写出相应的结论.

例 6.5-1 确定曲线 $y=(x-1)^4(x-6)$ 的凹向区间和拐点.

解 (1) 函数 $f(x)$ 的定义域为 $(-\infty,+\infty)$.

(2) 因为 $y'=4(x-1)^3(x-6)+(x-1)^4=5(x-1)^3(x-5)$，

所以　　$y''=15(x-1)^2(x-5)+5(x-1)^3=20(x-1)^2(x-4)$.

(3) 令 $y''=0$，得 $x=1$，$x=4$.

(4) 列表：

x	$(-\infty,1)$	1	$(1,4)$	4	$(4,+\infty)$
$f''(x)$	$-$	0	$-$	0	$+$
$f(x)$	$\cap$		$\cap$	拐点 $(4,-162)$	$\cup$

(5) 结论：

曲线 $y=f(x)$ 的下凹区间是 $(-\infty,4)$，上凹区间是 $(4,+\infty)$；曲线 $y=f(x)$ 的拐点坐标是 $(4,-162)$.

例 6.5-2 确定曲线 $f(x)=\sqrt[3]{2x^2-x^3}$ 的凹向区间和拐点.

解 (1) 函数 $f(x)$ 的定义域为 $(-\infty,+\infty)$.

(2) 因为 $f'(x) = \dfrac{1}{3}[x(2-x)^2]^{-\frac{1}{3}} \cdot (4-3x)$，

所以　　　$f''(x) = -\dfrac{8}{9x^{\frac{4}{3}} \cdot (2-x)^{\frac{5}{3}}}$.

(3) 使 $f''(x)$ 不存在的点为 $x=0$ 和 $x=2$.

(4) 列表：

x	$(-\infty,1)$	0	$(0,2)$	2	$(2,+\infty)$
$f''(x)$	-	不存在	-	不存在	+
$f(x)$	$\cap$		$\cap$	拐点 $(2,0)$	$\cup$

(5) 结论：

曲线 $y=f(x)$ 的下凹区间是 $(-\infty,2)$，上凹区间是 $(2,+\infty)$；曲线 $y=f(x)$ 的拐点坐标是 $(2,0)$.

6.6　平面图形的面积

求平面图形的面积是最有价值的问题之一，但在初等数学中只会求直线或圆所围成的规则图形的面积. 而积分法，则使求平面图形的面积这个问题得到了较为彻底的解决.

6.6.1　定积分的几何意义

设函数 $f(x)$ 在闭区间 $[a,b]$ 上可积且 $f(x) \geqslant 0$，则由 2.1.2 与定积分的定义可知，定积分 $\int_a^b f(x)\mathrm{d}x$ 在几何上表示由曲线 $y=f(x)$、x 轴以及二直线 $x=a$、$x=b$ 所围成的曲边梯形的面积 (见图 6.6-1 中阴影部分).

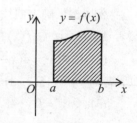

图 6.6-1

设函数 $f(x)$ 在闭区间 $[a,b]$ 上可积且 $f(x) \leqslant 0$，则定积分 $\int_a^b [-f(x)]\mathrm{d}x$ 在几何上表示由曲线 $y=f(x)$、x 轴以及二直线 $x=a$、$x=b$ 所围成的曲边梯形的面积. 此时该曲边梯形在 x 轴下方(见图 6.6-2 中阴影部分).

设函数 $f(x)$ 在闭区间 $[a,b]$ 上可积，且函数 $f(x)$ 在闭区间 $[a,b]$ 上的值有正有负. 这时，函数 $f(x)$ 图形的某些部分在 x 轴上方，其余部分在 x 轴下方. 此时，定积分 $\int_a^b |f(x)|\mathrm{d}x$ 在几何意义上表示由曲线 $y=f(x)$、x 轴及二直线 $x=a$、$x=b$ 所围成的平面图形位于 x 轴上方部分的面积加上位于 x 轴下方部分的面积(见图 6.6-3 中阴影部分).

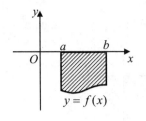

图 6.6-2

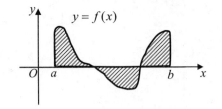

图 6.6-3

综上所述，定积分 $\int_a^b f(x)\mathrm{d}x$ 的几何意义是：

设函数 $f(x)$ 在闭区间 $[a,b]$ 上可积，且由曲线 $y=f(x)$ 、x 轴以及二直线 $x=a$ 、$x=b$ 所围成的曲边梯形的面积为 S ，则

$$S = \int_a^b |f(x)|\,\mathrm{d}x\,. \tag{6.6-1}$$

例 6.6-1 求正弦曲线 $y=\sin x$ 在闭区间 $[0,2\pi]$ 上的一段与 x 轴所围成的图形的面积.

解 所围成的图形如图 6.6-4 中阴影部分所示.

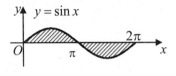

图 6.6-4

故所求面积为

$$S = \int_0^{2\pi} |\sin x|\,\mathrm{d}x = \int_0^\pi \sin x\mathrm{d}x - \int_\pi^{2\pi} \sin x\mathrm{d}x = -\cos x\Big|_0^\pi + \cos x\Big|_\pi^{2\pi} = 4\,.$$

6.6.2　平面图形的面积

设函数 $f(x)$ 、$g(x)$ 在闭区间 $[a,b]$ 上可积，则由两曲线 $y=f(x)$ 、$y=g(x)$ 与二直线 $x=a$ 、$x=b$ 所围成的平面图形(见图 6.6-5 中阴影部分)的面积为

$$S = \int_a^b |f(x)-g(x)|\mathrm{d}x\,. \tag{6.6-2}$$

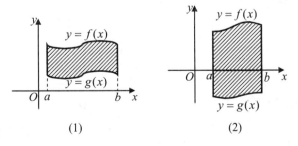

(1)　　　　　　　　　　(2)

图 6.6-5

设函数 $f(y)$ 、$g(y)$ 在闭区间 $[c,d]$ 上可积，则由两曲线 $x=f(y)$ 、$x=g(y)$ 及直线 $y=c$ 、$y=d$ 所围成的平面图形(见图 6.6-6 中阴影部分)的面积为

$$S = \int_c^d |f(y) - g(y)| \, \mathrm{d}y. \tag{6.6-3}$$

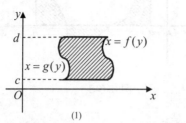
(1)

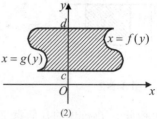
(2)

图 6.6-6

例 6.6-2 求两条抛物线 $y^2 = x$、$y = x^2$ 所围成的平面图形的面积.

解 所围成的图形如图 6.6-7 中阴影部分所示.

解方程组 $\begin{cases} y = x^2 \\ y^2 = x \end{cases}$ 得 $x = 0$，$x = 1$.

故所求面积为

$$S = \int_0^1 |\sqrt{x} - x^2| \, \mathrm{d}x = \int_0^1 (\sqrt{x} - x^2) \, \mathrm{d}x$$

$$= \left(\frac{2}{3} x^{\frac{3}{2}} - \frac{1}{3} x^3 \right) \Big|_0^1 = \frac{1}{3}.$$

例 6.6-3 求曲线 $y = \sin x$ 与 $y = \sin 2x$ 在闭区间 $[0, \pi]$ 上所围成的平面图形的面积.

解 所围成的图形如图 6.6-8 中阴影部分所示.

解方程组 $\begin{cases} y = \sin x \\ y = \sin 2x \end{cases}$ 得 $x = 0$，$x = \dfrac{\pi}{3}$，$x = \pi$.

故所求面积为

$$S = \int_0^\pi |\sin x - \sin 2x| \, \mathrm{d}x$$

$$= \int_0^{\frac{\pi}{3}} (\sin 2x - \sin x) \, \mathrm{d}x + \int_{\frac{\pi}{3}}^\pi (\sin x - \sin 2x) \, \mathrm{d}x$$

$$= \left(-\frac{1}{2} \cos 2x + \cos x \right) \Big|_0^{\frac{\pi}{3}} + \left(-\cos x + \frac{1}{2} \cos 2x \right) \Big|_{\frac{\pi}{3}}^\pi = \frac{5}{2}.$$

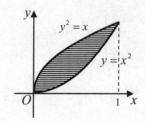

图 6.6-7

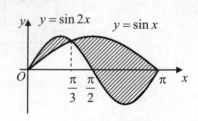

图 6.6-8

例 6.6-4 求由抛物线 $y^2 = 2x$ 与直线 $x - y = 4$ 所围成的平面图形的面积.

解 所围成的图形如图 6.6-9 中阴影部分所示.

解方程组 $\begin{cases} y^2 = 2x \\ x - y = 4 \end{cases}$ 得 $y_1 = -2, y_2 = 4$.

故所求面积为

$$S = \int_{-2}^{4} \left| (y+4) - \frac{1}{2}y^2 \right| \mathrm{d}y = \int_{-2}^{4} \left[(y+4) - \frac{1}{2}y^2 \right] \mathrm{d}y$$

$$= \left(\frac{1}{2}y^2 + 4y - \frac{1}{6}y^3 \right) \Bigg|_{-2}^{4} = 18 .$$

6.6.3* 参数方程形式下的面积公式

设曲边梯形的曲边 $y = f(x)$ $(f(x) \geqslant 0, a \leqslant x \leqslant b)$ 由参数方程 $x = \varphi(t)$ 、 $y = \psi(t)$ $(\alpha \leqslant t \leqslant \beta)$ 给出，其中 $\varphi'(t)$ 、 $\psi'(t)$ 为闭区间 $[\alpha, \beta]$ 上的连续函数. 并且，当变量 x 从 a 变化到 b 时，参数 t 相应地从 α 变化到 β .

将 $x = \varphi(t)$ ， $f(x) = y = \psi(t)$ 代入式(6.6-1)，得

$$S = \int_a^b f(x)\mathrm{d}x = \int_\alpha^\beta \psi(t)\mathrm{d}[\varphi(t)] = \int_\alpha^\beta \psi(t)\varphi'(t)\mathrm{d}t . \tag{6.6-4}$$

例 6.6-5 求椭圆 $\dfrac{x^2}{a^2} + \dfrac{y^2}{b^2} = 1$ 的面积.

解 因椭圆 $\dfrac{x^2}{a^2} + \dfrac{y^2}{b^2} = 1$ 关于 x 轴、 y 轴都是对称的，所以它的面积是它位于第一象限内的部分的面积的 4 倍(见图 6.6-10 中阴影部分).

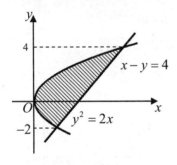

图 6.6-9

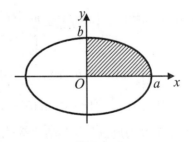

图 6.6-10

椭圆的参数方程为 $x = a\cos t$ 、 $y = b\sin t$ ，

且 $x = 0$ 时， $t = \dfrac{\pi}{2}$ ； $x = a$ 时， $t = 0$.

故所求椭圆的面积为

$$S = 4\int_{\frac{\pi}{2}}^{0} b\sin t(-a\sin t)\mathrm{d}t$$

$$= 2ab\int_0^{\frac{\pi}{2}}(1 - \cos 2t)\mathrm{d}t$$

$$= 2ab\left(t - \frac{1}{2}\sin 2t\right)\Big|_0^{\frac{\pi}{2}} = \pi ab.$$

6.7* 积分中值定理

6.7.1 定积分的估值不等式

在下面的讨论中，假定所遇到的函数 $f(x)$、$g(x)$ 在闭区间 $[a,b]$ 上都是可积的.

定理 6.7-1 在闭区间 $[a,b]$ 上，若函数 $f(x) \geq 0$，则 $\int_a^b f(x)\mathrm{d}x \geq 0$.

推论 6.7-1 在闭区间 $[a,b]$ 上，若函数 $f(x) \geq g(x)$，则 $\int_a^b f(x)\mathrm{d}x \geq \int_a^b g(x)\mathrm{d}x$.

证明 因为在闭区间 $[a,b]$ 上有函数 $f(x) - g(x) \geq 0$，因此由定理 6.7-1 得

$$\int_a^b [f(x) - g(x)]\mathrm{d}x = \int_a^b f(x)\mathrm{d}x - \int_a^b g(x)\mathrm{d}x \geq 0,$$

所以 $\quad \int_a^b f(x)\mathrm{d}x \geq \int_a^b g(x)\mathrm{d}x$.

例 6.7-1 不计算定积分的值，比较定积分 $\int_1^2 x\ln x\mathrm{d}x$ 与 $\int_1^2 \sqrt{x}\ln x\mathrm{d}x$ 的大小.

解 因为当 $x \in [1,2]$ 时，有 $\ln x \geq 0$，$x \geq \sqrt{x}$，当且仅当 $x = 1$ 时等号成立.

所以 $\quad x\ln x \geq \sqrt{x}\ln x$（当且仅当 $x = 1$ 时等号成立）.

由推论 6.7-1 知，$\int_1^2 x\ln x\mathrm{d}x > \int_1^2 \sqrt{x}\ln x\mathrm{d}x$.

推论 6.7-2 若 M 和 m 分别是函数 $f(x)$ 在闭区间 $[a,b]$ 上的最大值和最小值，则

$$m(b-a) \leq \int_a^b f(x)\mathrm{d}x \leq M(b-a). \tag{6.7-1}$$

证明 因在闭区间 $[a,b]$ 上有 $m \leq f(x) \leq M$，所以由推论 6.7-1 得

$$\int_a^b m\mathrm{d}x \leq \int_a^b f(x)\mathrm{d}x \leq \int_a^b M\mathrm{d}x.$$

而 $\quad \int_a^b m\mathrm{d}x = m(b-a)$，$\int_a^b M\mathrm{d}x = M(b-a)$，

因此 $\quad m(b-a) \leq \int_a^b f(x)\mathrm{d}x \leq M(b-a)$.

式(6.7-1)称为定积分的**估值不等式**. 它表明，当定积分不能用或不宜用牛顿——莱布尼茨公式求值时，可以用被积函数在积分区间上的最大值和最小值来估计该定积分的值.

例 6.7-2 估计定积分 $\int_{-1}^2 \mathrm{e}^{-x^2}\mathrm{d}x$ 的取值范围.

解 $f'(x) = (\mathrm{e}^{-x^2})' = -2x\mathrm{e}^{-x^2}$.

令 $f'(x) = 0$，得驻点 $x = 0 \in (-1,2)$.

因为 $f(0) = 1$，$f(-1) = \mathrm{e}^{-1}$，$f(2) = \mathrm{e}^{-4}$，

所以 $\quad m = f(2) = \mathrm{e}^{-4}, M = f(0) = 1$.

从而 $\quad 3\mathrm{e}^{-4} \leq \int_{-1}^2 \mathrm{e}^{-x^2}\mathrm{d}x \leq 3$.

6.7.2　积分中值定理

推论 6.7-3　若函数 $f(x)$ 在闭区间 $[a,b]$ 上连续，则至少存在一点 $\xi \in [a,b]$，使

$$\int_a^b f(x)\mathrm{d}x = f(\xi)(b-a) . \tag{6.7-2}$$

证明　因为函数 $f(x)$ 在闭区间 $[a,b]$ 上连续，由定理 6.1-2 知，函数 $f(x)$ 在区间 $[a,b]$ 上有最小值 m 和最大值 M，即

$$m \leqslant f(x) \leqslant M .$$

由推论 6.7-2，得

$$m(b-a) \leqslant \int_a^b f(x)\mathrm{d}x \leqslant M(b-a) ,$$

因此

$$m \leqslant \frac{1}{b-a}\int_a^b f(x)\mathrm{d}x \leqslant M .$$

这表明 $\dfrac{1}{b-a}\displaystyle\int_a^b f(x)\mathrm{d}x$ 是介于函数 $f(x)$ 在 $[a,b]$ 上的最小值 m 和最大值 M 之间的一个数. 由定理 6.1-3 知，至少存在一点 $\xi \in [a,b]$，使

$$f(\xi) = \frac{1}{b-a}\int_a^b f(x)\mathrm{d}x , \tag{6.7-3}$$

即

$$\int_a^b f(x)\mathrm{d}x = f(\xi)(b-a) .$$

推论 6.7-3 通常称为**积分中值定理**，其中式(6.7-2)称为**积分中值公式**.

积分中值定理的几何意义是：对于以连续曲线 $y = f(x)\,(a \leqslant x \leqslant b,\ f(x) \geqslant 0)$ 为曲边的曲边梯形，至少存在一个以 $f(\xi)\,(a \leqslant \xi \leqslant b)$ 为高，$b-a$ 为宽的矩形，使矩形的面积与曲边梯形的面积相等(见图 6.7-1).

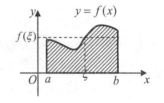

图 6.7-1

式(6.7-3)中的 $\dfrac{1}{b-a}\displaystyle\int_a^b f(x)\mathrm{d}x$ 称为连续函数 $f(x)$ 在闭区间 $[a,b]$ 上的**积分均值**，它是有限个数的算术平均值的推广.

可以证明，连续函数 $f(x)$ 在闭区间 $[a,b]$ 上的**函数平均值** (即所取得的一切值的平均值，记作 $\bar{y}$) 就是函数 $f(x)$ 在闭区间 $[a,b]$ 上的积分均值，即

$$\bar{y} = \frac{1}{b-a}\int_a^b f(x)\mathrm{d}x . \tag{6.7-4}$$

例 6.7-3　计算函数 $y = \sin x$ 在闭区间 $[0,\pi]$ 上的函数平均值 $\bar{y}$.

解　$\bar{y} = \dfrac{1}{\pi-0}\displaystyle\int_0^\pi \sin x\,\mathrm{d}x = \dfrac{1}{\pi}(-\cos x)\Big|_0^\pi = \dfrac{2}{\pi}$.

6.8　变上限积分

6.8.1　变上限积分

设函数 $f(x)$ 在闭区间 $[a,b]$ 上连续，在闭区间 $[a,b]$ 上任取一点 x. 因函数 $f(x)$ 在闭区间 $[a,x]$ 上连续，所以积分 $\int_a^x f(t)\mathrm{d}t$ 存在.当积分上限 x 在闭区间 $[a,b]$ 上变化时，对于每一个取定的 x 值，积分 $\int_a^x f(t)\mathrm{d}t$ 都有一个唯一确定的数值与之相对应，即积分 $\int_a^x f(t)\mathrm{d}t$ 的值随 x 的变化而变化. 由函数的定义知，积分 $\int_a^x f(t)\mathrm{d}t$ 在闭区间 $[a,b]$ 上是积分上限 x 的函数，通常把它记作 $\varPhi(x)$，即

$$\varPhi(x) = \int_a^x f(t)\mathrm{d}t, x \in [a,b] . \tag{6.8-1}$$

函数 $\varPhi(x)$ 通常称为**变上限积分**或**积分上限函数**.

关于变上限积分有下面重要的微积分基本定理.

6.8.2　微积分基本定理

定理 6.8-1 设函数 $f(x)$ 在闭区间 $[a,b]$ 上连续，则积分上限函数 $\varPhi(x) = \int_a^x f(t)\mathrm{d}t$ 在闭区间 $[a,b]$ 上可导，且其导数就是函数 $f(x)$，即

$$\varPhi'(x) = \frac{\mathrm{d}}{\mathrm{d}x}\int_a^x f(t)\mathrm{d}t = f(x) . \tag{6.8-2}$$

虽然导数和定积分都是通过极限定义的，可是这两类极限从形式上看相差甚远，不能直接看出导数与定积分之间有什么联系. 但是，由变上限积分导出的微积分基本定理把导数和定积分这两个表面上看起来似乎毫不相干的概念紧密地联系起来. 微积分基本定理表明了导数与定积分的内在联系，即连续函数的变上限积分对积分上限的导数等于被积函数在积分上限处的值.

由原函数定义和微积分基本定理知，当被积函数连续时，其变上限积分就是它的一个原函数. 这也就证明了原函数存在定理(定理 4.2-1).

下面用微积分基本定理证明牛顿—莱布尼茨公式.

例 6.8-1 设函数 $f(x)$ 在闭区间 $[a,b]$ 上连续，且在闭区间 $[a,b]$ 上有 $F'(x) = f(x)$，证明：$\int_a^b f(x)\mathrm{d}x = F(b) - F(a)$.

证明 因为函数 $f(x)$ 在闭区间 $[a,b]$ 上连续，所以函数 $\varPhi(x) = \int_a^x f(t)\mathrm{d}t$ 为函数 $f(x)$ 在闭区间 $[a,b]$ 上的一个原函数.

又因为 $F'(x) = f(x)$，所以函数 $F(x)$ 也是函数 $f(x)$ 在闭区间 $[a,b]$ 上的一个原函数.

由定理 4.2-1 知，$\varPhi(x) = F(x) + C$.

取 $x = a$，得 $F(a) + C = \varPhi(a) = \int_a^a f(t)\mathrm{d}t = 0 \Rightarrow C = -F(a)$；

再取 $x=b$，得 $\Phi(b) = \int_a^b f(t)\mathrm{d}t = F(b)+C = F(b)-F(a)$，

即　　　$\int_a^b f(x)\mathrm{d}x = F(b)-F(a)$.

由牛顿—莱布尼茨公式知，若函数 $f(x)$ 在闭区间 $[a,b]$ 上可导，则当 $x \in [a,b]$ 时，有

$$\int_a^x f'(t)\mathrm{d}t = f(t)\Big|_a^x = f(x)-f(a),$$

即　　　　　　　　　　　$f(x) = \int_a^x f'(t)\mathrm{d}t + f(a)$.　　　　　　　　(6.8-3)

式(6.8-3)即为函数 $f(x)$ 在闭区间 $[a,b]$ 上的**积分形式表达式**.

例如，函数 $f(x) = \int_0^x 2t\mathrm{d}t \; (x \in (-\infty,+\infty))$ 即为函数 $f(x)=x^2$ 的积分形式表达式，而函数 $f(x) = x^2$ 则为函数 $f(x) = \int_0^x 2t\mathrm{d}t \; (x \in (-\infty,+\infty))$ 的非积分形式表达式.

例 6.8-2　求导数 $\dfrac{\mathrm{d}}{\mathrm{d}x}\int_x^0 \ln(1+t^2)\mathrm{d}t$.

解　$\dfrac{\mathrm{d}}{\mathrm{d}x}\int_x^0 \ln(1+t^2)\mathrm{d}t = \dfrac{\mathrm{d}}{\mathrm{d}x}[-\int_0^x \ln(1+t^2)\mathrm{d}t] = -\ln(1+x^2)$.

例 6.8-3　求导数　$\dfrac{\mathrm{d}}{\mathrm{d}x}\int_0^{x^2} \mathrm{e}^{-t^2}\mathrm{d}t$.

解　$\dfrac{\mathrm{d}}{\mathrm{d}x}\int_0^{x^2} \mathrm{e}^{-t^2}\mathrm{d}t = \mathrm{e}^{-(x^2)^2} \cdot (x^2)' = 2x\mathrm{e}^{-x^4}$.

例 6.8-4　求导数　$\dfrac{\mathrm{d}}{\mathrm{d}x}\int_x^{x^2} \sin t^2\mathrm{d}t$.

解　$\dfrac{\mathrm{d}}{\mathrm{d}x}\int_x^{x^2} \sin t^2\mathrm{d}t = \dfrac{\mathrm{d}}{\mathrm{d}x}(\int_0^{x^2} \sin t^2\mathrm{d}t - \int_0^x \sin t^2\mathrm{d}t)$

$$= \sin(x^2)^2 \cdot (x^2)' - \sin x^2 = 2x\sin x^4 - \sin x^2 .$$

例 6.8-5　设 $\int_0^x f(t^2)\mathrm{d}t = x^3$ ，求定积分 $\int_0^2 f(x)\mathrm{d}x$ 的值.

解　由 $\dfrac{\mathrm{d}}{\mathrm{d}x}\int_0^x f(t^2)\mathrm{d}t = (x^3)'$ ，得 $f(x^2) = 3x^2$ ，即 $f(x) = 3x$.

所以　　　$\int_0^2 f(x)\mathrm{d}x = \int_0^2 3x\mathrm{d}x = \dfrac{3}{2}x^2\Big|_0^2 = 6$.

例 6.8-6　求极限　$\lim\limits_{x\to 0} \dfrac{\int_0^{x^2} \sin t^2\mathrm{d}t}{x^6}$ 的值.

解　$\lim\limits_{x\to 0} \dfrac{\int_0^{x^2} \sin t^2\mathrm{d}t}{x^6} = \lim\limits_{x\to 0} \dfrac{(\int_0^{x^2} \sin t^2\mathrm{d}t)'}{(x^6)'} = \lim\limits_{x\to 0} \dfrac{\sin x^4 \cdot 2x}{6x^5} = \dfrac{1}{3}\lim\limits_{x\to 0} \dfrac{\sin x^4}{x^4} = \dfrac{1}{3}$.

例 6.8-7　设函数 $f(x) = \int_{-1}^x t\mathrm{e}^{|t|}\mathrm{d}t$ ，求函数 $f(x)$ 在闭区间 $[-1,1]$ 上的最值.

解　(1)　$f'(x) = \dfrac{\mathrm{d}}{\mathrm{d}x}\int_{-1}^x t\mathrm{e}^{|t|}\mathrm{d}t = x\mathrm{e}^{|x|}$.

令 $f'(x) = 0$ ，得驻点 $x=0$.

(2)　$f(-1) = \int_{-1}^{-1} t\mathrm{e}^{|t|}\mathrm{d}t = 0$ ；$f(1) = \int_{-1}^1 t\mathrm{e}^{|t|}\mathrm{d}t = 0$ ；

$$f(0) = \int_{-1}^{0} t e^t \mathrm{d}t = -(t e^t + e^{-t})\Big|_{-1}^{0} = -1.$$

(3) 比较所求各函数值，得函数 $f(x)$ 在闭区间 $[-1,1]$ 上的最大值为 $f(-1) = f(1) = 0$，最小值为 $f(0) = -1$.

例 6.8-8[*] 设函数 $F(x) = \int_{a}^{x} f(t)\mathrm{d}t + \int_{b}^{x} \dfrac{1}{f(t)}\mathrm{d}t, x \in [a,b]$，其中函数 $f(x)$ 在闭区间 $[a,b]$ 上连续，且 $f(x) > 0$，证明方程 $F(x) = 0$ 在开区间 (a,b) 内有且仅有一个根.

证明 因函数 $f(x)$ 在闭区间上 $[a,b]$ 连续，且 $f(x) > 0$，所以函数 $\int_{a}^{x} f(t)\mathrm{d}t$ 与函数 $\int_{b}^{x} \dfrac{1}{f(t)}\mathrm{d}t$ 均为闭区间 $[a,b]$ 上的可导函数，故函数 $F(x) = \int_{a}^{x} f(t)\mathrm{d}t + \int_{b}^{x} \dfrac{1}{f(t)}\mathrm{d}t$ 在闭区间 $[a,b]$ 上连续.

又因为 $F(b) = \int_{a}^{b} f(t)\mathrm{d}t > 0$，$F(a) = \int_{b}^{a} \dfrac{1}{f(t)}\mathrm{d}t = -\int_{a}^{b} \dfrac{1}{f(t)}\mathrm{d}t < 0$，

所以由零点定理知，至少存在一点 $\xi \in (a,b)$，使得 $F(\xi) = 0$. 即方程 $F(x) = 0$ 在开区间 (a,b) 内至少有一个根.

因为函数 $f(x) > 0$，所以有

$$F'(x) = \frac{\mathrm{d}}{\mathrm{d}x}\left[\int_{a}^{x} f(t)\mathrm{d}t + \int_{b}^{x} \frac{1}{f(t)}\mathrm{d}t\right] = f(x) + \frac{1}{f(x)} > 0,$$

所以函数 $F(x)$ 在闭区间 $[a,b]$ 上是严格单调增加函数，从而方程 $F(x) = 0$ 在开区间 (a,b) 内至多有一个根.

综上所述，方程 $F(x) = 0$ 在开区间 (a,b) 内有且仅有一个根.

例 6.8-9[*] 连接点 $A(0,1)$，$B(1,0)$ 的一条凸曲线弧位于线段 AB 的上方，点 $P(x,y)$ 为该凸曲线弧上的任意一点. 已知该凸曲线弧与线段 AP 所围图形的面积为 x^3（见图 6.8-1 中阴影部分），求该凸曲线弧的方程.

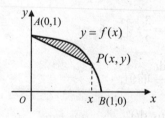

图 6.8-1

解 设所求曲线方程为 $y = f(x)$. 由题意，得

$$\int_{0}^{x} f(x)\mathrm{d}x - \frac{[f(x)+1] \cdot x}{2} = x^3,$$

上式两边对 x 求导，得

$$f(x) - \frac{f(x)+1}{2} - \frac{x}{2}f'(x) = 3x^2,$$

即　$y' - \dfrac{1}{x}y = -6x - \dfrac{1}{x}$，初始条件 $y\big|_{x=1} = 0$．

这是一阶线性非齐次微分方程，利用通解公式(式(5.2-3))求得它的通解为

$$y = e^{\int \frac{1}{x}dx}\left[\int\left(-6x - \frac{1}{x}\right)e^{-\int \frac{1}{x}dx}dx + C\right]$$

$$= x\left[\int\left(-6x - \frac{1}{x}\right)\frac{1}{x}dx + C\right] = x\left(-6x + \frac{1}{x} + C\right).$$

由 $y\big|_{x=1} = 0$，得 $C = 5$．

故所求曲线方程为　$y = -6x^2 + 5x + 1$．

例 6.8-10* 求满足下列方程的连续函数 $f(x)$ 的解析式.

(1) $\displaystyle\int_0^x tf(x - t)dt = 1 - \cos x$；　　(2) $\displaystyle\int_0^1 f(xt)dt = f(x) + x\sin x$．

解 (1) 设 $u = x - t$，则 $t = x - u$，$dt = d(x - u) = -du$；

当 $t = 0$ 时，$u = x$；当 $t = x$ 时，$u = 0$．

$$\int_0^x tf(x - t)dt = -\int_x^0 (x - u)f(u)du = x\int_0^x f(u)du - \int_0^x uf(u)du,$$

即　　$x\displaystyle\int_0^x f(u)du - \int_0^x uf(u)du = 1 - \cos x$．

所以　　$\dfrac{d}{dx}\left[x\displaystyle\int_0^x f(u)du - \int_0^x uf(u)du\right] = (1 - \cos x)'$，

即　　$\displaystyle\int_0^x f(u)du + xf(x) - xf(x) = \sin x \Rightarrow \int_0^x f(u)du = \sin x$，

所以　　$\dfrac{d}{dx}\displaystyle\int_0^x f(u)du = (\sin x)' \Rightarrow f(x) = \cos x$．

(2) 设 $u = xt$，则 $t = \dfrac{u}{x}$，$dt = d\left(\dfrac{u}{x}\right) = \dfrac{1}{x}du$．

当 $t = 0$ 时，$u = 0$；当 $t = 1$ 时，$u = x$．

$$\int_0^1 f(xt)dt = \frac{1}{x}\int_0^x f(u)du = f(x) + x\sin x,$$

即　　$\displaystyle\int_0^x f(u)du = x[f(x) + x\sin x]$．

所以　　$\dfrac{d}{dx}\displaystyle\int_0^x f(u)du = \dfrac{d}{dx}[xf(x) + x^2\sin x]$

整理得　$f'(x) = -2\sin x - x\cos x$．

所以　　$f(x) = \displaystyle\int f'(x)dx = \int(-2\sin x - x\cos x)dx = \cos x - x\sin x + C$．

6.9　无穷区间上的广义积分

定义 6.9-1 设函数 $f(x)$ 在无穷区间 $[a, +\infty)$ 上连续，则对每一个 $t \geqslant a$，都有积分

$$I(t) = \int_a^t f(x)dx$$

存在. 当 $t \to +\infty$ 时，将

$$\lim_{t \to +\infty} I(t) = \lim_{t \to +\infty} \int_a^t f(x)dx$$

称为函数 $f(x)$ 在无穷区间 $[a, +\infty)$ 上的广义积分，记作

$$\int_a^{+\infty} f(x)dx,$$

即
$$\int_a^{+\infty} f(x)dx = \lim_{t \to +\infty} \int_a^t f(x)dx.$$

若极限 $\lim\limits_{t \to +\infty} \int_a^t f(x)dx$ 存在，则称广义积分 $\int_a^{+\infty} f(x)dx$ **存在或收敛**；

若极限 $\lim\limits_{t \to +\infty} \int_a^t f(x)dx$ 不存在，则称广义积分 $\int_a^{+\infty} f(x)dx$ **不存在或发散**.

定义 6.9-2 设函数 $f(x)$ 在无穷区间 $(-\infty, b]$ 上连续，则对每一个 $u \leqslant b$，都有积分 $\int_u^b f(x)dx$ 存在，称

$$\int_{-\infty}^b f(x)dx = \lim_{u \to -\infty} \int_u^b f(x)dx$$

为函数 $f(x)$ 在无穷区间 $(-\infty, b]$ 上的广义积分.

若极限 $\lim\limits_{u \to -\infty} \int_u^b f(x)dx$ 存在，则称广义积分 $\int_{-\infty}^b f(x)dx$ **存在或收敛**；

若极限 $\lim\limits_{u \to -\infty} \int_u^b f(x)dx$ 不存在，则称广义积分 $\int_{-\infty}^b f(x)dx$ **不存在或发散**.

类似地，若函数 $f(x)$ 在无穷区间 $(-\infty, +\infty)$ 上连续，则定义两个广义积分 $\int_a^{+\infty} f(x)dx$ 与 $\int_{-\infty}^a f(x)dx$ 之和为函数 $f(x)$ 在 $(-\infty, +\infty)$ 上的广义积分，记作

$$\int_{-\infty}^{+\infty} f(x)dx,$$

即
$$\int_{-\infty}^{+\infty} f(x)dx = \int_{-\infty}^a f(x)dx + \int_a^{+\infty} f(x)dx.$$

若广义积分 $\int_a^{+\infty} f(x)dx$ 与 $\int_{-\infty}^a f(x)dx$ 都收敛，则称广义积分 $\int_{-\infty}^{+\infty} f(x)dx$ 收敛；

若广义积分 $\int_a^{+\infty} f(x)dx$ 与 $\int_{-\infty}^a f(x)dx$ 中有一个发散，则称广义积分 $\int_{-\infty}^{+\infty} f(x)dx$ 发散.

例 6.9-1 确定下列各广义积分的敛散性：

(1) $\int_0^{+\infty} \dfrac{x}{1+x^2}dx$； (2) $\int_{-\infty}^1 xe^{-x^2}dx$； (3) $\int_{-\infty}^{+\infty} \dfrac{1}{1+x^2}dx$.

解 (1)因为 $\lim\limits_{t \to +\infty} \int_0^t \dfrac{x}{1+x^2}dx = \lim\limits_{t \to +\infty} \dfrac{1}{2}\int_0^t \dfrac{1}{1+x^2}d(x^2) = \lim\limits_{t \to +\infty} \dfrac{1}{2}\ln(1+x^2)\Big|_0^t$

$$= \lim_{t \to +\infty} \frac{1}{2}\ln(1+t^2) = +\infty,$$

所以广义积分 $\int_0^{+\infty} \dfrac{x}{1+x^2}dx$ 发散.

(2) 因为 $\int_{-\infty}^1 xe^{-x^2}dx = \lim\limits_{u \to -\infty} \int_u^1 xe^{-x^2}dx = \lim\limits_{u \to -\infty} \dfrac{1}{2}\int_u^1 e^{-x^2}d(x^2)$

$$= -\frac{1}{2}\lim_{u \to -\infty} e^{-x^2}\Big|_u^1 = -\frac{1}{2}(e^{-1} - \lim_{u \to -\infty} e^{-u^2}) = -\frac{1}{2e},$$

所以广义积分 $\int_{-\infty}^1 xe^{-x^2}dx$ 收敛于 $-\dfrac{1}{2e}$.

(3) 因为 $\int_{-\infty}^{+\infty}\frac{1}{1+x^2}dx=\int_{-\infty}^{0}\frac{1}{1+x^2}dx+\int_{0}^{+\infty}\frac{1}{1+x^2}dx$

$$=\lim_{u\to-\infty}\int_{u}^{0}\frac{1}{1+x^2}dx+\lim_{t\to+\infty}\int_{0}^{t}\frac{1}{1+x^2}dx=\lim_{u\to-\infty}\arctan x\Big|_{u}^{0}+\lim_{t\to+\infty}\arctan x\Big|_{0}^{t}$$

$$=\lim_{u\to-\infty}(-\arctan u)+\lim_{t\to+\infty}\arctan t=-\left(-\frac{\pi}{2}\right)+\frac{\pi}{2}=\pi,$$

所以广义积分 $\int_{-\infty}^{+\infty}\frac{1}{1+x^2}dx$ 收敛于 π.

今后，为书写方便，不论是通常的定积分还是广义积分，都统一表示为牛顿—莱布尼茨公式的形式. 即若函数 $f(x)$ 在区间 $[a,b]$ 上连续，且 $F'(x)=f(x)$，则

$$\int_{a}^{b}f(x)dx=F(x)\Big|_{a}^{b}=F(b)-F(a).$$

当 a 或 b 分别为 $-\infty$ 和 $+\infty$ 时，$F(-\infty)$ 和 $F(+\infty)$ 应分别理解为 $\lim_{x\to-\infty}F(x)$ 和 $\lim_{x\to+\infty}F(x)$，即

$$\int_{a}^{+\infty}f(x)dx=F(x)\Big|_{a}^{+\infty}=\lim_{x\to+\infty}F(x)-F(a);$$

$$\int_{-\infty}^{b}f(x)dx=F(x)\Big|_{-\infty}^{b}=F(b)-\lim_{x\to-\infty}F(x);$$

$$\int_{-\infty}^{+\infty}f(x)dx=F(x)\Big|_{-\infty}^{+\infty}=\lim_{x\to+\infty}F(x)-\lim_{x\to-\infty}F(x).$$

例 6.9-2 证明：若 $a>0$，则广义积分 $\int_{a}^{+\infty}\frac{1}{x^p}dx$ 在 $p>1$ 时收敛于 $\frac{a^{1-p}}{p-1}$，在 $p\leq1$ 时发散.

证明 (1) 当 $p=1$ 时，因 $\int_{a}^{+\infty}\frac{1}{x}dx=\ln|x|\Big\|_{a}^{+\infty}=\lim_{x\to+\infty}\ln|x|-\ln|a|=+\infty$，

所以广义积分 $\int_{a}^{+\infty}\frac{1}{x^p}dx$ 发散.

(2) 当 $p\neq1$ 时，$\int_{a}^{+\infty}\frac{1}{x^p}dx=\frac{1}{1-p}x^{1-p}\Big|_{a}^{+\infty}=\frac{1}{1-p}\lim_{x\to+\infty}x^{1-p}+\frac{a^{1-p}}{p-1}.$

当 $p>1$ 时，因 $\lim_{x\to+\infty}x^{1-p}=0$，所以广义积分 $\int_{a}^{+\infty}\frac{1}{x^p}dx$ 收敛于 $\frac{a^{1-p}}{p-1}$；

当 $p<1$ 时，因 $\lim_{x\to+\infty}x^{1-p}=+\infty$，所以广义积分 $\int_{a}^{+\infty}\frac{1}{x^p}dx$ 发散.

综合(1)、(2)知，若 $a>0$，则广义积分 $\int_{a}^{+\infty}\frac{1}{x^p}dx$ 在 $p>1$ 时收敛于 $\frac{a^{1-p}}{p-1}$，在 $p\leq1$ 时发散.

6.10　微元法及其应用举例

6.10.1* 微元法

设待求量 Q 不均匀地分布在闭区间 $[a,b]$ 上，当闭区间 $[a,b]$ 给定后，待求量 Q 是一个确定的数值. 若将闭区间 $[a,b]$ 划分成 n 个小闭区间 $[x_{i-1},x_i]$ $(i=1,2,\cdots,n)$ 时，待求量 Q 等于

各个小闭区间 $[x_{i-1}, x_i]$ $(i = 1, 2, \cdots, n)$ 上的部分量 ΔQ_i 的和，即 $Q = \sum_{i=1}^{n} \Delta Q_i$，则称待求量 Q 对闭区间 $[a, b]$ 具有可加性.

由定积分对区间的可加性(定理 4.1-4)知，定积分是一个对闭区间 $[a, b]$ 具有可加性的量，下面借助定积分将待求量 Q 表示出来.

在闭区间 $[a, b]$ 上任取一点 x，记函数 $Q(x)$ 为待求量 Q 分布在闭区间 $[a, x]$ 上的值. 若函数 $Q(x)$ 能表示成

$$Q(x) = \int_a^x q(t)\mathrm{d}t \qquad (q(x) \text{ 在闭区间 } [a, b] \text{ 上连续}),$$

由微积分基本定理得

$$\mathrm{d}[Q(x)] = q(x)\mathrm{d}x \text{ 及 } \int_a^b q(x)\mathrm{d}x = \int_a^b \mathrm{d}[Q(x)].$$

这表明，定积分 $\int_a^b q(x)\mathrm{d}x$ 中的 $q(x)\mathrm{d}x$ 是 $Q(x)$ 的微分，而定积分 $\int_a^b q(x)\mathrm{d}x$ 是由微分 $q(x)\mathrm{d}x$ 从 a 到 b 累积而成. 因此，可按下面方法将待求量 Q 归结为定积分 $\int_a^b q(x)\mathrm{d}x$.

(1) 根据具体的实际问题，恰当地选择坐标系并画出示意图. 选取合适的变量(如 x)为积分变量并确定出积分变量的变化区间 $[a, b]$. 然后，在闭区间 $[a, b]$ 上任取一个小闭区间，将分布在小闭区间 $[x, x + \mathrm{d}x]$ 上的部分量 ΔQ 近似地表示成 $q(x)\mathrm{d}x$. 严格地讲，应证明 $q(x)\mathrm{d}x$ 是 $Q(x)$ 的微分. 但一般不知道 $Q(x)$ 的具体表达式，故在实际问题中通常用"以不变代变"或"以直代曲"法写出 ΔQ 的近似表达式 $q(x)\mathrm{d}x$.

(2) 以 $q(x)\mathrm{d}x$ 为被积表达式，在闭区间 $[a, b]$ 上求定积分，即得待求量 Q，即

$$Q = \int_a^b q(x)\mathrm{d}x.$$

其中，$q(x)\mathrm{d}x$ 称为待求量 Q 的**微元**，该方法称为**微元法**.

6.10.2　平行截面面积为已知的几何体的体积

设有一几何体，它夹在垂直于 x 轴的两个平行平面 $x = a$ 与 $x = b$ $(a < b)$ 之间(包括与平面只交于一点的情况)，且垂直于 x 轴的平面与该几何体相交截面面积是关于 x 的已知连续函数

$$A(x) \quad (a \leqslant x \leqslant b),$$

下面求该几何体的体积(见图 6.10-1).

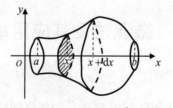

图 6.10-1

选取 x 为积分变量，它的变化区间为闭区间 $[a, b]$. 在闭区间 $[a, b]$ 上任取小闭区间

$[x, x+\mathrm{d}x]$，并用该几何体在点 x 处垂直于 x 轴的截面(见图 6.10-1 中阴影部分)代替该几何体在小闭区间 $[x, x+\mathrm{d}x]$ 上每一点处垂直于 x 轴的截面，则该几何体位于小闭区间 $[x, x+\mathrm{d}x]$ 上薄立体片体积的近似值等于该几何体以点 x 处垂直于 x 轴的截面为底，$\mathrm{d}x$ 为高的扁柱体的体积 $A(x)\mathrm{d}x$，因此该几何体的体积微元为 $\mathrm{d}V = A(x)\mathrm{d}x$，从而所求的几何体的体积为

$$V = \int_a^b A(x)\mathrm{d}x. \tag{6.10-1}$$

由一个平面图形绕这个平面内的一条直线旋转一周所得到的几何体叫做**旋转体**，平面内的这条直线叫作**旋转轴**. 下面计算旋转体的体积.

平面内由曲线 $y = f(x) \geqslant 0$、$y = g(x) \geqslant 0$ 与直线 $x = a$、$x = b\,(a < b)$ 所围成的平面图形(见图 6.6-5(1)中阴影部分)绕 x 轴旋转一周所得到的旋转体，它的任一个垂直于 x 轴的截面都是半径为 $|f(x) - g(x)|$ 的圆环面，且截面面积为

$$A(x) = \left|\pi f^2(x) - \pi g^2(x)\right| = \pi \left|f^2(x) - g^2(x)\right|,$$

故所求旋转体的体积为

$$V_x = \pi \int_a^b \left|f^2(x) - g^2(x)\right|\mathrm{d}x. \tag{6.10-2}$$

同理，平面内由曲线 $x = f(y) \geqslant 0$、$x = g(y) \geqslant 0$ 及直线 $y = c$、$y = d\,(c < d)$ 所围成的平面图形(见图 6.6-6(1)中阴影部分)绕 y 轴旋转一周所得到的旋转体的体积为

$$V_y = \pi \int_c^d \left|f^2(y) - g^2(y)\right|\mathrm{d}y. \tag{6.10-3}$$

例 6.10-1 求由两条抛物线 $y^2 = x$、$y = x^2$ 所围成的平面图形绕 x 轴旋转一周所得到的旋转体的体积.

解 解方程组 $\begin{cases} y = x^2 \\ y^2 = x \end{cases}$ 得 $x = 0$，$x = 1$.

故所求旋转体的体积为(所围成的平面图形参见图 6.6-7 中阴影部分)

$$V_x = \pi \int_0^1 \left|(\sqrt{x})^2 - (x^2)^2\right|\mathrm{d}x = \pi \int_0^1 (x - x^4)\mathrm{d}x = \pi \left(\frac{1}{2}x^2 - \frac{1}{5}x^5\right)\Big|_0^1 = \frac{3}{10}\pi.$$

例 6.10-2 求由抛物线 $y^2 = 2x$ 与直线 $x - y = 4$ 所围成的平面图形绕 y 轴旋转一周所得到的旋转体的体积.

解 解方程组 $\begin{cases} y^2 = 2x \\ x - y = 4 \end{cases}$ 得 $y_1 = -2, y_2 = 4$.

故所求旋转体的体积为(所围成的平面图形参见图 6.6-9 中阴影部分)

$$V_y = \pi \int_{-2}^4 \left|(y+4)^2 - \left(\frac{1}{2}y^2\right)^2\right|\mathrm{d}y = \pi \int_{-2}^4 \left[(y+4)^2 - \frac{1}{4}y^4\right]\mathrm{d}y$$

$$= \pi \int_{-2}^4 \left[y^2 + 8y + 16 - \frac{1}{4}y^4\right]\mathrm{d}y = \pi \left(\frac{1}{3}y^3 + 4y^2 + 16y - \frac{1}{20}y^5\right)\Big|_{-2}^4 = \frac{576}{5}\pi.$$

例 6.10-3 求椭圆 $\dfrac{x^2}{a^2} + \dfrac{y^2}{b^2} = 1\,(a > b > 0)$ 分别绕 x 轴、y 轴旋转一周所得到的旋转体的体积.

解 (1) 所给椭圆绕 x 轴旋转一周所得到的旋转体，可看作上半椭圆

$$y = \frac{b}{a}\sqrt{a^2 - x^2} \quad (-a \leqslant x \leqslant a)$$

及 x 轴所围成的平面图形(见图 6.10-2 中阴影部分)绕 x 轴旋转一周而得到，其体积为

$$V_x = \pi \int_{-a}^{a} \left(\frac{b}{a}\sqrt{a^2 - x^2} \right)^2 \mathrm{d}x$$

$$= \pi \int_{-a}^{a} \frac{b^2}{a^2}(a^2 - x^2)\mathrm{d}x$$

$$= \pi \frac{b^2}{a^2} \left(a^2 x - \frac{1}{3}x^3 \right) \Bigg|_{-a}^{a} = \frac{4}{3}\pi ab^2.$$

(2) 所给椭圆绕 y 轴旋转一周所得到的旋转体，可看作右半椭圆

$$x = \frac{a}{b}\sqrt{b^2 - y^2} \quad (-b \leqslant y \leqslant b)$$

及 y 轴所围成的平面图形(图 6.10-3 中阴影部分)

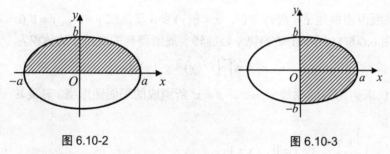

图 6.10-2   图 6.10-3

绕 y 轴旋转一周而得到，其体积为

$$V_y = \pi \int_{-b}^{b} \left(\frac{a}{b}\sqrt{b^2 - y^2} \right)^2 \mathrm{d}y$$

$$= \pi \int_{-b}^{b} \frac{a^2}{b^2}(b^2 - y^2)\mathrm{d}y$$

$$= \pi \frac{a^2}{b^2} \left(b^2 y - \frac{1}{3}y^3 \right) \Bigg|_{-b}^{b} = \frac{4}{3}\pi a^2 b.$$

例 6.10-4[*] 设有一半径为 a 的圆，其圆心到一定直线的距离为 $b\,(b > a > 0)$，求此圆绕定直线旋转一周所得到的旋转体的体积.

解 以定直线为 x 轴，过圆心且垂直于 x 轴的直线为 y 轴，建立坐标系如图 6.10-4 所示.

此时，圆的方程为

$$x^2 + (y - b)^2 = a^2.$$

所求旋转体的体积等于上半圆周 $y = b + \sqrt{a^2 - x^2}$ 与下半圆周 $y = b - \sqrt{a^2 - x^2}$ 及直线 $x = -a$、$x = a$ 所围成的平面图形绕 x 轴旋转一周而成的旋转体的体积，即

$$V_x = \pi \int_{-a}^{a} \left| (b + \sqrt{a^2 - x^2})^2 - (b - \sqrt{a^2 - x^2})^2 \right| dx$$

$$= 4b\pi \int_{-a}^{a} \sqrt{a^2 - x^2}\,dx = 8\pi b \int_{0}^{a} \sqrt{a^2 - x^2}\,dx .$$

由于 $\int_{0}^{a} \sqrt{a^2 - x^2}\,dx$ 与半圆 $y = \sqrt{a^2 - x^2}$ 在区间 $[0, a]$ 上与 x 轴所围平面图形的面积相等 (见图 6.10-5 中阴影部分)，

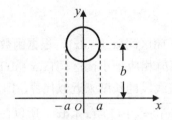

图 6.10-4

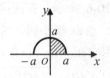

图 6.10-5

所以 　　　$\int_{0}^{a} \sqrt{a^2 - x^2}\,dx = \dfrac{1}{4}\pi a^2$，

故 　　　$V_x = 8\pi b \int_{0}^{a} \sqrt{a^2 - x^2}\,dx = 2\pi^2 b a^2$.

例 6.10-5* 曲线 $y = f(x)$（其中函数 $f(x)$ 可导，且 $f(x) > 0$）与直线 $y = 0$、$x = 1$、$x = t\,(t > 1)$ 所围成的平面图形绕 x 轴旋转一周所得到的旋转体的体积，等于该平面图形面积的 πt 倍，求该曲线方程.

解 平面图形面积 $S = \int_{1}^{t} f(x)\,dx$，旋转体的体积 $V_x = \pi \int_{1}^{t} f^2(x)\,dx$.

由题意　$\pi \int_{1}^{t} f^2(x)\,dx = \pi t \int_{1}^{t} f(x)\,dx$，

两边对 t 求导，得

$$f^2(t) = \int_{1}^{t} f(x)\,dx + t f(t)，\tag{6.10-4}$$

两边对 t 求导，得

$$2 f(t) f'(t) = 2 f(t) + t f'(t)，$$

即　　　$2 y y' = 2 y + t y'$，

整理得　　$\dfrac{dt}{dy} + \dfrac{t}{2y} = 1$.

这是关于 t 的一阶线性非齐次微分方程，它的通解为

$$t = e^{-\int \frac{1}{2y} dy} \left(\int e^{\int \frac{1}{2y} dy}\,dy + C \right) = y^{-\frac{1}{2}} \left(\frac{2}{3} y^{\frac{3}{2}} + C \right).\tag{6.10-5}$$

在式(6.10-4)中，令 $t = 1$，得 $f^2(1) = f(1)$. 由 $f(x) > 0$ 知，$f(1) = 1$.

在式(6.10-5)中，令 $t = 1$，得 $C = \dfrac{1}{3}$，

从而　　$t = \dfrac{1}{3} \left(2y + y^{-\frac{1}{2}} \right)$，

故所求曲线方程为 $2y + \dfrac{1}{\sqrt{y}} - 3x = 0$.

6.10.3* 平面曲线的弧长(直角坐标系下的弧长公式)

若函数 $y = f(x)\,(a \leqslant x \leqslant b)$ 具有一阶连续导数，则平面曲线 $y = f(x)\,(a \leqslant x \leqslant b)$ 的切线是连续变化的，此时称该曲线是光滑曲线.

下面用微元法来导出计算这段弧长 s 的公式.

如图 6.10-6 所示，在闭区间 $[a,b]$ 上任取一小闭区间 $[x, x+\mathrm{d}x]$，根据函数 $f(x)$ 在点 x 可微的实质，当 $\mathrm{d}x$ 很小时，曲线 $y = f(x)\,(a \leqslant x \leqslant b)$ 相应于小闭区间 $[x, x+\mathrm{d}x]$ 上的弧段的长度，可以用它在点 $(x, f(x))$ 处的切线上对应的直线段的长度来近似代替，即用 $|AP|$ 近似代替 $\overset{\frown}{AB}$. 由于 $|AP| = \sqrt{|AQ|^2 + |PQ|^2} = \sqrt{(\mathrm{d}x)^2 + (\mathrm{d}y)^2} = \sqrt{1 + [f'(x)]^2}\,\mathrm{d}x$，所以曲线段的弧长 s 的微元 $\mathrm{d}s$ 为

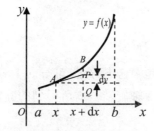

图 6.10-6

$$\mathrm{d}s = \sqrt{(\mathrm{d}x)^2 + (\mathrm{d}y)^2} = \sqrt{1 + [f'(x)]^2}\,\mathrm{d}x, \tag{6.10-6}$$

式(6.10-6)通常称为弧微分公式.

将 $\mathrm{d}s$ 在闭区间 $[a,b]$ 上进行累加，即得所求曲线段的弧长为

$$s = \int_a^b \sqrt{1 + [f'(x)]^2}\,\mathrm{d}x. \tag{6.10-7}$$

同理，若光滑曲线方程为 $x = \varphi(y)\,(c \leqslant y \leqslant d)$，则弧长公式为

$$s = \int_c^d \sqrt{1 + [\varphi'(y)]^2}\,\mathrm{d}y. \tag{6.10-8}$$

例 6.10-6 求悬链线 $y = \dfrac{1}{2}(e^x + e^{-x})$ 从 $x = 0$ 到 $x = a\,(a > 0)$ 之间的弧长.

解 因为 $y' = \dfrac{1}{2}(e^x - e^{-x})$，$y'^2 = \left[\dfrac{1}{2}(e^x - e^{-x})\right]^2 = \dfrac{1}{4}[(e^x)^2 + (e^{-x})^2 - 2]$；

$$1 + y'^2 = \dfrac{1}{4}[(e^x)^2 + (e^{-x})^2 + 2] = [\dfrac{1}{2}(e^x + e^{-x})]^2.$$

所以 $\quad s = \displaystyle\int_0^a \sqrt{1 + y'^2}\,\mathrm{d}x = \dfrac{1}{2}\int_0^a (e^x + e^{-x})\,\mathrm{d}x = \dfrac{1}{2}(e^x - e^{-x})\Big|_0^a = \dfrac{1}{2}(e^a - e^{-a}).$

第7章 级 数

无穷级数是高等数学的重要组成部分,它是表示函数、研究函数性质以及进行数值计算的有力工具.它无论是对微积分学的进一步发展,还是解决实际问题都有重要作用.本章先介绍数项级数的概念、性质和判定数项级数敛散性的方法.然后再介绍幂级数的概念、性质以及如何把函数展开成幂级数.

7.1 数 列 极 限

7.1.1 数列的概念

定义 7.1-1 若 $f(n)$ 是以正整数集为定义域的函数,则称下面有顺序的一列数

$$f(1), f(2), f(3), \cdots, f(n), \cdots \tag{7.1-1}$$

为一个**无穷数列**(简称**数列**),记作 $\{f(n)\}$.通常把 $f(n)$ 记作 a_n,即 $a_n = f(n)$.从而,数列 (7.1-1)也可记作 $\{a_n\}$,即

$$a_1, a_2, a_3, \cdots, a_n, \cdots \tag{7.1-2}$$

数列中的每一个数都称为数列的**项**,数列的第 n 项 a_n 称为数列的**通项**或**一般项**.

定义 7.1-2 若对任何正整数 n,恒有 $|a_n| \leqslant M$ (M 为与 n 无关的正数),则称数列 $\{a_n\}$ **有界**.否则,称数列 $\{a_n\}$ **无界**.

若数列 $\{a_n\}$ 中的所有项都不大(小)于某一常数 M,即

$$a_n \leqslant (\geqslant) M \ (n \in \mathbf{N}_+),$$

则称数列 $\{a_n\}$ **有上(下)界**.否则,称数列 $\{a_n\}$ **上(下)无界**.

例如,数列 $\{(-1)^n\}$: $-1, 1, -1, 1, \cdots$ 即是一个有界数列,其上界为 1,下界为 -1;数列 $\{n^2\}$: $1, 4, 9, 16, \cdots$ 为无界数列,但其有下界为 1.

定义 7.1-3 若数列 $\{a_n\}$ 满足

$$a_n < a_{n+1} (\text{或} \ a_n \leqslant a_{n+1}) \ (n \in \mathbf{N}_+),$$

则称数列 $\{a_n\}$ 为**严格单调增加数列**(或**单调增加数列**);

若数列 $\{a_n\}$ 满足

$$a_n > a_{n+1} (\text{或} \ a_n \geqslant a_{n+1}) \ (n \in \mathbf{N}_+),$$

则称数列 $\{a_n\}$ 为**严格单调减少数列**(或**单调减少数列**).

严格单调增加数列(或单调增加数列)和严格单调减少数列(或单调减少数列)统称为**严格单调数列**(或**单调数列**).

7.1.2 数列极限的概念

因数列是定义域为正整数集的函数,故对数列 $\{a_n\}$ 来说,只能考察一种极限过程,即

$n \to +\infty$(简记为 $n \to \infty$).

下面对数列极限定义的含义详加阐述.

定义 7.1-4 设数列 $\{a_n\}$ 是一个无穷数列. 若当 $n \to \infty$ 时，a_n 无限地接近于某一个确定的常数 a(即 $|a_n - a|$ 无限减小)，则称常数 a 为数列 $\{a_n\}$ 当 $n \to \infty$ 时的极限，或称当 $n \to \infty$ 时，数列 $\{a_n\}$ **收敛**于 a，记作

$$\lim_{n \to \infty} a_n = a \quad \text{或} \quad a_n \to a \,(n \to \infty).$$

相对于收敛数列而言，若一个数列没有极限，则称这个数列**发散**或**不收敛**.

例如，数列 $\{(-1)^n\}$: $-1, 1, -1, 1, \cdots$ 是一个发散数列；再如，数列 $\{n^2\}$: $1, 4, 9, 16, \cdots$ 也是一个发散数列.

显然 $x \to +\infty$ 蕴含着 $n \to \infty$，故有关 $x \to +\infty$ 时函数极限的定义、定理、性质及相关结论、方法都可平行地移植到数列极限中，而不需再详加证明.

例如，由于 $\lim\limits_{x \to +\infty} \dfrac{1}{x} = 0$，故 $\lim\limits_{n \to \infty} \dfrac{1}{n} = 0$，即数列 $\left\{\dfrac{1}{n}\right\}$: $\dfrac{1}{1}, \dfrac{1}{2}, \dfrac{1}{3}, \dfrac{1}{4}, \cdots$ 收敛于 0；再如，由于

$\lim\limits_{x \to +\infty} \dfrac{1}{a^x} = 0 \,(a > 1)$，故 $\lim\limits_{n \to \infty} \dfrac{1}{a^n} = 0 \,(a > 1)$，即 $a > 1$ 时，数列 $\left\{\dfrac{1}{a^n}\right\}$: $\dfrac{1}{a}, \dfrac{1}{a^2}, \dfrac{1}{a^3}, \cdots$ 收敛于 0.

例 7.1-1 计算数列极限：

(1) $\lim\limits_{n \to \infty} \dfrac{\sin 2n}{n}$；   (2) $\lim\limits_{n \to \infty} n \sin \dfrac{1}{2n}$.

解 (1) 因为当 $x \to +\infty$ 时，有 $\dfrac{1}{x} \to 0$ 且 $|\sin 2x| \leqslant 1$ (即 $\sin 2x$ 为有界函数)，

所以 $\lim\limits_{x \to +\infty} \dfrac{\sin 2x}{x} = \lim\limits_{x \to +\infty} \left(\dfrac{1}{x} \sin 2x\right) = 0$，

故 $\lim\limits_{n \to \infty} \dfrac{\sin 2n}{n} = 0$.

(2) 因为 $\lim\limits_{x \to +\infty} x \sin \dfrac{1}{2x} = \lim\limits_{x \to +\infty} \left(x \cdot \dfrac{1}{2x}\right) = \dfrac{1}{2}$，

所以 $\lim\limits_{n \to \infty} n \sin \dfrac{1}{2n} = \dfrac{1}{2}$.

例 7.1-2 计算数列极限：$\lim\limits_{n \to \infty} \dfrac{\ln(3n - 1)}{\ln(4n + 3)}$.

解 因为 $\lim\limits_{x \to +\infty} \dfrac{\ln(3x - 1)}{\ln(4x + 3)} = \lim\limits_{x \to +\infty} \dfrac{\dfrac{1}{3x - 1} \cdot 3}{\dfrac{1}{4x + 3} \cdot 4}$ ($\dfrac{\infty}{\infty}$ 型极限，使用洛必达法则)

$$= \dfrac{3}{4} \lim\limits_{x \to +\infty} \dfrac{4x + 3}{3x - 1} = \dfrac{3}{4} \cdot \dfrac{4}{3} = 1，$$

所以 $\lim\limits_{n \to \infty} \dfrac{\ln(3n - 1)}{\ln(4n + 3)} = 1$.

7.1.3　收敛数列的性质

定理 7.1-1(唯一性) 若数列 $\{a_n\}$ 收敛，则其极限唯一.

定理 7.1-2(有界性) 若数列 $\{a_n\}$ 收敛，则数列 $\{a_n\}$ 有界.

必须注意的是：数列有界只是数列收敛的必要条件，而不是充分条件，即有界数列不一定收敛.

例如，数列 $\{(-1)^n\}$ 虽然是有界的，但却是发散的.

定理 7.1-3 的逆否命题表明，数列无界是数列发散的充分条件，即若数列 $\{a_n\}$ 无界，则数列 $\{a_n\}$ 发散.

定理 7.1-3 (四则运算法则) 若 $\lim\limits_{n\to\infty} a_n = a$，$\lim\limits_{n\to\infty} b_n = b$，则

(1) $\lim\limits_{n\to\infty}(a_n \pm b_n) = \lim\limits_{n\to\infty} a_n \pm \lim\limits_{n\to\infty} b_n = a \pm b$.

(2) $\lim\limits_{n\to\infty}(a_n b_n) = \lim\limits_{n\to\infty} a_n \cdot \lim\limits_{n\to\infty} b_n = ab$.

特别地，取 $b_n = b\,(n \in \mathbf{N}_+)$，则 $\lim\limits_{n\to\infty} ba_n = b\lim\limits_{n\to\infty} a_n = ab$.

(3) $\lim\limits_{n\to\infty}\dfrac{a_n}{b_n} = \dfrac{\lim\limits_{n\to\infty} a_n}{\lim\limits_{n\to\infty} b_n} = \dfrac{a}{b}\,(b \neq 0)$.

例 7.1-3 计算数列极限：$\lim\limits_{n\to\infty}\dfrac{3n^2 - 4n + 6}{2n^2 + 5n - 7}$.

解 $\lim\limits_{n\to\infty}\dfrac{3n^2 - 4n + 6}{2n^2 + 5n - 7} = \lim\limits_{n\to\infty}\dfrac{3 - \dfrac{4}{n} + \dfrac{6}{n^2}}{2 + \dfrac{5}{n} - \dfrac{7}{n^2}} = \dfrac{3 - \lim\limits_{n\to\infty}\dfrac{4}{n} + \lim\limits_{n\to\infty}\dfrac{6}{n^2}}{2 + \lim\limits_{n\to\infty}\dfrac{5}{n} - \lim\limits_{n\to\infty}\dfrac{7}{n^2}} = \dfrac{3 - 0 + 0}{2 + 0 - 0} = 0$.

例 7.1-4 计算数列极限：$\lim\limits_{n\to\infty}\left(\dfrac{1}{2} + \dfrac{1}{4} + \dfrac{1}{8} + \cdots + \dfrac{1}{2^n}\right)$.

解 $\lim\limits_{n\to\infty}\left(\dfrac{1}{2} + \dfrac{1}{4} + \dfrac{1}{8} + \cdots + \dfrac{1}{2^n}\right) = \lim\limits_{n\to\infty}\dfrac{\dfrac{1}{2}\left[1 - \left(\dfrac{1}{2}\right)^n\right]}{1 - \dfrac{1}{2}} = \lim\limits_{n\to\infty}\left(1 - \dfrac{1}{2^n}\right) = 1 - \lim\limits_{n\to\infty}\dfrac{1}{2^n} = 1$.

例 7.1-5* 利用定积分的定义计算定积分 $\int_0^1 x\mathrm{d}x$ 的值.

解 $\int_0^1 x\mathrm{d}x$ 表示函数 $f(x) = x$ 在闭区间 $[0,1]$ 上的定积分.

首先将积分区间 $[0,1]$ n 等分，则第 i 个小区间为 $\left[\dfrac{i-1}{n}, \dfrac{i}{n}\right]$ $(i = 1, 2, \cdots, n)$，所以每个小区间长度均为

$$\Delta x_i = \frac{1}{n},$$

从而有 $\quad \lambda = \max\limits_{1 \leqslant i \leqslant n}\{\Delta x_i\} = \dfrac{1}{n}$.

显然，$\lambda \to 0$ 等价于 $n \to \infty$.

再将每一个点 $\xi_i \in \left[\dfrac{i-1}{n}, \dfrac{i}{n}\right]$ 均取在区间的右端点处，即

$$\xi_i = \frac{i}{n}, \quad f(\xi_i) = f\left(\frac{i}{n}\right) = \frac{i}{n}.$$

所以
$$\int_0^1 x \mathrm{d}x = \lim_{\lambda \to 0} \sum_{i=1}^n f(\xi_i) \Delta x_i = \lim_{n \to \infty} \sum_{i=1}^n f\left(\frac{i}{n}\right) \cdot \frac{1}{n} = \lim_{n \to \infty} \sum_{i=1}^n \frac{i}{n^2}$$

$$= \lim_{n \to \infty} \left(\frac{1}{n^2} + \frac{2}{n^2} + \frac{3}{n^2} + \cdots + \frac{n}{n^2}\right) = \lim_{n \to \infty} \frac{1 + 2 + 3 + \cdots + n}{n^2}$$

$$= \lim_{n \to \infty} \frac{\frac{1}{2} n(n+1)}{n^2} = \frac{1}{2} \lim_{n \to \infty} \left(1 + \frac{1}{n}\right) = \frac{1}{2}.$$

定理 7.1-4 (夹挤准则) 对于三个数列 $\{a_n\}$、$\{b_n\}$、$\{c_n\}$，若当 $n \geq n_0 (n_0 \in \mathbf{N}_+)$ 时，$a_n \leq b_n \leq c_n$ 成立，且 $\lim\limits_{n \to \infty} a_n = \lim\limits_{n \to \infty} c_n = a$，则 $\lim\limits_{n \to \infty} b_n = a$.

例 7.1-6[*] 设数列 $\{a_n\}$ 满足：

$$\frac{n}{n+1} \leq a_n \leq \sqrt{\frac{n}{n+1}},$$

判断数列 $\{a_n\}$ 的敛散性.

解 因为 $\lim\limits_{n \to \infty} \dfrac{n}{n+1} = \lim\limits_{n \to \infty} \dfrac{1}{1 + \dfrac{1}{n}} = 1$；$\lim\limits_{n \to \infty} \sqrt{\dfrac{n}{n+1}} = \sqrt{\lim\limits_{n \to \infty} \dfrac{n}{n+1}} = 1$，

所以，由定理 7.1-4 知，$\lim\limits_{n \to \infty} a_n = 1$，故数列 $\{a_n\}$ 收敛于 1.

7.1.4 数列极限的存在定理

应用数列极限定义来判定一个数列的敛散性并不总是行得通的. 这是因为该方法事先假定数列的极限值存在，而不是仅从数列本身的变化趋势来确定其是否收敛. 给定一个数列 $\{a_n\}$，若能找到满足极限定义的 a，它当然是收敛的. 但却存在这样的数列，它是收敛的，可其极限值却是从未见过的数，这就需要寻找仅依靠数列本身的内在性质，而不涉及数列的极限值但又能判定数列收敛的准则.

定理 7.1-5 单调有界数列必收敛.

定理 7.1-5 可更细致地叙述为：单调增加有上界数列或单调减少有下界数列必收敛.

定理 7.1-5 给出了判定一个数列极限存在的充分条件，依据它可以从数列本身出发来研究其敛散性.

例 7.1-7[*] 证明数列 $\left\{\left(1 + \dfrac{1}{n}\right)^n\right\}$ 的极限存在.

证明 先证数列 $\{a_n\} = \left\{\left(1 + \dfrac{1}{n}\right)^n\right\}$ 的单调性.

由几何平均数小于算术平均数，得

$$\sqrt[n+1]{\underbrace{\left(1+\frac{1}{n}\right)\left(1+\frac{1}{n}\right)\cdots\left(1+\frac{1}{n}\right)}_{n\text{个因式连乘}}\cdot 1}<\frac{\overbrace{\left(1+\frac{1}{n}\right)+\left(1+\frac{1}{n}\right)+\cdots+\left(1+\frac{1}{n}\right)+1}^{n\text{个括号连加}}}{n+1}=1+\frac{1}{n+1},$$

两边 $n+1$ 次方，得

$$a_n=\left(1+\frac{1}{n}\right)^n<\left(1+\frac{1}{n+1}\right)^{n+1}=a_{n+1}\quad (n\in\mathbf{N}_+).$$

所以，数列 $\left\{\left(1+\dfrac{1}{n}\right)^n\right\}$ 为严格单调增加数列.

再证数列 $\{a_n\}=\left\{\left(1+\dfrac{1}{n}\right)^n\right\}$ 有界，为此先证数列 $\{b_n\}=\left\{\left(1+\dfrac{1}{n}\right)^{n+1}\right\}$ 单调减少.

由几何平均数大于调和平均数，得

$$\sqrt[n+2]{\left(1+\frac{1}{n}\right)^{n+1}\cdot 1}>\frac{n+2}{(n+1)\cdot\dfrac{1}{\left(1+\dfrac{1}{n}\right)}+1}=1+\frac{1}{n+1}.$$

两边 $n+2$ 次方，得

$$b_n=\left(1+\frac{1}{n}\right)^{n+1}>\left(1+\frac{1}{n+1}\right)^{n+2}=b_{n+1}\ (n\in\mathbf{N}_+).$$

所以，数列 $\{b_n\}=\left\{\left(1+\dfrac{1}{n}\right)^{n+1}\right\}$ 为严格单调减少数列.

由 $a_n=\left(1+\dfrac{1}{n}\right)^n<\left(1+\dfrac{1}{n}\right)^{n+1}=b_n<b_1=4$，知数列 $\{a_n\}$ 有界. 从而依定理 7.1-5 知，数列

$\left\{\left(1+\dfrac{1}{n}\right)^n\right\}$ 的极限存在.

依照欧拉的记法，数列 $\left\{\left(1+\dfrac{1}{n}\right)^n\right\}$ 的极限值记为 e，即

$$\lim_{n\to\infty}\left(1+\frac{1}{n}\right)^n=\mathrm{e}.$$

数 e 无论是在数学的理论探讨还是在实际问题的应用中都有着重要的作用. 可以证明，e 是一个无理数，只能用无限不循环小数来表达，

$$\mathrm{e}=2.718\ 281\ 828\ 459\cdots$$

下面将数列极限 $\lim\limits_{n\to\infty}\left(1+\dfrac{1}{n}\right)^n=\mathrm{e}$ 予以推广.

例 7.1-8* 证明函数极限：$\lim\limits_{x\to\infty}\left(1+\dfrac{1}{x}\right)^x=\mathrm{e}$.

证明 第一步，证明 $\lim\limits_{x\to+\infty}\left(1+\dfrac{1}{x}\right)^x=\mathrm{e}$.

因对任意实数 x 有 $[x]\leqslant x<[x]+1$，所以当 $x\geqslant 1$ 时，有

$$1+\frac{1}{[x]+1}<1+\frac{1}{x}\leqslant 1+\frac{1}{[x]},$$

从而有 $\left(1+\dfrac{1}{[x]+1}\right)^{[x]}<\left(1+\dfrac{1}{x}\right)^x<\left(1+\dfrac{1}{[x]}\right)^{[x]+1}$.

当 $x\to+\infty$ 时，相应的 $[x]$ 以正整数列的方式趋于 $+\infty$. 利用极限 $\lim\limits_{n\to\infty}\left(1+\dfrac{1}{n}\right)^n=\mathrm{e}$，得

$$\lim\limits_{x\to+\infty}\left(1+\frac{1}{[x]+1}\right)^{[x]}=\lim\limits_{[x]\to+\infty}\left[\left(1+\frac{1}{[x]+1}\right)^{[x]+1}\left(1+\frac{1}{[x]+1}\right)^{-1}\right]=\mathrm{e};$$

$$\lim\limits_{x\to+\infty}\left(1+\frac{1}{[x]}\right)^{[x]+1}=\lim\limits_{[x]\to+\infty}\left[\left(1+\frac{1}{[x]}\right)^{[x]}\left(1+\frac{1}{[x]}\right)\right]=\mathrm{e}.$$

由夹挤准则，得

$$\lim\limits_{x\to+\infty}\left(1+\frac{1}{x}\right)^x=\mathrm{e}.$$

第二步，证明 $\lim\limits_{x\to-\infty}\left(1+\dfrac{1}{x}\right)^x=\mathrm{e}$.

设 $u=-x$，则当 $x\to-\infty$ 时，有 $u\to+\infty$，且

$$\left(1+\frac{1}{x}\right)^x=\left(1+\frac{1}{-u}\right)^{-u}=\left(\frac{u}{u-1}\right)^u=\left(1+\frac{1}{u-1}\right)^u.$$

于是 $\lim\limits_{x\to-\infty}\left(1+\dfrac{1}{x}\right)^x=\lim\limits_{u\to+\infty}\left(1+\dfrac{1}{u-1}\right)^u=\lim\limits_{u\to+\infty}\left[\left(1+\dfrac{1}{u-1}\right)^{u-1}\left(1+\dfrac{1}{u-1}\right)\right]=\mathrm{e}.$

综合上面的第一、二步，得

$$\lim\limits_{x\to\infty}\left(1+\frac{1}{x}\right)^x=\mathrm{e}.$$

将函数极限的"1^∞ 型不定式极限计算的公式"推广至数列极限，可以得到"1^∞ 型数列极限"的计算公式，即

若 $\lim\limits_{n\to\infty}f(n)=1$，$\lim\limits_{n\to\infty}g(n)=\infty$，则

$$\lim\limits_{n\to\infty}[f(n)]^{g(n)}=\mathrm{e}^{\lim\limits_{n\to\infty}g(n)[f(n)-1]}.$$

例 7.1-9 计算数列极限：

(1) $\lim\limits_{n\to\infty}\left(1-\dfrac{1}{n}\right)^n$;　　　(2) $\lim\limits_{n\to\infty}\left(\dfrac{n-1}{n+1}\right)^{3n+2}$.

解 (1) $\lim\limits_{n\to\infty}\left(1-\dfrac{1}{n}\right)^n = \mathrm{e}^{\lim\limits_{n\to\infty} n\left(-\frac{1}{n}\right)} = \mathrm{e}^{-1}$.

(2) 因为 $\lim\limits_{n\to\infty}(3n+2)\left(\dfrac{n-1}{n+1}-1\right)=\lim\limits_{n\to\infty}\dfrac{-2(3n+2)}{n+1}=-6$,

所以 $\lim\limits_{n\to\infty}\left(\dfrac{n-1}{n+1}\right)^{3n+2}=\mathrm{e}^{-6}$.

7.2 数 项 级 数

初等数学中求和，不论求和对象是数还是函数，项数总是限制在有限项. 在定积分中，以极限为工具考察了连续变量的一种特殊的求和问题. 从本节开始，将研究无限个离散项的求和问题，引出级数概念.

7.2.1 数项级数的基本概念

1. 级数的概念

定义 7.2-1 设 $\{a_n\}$ 是一个无穷数列，把它的各项依次用加号"＋"连接起来所得到的表达式

$$a_1 + a_2 + \cdots + a_n + \cdots \tag{7.2-1}$$

称为**常数项无穷级数**，简称为**数项级数或级数**，记作

$$\sum_{n=1}^{\infty} a_n ,$$

即 $\displaystyle\sum_{n=1}^{\infty} a_n = a_1 + a_2 + \cdots + a_n + \cdots,$

其中 a_n 称为级数 $\displaystyle\sum_{n=1}^{\infty} a_n$ 的**通项**或**一般项**.

级数 $\displaystyle\sum_{n=1}^{\infty} a_n$ 的前 n 项和，称为级数 $\displaystyle\sum_{n=1}^{\infty} a_n$ 的**前 n 项部分和**(简称部分和)，记为 S_n ，即

$$S_n = a_1 + a_2 + \cdots + a_n = \sum_{k=1}^{n} a_k . \tag{7.2-2}$$

级数 $\displaystyle\sum_{n=1}^{\infty} a_n$ 的和与其部分和 S_n 的差称为级数 $\displaystyle\sum_{n=1}^{\infty} a_n$ 的**第 n 项余项**(简称余项)，即

$$r_n = \sum_{n=1}^{\infty} a_n - s_n = a_{n+1} + a_{n+2} + \cdots = \sum_{k=n+1}^{\infty} a_k . \tag{7.2-3}$$

级数 $\displaystyle\sum_{n=1}^{\infty} a_n$ 收敛时，余项 r_n 表示当以部分和 S_n 近似代替级数 $\displaystyle\sum_{n=1}^{\infty} a_n$ 的和 S 时所产生的误差.

有限个数相加的和一定存在且是一个确定的常数. 那么无限个数相加是什么意思呢？是否一定有和呢？且满足怎样的条件才有和呢？有和时和又如何确定呢？定积分定义启示，无限个数的相加可通过有限个数的相加再借助于极限来解决.

2. 级数的收敛与发散

定义 7.2-2 若当 $n \to \infty$ 时，级数 $\sum\limits_{n=1}^{\infty} a_n$ 的部分和数列 $\{S_n\}$ 有极限 S，即

$$\lim_{n \to \infty} S_n = S ,$$

则称级数 $\sum\limits_{n=1}^{\infty} a_n$ **收敛**，并称此极限值 S 为级数 $\sum\limits_{n=1}^{\infty} a_n$ 的和，或称级数 $\sum\limits_{n=1}^{\infty} a_n$ 收敛于 S，记为

$$\sum_{n=1}^{\infty} a_n = S .$$

若部分和数列 $\{S_n\}$ 没有极限，则称级数 $\sum\limits_{n=1}^{\infty} a_n$ **发散**.

由定义 7.2-2 知，只有当级数收敛时，无限个数相加才有意义，且它们的和就是该级数部分和数列的极限；发散级数没有和，此时的式(7.2-1)仅是一个式子，没有任何意义.

例 7.2-1 确定级数 $\sum\limits_{n=1}^{\infty} (\sqrt{n+1} - \sqrt{n})$ 的敛散性.

解 因为 $S_n = (\sqrt{2} - 1) + (\sqrt{3} - \sqrt{2}) + \cdots + (\sqrt{n+1} - \sqrt{n}) = \sqrt{n+1} - 1$，

所以 $\quad \lim\limits_{n \to \infty} S_n = \lim\limits_{n \to \infty} (\sqrt{n+1} - 1) = +\infty$，

从而级数 $\sum\limits_{n=1}^{\infty} (\sqrt{n+1} - \sqrt{n})$ 发散.

例 7.2-2 确定级数 $\sum\limits_{n=1}^{\infty} \ln \dfrac{n+1}{n}$ 的敛散性.

解 因为 $a_n = \ln \dfrac{1+n}{n} = \ln(1+n) - \ln n$，

所以 $\quad S_n = (\ln 2 - \ln 1) + (\ln 3 - \ln 2) + \cdots + [\ln(n+1) - \ln n] = \ln(n+1)$.

因此 $\quad \lim\limits_{n \to \infty} S_n = \lim\limits_{n \to \infty} \ln(n+1) = +\infty$，

从而级数 $\sum\limits_{n=1}^{\infty} \ln \dfrac{n+1}{n}$ 发散.

例 7.2-3* 确定级数 $\sum\limits_{n=1}^{\infty} \dfrac{1}{1+2+\cdots+n}$ 的敛散性.

解 因为 $a_n = \dfrac{1}{1+2+\cdots+n} = \dfrac{1}{\dfrac{n(n+1)}{2}} = \dfrac{2}{n(n+1)} = 2\left(\dfrac{1}{n} - \dfrac{1}{n+1}\right)$，

所以 $\quad S_n = 2\left[\left(1 - \dfrac{1}{2}\right) + \left(\dfrac{1}{2} - \dfrac{1}{3}\right) + \cdots + \left(\dfrac{1}{n} - \dfrac{1}{n+1}\right)\right] = 2\left(1 - \dfrac{1}{n+1}\right)$，

因此 $\quad \lim\limits_{n \to \infty} S_n = \lim\limits_{n \to \infty} 2\left(1 - \dfrac{1}{n+1}\right) = 2$，

从而级数 $\sum\limits_{n=1}^{\infty} \dfrac{1}{1+2+\cdots+n}$ 收敛，且其和为 2.

例 7.2-4 确定等比(几何)级数 $\sum\limits_{n=1}^{\infty} aq^{n-1}$ $(a \neq 0)$ 的敛散性.

解 当公比 $q \neq 1$ 时，$S_n = a + aq + \cdots + aq^{n-1} = a\dfrac{1-q^n}{1-q}$.

因为当 $|q| < 1$ 时，$\lim\limits_{n\to\infty} q^n = 0$，所以 $\lim\limits_{n\to\infty} S_n = \dfrac{a}{1-q}$，从而等比级数收敛；

因为当 $|q| > 1$ 时，$\lim\limits_{n\to\infty} q^n = \infty$，所以 $\lim\limits_{n\to\infty} S_n = \infty$，从而等比级数发散；

因为当 $q = 1$ 时，$\lim\limits_{n\to\infty} S_n = \lim\limits_{n\to\infty} na = \infty$，所以等比级数发散；

因为当 $q = -1$ 时，$S_n = \dfrac{a}{2}[1-(-1)^n] = \begin{cases} a, & n\text{为奇数} \\ 0, & n\text{为偶数} \end{cases}$，所以 $\lim\limits_{n\to\infty} S_n$ 不存在，从而等比级数发散.

综上所述，等比级数 $\sum\limits_{n=1}^{\infty} aq^{n-1}$ $(a \neq 0)$ 当 $|q| < 1$ 时收敛于 $\dfrac{a}{1-q}$；当 $|q| \geqslant 1$ 时发散. 即

$$\sum_{n=1}^{\infty} aq^{n-1} = \begin{cases} \dfrac{a}{1-q}, & |q| < 1 \\ \text{发散}, & |q| \geqslant 1 \end{cases}.$$

7.2.2 数项级数的基本性质

定理 7.2-1 若级数 $\sum\limits_{n=1}^{\infty} a_n$ 收敛，则 $\lim\limits_{n\to\infty} a_n = 0$.

证明[*] 若级数 $\sum\limits_{n=1}^{\infty} a_n$ 收敛，则其前 n 项部分和数列 $\{S_n\}$ 有极限 S，

由 $a_n = S_n - S_{n-1}$ $(n \geqslant 2)$ 和极限的唯一性，得

$$\lim_{n\to\infty} a_n = \lim_{n\to\infty}(S_n - S_{n-1}) = \lim_{n\to\infty} S_n - \lim_{n\to\infty} S_{n-1} = S - S = 0.$$

定理 7.2-1 的逆否命题为：对级数 $\sum\limits_{n=1}^{\infty} a_n$，若 $\lim\limits_{n\to\infty} a_n \neq 0$，则级数 $\sum\limits_{n=1}^{\infty} a_n$ 发散. 用这个简单的事实可确定一些级数的发散性.

例如，由于 $\lim\limits_{n\to\infty}(-1)^n$ 不存在，所以级数 $\sum\limits_{n=1}^{\infty}(-1)^n$ 发散；由于 $\lim\limits_{n\to\infty}\dfrac{1}{n^p} = +\infty$ $(p < 0)$，所以级数 $\sum\limits_{n=1}^{\infty}\dfrac{1}{n^p}$ $(p < 0)$ 发散；由于 $\lim\limits_{n\to\infty} n\sin\dfrac{1}{n} = 1$，所以级数 $\sum\limits_{n=1}^{\infty} n\sin\dfrac{1}{n}$ 发散.

需注意的是，$\lim\limits_{n\to\infty} a_n = 0$ 仅是级数 $\sum\limits_{n=1}^{\infty} a_n$ 收敛的必要条件，而不是充分条件. 也就是说，仅由 $\lim\limits_{n\to\infty} a_n = 0$，并不能断言 $\sum\limits_{n=1}^{\infty} a_n$ 的敛散性.

例如，对于级数 $\sum\limits_{n=1}^{\infty} \ln\dfrac{n+1}{n}$，虽有 $\lim\limits_{n\to\infty} \ln\dfrac{n+1}{n} = \lim\limits_{n\to\infty} \ln\left(1+\dfrac{1}{n}\right) = 0$，但级数 $\sum\limits_{n=1}^{\infty} \ln\dfrac{n+1}{n}$ 是发散的(见例 7.2-2).

而对于级数 $\sum\limits_{n=1}^{\infty}\dfrac{1}{1+2+\cdots+n}$ ，不但有 $\lim\limits_{n\to\infty}\dfrac{1}{1+2+\cdots+n}=\lim\limits_{n\to\infty}\dfrac{2}{n(n+1)}=0$ ，而且级数 $\sum\limits_{n=1}^{\infty}\dfrac{1}{1+2+\cdots+n}$ 是收敛的(见例 7.2-3).

根据级数敛散性的定义，级数 $\sum\limits_{n=1}^{\infty}a_n$ 的敛散及求和可完全归结为它的部分和数列 $\{S_n\}$ 的敛散及求极限问题，因而级数理论的任何一个结果都可以用数列的理论来叙述，进而可将数列极限的一些结果平行地移植到级数中.

定理 7.2-2 在级数 $\sum\limits_{n=1}^{\infty}a_n$ 中，去掉或添加或改变前有限项，不会改变级数的敛散性.

证明[*] 设级数 $\sum\limits_{n=1}^{\infty}a_n$ 的前 n 项部分和为 S_n ，则级数 $\sum\limits_{n=1}^{\infty}a_n$ 去掉前 N 项所得级数 $\sum\limits_{n=N+1}^{\infty}a_n$ 的前 n 项部分和为 $S_{N+n}-S_N$.

因为当 $n\to\infty$ 时， S_N 是一个常数，所以数列 $\{S_n\}$ 与 $\{S_{N+n}-S_N\}$ 同时有极限或同时没有极限，从而级数 $\sum\limits_{n=1}^{\infty}a_n$ 与 $\sum\limits_{n=N+1}^{\infty}a_n$ 有相同的敛散性.

上述论述也证明，在级数 $\sum\limits_{n=N+1}^{\infty}a_n=\sum\limits_{n=1}^{\infty}a_{N+n}$ 前面添加 N 项所得级数 $\sum\limits_{n=1}^{\infty}a_n$ 与 $\sum\limits_{n=N+1}^{\infty}a_n$ 有相同的敛散性.

而在级数 $\sum\limits_{n=1}^{\infty}a_n$ 中任意改变有限项，可以看作将该级数前面部分去掉有限项后再添加有限项，所以其敛散性不变.

定理 7.2-2 表明，**级数 $\sum\limits_{n=1}^{\infty}a_n$ 与它的余项 $r_n=\sum\limits_{k=n+1}^{\infty}a_k$ 有相同的敛散性.**

定理 7.2-3 级数 $\sum\limits_{n=1}^{\infty}a_n$ 收敛 $\Leftrightarrow \lim\limits_{n\to\infty}r_n=0$.

证明[*] 先证必要性.

由级数 $\sum\limits_{n=1}^{\infty}a_n$ 收敛，知 $\lim\limits_{n\to\infty}S_n=S$ ，且 $\sum\limits_{n=1}^{\infty}a_n=S$ ，

从而　　$\lim\limits_{n\to\infty}r_n=\lim\limits_{n\to\infty}(\sum\limits_{n=1}^{\infty}a_n-S_n)=\sum\limits_{n=1}^{\infty}a_n-\lim\limits_{n\to\infty}S_n=0$.

再证充分性.

由 $\lim\limits_{n\to\infty}r_n=0$ 知，余项 $r_n=\sum\limits_{k=n+1}^{\infty}a_k$ 收敛. 由于余项 $r_n=\sum\limits_{k=n+1}^{\infty}a_k$ 与级数 $\sum\limits_{n=1}^{\infty}a_n$ 有相同的敛散性，所以级数 $\sum\limits_{n=1}^{\infty}a_n$ 收敛.

定理 7.2-4 (线性性质) 若 $\sum\limits_{n=1}^{\infty}a_n$ 与 $\sum\limits_{n=1}^{\infty}b_n$ 是两个收敛级数， α 、 β 是两个实数，则 $\sum\limits_{n=1}^{\infty}(\alpha a_n+\beta b_n)$ 也是收敛级数，且

$$\sum_{n=1}^{\infty}(\alpha a_n + \beta b_n) = \alpha \sum_{n=1}^{\infty} a_n + \beta \sum_{n=1}^{\infty} b_n .$$

证明[*] 设 $S_n = \sum_{k=1}^{n} a_k$，$T_n = \sum_{k=1}^{n} b_k$，则

$$\sum_{k=1}^{n}(\alpha a_k + \beta b_k) = \alpha \sum_{k=1}^{n} a_k + \beta \sum_{k=1}^{n} b_k = \alpha S_n + \beta T_n .$$

根据定义 7.2-2 和数列极限的性质，得

$$\sum_{n=1}^{\infty}(\alpha a_n + \beta b_n) = \lim_{n \to \infty}(\alpha S_n + \beta T_n) = \alpha \lim_{n \to \infty} S_n + \beta \lim_{n \to \infty} T_n = \alpha \sum_{n=1}^{\infty} a_n + \beta \sum_{n=1}^{\infty} b_n .$$

例 7.2-5 求级数 $\sum_{n=0}^{\infty} \dfrac{(-1)^n + 2^n}{3^{n+2}}$ 的和.

解 因为 $\sum_{n=0}^{\infty} \dfrac{(-1)^n}{3^n} = \sum_{n=0}^{\infty}\left(\dfrac{-1}{3}\right)^n = \dfrac{1}{1-\left(-\dfrac{1}{3}\right)} = \dfrac{3}{4}$；$\sum_{n=0}^{\infty} \dfrac{2^n}{3^n} = \sum_{n=0}^{\infty}\left(\dfrac{2}{3}\right)^n = \dfrac{1}{1-\dfrac{2}{3}} = 3$，

所以 $\sum_{n=0}^{\infty} \dfrac{(-1)^n + 2^n}{3^{n+2}} = \dfrac{1}{3^2}\left[\sum_{n=0}^{\infty}\left(\dfrac{-1}{3}\right)^n + \sum_{n=0}^{\infty}\left(\dfrac{2}{3}\right)^n\right] = \dfrac{1}{9} \times \left(\dfrac{3}{4} + 3\right) = \dfrac{5}{12} .$

7.3　正项级数及其审敛准则

7.3.1　正项级数的概念及收敛准则

定义 7.3-1 若级数 $\sum_{n=1}^{\infty} a_n$ 的通项 a_n 满足 $a_n \geqslant (\leqslant) 0$，则称级数 $\sum_{n=1}^{\infty} a_n$ 为正(负)项级数.

正项级数与负项级数统称为**同号级数**.

由定理 7.2-2 知，若存在正整数 N，使对一切 $n \geqslant N$，都有 $a_n \geqslant (\leqslant) 0$，则级数 $\sum_{n=1}^{\infty} a_n$ 就可看成正(负)级数. 因此，只有那种既含有无穷个正项又含有无穷个负项的级数才称为**变号级数**.

若 $\sum_{n=1}^{\infty} a_n$ 为负项级数，则 $\sum_{n=1}^{\infty}(-a_n)$ 为正项级数，由定理 7.2-4 知它们有相同的敛散性. 所以，对于同号级数的敛散性问题，只需讨论正项级数的敛散性即可.

截至目前，对级数敛散性的判定，还只能从敛散性定义出发，为此必须求出级数的部分和 S_n 的表达式. 不可否认，若能求出级数的部分和 S_n 的表达式，不但能对级数的敛散性作出肯定性的判断，而且在收敛的情形下还能得到级数的和. 但不幸的是，能求出级数的部分和 S_n 的表达式的情形极少. 因此更多的情形应是从级数的部分和 S_n 的定义出发，运用极限理论来讨论数列 $\{S_n\}$ 的极限存在与否.

下面根据数列极限中单调有界数列必有极限的准则，给出一个正项级数的收敛准则.

定理 7.3-1 正项级数 $\sum\limits_{n=1}^{\infty} a_n$ 收敛的充要条件是它的部分和数列 $\{S_n\}$ 有上界.

证明[*](1) 充分性，即级数 $\sum\limits_{n=1}^{\infty} a_n$ 的部分和数列 $\{S_n\}$ 有上界 $\Rightarrow$ 正项级数 $\sum\limits_{n=1}^{\infty} a_n$ 收敛.

因正项级数 $\sum\limits_{n=1}^{\infty} a_n$ 的部分和数列 $\{S_n\}$ 单调增加且有上界，所以根据定理 7.1-5 知，$\lim\limits_{n\to\infty} S_n$ 存在，从而正项级数 $\sum\limits_{n=1}^{\infty} a_n$ 收敛.

(2) 必要性，即正项级数 $\sum\limits_{n=1}^{\infty} a_n$ 收敛 $\Rightarrow$ 它的部分和数列 $\{S_n\}$ 有上界.

因正项级数 $\sum\limits_{n=1}^{\infty} a_n$ 收敛，所以 $\lim\limits_{n\to\infty} S_n$ 存在. 而有极限的数列必是有界数列，从而部分和数列 $\{S_n\}$ 是有界的.

由于正项数列的部分和数列是单调增加数列，故当其有界时，它必有极限；当其无界时，它必趋于 $+\infty$.

因此，正项级数的敛散性 $\sum\limits_{n=1}^{\infty} a_n$ 只有两种可能：或发散于 $+\infty$，即 $\sum\limits_{n=1}^{\infty} a_n = +\infty$；或收敛于有限数，此时 $\sum\limits_{n=1}^{\infty} a_n < +\infty$.

例 7.3-1[*] 确定级数 $\sum\limits_{n=1}^{\infty} \dfrac{1}{n^p}$ 在常数 $p>1$ 时的敛散性.

解 当 $p>1$ 时，因为对于任意的 $x \in [n-1, n]$（$n \in \mathbf{N}_+$），总有 $\dfrac{1}{n^p} \leqslant \dfrac{1}{x^p}$，

所以
$$S_n = 1 + \frac{1}{2^p} + \frac{1}{3^p} + \cdots + \frac{1}{n^p} = 1 + \int_1^2 \frac{1}{2^p}\,dx + \int_2^3 \frac{1}{3^p}\,dx + \cdots + \int_{n-1}^n \frac{1}{n^p}\,dx$$
$$\leqslant 1 + \int_1^2 \frac{1}{x^p}\,dx + \int_2^3 \frac{1}{x^p}\,dx + \cdots + \int_{n-1}^n \frac{1}{x^p}\,dx = 1 + \int_1^n \frac{1}{x^p}\,dx = 1 + \frac{1}{p-1}(1 - n^{1-p})$$
$$< 1 + \frac{1}{p-1} = \frac{p}{p-1},$$

即部分和数列 $\{S_n\}$ 有上界.

由定理 7.3-1 知，当 $p>1$ 时，级数 $\sum\limits_{n=1}^{\infty} \dfrac{1}{n^p}$ 收敛.

定理 7.3-1 是判定正项级数敛散性的根本方法，几乎所有其他的判别法都由它导出.

7.3.2 正项级数的审敛准则

定理 7.3-2 (比较判别法) 设 $0 \leqslant a_n \leqslant b_n$（$n \in \mathbf{N}_+$），则

(1) 若正项级数 $\sum\limits_{n=1}^{\infty} b_n$ 收敛，则正项级数 $\sum\limits_{n=1}^{\infty} a_n$ 也收敛；

(2) 若正项级数 $\sum\limits_{n=1}^{\infty} a_n$ 发散，则正项级数 $\sum\limits_{n=1}^{\infty} b_n$ 也发散.

证明*(1) 设正项级数 $\sum\limits_{n=1}^{\infty}a_n$ 与 $\sum\limits_{n=1}^{\infty}b_n$ 的部分和数列分别为 $\{S_n\}$ 与 $\{T_n\}$.

若正项级数 $\sum\limits_{n=1}^{\infty}b_n$ 收敛，则数列 $\{T_n\}$ 有极限，所以数列 $\{T_n\}$ 上有界.

因为 $a_n \leqslant b_n$，所以 $S_n \leqslant T_n$，从而数列 $\{S_n\}$ 也上有界. 再由定理 7.3-1 知，正项级数 $\sum\limits_{n=1}^{\infty}a_n$ 收敛.

(2) 用反证法证明. 假设当正项级数 $\sum\limits_{n=1}^{\infty}a_n$ 发散时，正项级数 $\sum\limits_{n=1}^{\infty}b_n$ 收敛.

若正项级数 $\sum\limits_{n=1}^{\infty}b_n$ 收敛，则由(1)知，正项级数 $\sum\limits_{n=1}^{\infty}a_n$ 也收敛，这与假设正项级数 $\sum\limits_{n=1}^{\infty}a_n$ 发散矛盾. 所以当正项级数 $\sum\limits_{n=1}^{\infty}a_n$ 发散时，正项级数 $\sum\limits_{n=1}^{\infty}b_n$ 发散.

推论 7.3-1* 设 $0 \leqslant a_n \leqslant b_n$ $(n \in \mathbf{N}_+)$，若存在正整数 $\mathbf{N}$ 与正数 k，使当 $n > \mathbf{N}$ 时，有 $a_n \leqslant kb_n$，则

(1) 若正项级数 $\sum\limits_{n=1}^{\infty}b_n$ 收敛，则正项级数 $\sum\limits_{n=1}^{\infty}a_n$ 收敛；

(2) 若正项级数 $\sum\limits_{n=1}^{\infty}a_n$ 发散，则正项级数 $\sum\limits_{n=1}^{\infty}b_n$ 也发散.

例 7.3-2* 确定调和级数 $\sum\limits_{n=1}^{\infty}\dfrac{1}{n}$ 的敛散性.

解 因为对于任意的 $x \in [n, n+1]$ $(n \in \mathbf{N}_+)$，总有 $\dfrac{1}{n} \geqslant \dfrac{1}{x}$，

所以　　$\dfrac{1}{n} = \int_n^{n+1}\dfrac{1}{n}\mathrm{d}x \geqslant \int_n^{n+1}\dfrac{1}{x}\mathrm{d}x = \ln(n+1) - \ln n = \ln\dfrac{n+1}{n}$.

由例 7.2-2 知，级数 $\sum\limits_{n=1}^{\infty}\ln\dfrac{n+1}{n} = +\infty$ 发散. 所以由比较判别法知，调和级数 $\sum\limits_{n=1}^{\infty}\dfrac{1}{n}$ 发散.

例 7.3-3 确定 p 级数 $\sum\limits_{n=1}^{\infty}\dfrac{1}{n^p}$ (p 为常数)的敛散性.

解 (1) 由例 7.3-1 知，当 $p > 1$ 时，p 级数 $\sum\limits_{n=1}^{\infty}\dfrac{1}{n^p}$ 收敛；

(2) 当 $p = 1$ 时，p 级数 $\sum\limits_{n=1}^{\infty}\dfrac{1}{n^p}$ 即为调和级数 $\sum\limits_{n=1}^{\infty}\dfrac{1}{n}$，它是发散的；

(3) 当 $p < 1$ 时，因为 $\dfrac{1}{n^p} \geqslant \dfrac{1}{n}$，所以由比较判别法知，此时 p 级数 $\sum\limits_{n=1}^{\infty}\dfrac{1}{n^p}$ 发散.

综合(1)(2)(3)知，p 级数 $\sum\limits_{n=1}^{\infty}\dfrac{1}{n^p}$ 当 $p > 1$ 时收敛，当 $p \leqslant 1$ 时发散. 即

$$\sum_{n=1}^{\infty}\frac{1}{n^p} = \begin{cases} \text{发散}, & p \leqslant 1 \\ \text{收敛}, & p > 1 \end{cases}.$$

由比较判别法知，要判定一个级数的敛散性，关键在于找到一个敛散性已知的级数作

为比较级数. 由于等比级数 $\sum\limits_{n=1}^{\infty}aq^{n-1}$ 与 p 级数 $\sum\limits_{n=1}^{\infty}\dfrac{1}{n^p}$ 的敛散性规律性很明确, 而且简单易记, 因此这两类级数通常被用作比较级数.

例 7.3-4 确定下列各正项级数的敛散性:

(1) $\sum\limits_{n=1}^{\infty}\dfrac{1}{2^n+3}$;

(2) $\sum\limits_{n=1}^{\infty}\left|\dfrac{1}{n^2}\sin n\right|$;

(3) $\sum\limits_{n=1}^{\infty}\dfrac{1}{\sqrt{n(n+1)}}$;

(4) $\sum\limits_{n=1}^{\infty}\dfrac{1}{n+1}\sin\dfrac{1}{n}$.

解 (1) 因为 $\dfrac{1}{2^n+3}<\dfrac{1}{2^n}=\left(\dfrac{1}{2}\right)^n$, 且等比级数 $\sum\limits_{n=1}^{\infty}\left(\dfrac{1}{2}\right)^n$ 收敛, 所以由比较判别法知, 级数 $\sum\limits_{n=1}^{\infty}\dfrac{1}{2^n+3}$ 收敛.

(2) 因 $\left|\dfrac{1}{n^2}\sin n\right|\leqslant\dfrac{1}{n^2}$, 且级数 $\sum\limits_{n=1}^{\infty}\dfrac{1}{n^2}$ 收敛, 所以由比较判别法知, 级数 $\sum\limits_{n=1}^{\infty}\left|\dfrac{1}{n^2}\sin n\right|$ 收敛.

(3) 由 $n(n+1)\leqslant(n+1)^2$, 知 $\dfrac{1}{\sqrt{n(n+1)}}\geqslant\dfrac{1}{n+1}$, 而级数 $\sum\limits_{n=1}^{\infty}\dfrac{1}{n+1}=\sum\limits_{n=1}^{\infty}\dfrac{1}{n}-1$ 发散, 所以由比较判别法知, 级数 $\sum\limits_{n=1}^{\infty}\dfrac{1}{\sqrt{n(n+1)}}$ 发散.

(4) 由 $\dfrac{1}{n+1}<\dfrac{1}{n},\sin\dfrac{1}{n}<\dfrac{1}{n}$, 知 $\dfrac{1}{n+1}\sin\dfrac{1}{n}<\dfrac{1}{n^2}$, 而级数 $\sum\limits_{n=1}^{\infty}\dfrac{1}{n^2}$ 是收敛的, 所以由比较判别法知, 级数 $\sum\limits_{n=1}^{\infty}\dfrac{1}{n+1}\sin\dfrac{1}{n}$ 收敛.

为了应用上方便, 下面给出比较判别法的极限形式.

推论 7.3-2 (比较判别法的极限形式) 设 $a_n\geqslant0,b_n\geqslant0\ (n\in\mathbf{N}_+)$, 且 $\lim\limits_{n\to\infty}\dfrac{a_n}{b_n}=l$.

(1) 若 $0<l<+\infty$, 则正项级数 $\sum\limits_{n=1}^{\infty}a_n$ 与正项级数 $\sum\limits_{n=1}^{\infty}b_n$ 敛散性相同;

(2) 若 $l=0$, 则当正项级数 $\sum\limits_{n=1}^{\infty}b_n$ 收敛时, 正项级数 $\sum\limits_{n=1}^{\infty}a_n$ 也收敛;

(3) 若 $l=+\infty$, 则当正项级数 $\sum\limits_{n=1}^{\infty}b_n$ 发散时, 正项级数 $\sum\limits_{n=1}^{\infty}a_n$ 也发散.

例 7.3-5 确定下列各正向级数的敛散性:

(1) $\sum\limits_{n=1}^{\infty}\ln\left(1+\dfrac{1}{n^2}\right)$;

(2) $\sum\limits_{n=1}^{\infty}2^n\tan\dfrac{1}{3^n}$;

(3) $\sum\limits_{n=1}^{\infty}\dfrac{\sqrt{n}}{(n+1)(n+5)}$;

(4) $\sum\limits_{n=1}^{\infty}\dfrac{1}{\sqrt{n^2+a^2}}$.

解 (1) 因为 $\lim\limits_{x\to+\infty}\dfrac{\ln\left(1+\dfrac{1}{x^2}\right)}{\dfrac{1}{x^2}}=1$, 所以 $\lim\limits_{n\to\infty}\dfrac{\ln\left(1+\dfrac{1}{n^2}\right)}{\dfrac{1}{n^2}}=1$.

因为级数 $\displaystyle\sum_{n=1}^{\infty}\frac{1}{n^2}$ 收敛，所以由推论 7.3-2 知，级数 $\displaystyle\sum_{n=1}^{\infty}\ln\left(1+\frac{1}{n^2}\right)$ 收敛.

(2) 因为 $\displaystyle\lim_{x\to+\infty}\frac{2^x\tan\dfrac{1}{3^x}}{\left(\dfrac{2}{3}\right)^x}=\lim_{x\to+\infty}\frac{\tan\left(\dfrac{1}{3}\right)^x}{\left(\dfrac{1}{3}\right)^x}=1$，所以 $\displaystyle\lim_{n\to\infty}\frac{2^n\tan\dfrac{1}{3^n}}{\left(\dfrac{2}{3}\right)^n}=1$.

因为级数 $\displaystyle\sum_{n=1}^{\infty}\left(\frac{2}{3}\right)^n$ 收敛，所以由推论 7.3-2 知，级数 $\displaystyle\sum_{n=1}^{\infty}2^n\tan\frac{1}{3^n}$ 收敛.

(3) 因为 $\displaystyle\lim_{n\to\infty}\frac{\dfrac{\sqrt{n}}{(n+1)(n+5)}}{n^{-\frac{3}{2}}}=\lim_{n\to\infty}\frac{n^2}{n^2+6n+5}=1$，且级数 $\displaystyle\sum_{n=1}^{\infty}n^{-\frac{3}{2}}=\sum_{n=1}^{\infty}\frac{1}{n^{\frac{3}{2}}}$ 收敛，

所以由推论 7.3-2 知，级数 $\displaystyle\sum_{n=1}^{\infty}\frac{\sqrt{n}}{(n+1)(n+5)}$ 收敛.

(4) 因为 $\displaystyle\lim_{n\to\infty}\frac{\dfrac{1}{\sqrt{n^2+a^2}}}{\dfrac{1}{n}}=\lim_{n\to\infty}\frac{1}{\sqrt{1+\left(\dfrac{a}{n}\right)^2}}=1$，且级数 $\displaystyle\sum_{n=1}^{\infty}\frac{1}{n}$ 发散，

所以由推论 7.3-2 知，级数 $\displaystyle\sum_{n=1}^{\infty}\frac{1}{\sqrt{n^2+a^2}}$ 发散.

例 7.3-6 确定级数 $\displaystyle\sum_{n=1}^{\infty}\left(1-\cos\frac{x}{n}\right)(x\neq 0)$ 的敛散性.

解　因为 $\displaystyle\lim_{t\to+\infty}\frac{1-\cos\dfrac{x}{t}}{\dfrac{1}{t^2}}=\lim_{t\to+\infty}t^2\cdot\frac{1}{2}\left(\frac{x}{t}\right)^2=\frac{x^2}{2}$，所以 $\displaystyle\lim_{n\to\infty}\frac{1-\cos\dfrac{x}{n}}{\dfrac{1}{n^2}}=\frac{x^2}{2}$.

因为 $\displaystyle\sum_{n=1}^{\infty}\frac{1}{n^2}$ 收敛，所以由推论 7.3-2 知，只要 $x\neq 0$，级数 $\displaystyle\sum_{n=1}^{\infty}\left(1-\cos\frac{x}{n}\right)$ 都收敛.

应用比较判别法时，先要对待判定敛散性的级数的敛散性有一个大致的估计，进而选择一个敛散性已知的适当级数与之相比较. 但是就绝大多数情形而言，这两个步骤都不容易，具有相当的难度. 而级数的敛散性应该是由级数本身特性所决定的，因此级数敛散性的判别法应着眼于对级数自身元素特性的分析. 等比级数 $\displaystyle\sum_{n=1}^{\infty}aq^{n-1}\,(a\neq 0)$ 的敛散性只依赖于其后项与前项之比的绝对值(即 $|q|$)启示，将待判定敛散性的级数与等比级数作比较，可以得到应用起来十分方便的比值判别法.

定理 7.3-3(比值判别法(达朗贝尔(D'Alembert)判别法)) 设 $a_n\geq 0\,(n\in\mathbf{N}_+)$ 且 $\displaystyle\lim_{n\to\infty}\frac{a_{n+1}}{a_n}=\lambda$，则

(1) 当 $\lambda<1$ 时，正项级数 $\displaystyle\sum_{n=1}^{\infty}a_n$ 收敛；

(2) 当 $\lambda > 1$ 时，正项级数 $\sum\limits_{n=1}^{\infty} a_n$ 发散；

特别地，当 $\lambda = +\infty$ 时，正项级数 $\sum\limits_{n=1}^{\infty} a_n$ 发散；

(3) 当 $\lambda = 1$ 时，比值判别法失效. 此时，不能用比值判别法判定级数的敛散性.

例如，对于 p 级数 $\sum\limits_{n=1}^{\infty} \dfrac{1}{n^p}$ ，无论 p 为何值都有 $\lim\limits_{n\to\infty} \dfrac{a_{n+1}}{a_n} = \lim\limits_{n\to\infty} \left(\dfrac{n}{n+1}\right)^p = 1$. 但 p 级数当 $p > 1$ 时收敛；当 $p \leqslant 1$ 时发散.

例 7.3-7 确定下列各级数的敛散性：

(1) $\sum\limits_{n=1}^{\infty} \dfrac{n!}{a^n}\,(a>0)$ ； (2) $\sum\limits_{n=1}^{\infty} \dfrac{n^k}{n!}\,(k>0)$ ； (3) $\sum\limits_{n=1}^{\infty} \dfrac{n^n}{n!}$.

解 (1) 因为 $\lim\limits_{n\to\infty} \dfrac{a_{n+1}}{a_n} = \lim\limits_{n\to\infty} \dfrac{\dfrac{(n+1)!}{a^{n+1}}}{\dfrac{n!}{a^n}} = \lim\limits_{n\to\infty} \dfrac{n+1}{a} = +\infty\,(a>0)$ ，

所以由比值判别法知，级数 $\sum\limits_{n=1}^{\infty} \dfrac{n!}{a^n}\,(a>0)$ 发散.

(2) 因为 $\lim\limits_{n\to\infty} \dfrac{a_{n+1}}{a_n} = \lim\limits_{n\to\infty} \dfrac{\dfrac{(n+1)^k}{(n+1)!}}{\dfrac{n^k}{n!}} = \lim\limits_{n\to\infty} \dfrac{1}{n+1} \left(1+\dfrac{1}{n}\right)^k = 0 \times 1 = 0 < 1$ ，

所以由比值判别法知，级数 $\sum\limits_{n=1}^{\infty} \dfrac{n^k}{n!}\,(k>0)$ 收敛.

(3) 因为 $\lim\limits_{n\to\infty} \dfrac{a_{n+1}}{a_n} = \lim\limits_{n\to\infty} \dfrac{\dfrac{(n+1)^{n+1}}{(n+1)!}}{\dfrac{n^n}{n!}} = \lim\limits_{n\to\infty} \left(1+\dfrac{1}{n}\right)^n = e > 1$ ，

所以由比值判别法知，级数 $\sum\limits_{n=1}^{\infty} \dfrac{n^n}{n!}$ 发散.

例 7.3-8* 证明等式： $\lim\limits_{n\to\infty} \dfrac{5^n n^2}{n!} = 0$.

证明 令 $a_n = \dfrac{5^n n^2}{n!}\,(n \in \mathbf{N}_+)$ ，则有

$$\lim\limits_{n\to\infty} \dfrac{a_{n+1}}{a_n} = \lim\limits_{n\to\infty} \dfrac{\dfrac{5^{n+1}(n+1)^2}{(n+1)!}}{\dfrac{5^n n^2}{n!}} = \lim\limits_{n\to\infty} \dfrac{5}{n+1} \left(\dfrac{n+1}{n}\right)^2 = 5\lim\limits_{n\to\infty} \dfrac{1}{n+1} = 0 < 1$$ ，

所以由比值判别法知，正项级数 $\sum\limits_{n=1}^{\infty} \dfrac{5^n n^2}{n!}$ 收敛.

故由定理 7.2-1 知， $\lim\limits_{n\to\infty} \dfrac{5^n n^2}{n!} = 0$.

7.4 变号级数的敛散性

7.4.1 交错级数及其审敛法

定义 7.4-1 若某级数的项是正负相间的，即该级数形如

$$\sum_{n=1}^{\infty}(-1)^{n-1}a_n \quad 或 \quad \sum_{n=1}^{\infty}(-1)^n a_n (其中 a_n > 0),$$

则称该级数为**交错级数**.

定理 7.4-1 (莱布尼茨审敛法) 若交错级数 $\sum_{n=1}^{\infty}(-1)^{n-1}a_n (a_n > 0)$ 满足下列条件：

(1) $a_n \geqslant a_{n+1} (n \in \mathbf{N}_+)$，即数列 $\{a_n\}$ 为单调减少数列；

(2) $\lim_{n\to\infty} a_n = 0$.

则该交错级数收敛，且其和 $S \leqslant a_1$，其余项 r_n 的绝对值不超过 a_{n+1}，即 $|r_n| \leqslant a_{n+1}$.

例 7.4-1 确定交错级数 $\sum_{n=1}^{\infty}(-1)^{n-1}\dfrac{1}{n}$ 的敛散性.

解 (1) 因为 $a_n = \dfrac{1}{n} > \dfrac{1}{n+1} = a_{n+1}$，所以数列 $\left\{\dfrac{1}{n}\right\}$ 为单调减少数列；

(2) $\lim_{n\to\infty} a_n = \lim_{n\to\infty}\dfrac{1}{n} = 0$.

综合(1)(2)，根据莱布尼茨审敛法知，交错级数 $\sum_{n=1}^{\infty}(-1)^{n-1}\dfrac{1}{n}$ 收敛.

例 7.4-2 确定交错级数 $\sum_{n=1}^{\infty}(-1)^n\left(\dfrac{\pi}{2}-\arctan n\right)$ 的敛散性.

解 (1) 因为 $a_n - a_{n+1} = \left(\dfrac{\pi}{2}-\arctan n\right) - \left[\dfrac{\pi}{2}-\arctan(n+1)\right]$

$$= \arctan(n+1) - \arctan n > 0,$$

所以，数列 $\left\{\dfrac{\pi}{2}-\arctan n\right\}$ 为单调减少数列；

(2) $\lim_{n\to\infty}\left(\dfrac{\pi}{2}-\arctan n\right) = 0$.

综合(1)(2)，根据莱布尼茨审敛法知，交错级数 $\sum_{n=1}^{\infty}(-1)^n\left(\dfrac{\pi}{2}-\arctan n\right)$ 收敛.

7.4.2 绝对收敛和条件收敛

定义 7.4-2 若级数 $\sum_{n=1}^{\infty}|a_n|$ 收敛，则称级数 $\sum_{n=1}^{\infty}a_n$ **绝对收敛**；若级数 $\sum_{n=1}^{\infty}|a_n|$ 发散，而级数 $\sum_{n=1}^{\infty}a_n$ 收敛，则称级数 $\sum_{n=1}^{\infty}a_n$ **条件收敛**.

因此，所有收敛的变号级数可以分为绝对收敛级数和条件收敛级数两类.

定理 7.4-2 若级数 $\sum\limits_{n=1}^{\infty} a_n$ 绝对收敛，则级数 $\sum\limits_{n=1}^{\infty} a_n$ 收敛.

证明[*] 记 $S'_n = \sum\limits_{k=1}^{n} |a_k|$，$r'_n = \sum\limits_{k=n+1}^{\infty} |a_k|$.

若级数 $\sum\limits_{n=1}^{\infty} |a_n|$ 收敛，则有 $\lim\limits_{n\to\infty} r'_n = 0$.

因为 $0 \leqslant |r_n| = \left| \sum\limits_{k=n+1}^{\infty} a_k \right| \leqslant \sum\limits_{k=n+1}^{\infty} |a_k| = r'_n$，

所以由夹挤准则得，$\lim\limits_{n\to\infty} |r_n| = 0$，从而 $\lim\limits_{n\to\infty} r_n = 0$，故级数 $\sum\limits_{n=1}^{\infty} a_n$ 收敛.

例 7.4-3 确定级数 $\sum\limits_{n=1}^{\infty} \dfrac{\cos n\pi}{n^2+1}$ 的敛散性.

解 因为 $\left| \dfrac{\cos n\pi}{n^2+1} \right| = \dfrac{1}{n^2+1} < \dfrac{1}{n^2}$，且级数 $\sum\limits_{n=1}^{\infty} \dfrac{1}{n^2}$ 收敛，

所以级数 $\sum\limits_{n=1}^{\infty} \dfrac{\cos n\pi}{n^2+1}$ 绝对收敛. 故由定理 7.4-2 知，级数 $\sum\limits_{n=1}^{\infty} \dfrac{\cos n\pi}{n^2+1}$ 收敛.

对于变号级数 $\sum\limits_{n=1}^{\infty} a_n$，由比较判别法判定正项级数 $\sum\limits_{n=1}^{\infty} |a_n|$ 发散时，只能断定级数 $\sum\limits_{n=1}^{\infty} a_n$ 非绝对收敛，并不能得出变号级数 $\sum\limits_{n=1}^{\infty} a_n$ 一定发散的结论，因为这时级数 $\sum\limits_{n=1}^{\infty} a_n$ 还可能条件收敛.

例如，交错级数 $\sum\limits_{n=1}^{\infty} (-1)^{n-1} \dfrac{1}{n}$ 并不是绝对收敛的级数，但其却是收敛的(见例 7.4-1).

例 7.4-4[*] 证明：若 $\lim\limits_{n\to\infty} \left| \dfrac{a_{n+1}}{a_n} \right| > 1$，则变号级数 $\sum\limits_{n=1}^{\infty} a_n$ 一定发散.

证明 因为 $\lim\limits_{n\to\infty} \left| \dfrac{a_{n+1}}{a_n} \right| = \lim\limits_{n\to\infty} \dfrac{|a_{n+1}|}{|a_n|} > 1$，

所以存在正整数 N，使当 $n > N$ 时，有

$$\frac{|a_{n+1}|}{|a_n|} > 1,$$

即 $\qquad |a_{n+1}| > |a_n|$.

由此可知，当 $n > N$ 时，数列 $\{|a_n|\}$ 各项均为正数且为严格单调增加数列，

因此 $\qquad \lim\limits_{n\to\infty} |a_n| \neq 0$，

故 $\qquad \lim\limits_{n\to\infty} a_n \neq 0$.

再由定理 7.2-1 的逆否命题知，级数 $\sum\limits_{n=1}^{\infty} a_n$ 发散.

例 7.4-4 表明：若用比值判别法判定正项级数 $\sum\limits_{n=1}^{\infty} |a_n|$ 发散，则能断定变号级数 $\sum\limits_{n=1}^{\infty} a_n$ 一

定发散.

例 7.4-5　确定级数 $\sum\limits_{n=1}^{\infty}(-1)^{n+1}\dfrac{n^n}{n!}$ 的敛散性.

解　因为 $\lim\limits_{n\to\infty}\left|\dfrac{a_{n+1}}{a_n}\right|=\mathrm{e}>1$（见例 7.3-7(3)），

所以由比值判别法知，级数 $\sum\limits_{n=1}^{\infty}(-1)^{n+1}\dfrac{n^n}{n!}$ 发散.

7.5　幂　级　数

7.5.1　函数项级数的一般概念

前几节所讨论的级数都是常数项级数. 若级数的各项都是定义在某区间 I 上的关于变量 x 的函数，则称该级数为**函数项级数**. 函数项级数的一般形式为：

$$\sum_{n=1}^{\infty}u_n(x)=u_1(x)+u_2(x)+\cdots+u_n(x)+\cdots. \tag{7.5-1}$$

当变量 x 在区间 I 中取定某数值 x_0 时，级数(7.5-1)就成为一个数项级数.若数项级数 $\sum\limits_{n=1}^{\infty}u_n(x_0)$ 收敛，则称函数项级数(7.5-1)在点 x_0 收敛，并且称点 x_0 为函数项级数(7.5-1)的一个**收敛点**；若数项级数 $\sum\limits_{n=1}^{\infty}u_n(x_0)$ 发散，则称点 x_0 为函数项级数(7.5-1)的一个**发散点**. 一个函数项级数的收敛(发散)点的全体称为它的**收敛(发散)域**.

对于收敛域内的任意一个数 x，函数项级数都成为一个收敛的数项级数，因此有一个确定的和 S. 这样，在收敛域上，函数项级数的和是关于 x 的函数 $S(x)$，通常称函数 $S(x)$ 为函数项级数(7.5-1)的**和函数**，记作

$$S(x)=\sum_{n=1}^{\infty}u_n(x)=u_1(x)+u_2(x)+\cdots+u_n(x)+\cdots,$$

其中 x 是收敛域内的任意一点. 若将函数项级数的前 n 项和记作 $S_n(x)$，则在收敛域上有

$$S(x)=\lim_{n\to\infty}S_n(x).$$

7.5.2　幂级数及其敛散性

函数项级数

$$\sum_{n=0}^{\infty}a_n(x-x_0)^n=a_0+a_1(x-x_0)+a_2(x-x_0)^2+\cdots+a_n(x-x_0)^n+\cdots \tag{7.5-2}$$

称为 $x-x_0$ 的**幂级数**，其中常数 $a_0,a_1,a_2,\cdots,a_n,\cdots$ 称为幂级数的**系数**.

当 $x_0=0$ 时，式(7.5-2)变为

$$\sum_{n=0}^{\infty}a_nx^n=a_0+a_1x+a_2x^2+\cdots+a_nx^n+\cdots. \tag{7.5-3}$$

级数(7.5-3)称为 x 的**幂级数**.

若作变换 $t = x - x_0$，则级数(7.5-2)就变为级数(7.5-3). 因此，只需讨论形如式(7.5-3)的幂级数.

对于幂级数 $\sum\limits_{n=0}^{\infty} a_n x^n$，首先应考虑的仍是它的收敛与发散的判定问题. 幂级数 $\sum\limits_{n=0}^{\infty} a_n x^n$ 在点 $x=0$ 处显然是收敛的，但还需进一步寻求幂级数 $\sum\limits_{n=0}^{\infty} a_n x^n$ 收敛和发散的范围.

为此，考察幂级数(7.5-3)各项的绝对值所对应的级数

$$\sum_{n=0}^{\infty} \left| a_n x^n \right| = \left| a_0 \right| + \left| a_1 x \right| + \left| a_2 x^2 \right| + \cdots + \left| a_n x^n \right| + \cdots . \tag{7.5-4}$$

设 n 充分大时，$a_n \neq 0$，且 $\lim\limits_{n\to\infty} \left| \dfrac{a_{n+1}}{a_n} \right| = L$. 由比值判别法，得

$$\lim_{n\to\infty} \left| \frac{a_{n+1} x^{n+1}}{a_n x^n} \right| = \lim_{n\to\infty} \left| \frac{a_{n+1}}{a_n} \right| \cdot |x| = L|x|.$$

根据比值判别法，当 $L \neq 0$ 时，若 $L|x| < 1$，即 $|x| < \dfrac{1}{L} = R$，则幂级数(7.5-3)绝对收敛，从而收敛；若 $L|x| > 1$，即 $|x| > \dfrac{1}{L} = R$，则幂级数(7.5-3)发散.

通常称

$$R = \frac{1}{L} = \lim_{n\to\infty} \left| \frac{a_n}{a_{n+1}} \right|$$

为幂级数(7.5-3)的**收敛半径**.

这表明，只要 L 是不为零的正数，就有一个以原点为中心的对称开区间 $(-R, R)$，在开区间 $(-R, R)$ 内幂级数(7.5-3)绝对收敛，在开区间 $(-R, R)$ 外幂级数(7.5-3)发散.

通常称开区间 $(-R, R)$ 为幂级数(7.5-3)的**收敛区间**.

需阐明的是：当 $|x| = R$ 时，幂级数(7.5-3)可能收敛也可能发散，其敛散性需另行讨论.

由此可知，只要找到收敛半径 R，再考察一下级数 $\sum\limits_{n=0}^{\infty} a_n (-R)^n$、$\sum\limits_{n=0}^{\infty} a_n R^n$ 的敛散性，就可以确定幂级数(7.5-3)的收敛域了. 因此，幂级数(7.5-3)收敛问题的讨论在于收敛半径的寻求.

当 $L = 0$ 时，因 $|x|L = 0 < 1$，由比值判别法知，幂级数(7.5-3)对一切实数 x 都绝对收敛，此时规定收敛半径 $R = +\infty$，其收敛区间与收敛域均为 $(-\infty, +\infty)$.

如果幂级数(7.5-3)仅在点 $x = 0$ 处收敛，则规定收敛半径 $R = 0$，其收敛域为 $\{0\}$.

综上所述，得出求幂级数(7.5-3)的收敛半径 R 的结论如下.

定理 7.5-1 若幂级数 $\sum\limits_{n=0}^{\infty} a_n x^n$ 的系数满足 $\lim\limits_{n\to\infty} \left| \dfrac{a_{n+1}}{a_n} \right| = L$，则

(1) 当 $0 < L < +\infty$ 时，收敛半径 $R = \dfrac{1}{L}$，收敛区间为 $(-R, R)$；

(2) 当 $L = 0$ 时，收敛半径 $R = +\infty$，收敛区间与收敛域均为 $(-\infty, +\infty)$；

(3) 当 $L = +\infty$ 时，收敛半径 $R = 0$，收敛域为 $\{0\}$.

例 7.5-1 求下列各幂级数的收敛半径、收敛区间及收敛域：

(1) $\sum\limits_{n=1}^{\infty}\dfrac{x^n}{n!}$；   (2) $\sum\limits_{n=1}^{\infty}n^n x^n$；   (3) $\sum\limits_{n=1}^{\infty}nx^n$；

(4) $\sum\limits_{n=1}^{\infty}\dfrac{x^n}{n^2}$；   (5) $\sum\limits_{n=1}^{\infty}\dfrac{x^n}{n}$.

解 (1) 因为 $L=\lim\limits_{n\to\infty}\left|\dfrac{a_{n+1}}{a_n}\right|=\lim\limits_{n\to\infty}\dfrac{\frac{1}{(n+1)!}}{\frac{1}{n!}}=\lim\limits_{n\to\infty}\dfrac{1}{n+1}=0$，

所以收敛半径 $R=+\infty$，幂级数 $\sum\limits_{n=1}^{\infty}\dfrac{x^n}{n!}$ 的收敛区间与收敛域均为 $(-\infty,+\infty)$.

(2) 因为 $L=\lim\limits_{n\to\infty}\left|\dfrac{a_{n+1}}{a_n}\right|=\lim\limits_{n\to\infty}\dfrac{(n+1)^{n+1}}{n^n}=\lim\limits_{n\to\infty}\left[(n+1)\left(1+\dfrac{1}{n}\right)^n\right]=+\infty$，

所以收敛半径 $R=0$，幂级数 $\sum\limits_{n=1}^{\infty}n^n x^n$ 的收敛域为 $\{0\}$.

(3) 因为 $L=\lim\limits_{n\to\infty}\left|\dfrac{a_{n+1}}{a_n}\right|=\lim\limits_{n\to\infty}\dfrac{n+1}{n}=1$，

所以收敛半径 $R=1$，收敛区间为 $(-1,1)$.

当 $x=-1$ 与 $x=1$ 时，所给幂级数变为级数 $\sum\limits_{n=1}^{\infty}(-1)^n n$ 与 $\sum\limits_{n=1}^{\infty}n$.

因为 $\lim\limits_{n\to\infty}(-1)^n n\neq 0$，$\lim\limits_{n\to\infty}n\neq 0$，

所以级数 $\sum\limits_{n=1}^{\infty}(-1)^n n$ 与 $\sum\limits_{n=1}^{\infty}n$ 都发散，故幂级数 $\sum\limits_{n=1}^{\infty}nx^n$ 的收敛域为 $(-1,1)$.

(4) 因为 $L=\lim\limits_{n\to\infty}\left|\dfrac{a_{n+1}}{a_n}\right|=\lim\limits_{n\to\infty}\dfrac{\frac{1}{(n+1)^2}}{\frac{1}{n^2}}=1$，

所以收敛半径 $R=1$，收敛区间为 $(-1,1)$.

当 $x=-1$ 与 $x=1$ 时，所给幂级数变为级数 $\sum\limits_{n=1}^{\infty}\dfrac{(-1)^n}{n^2}$ 与 $\sum\limits_{n=1}^{\infty}\dfrac{1}{n^2}$.

由 p 级数的敛散性和莱布尼茨判别法知，级数 $\sum\limits_{n=1}^{\infty}\dfrac{(-1)^n}{n^2}$ 与 $\sum\limits_{n=1}^{\infty}\dfrac{1}{n^2}$ 都收敛，故幂级数

$\sum\limits_{n=1}^{\infty}\dfrac{x^n}{n^2}$ 的收敛域为 $[-1,1]$.

(5) 因为 $L=\lim\limits_{n\to\infty}\left|\dfrac{a_{n+1}}{a_n}\right|=\lim\limits_{n\to\infty}\dfrac{\frac{1}{n+1}}{\frac{1}{n}}=1$，

所以收敛半径 $R=1$，收敛区间为 $(-1,1)$.

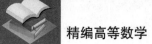

当 $x=-1$ 时，所给幂级数变为收敛级数 $\sum_{n=1}^{\infty}\dfrac{(-1)^n}{n}$；当 $x=1$ 时，所给幂级数变为发散级

数 $\sum_{n=1}^{\infty}\dfrac{1}{n}$，所以幂级数 $\sum_{n=1}^{\infty}\dfrac{x^n}{n}$ 的收敛域为 $[-1,1)$.

例 7.5-2* 求下列幂级数的收敛域：

(1) $\sum_{n=0}^{\infty}\dfrac{x^{2n}}{2^n(n+1)}$；   (2) $\sum_{n=0}^{\infty}(x-1)^n$.

解 (1) 因为 $\lim\limits_{n\to\infty}\left|\dfrac{a_{n+1}x^{2(n+1)}}{a_nx^{2n}}\right|=x^2\lim\limits_{n\to\infty}\left|\dfrac{\dfrac{1}{2^{n+1}(n+2)}}{\dfrac{1}{2^n(n+1)}}\right|=\dfrac{x^2}{2}\lim\limits_{n\to\infty}\dfrac{n+1}{n+2}=\dfrac{x^2}{2}$，

所以当 $\dfrac{x^2}{2}<1$，即 $|x|<\sqrt{2}$ 时，所给幂级数绝对收敛，从而所给幂级数的收敛半径 $R=\sqrt{2}$.

当 $x=\pm\sqrt{2}$ 时，所给幂级数变为发散级数 $\sum_{n=1}^{\infty}\dfrac{1}{n+1}$，从而幂级数 $\sum_{n=0}^{\infty}\dfrac{x^{2n}}{2^n(n+1)}$ 的收敛域为

$(-\sqrt{2},\sqrt{2})$.

(2) 令 $t=x-1$，则 $\sum_{n=0}^{\infty}(x-1)^n=\sum_{n=0}^{\infty}t^n$.

这是等比级数，当 $|t|<1$ 时级数 $\sum_{n=0}^{\infty}t^n$ 收敛，当 $|t|\geqslant 1$ 时级数 $\sum_{n=0}^{\infty}t^n$ 发散.

因此当 $|x-1|<1$，即 $0<x<2$ 时，幂级数 $\sum_{n=0}^{\infty}(x-1)^n$ 收敛，故收敛域为 $(0,2)$.

7.5.3* 收敛幂级数的和函数及性质

设幂级数 $\sum_{n=0}^{\infty}a_nx^n$ 的收敛半径为 R，则它在收敛区间 $(-R,R)$ 内确定了一个和函数 $S(x)$，即

$$S(x)=\sum_{n=0}^{\infty}a_nx^n \quad \text{或} \quad S(x)=\lim_{n\to\infty}S_n(x) \tag{7.5-5}$$

在绝大多数情况下，很难通过求部分和数列 $S_n(x)$ 极限的方法，求得和函数 $S(x)$ 的有限形式的表达式，但是却能在不知和函数 $S(x)$ 的具体表达式的情形下，仅应用幂级数本身的某些收敛性质，证明和函数 $S(x)$ 所具有的一些基本性质(证明超过本书范围).

定理 7.5-2 (可加性与逐项可加性) 设两个幂级数 $\sum_{n=0}^{\infty}a_nx^n$ 与 $\sum_{n=0}^{\infty}b_nx^n$ 的收敛半径分别为

$R_1>0$ 和 $R_2>0$，且 $u(x)=\sum_{n=0}^{\infty}a_nx^n$，$x\in(-R_1,R_1)$；$v(x)=\sum_{n=0}^{\infty}b_nx^n$，$x\in(-R_2,R_2)$. 记

$R=\min\{R_1,R_2\}$，则幂级数 $\sum_{n=0}^{\infty}(a_n\pm b_n)x^n$ 在区间 $(-R,R)$ 上收敛，且

$$\sum_{n=0}^{\infty}(a_n\pm b_n)x^n=\sum_{n=0}^{\infty}a_nx^n\pm\sum_{n=0}^{\infty}b_nx^n=u(x)\pm v(x). \tag{7.5-6}$$

这个性质表明，两个收敛幂级数的各项逐项相加后所得的幂级数的和函数是它们在公共的收敛区间上的和函数之和.

定理 7.5-3 (连续性与逐项求极限) 设幂级数 $\sum\limits_{n=0}^{\infty} a_n x^n$ 的收敛半径 $R>0$ ，则其和函数 $S(x)$ 是收敛区间 $(-R,R)$ 内的连续函数，即对任意的 $x_0 \in (-R,R)$ ，有

$$\lim_{x \to x_0} S(x) = \lim_{x \to x_0}(\sum_{n=0}^{\infty} a_n x^n) = \sum_{n=0}^{\infty}(\lim_{x \to x_0} a_n x^n) = \sum_{n=0}^{\infty} a_n x_0^n = S(x_0).$$

一般称此性质为可以在求和号内求极限，它是把有限和的极限性质——和的极限等于极限的和推广到了无限和的情形.

定理 7.5-4 (可导性与逐项求导性) 设幂级数 $\sum\limits_{n=0}^{\infty} a_n x^n$ 的收敛半径 $R>0$ ，则其和函数 $S(x)$ 是收敛区间 $(-R,R)$ 内的可导函数，且

$$S'(x) = (\sum_{n=0}^{\infty} a_n x^n)' = \sum_{n=0}^{\infty}(a_n x^n)' = \sum_{n=0}^{\infty} n a_n x^{n-1} \ (x \in (-R,R)). \tag{7.5-7}$$

必须特别指出的是，逐项求导后所得的新幂级数(7.5-7)与原幂级数有相同的收敛半径. 因此，还可以按逐项求导的方法求和函数 $S(x)$ 的二阶导数、三阶导数、…….这就是说，幂级数的和函数在其收敛区间内具有任意阶导数，且各阶导数均可通过对该幂级数逐项反复求导得到.

定理 7.5-5 (可积性与逐项可积性) 设幂级数 $\sum\limits_{n=0}^{\infty} a_n x^n$ 的收敛半径 $R>0$ ，则其和函数 $S(x)$ 是收敛区间 $(-R,R)$ 内可积函数，且

$$\int_0^x S(t)dt = \int_0^x (\sum_{n=0}^{\infty} a_n t^n)dt = \sum_{n=0}^{\infty} \int_0^x a_n t^n dt = \sum_{n=0}^{\infty} \frac{a_n}{n+1} x^{n+1} \ (x \in (-R,R)). \tag{7.5-8}$$

必须特别指出的是，逐项积分后所得到的幂级数(7.5-8)与原幂级数有相同的收敛半径.

幂级数的和函数 $S(x)$ 的这些性质可以用来求出某些幂级数的和(即得和函数 $S(x)$ 的有限形式的解析表达式)或把一个初等函数展开为幂级数(即用幂级数表示). 在此过程中，经常会用到无穷递缩等比级数的和函数公式(这也是迄今为止唯一一个可以用求部分和数列极限的方法得到的和函数).

$$\sum_{n=0}^{\infty} x^n = \frac{1}{1-x} \ (x \in (-1,1)) \quad \text{或} \quad \sum_{n=0}^{\infty}(-1)^n x^n = \frac{1}{1+x} \ (x \in (-1,1)). \tag{7.5-9}$$

例 7.5-3 求下列各幂级数的和函数 $S(x)$ ：

(1) $\sum\limits_{n=0}^{\infty} \frac{x^{2n+1}}{2n+1}$ ；　　　　(2) $\sum\limits_{n=1}^{\infty} n x^{n-1}$.

解 (1) 因 $\lim\limits_{n \to \infty} \left| \frac{a_{n+1} x^{2(n+1)+1}}{a_n x^{2n+1}} \right| = x^2 \lim\limits_{n \to \infty} \frac{2n+1}{2(n+1)+1} = x^2$ ，

所以当 $x^2 < 1$ ，即 $|x| < 1$ 时所给幂级数收敛，故收敛区间为 $(-1,1)$.

设 $S(x) = \sum\limits_{n=0}^{\infty} \frac{x^{2n+1}}{2n+1} \ (x \in (-1,1))$ ，逐项求导得

$$S'(x) = \left(\sum_{n=0}^{\infty} \frac{x^{2n+1}}{2n+1}\right)' = \left(\frac{x^{2n+1}}{2n+1}\right)' = \sum_{n=0}^{\infty} x^{2n} = \sum_{n=0}^{\infty} (x^2)^n = \frac{1}{1-x^2} \ (x \in (-1,1)),$$

从而 $\quad S(x) = \int_0^x S'(t)\mathrm{d}t = \int_0^x \frac{1}{1-t^2}\mathrm{d}t = \frac{1}{2}\ln\frac{1+x}{1-x} \ (x \in (-1,1)).$

(2) 因 $L = \lim\limits_{n \to \infty}\left|\dfrac{a_{n+1}}{a_n}\right| = \lim\limits_{n \to \infty}\dfrac{n+1}{n} = 1$，

故收敛半径 $R=1$，收敛区间为 $(-1,1)$.

设 $S(x) = \sum\limits_{n=1}^{\infty} nx^{n-1} \ (x \in (-1,1))$，逐项积分得

$$\int_0^x S(t)\mathrm{d}t = \int_0^x \left(\sum_{n=1}^{\infty} nt^{n-1}\right)\mathrm{d}t = \sum_{n=1}^{\infty}\int_0^x nt^{n-1}\mathrm{d}t = \sum_{n=1}^{\infty} x^n = \frac{x}{1-x} \ (x \in (-1,1)),$$

从而 $\quad S(x) = \left[\int_0^x S(t)\mathrm{d}t\right]' = \left(\dfrac{x}{1-x}\right)' = \dfrac{1}{(1-x)^2} \ (x \in (-1,1)).$

7.5.4* 函数的幂级数展开式

对于比较复杂的函数，若能用比较简单的函数近似地代替它，则会对研究比较复杂的函数的性态带来很大的方便. 因为用多项式表示的函数，不仅结构简单，而且只要对自变量进行有限次加、减、乘三种运算，就能求出其函数值，并且多项式还可以任意次逐项求导和求积分，所以多项式被认为是一类比较简单的函数. 因此，在理论分析或近似计算中，人们希望用多项式近似地表示所涉及的函数，以便进行研究.

若函数 $f(x)$ 在点 x_0 可导，则由函数 $f(x)$ 在点 x_0 可微的实质知，在点 x_0 附近有

$$f(x) = f(x_0) + f'(x_0)(x-x_0) + o(x-x_0),$$

即当 $|x-x_0|$ 很小时，

$$f(x) \approx f(x_0) + f'(x_0)(x-x_0).$$

这表明，在点 x_0 附近，函数 $f(x)$ 可以用 $x-x_0$ 的一次多项式 $f(x_0)+f'(x_0)(x-x_0)$ 近似代替，但是这种近似代替精确度不高，而且仅知道所产生的误差是比 $x-x_0$ 高阶的无穷小 $o(x-x_0)$，无法估计误差的大小. 因此，当要求近似代替的精确度较高，而且需要估计误差的大小时，就必须考虑用更高次数的多项式去近似代替函数，而且需要给出误差公式.

在幂级数 $\sum\limits_{n=0}^{\infty} a_n x^n$ 中，若令 $a_{n+1} = a_{n+2} = \cdots = 0$，则幂级数 $\sum\limits_{n=0}^{\infty} a_n x^n$ 就退化为一个多项式. 因此，多项式可看作是一种特殊的幂级数；反之，幂级数也可看成是一个"无穷次"的多项式，而且幂级数的收敛域是一个区间. 更重要的是，在幂级数的收敛区间内幂级数可以任意次逐项求导和求积分，性质几乎与多项式一样. 因此，当要求近似代替的精确度较高时，人们希望将一个给定的函数表示成幂级数的和函数.

下面研讨一个给定的函数可以表示成幂级数的条件，以及当条件满足时如何将一个给定的函数表示成幂级数.

1. 泰勒(Tayler)级数与泰勒公式

(1) 泰勒级数

因为幂级数的和函数在幂级数的收敛区间内存在任意阶导数，所以只有对存在任意阶导数的函数(这是函数能展开成幂级数的必要条件)，才谈得上函数展开成幂级数的问题. 下面的讨论均认为所研究的函数满足这个条件.

设函数 $f(x)$ 在点 x_0 的某邻域 $U(x_0)$ 内可以表示成形如

$$f(x) = \sum_{n=0}^{\infty} a_n (x - x_0)^n \tag{7.5-10}$$

的幂级数. 由定理 7.5-5 知，函数 $f(x)$ 在 $U(x_0)$ 内任意阶可导.

对式(7.5-10)两端逐次求导，得

$$f(x_0) = \left[\sum_{n=0}^{\infty} a_n (x - x_0)^n \right]\bigg|_{x=x_0} = a_0 \Rightarrow a_0 = f(x_0),$$

$$f'(x) = a_1 + 2a_2(x - x_0) + 3a_3(x - x_0)^2 + 4a_4(x - x_0)^3 + \cdots \Rightarrow a_1 = f'(x_0),$$

$$f''(x) = 2a_2 + 3 \cdot 2 \cdot a_3(x - x_0) + 4 \cdot 3 \cdot a_3(x - x_0)^2 + \cdots \Rightarrow a_2 = \frac{1}{2} f''(x_0),$$

$$\cdots,$$

$$f^{(n)}(x) = n! a_n + (n+1)! a_{n+1} \cdot (x - x_0) + \cdots \Rightarrow a_n = \frac{1}{n!} f^{(n)}(x_0).$$

将上面所求得的幂级数的系数代入式(7.5-10)，得

$$f(x) = \sum_{n=0}^{\infty} \frac{1}{n!} f^{(n)}(x_0)(x - x_0)^n \tag{7.5-11}$$

式(7.5-11)表明两点：

① 若函数 $f(x)$ 能表示成形如式(7.5-11)的幂级数，则其系数能用且只能用函数 $f(x)$ 及其各阶导数在点 x_0 处的函数值表示；

② 函数 $f(x)$ 若能表示成 $(x - x_0)$ 的幂级数，则所得幂级数的表达式是唯一的.

式(7.5-11)右端的幂级数

$$\sum_{n=0}^{\infty} \frac{1}{n!} f^{(n)}(x_0)(x - x_0)^n$$

称为函数 $f(x)$ 在点 x_0 处的**泰勒级数**，并且称系数

$$a_n = \frac{1}{n!} f^{(n)}(x_0) \ (n \in \mathbf{N})$$

为函数 $f(x)$ 的**泰勒系数**.

因为式(7.5-11)是在函数 $f(x)$ 可以展开成形如式(7.5-10)的幂级数的假定下得出的，所以至此只是解决了函数 $f(x)$ 可以展开成幂级数时的唯一性与形式问题，并没有解决函数 $f(x)$ 能不能展开成幂级数的问题. 这是因为，只要函数 $f(x)$ 在点 x_0 处任意阶可导，就存在并能写出函数 $f(x)$ 在点 x_0 处的泰勒级数. 至于这个泰勒级数是否收敛，以及收敛时是否收敛于函数 $f(x)$ 还完全不知道.

当函数 $f(x)$ 在点 x_0 的泰勒级数收敛于函数 $f(x)$ 时，将函数 $f(x)$ 在点 x_0 处的泰勒级数

称为函数 $f(x)$ 在点 x_0 处的**泰勒展开式**，即式(7.5-11)成立.

于是产生这样的问题，函数 $f(x)$ 要满足什么样的条件，才能保证它的泰勒级数收敛于本身？即在什么条件下式(7.5-11)成立. 下面的定理 7.5-6 给出了函数 $f(x)$ 可以展开成泰勒级数的充要条件.

(2) 泰勒公式

函数 $f(x)$ 与其泰勒级数前 $n+1$ 项部分和之差记作 $R_n(x)$，称

$$R_n(x) = f(x) - \sum_{k=0}^{n} \frac{f^{(k)}(x_0)}{k!}(x - x_0)^k \tag{7.5-12}$$

为函数 $f(x)$ 的泰勒级数的**余项**.

定理 7.5-6 设函数 $f(x)$ 在点 x_0 的某邻域 $U(x_0)$ 内任意阶导数，则函数 $f(x)$ 在 $U(x_0)$ 内可以展开成泰勒级数的充要条件是：对于任意的 $x \in U(x_0)$，总有

$$\lim_{n \to \infty} R_n(x) = 0.$$

证明 先证必要性，即函数 $f(x)$ 在 $U(x_0)$ 内可以展开成泰勒级数 $\Rightarrow \lim_{n \to \infty} R_n(x) = 0$.

若函数 $f(x)$ 在 $U(x_0)$ 内可以展开成泰勒级数，即

$$f(x) = \sum_{n=0}^{\infty} \frac{1}{n!} f^{(n)}(x_0)(x - x_0)^n,$$

则当 $x \in U(x_0)$ 时，由无穷级数收敛定义知，

$$f(x) = \sum_{n=0}^{\infty} \frac{1}{n!} f^{(n)}(x_0)(x - x_0)^n = \lim_{n \to \infty} \sum_{k=0}^{n} \frac{1}{k!} f^{(k)}(x_0)(x - x_0)^k,$$

从而当 $x \in U(x_0)$ 时，

$$\lim_{n \to \infty} R_n(x) = \lim_{n \to \infty} \left[f(x) - \sum_{k=0}^{n} \frac{f^{(k)}(x_0)}{k!}(x - x_0)^k \right] = f(x) - f(x) = 0.$$

再证充分性，即在 $U(x_0)$ 内 $\lim_{n \to \infty} R_n(x) = 0 \Rightarrow$ 函数 $f(x)$ 可以展开成泰勒级数.

若当 $x \in U(x_0)$ 时 $\lim_{n \to \infty} R_n(x) = 0$，则

$$\lim_{n \to \infty} \sum_{k=0}^{n} \frac{1}{k!} f^{(k)}(x_0)(x - x_0)^k = \lim_{n \to \infty}[f(x) - R_n(x)] = f(x) - \lim_{n \to \infty} R_n(x) = f(x).$$

这样一来，问题就转化成何时有 $\lim_{n \to \infty} R_n(x) = 0$. 要考虑 $R_n(x)$ 的极限，必须知道 $R_n(x)$ 的具体表达式，但是因为函数 $f(x)$ 可以是任意的函数，所以要从式(7.5-12)直接确定 $R_n(x)$ 的表达式将是十分困难的. 下面的泰勒公式解决了这个问题.

定理 7.5-7 (泰勒公式) 设函数 $f(x)$ 在开区间 (a, b) 内具有直到 $n+1$ 阶的导数，x_0, x 是开区间 (a, b) 内任意两点，则在 x_0 与 x 之间至少存在一点 ξ，使对以式(7.5-12)定义的 $R_n(x)$ 有

$$R_n(x) = \frac{f^{(n+1)}(\xi)}{(n+1)!}(x - x_0)^{n+1}, \tag{7.5-13}$$

即

$$f(x) = \sum_{k=0}^{n} \frac{f^{(k)}(x_0)}{k!}(x - x_0)^k + \frac{f^{(n+1)}(\xi)}{(n+1)!}(x - x_0)^{n+1}. \tag{7.5-14}$$

式(7.5-14)称为函数 $f(x)$ 在点 x_0 处的 **n 阶泰勒公式**，其中的和式

$$\sum_{k=0}^{n} \frac{f^{(k)}(x_0)}{k!}(x-x_0)^k \tag{7.5-15}$$

称为函数 $f(x)$ 在点 x_0 处的 n 阶泰勒多项式. 式(7.5-13)称为泰勒公式的**拉格朗日型余项**.

2. 将函数展开成幂级数(求函数的幂级数展开式)的方法

在实际应用中，往往考虑 $x_0=0$ 的情况. 此时的泰勒级数称为**麦克劳林(Maclaurin)级**数，相应的泰勒系数、泰勒展开式、泰勒公式、泰勒多项式也称为麦克劳林系数、麦克劳林泰展开式、麦克劳林公式、麦克劳林多项式.

下面重点介绍将函数 $f(x)$ 展开成麦克劳林级数的方法.

例 7.5-4 求函数 $f(x)=\mathrm{e}^x$ 的麦克劳林展开式.

解 因为 $(\mathrm{e}^x)'=\mathrm{e}^x$，$f^{(n)}(x)=\mathrm{e}^x$，且 $f^{(n)}(0)=1$，

所以函数 e^x 的麦克劳林级数为 $\sum_{n=0}^{\infty} \frac{1}{n!}x^n$.

因为 $L=\lim_{n\to\infty}\left|\frac{a_{n+1}}{a_n}\right|=\lim_{n\to\infty}\frac{n!}{(n+1)!}=\lim_{n\to\infty}\frac{1}{n+1}=0$，

所以幂级数 $\sum_{n=0}^{\infty}\frac{x^n}{n!}$ 的收敛区间为 $(-\infty,+\infty)$.

对任意的 $x\in(-\infty,+\infty)$，在 0 与 x 之间至少存在一点 ξ，使

$$0\leqslant|R_n(x)|=\left|\frac{f^{(n+1)}(\xi)}{(n+1)!}x^{n+1}\right|=\frac{\mathrm{e}^{\xi}}{(n+1)!}|x|^{n+1}\leqslant\frac{\mathrm{e}^{|x|}}{(n+1)!}|x|^{n+1}.$$

对于级数 $\sum_{n=0}^{\infty}\frac{1}{(n+1)!}|x|^{n+1}$，因为

$$\lim_{n\to\infty}\left|\frac{a_{n+1}}{a_n}\right|=\lim_{n\to\infty}\left|\frac{\frac{1}{(n+2)!}}{\frac{1}{(n+1)!}}\right|=\lim_{n\to\infty}\frac{1}{n+2}=0,$$

所以其收敛区间为 $(-\infty,+\infty)$，即对于任意的 $x\in(-\infty,+\infty)$，级数 $\sum_{n=0}^{\infty}\frac{|x|^{n+1}}{(n+1)!}$ 都是收敛的.

因此，由级数收敛的必要条件知

$$\lim_{n\to\infty}\frac{|x|^{n+1}}{(n+1)!}=0\,(x\in(-\infty,+\infty)),$$

故 $\quad\lim_{n\to\infty}\frac{\mathrm{e}^{|x|}}{(n+1)!}|x|^{n+1}=\mathrm{e}^{|x|}\lim_{n\to\infty}\frac{|x|^{n+1}}{(n+1)!}=0\,(x\in(-\infty,+\infty)),$

从而由夹挤准则知

$$\lim_{n\to\infty}|R_n(x)|=0,$$

所以 $\quad\lim_{n\to\infty}R_n(x)=0.$

因此，等式(7.5-15)成立.

$$e^x = \sum_{n=0}^{\infty} \frac{x^n}{n!} \quad x \in (-\infty, +\infty) \tag{7.5-15}$$

例 7.5-5 将函数 $f(x) = \sin x$ 展开成 x 的幂级数.

解 因为 $f'(x) = \cos x = \sin\left(x + \frac{\pi}{2}\right)$; $f''(x) = -\sin x = \sin\left(x + 2\frac{\pi}{2}\right)$;

$$f'''(x) = -\cos x = \sin\left(x + 3\frac{\pi}{2}\right); \quad \cdots; \quad f^{(n)}(x) = \sin\left(x + n\frac{\pi}{2}\right),$$

所以 $\qquad f^{(n)}(0) = \sin\frac{n\pi}{2} = \begin{cases} 0, & n = 2k \\ (-1)^k, & n = 2k+1 \end{cases} (k \in \mathbf{Z})$.

于是函数 $\sin x$ 的麦克劳林级数为 $\displaystyle\sum_{n=0}^{\infty} (-1)^n \frac{x^{2n+1}}{(2n+1)!}$.

因为 $L = \lim\limits_{n\to\infty} \left|\dfrac{a_{n+1}}{a_n}\right| = \lim\limits_{n\to\infty} \dfrac{1}{2n+3} = 0$,

所以幂级数 $\displaystyle\sum_{n=0}^{\infty} (-1)^n \frac{x^{2n+1}}{(2n+1)!}$ 的收敛区间为 $(-\infty, +\infty)$.

对任意的 $x \in (-\infty, +\infty)$, 在 0 与 x 之间至少存在一点 ξ, 使

$$0 \leqslant |R_n(x)| = \left|\frac{f^{(n+1)}(\xi)}{(n+1)!} x^{n+1}\right| = \left|\sin\left(\xi + \frac{n+1}{2}\pi\right)\right| \frac{|x|^{n+1}}{(n+1)!} \leqslant \frac{|x|^{n+1}}{(n+1)!}.$$

因为 $\lim\limits_{n\to\infty} \dfrac{|x|^{n+1}}{(n+1)!} = 0$ ($x \in (-\infty, +\infty)$),

所以 $\qquad \lim\limits_{n\to\infty} R_n(x) = 0$.

因此, 等式(7.5-16)成立.

$$\sin x = \sum_{n=0}^{\infty} (-1)^n \frac{x^{2n+1}}{(2n+1)!} \quad x \in (-\infty, +\infty) \tag{7.5-16}$$

类似于例 7.5-4 与例 7.5-5 的解法, 可以将函数 $f(x) = (1+x)^\alpha$ ($\alpha \neq 0$) 展开成麦克劳林级数, 从而得到等式(7.5-17). (具体解法请读者自行探究.)

$$(1+x)^\alpha = 1 + \alpha x + \cdots + \frac{\alpha(\alpha-1)\cdots(\alpha-n+1)}{n!} x^n + \cdots \quad (x \in (-1,1)) \tag{7.5-17}$$

式(7.5-17)称为**二项式展开式**. α 取不同的数值, 得到不同的展开式. 特别当 α 取正整数时, 二项式展开式成为 x 的 α 次多项式, 就是代数学中的二项式定理. 至于在收敛区间 $(-1,1)$ 的端点处二项式展开式是否成立要看 α 的取值而定, 情况比较复杂, 本书不作讨论.

由上面的例子可以看出, 将函数 $f(x)$ 展开成 x 的幂级数是很麻烦的. 而且, 在很多情况下, n 阶导数的一般表达式不易写出, 即便写出了, 证明余项趋于零也是一件很困难的事. 因此, 应尽可能利用其他方法将函数 $f(x)$ 展开成 x 的幂级数.

下面介绍几种常用的将函数 $f(x)$ 间接展开成 x 的幂级数的方法.

1) 逐项求导法

例 7.5-6 将函数 $f(x) = \cos x$ 展开成 x 的幂级数.

解　$\cos x = (\sin x)' = \left[\sum_{n=0}^{\infty}(-1)^n \dfrac{x^{2n+1}}{(2n+1)!}\right]' = \sum_{n=0}^{\infty}\dfrac{(-1)^n}{(2n+1)!}(x^{2n+1})'$

$= \sum_{n=0}^{\infty}(-1)^n \dfrac{x^{2n}}{(2n)!}\ (x \in (-\infty,+\infty))$.

2) 逐项积分法

例 7.5-7　将函数 $f(x) = \ln(1+x)$ 展开成 x 的幂级数.

解　$\ln(1+x) = \int_0^x [\ln(1+t)]'\,\mathrm{d}t = \int_0^x \dfrac{1}{1+t}\,\mathrm{d}t = \int_0^x \sum_{n=0}^{\infty}(-1)^n t^n \mathrm{d}t = \sum_{n=0}^{\infty}[(-1)^n \int_0^x t^n \mathrm{d}t]$

$= \sum_{n=0}^{\infty}\dfrac{(-1)^n}{n+1}x^{n+1}\ (x \in (-1,1))$.

例 7.5-8　将函数 $f(x) = \arctan x$ 展开成 x 的幂级数.

解　$\arctan x = \int_0^x (\arctan t)'\,\mathrm{d}t = \int_0^x \dfrac{1}{1+t^2}\,\mathrm{d}t = \int_0^x \sum_{n=0}^{\infty}(-1)^n (t^2)^n \mathrm{d}t$

$= \sum_{n=0}^{\infty}[(-1)^n \int_0^x t^{2n}\mathrm{d}t] = \sum_{n=0}^{\infty}\dfrac{(-1)^n}{2n+1}x^{2n+1}\ (x \in (-1,1))$.

3) 变量代换与代数运算法

例 7.5-9　将函数 $f(x) = \dfrac{1}{x^2 - 3x + 2}$ 展开成 x 的幂级数.

解　因为 $f(x) = \dfrac{1}{x^2 - 3x + 2} = \dfrac{(2-x)-(1-x)}{(1-x)(2-x)} = \dfrac{1}{1-x} - \dfrac{1}{2-x}$,

$\dfrac{1}{1-x} = \sum_{n=0}^{\infty}x^n\ (x \in (-1,1))$,

$\dfrac{1}{2-x} = \dfrac{1}{2}\dfrac{1}{1-\dfrac{x}{2}} = \dfrac{1}{2}\sum_{n=0}^{\infty}\left(\dfrac{x}{2}\right)^n = \sum_{n=0}^{\infty}\dfrac{1}{2^{n+1}}x^n\ (x \in (-2,2))$.

所以　　$\dfrac{1}{x^2 - 3x + 2} = \sum_{n=0}^{\infty}x^n - \sum_{n=0}^{\infty}\dfrac{1}{2^{n+1}}x^n = \sum_{n=0}^{\infty}\left(1 - \dfrac{1}{2^{n+1}}\right)x^n\ (x \in (-1,1))$.

根据函数 $f(x)$ 的幂级数表达式的唯一性，从已知展开式出发进行函数 $f(x)$ 的幂级数展开是一种重要的方法. 下面 5 个幂级数展开式是经常被用到的.

(1)　$\mathrm{e}^x = \sum_{n=0}^{\infty}\dfrac{x^n}{n!}\quad x \in (-\infty,+\infty)$;

(2)　$\sin x = \sum_{n=0}^{\infty}(-1)^n \dfrac{x^{2n+1}}{(2n+1)!}\quad x \in (-\infty,+\infty)$;

(3)　$\cos x = \sum_{n=0}^{\infty}(-1)^n \dfrac{x^{2n}}{(2n)!}\quad (x \in (-\infty,+\infty))$;

(4)　$\ln(1+x) = \sum_{n=0}^{\infty}\dfrac{(-1)^n}{n+1}x^{n+1}\quad (x \in (-1,1))$;

(5)　$(1+x)^{\alpha} = 1 + \alpha x + \cdots + \dfrac{\alpha(\alpha-1)\cdots(\alpha-n+1)}{n!}x^n + \cdots\quad (x \in (-1,1))$.

7.6* 傅里叶(Fourier)级数

7.6.1 三角级数

在自然界和科学技术中，经常遇到周期运动现象，如振动、电磁波、交流电的电压等. 最简单的周期运动(也称为简谐运动)可以用正弦函数 $y = A\sin(\omega t + \varphi)$ 来描述，其中 y 表示动点的位置，t 表示时间，A 为振幅，ω 为角频率，φ 为初相，周期为 $\dfrac{2\pi}{\omega}$.

在实际问题中，经常遇到的是反映比较复杂周期运动的非正弦函数的周期函数，此时就需要将非正弦函数的周期函数展开成由正弦函数组成的级数. 具体地讲，是将周期为 T 的函数 $f(t)$ 用一系列以 T 为周期的正弦函数 $A_n\sin(n\omega t + \varphi_n)$ 组成的级数来表示，即

$$f(t) = \sum_{n=0}^{\infty} A_n\sin(n\omega t + \varphi_n) = A_0\sin\varphi_0 + \sum_{n=1}^{\infty} A_n\sin(n\omega t + \varphi_n). \tag{7.6-1}$$

式中，A_0、A_n、$\varphi_n\,(n \in \mathbf{N}_+)$ 都是常数.

将非正弦函数的周期函数按上述方式展开，它的物理意义是很明确的，就是将一个较复杂的周期运动看成是许多不同频率的简谐运动的叠加. 因为三角函数易于分析，所以这对研究周期性的物理现象是十分有用的. 在物理学中，称这种展开为**谐波分析**. 在谐波分析中，称 $A_n\sin(n\omega t + \varphi_n)$ 为 n **次谐波**，特别称一次谐波为**基波**.

为了以后讨论方便起见，将正弦函数 $A_n\sin(n\omega t + \varphi_n)$ 用三角公式变形，得

$$A_n\sin\varphi_n\cos n\omega t + A_n\cos\varphi_n\sin n\omega t.$$

令 $\dfrac{a_0}{2} = A_0\sin\varphi_0$，$a_n = A_n\sin\varphi_n$，$b_n = A_n\cos\varphi_n$，$\omega t = x$，

则得到级数

$$\frac{a_0}{2} + \sum_{n=1}^{\infty}(a_n\cos nx + b_n\sin nx) \tag{7.6-2}$$

形如式(7.6-2)的级数称为**三角级数**，其中 a_0、a_n、$b_n\,(n \in \mathbf{N}_+)$ 为常数.

本节所要讨论的基本问题为：

(1) 三角级数(7.6-2)的收敛性，即在什么条件下三角级数(7.6-2)收敛于函数 $f(x)$；

(2) 如何将函数 $f(x)$ 展开成三角级数(7.6-2)，即如何确定三角级数(7.6-2)中的系数 a_0、a_n、b_n.

7.6.2 三角函数系的正交性

为探讨三角级数的收敛性以及函数 $f(x)$ 如何展开成三角级数问题，先探讨三角函数系

$$1, \cos x, \sin x, \cos 2x, \sin 2x, \cdots, \cos nx, \sin nx, \cdots \tag{7.6-3}$$

的一些特性.

显然，三角函数系(7.6-3)中的每个函数的周期都是 2π. 由定积分的几何意义易知，周

期函数在区间长度为一个周期的闭区间上的定积分的值总是相同的. 因此，三角函数系(7.6-3)的性质可以在任何长度为 2π 的闭区间上进行研究.

为了更好地简化定积分的计算，在闭区间 $[-\pi,\pi]$ 上研究三角函数系(7.6-3)的性质.

(1) 三角函数系(7.6-3)在区间 $[-\pi,\pi]$ 上**正交**，就是说三角函数系(7.6-3)中任何两个不同的函数的乘积在区间 $[-\pi,\pi]$ 上的积分都等于零. 即

$$\int_{-\pi}^{\pi}\cos nx\,\mathrm{d}x = \int_{-\pi}^{\pi}\sin nx\,\mathrm{d}x = 0\ (n \in \mathbf{N}_+)\,;$$

$$\int_{-\pi}^{\pi}\sin kx\cos nx\,\mathrm{d}x = 0\ (k,\ n \in \mathbf{N}_+)\,; \tag{7.6-4}$$

$$\int_{-\pi}^{\pi}\cos kx\cos nx\,\mathrm{d}x = \int_{-\pi}^{\pi}\sin kx\sin nx\,\mathrm{d}x = 0\ (k,\ n \in \mathbf{N}_+;\ k \neq n)\,.$$

(2) 在三角函数系(7.6-3)中，任意两个相同函数的乘积在区间 $[-\pi,\pi]$ 上的积分都不等于零，即

$$\int_{-\pi}^{\pi}\mathrm{d}x = 2\pi\,;$$

$$\int_{-\pi}^{\pi}\cos^2 nx\,\mathrm{d}x = \int_{-\pi}^{\pi}\sin^2 nx\,\mathrm{d}x = \pi\ (n \in \mathbf{N}_+)\,. \tag{7.6-5}$$

7.6.3 周期为 2π 的周期函数展开成傅里叶级数

1. 以 2π 为周期的周期函数的傅里叶级数

设函数 $f(x)$ 是周期为 2π 的周期函数，且能展开成三角级数(7.6-2)，即

$$f(x) = \frac{a_0}{2} + \sum_{k=1}^{\infty}(a_k\cos kx + b_k\sin kx)\,. \tag{7.6-6}$$

自然要问：系数 $a_0,a_1,b_1,\cdots$ 与函数 $f(x)$ 之间存在着怎样的关系？换句话说，如何利用函数 $f(x)$ 将系数 $a_0,a_1,b_1,\cdots$ 表达出来？为此，进一步假设式(7.6-6)右端的级数可以逐项积分.

先求 a_0. 对式(7.6-6)从 $-\pi$ 到 π 积分，有

$$\int_{-\pi}^{\pi}f(x)\mathrm{d}x = \frac{a_0}{2}\int_{-\pi}^{\pi}\mathrm{d}x + \sum_{k=1}^{\infty}[a_k\int_{-\pi}^{\pi}\cos kx\,\mathrm{d}x + b_k\int_{-\pi}^{\pi}\sin kx\,\mathrm{d}x]\,.$$

由式(7.6-4))知，该式右端除第一项外，其余各项均为零，所以

$$\int_{-\pi}^{\pi}f(x)\mathrm{d}x = \pi a_0\,,$$

于是 $\quad a_0 = \dfrac{1}{\pi}\displaystyle\int_{-\pi}^{\pi}f(x)\mathrm{d}x\,.$

再求 a_n 用 $\cos nx$ 乘以式(7.6-6)两端，再从 $-\pi$ 到 π 积分，得

$$\int_{-\pi}^{\pi}f(x)\cos nx\,\mathrm{d}x$$

$$= \frac{a_0}{2}\int_{-\pi}^{\pi}\cos nx\,\mathrm{d}x + \sum_{k=1}^{\infty}[a_k\int_{-\pi}^{\pi}\cos kx\cos nx\,\mathrm{d}x + b_k\int_{-\pi}^{\pi}\sin kx\cos nx\,\mathrm{d}x]\,.$$

由式(7.6-4)与式(7.6-5)知，上式右端除 $k=n$ 的项外，其余各项均为零，所以

$$\int_{-\pi}^{\pi}f(x)\cos nx\,\mathrm{d}x = a_n\int_{-\pi}^{\pi}\cos^2 nx\,\mathrm{d}x = a_n\pi\,,$$

于是 $a_n = \frac{1}{\pi} \int_{-\pi}^{\pi} f(x) \cos nx \mathrm{d}x \, (n \in \mathbf{N}_+)$.

类似地，用 $\sin nx$ 乘以式(7.6-6)两端，再从 $-\pi$ 到 π 积分，可以推得

$$b_n = \frac{1}{\pi} \int_{-\pi}^{\pi} f(x) \sin nx \mathrm{d}x \, (n \in \mathbf{N}_+).$$

由于当 $n = 0$ 时，a_n 的表达式正好给出 a_0（正是因为这个原因，才将三角级数(7.6-2)的常数项写成 $\frac{a_0}{2}$，而不写成 a_0），因此，前述结果可以合并写成

$$a_n = \frac{1}{\pi} \int_{-\pi}^{\pi} f(x) \cos nx \mathrm{d}x \, (n \in \mathbf{N}); \qquad (7.6\text{-}7)$$
$$b_n = \frac{1}{\pi} \int_{-\pi}^{\pi} f(x) \sin nx \mathrm{d}x \, (n \in \mathbf{N}_+).$$

由以上讨论可知，若函数 $f(x)$ 能表示为三角级数(7.6-2)，则三角级数(7.6-2)中的系数与函数 $f(x)$ 必然满足式(7.6-7)(当然是在可以逐项积分的条件下).

这样，无论函数 $f(x)$ 能否表示为三角级数(7.6-2)，只要函数 $f(x)$ 在区间 $[-\pi, \pi]$ 上可积，就可以按照式(7.6-7)求出 a_n 和 b_n. a_n 和 b_n 称为函数 $f(x)$ 的**傅里叶系数**.

以函数 $f(x)$ 的傅里叶系数为系数作成的三角级数(7.6-2)称为函数 $f(x)$ 的**傅里叶级数**，记作

$$f(x) \sim \frac{a_0}{2} + \sum_{n=1}^{\infty} (a_n \cos nx + b_n \sin nx). \qquad (7.6\text{-}8)$$

这里，用记号 "$\sim$" 表示 "对应" 的意思，而不是 "相等". 这是因为，尽管对区间 $[-\pi, \pi]$ 上的可积函数 $f(x)$ 总有对应的傅里叶级数，但只是形式上写出了函数 $f(x)$ 的傅里叶级数，而没有解决函数 $f(x)$ 的傅里叶级数的收敛问题.

函数 $f(x)$ 的傅里叶级数是否一定收敛？若它收敛，它是否一定收敛于函数 $f(x)$？一般来说，这两个问题的答案都不是肯定的.

那么在怎样的条件下，函数 $f(x)$ 的傅里叶级数不但收敛，而且收敛于函数 $f(x)$？也就是说，函数 $f(x)$ 满足什么条件可以展开成傅里叶级数呢？傅里叶通过对热传导和扩散问题研究，发现周期函数 $f(x)$ 可以用其傅里叶级数来表示，但函数 $f(x)$ 的傅里叶级数是否收敛于函数 $f(x)$ 的问题傅里叶他并没有完全解决，最终由狄利克雷解决.

2. 收敛定理(狄利克雷定理)

定理 7.6-1 设函数 $f(x)$ 是周期为 2π 的周期函数，若它在区间 $[-\pi, \pi]$ 上连续或只有有限个第一类间断点，并且至多只有有限个极值点，则函数 $f(x)$ 的傅里叶级数(7.6-2)收敛，且

(1) 当 x 是函数 $f(x)$ 的连续点时，函数 $f(x)$ 的傅里叶级数收敛于函数 $f(x)$;

(2) 当 x 是函数 $f(x)$ 的间断点时，函数 $f(x)$ 的傅里叶级数收敛于

$$\frac{1}{2}[f(x-0) + f(x+0)].$$

定理 7.6-1 的条件又被称为**狄氏条件**.

若函数 $f(x)$ 的傅里叶级数在点 x 处收敛于 $f(x)$，则称函数 $f(x)$ 在点 x 处可展开成傅

里叶级数. 此时，才将函数 $f(x)$ 在点 x 处的傅里叶级数称为函数 $f(x)$ 在点 x 处的傅里叶展开式，即式(7.6-8)中的"~"号可以改为"="号了.

例 7.6-1 设函数 $f(x)$ 是周期为 2π 的函数，它在区间 $[-\pi, \pi)$ 内的表达式为

$$f(x) = \begin{cases} x, & -\pi \leqslant x < 0, \\ 0, & 0 \leqslant x < \pi \end{cases},$$

试将函数 $f(x)$ 展开成傅里叶级数.

解 函数 $f(x)$ (见图 7.6-1)满足狄氏条件，因此可以展开成傅里叶级数.

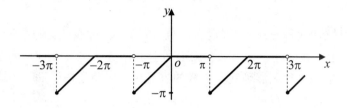

图 7.6-1

由于 $a_0 = \dfrac{1}{\pi} \int_{-\pi}^{\pi} f(x) \mathrm{d}x = \dfrac{1}{\pi} \int_{-\pi}^{0} x \mathrm{d}x = \dfrac{1}{\pi} \left(\dfrac{1}{2} x^2 \right) \Big|_{-\pi}^{0} = -\dfrac{\pi}{2}$;

当 $n \geqslant 1$ 时，

$$a_n = \frac{1}{\pi} \int_{-\pi}^{\pi} f(x) \cos nx \mathrm{d}x = \frac{1}{\pi} \int_{-\pi}^{0} x \cos nx \mathrm{d}x = \frac{1}{\pi} \left[\frac{1}{n^2} (nx \sin nx + \cos nx) \right] \Big|_{-\pi}^{0}$$

$$= \frac{1}{n^2 \pi} (1 - \cos n\pi) = \begin{cases} \dfrac{2}{n^2 \pi}, & n = 2k - 1 \\ 0, & n = 2k \end{cases} (k \in \mathbf{N}_+);$$

$$b_n = \frac{1}{\pi} \int_{-\pi}^{\pi} f(x) \sin nx \mathrm{d}x = \frac{1}{\pi} \int_{-\pi}^{0} x \sin nx \mathrm{d}x = \frac{1}{\pi} \left[\frac{1}{n^2} (-nx \cos nx + \sin nx) \right] \Big|_{-\pi}^{0}$$

$$= -\frac{\cos n\pi}{n} = \frac{(-1)^{n-1}}{n}.$$

所以，函数 $f(x)$ 的傅里叶级数(见图 7.6-2)为

$$-\frac{\pi}{4} + \frac{2}{\pi} \sum_{n=1}^{\infty} \frac{\cos(2n-1)x}{(2n-1)^2} + \sum_{n=1}^{\infty} \frac{(-1)^{n-1} \sin nx}{n} \ (x \in (-\infty, +\infty)).$$

因函数 $f(x)$ 在点 $x \neq (2k+1)\pi \ (k \in \mathbf{Z})$ 处连续，故其傅里叶级数都收敛于 $f(x)$;

因函数 $f(x)$ 在点 $x = (2k+1)\pi \ (k \in \mathbf{Z})$ 处间断，故其傅里叶级数都收敛于

$$\frac{f(\pi^-) + f(-\pi^+)}{2} = \frac{0 - \pi}{2} = -\frac{\pi}{2}.$$

所以，函数 $f(x)$ 的傅里叶展开式为

$$f(x) = -\frac{\pi}{4} + \frac{2}{\pi} \sum_{n=1}^{\infty} \frac{\cos(2n-1)x}{(2n-1)^2} + \sum_{n=1}^{\infty} \frac{(-1)^{n-1} \sin nx}{n} \ (x \neq (2k+1)\pi \ (k \in \mathbf{Z})).$$

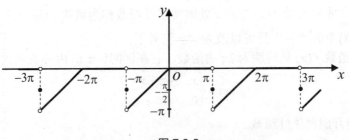

图 7.6-2

3. 周期延拓

若函数 $f(x)$ 只在区间 $[-\pi, \pi]$ 上有定义，且满足狄氏条件，则函数 $f(x)$ 也可以展开成傅里叶级数. 事实上，在区间 $(-\pi, \pi)$ 或 $[-\pi, \pi)$ 外补充函数 $f(x)$ 的定义，使它拓展成为周期为 2π 的周期函数 $F(x)$ (这种拓展函数定义域的方式称为**周期延拓**)，即

$$F(x) = \begin{cases} f(x), & x \in (-\pi, \pi] \\ f(x - 2k\pi), & x \in ((2k-1)\pi, (2k+1)\pi] \end{cases} \quad (k \in \mathbf{Z} \text{且} k \neq 0).$$

将周期延拓所得的函数 $F(x)$ 展开成傅里叶级数，然后限制 x 在区间 $(-\pi, \pi)$ 内，此时有函数 $F(x) = f(x)$，这样便可得到函数 $f(x)$ 的傅里叶展开式.

根据收敛定理，函数 $f(x)$ 的傅里叶级数在区间端点 $x = \pm\pi$ 处应收敛于

$$\frac{f(\pi^-) + f(-\pi^+)}{2}.$$

在实际计算中，因为求傅里叶系数只涉及区间 $[-\pi, \pi]$ 上的函数 $f(x)$，所以没有必要写出周期延拓的函数 $F(x)$ 的表达式. 只需直接根据式(7.6-7)计算傅里叶系数，即可得到函数 $f(x)$ 相对应的傅里叶级数.

例 7.6-2 将函数

$$f(x) = \begin{cases} -1, & -\pi \leqslant x < 0 \\ x, & 0 \leqslant x \leqslant \pi \end{cases}$$

展开成傅里叶级数.

解 函数 $f(x)$ (见图 7.6-3)满足狄氏条件，因此可以展开成傅里叶级数.

由于 $a_0 = \dfrac{1}{\pi} \displaystyle\int_{-\pi}^{\pi} f(x)\mathrm{d}x$

$= \dfrac{1}{\pi} \displaystyle\int_{-\pi}^{0} (-1)\mathrm{d}x + \dfrac{1}{\pi} \displaystyle\int_{0}^{\pi} x\mathrm{d}x$

$= \dfrac{1}{\pi}(-x)\Big|_{-\pi}^{0} + \dfrac{1}{\pi}\left(\dfrac{1}{2}x^2\right)\Big|_{0}^{\pi} = \dfrac{\pi}{2} - 1;$

当 $n \geqslant 1$ 时，

$a_n = \dfrac{1}{\pi} \displaystyle\int_{-\pi}^{\pi} f(x)\cos nx\mathrm{d}x$

$= \dfrac{1}{\pi} \displaystyle\int_{-\pi}^{0} -\cos nx\mathrm{d}x + \dfrac{1}{\pi} \displaystyle\int_{0}^{\pi} x\cos nx\mathrm{d}x$

$$= -\frac{1}{n\pi}(\sin nx)\Big|_{-\pi}^{0} + \frac{1}{\pi}\left[\frac{1}{n^2}(nx\sin nx + \cos nx)\right]\Big|_{0}^{\pi}$$

$$= \frac{1}{n^2\pi}(\cos n\pi - 1) = \begin{cases} \dfrac{-2}{n^2\pi}, & n = 2k-1 \\ 0, & n = 2k \end{cases} (k \in \mathbf{N}_+);$$

$$b_n = \frac{1}{\pi}\int_{-\pi}^{\pi} f(x)\sin nx\,dx = \frac{1}{\pi}\int_{-\pi}^{0}(-\sin nx)\,dx + \frac{1}{\pi}\int_{0}^{\pi} x\sin nx\,dx$$

$$= \frac{1}{n\pi}(\cos nx)\Big|_{-\pi}^{0} + \frac{1}{\pi}\left[\frac{1}{n^2}(-nx\cos nx + \sin nx)\right]\Big|_{-\pi}^{0}$$

$$= \frac{1}{n\pi}(1 - \cos n\pi) - \frac{\cos n\pi}{n} = \begin{cases} \dfrac{1}{n}\left(1 + \dfrac{2}{\pi}\right), & n = 2k-1 \\ -\dfrac{1}{n}, & n = 2k \end{cases} (k \in \mathbf{N}_+).$$

所以，函数 $f(x)$ 的傅里叶级数(见图 7.6-4)为

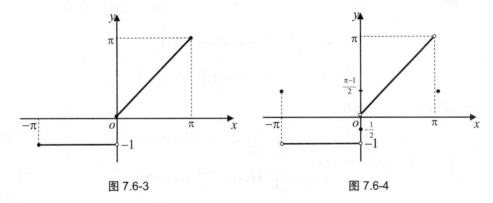

图 7.6-3   图 7.6-4

$$\frac{\pi}{4} - \frac{1}{2} + \sum_{n=1}^{\infty}\left[-\frac{2\cos(2n-1)x}{\pi(2n-1)^2} + \frac{(\pi+2)\sin(2n-1)x}{\pi(2n-1)} - \frac{\sin 2nx}{2n}\right] (x \in [-\pi, \pi]).$$

因函数 $f(x)$ 在点 $x \in (-\pi, 0)$ 与点 $x \in (0, \pi)$ 处连续，故其傅里叶级数都收敛于 $f(x)$；
因函数 $f(x)$ 在点 $x = 0$ 处间断，故其

傅里叶级数收敛于

$$\frac{f(0^-) + f(0^+)}{2} = \frac{-1 + 0}{2} = -\frac{1}{2};$$

在区间端点 $x = \pm\pi$ 处，函数 $f(x)$ 的傅里叶级数都收敛于

$$\frac{f(\pi^-) + f(-\pi^+)}{2} = \frac{\pi - 1}{2}.$$

所以，函数 $f(x)$ 的傅里叶展开式为

$$f(x) = \frac{\pi}{4} - \frac{1}{2} + \sum_{n=1}^{\infty}\left[-\frac{2\cos(2n-1)x}{\pi(2n-1)^2} + \frac{(\pi+2)\sin(2n-1)x}{\pi(2n-1)} - \frac{\sin 2nx}{2n}\right],$$

式中 $x \in (-\pi, 0) \bigcup (0, \pi)$.

7.6.4　周期为 $2l$ 的函数的傅里叶级数

前面讨论了以 2π 为周期的函数以及仅定义在区间 $(-\pi,\pi]$ 上的函数展开成傅里叶级数的问题.下面将讨论扩充到以 $2l\,(l\neq 0)$ 为周期的函数展开成傅里叶级数的问题.

1. 以 $2l$ 为周期的周期函数的傅里叶级数

设函数 $f(x)$ 是周期为 $2l\,(l\neq 0)$ 的周期函数，做代换

$$x=\frac{l}{\pi}t，\ 则\ t=\frac{\pi}{l}x，\quad f(x)=f\left(\frac{l}{\pi}t\right)=F(t).$$

显然，$F(t)$ 是关于 t 的周期为 2π 的周期函数.

若函数 $f(x)$ 在闭区间 $[-l,l]$ 上可积，则函数 $F(t)$ 在区间闭 $[-\pi,\pi]$ 上也可积. 这时函数 $F(t)$ 的傅里叶级数为

$$F(t)\sim\frac{a_0}{2}+\sum_{n=1}^{\infty}(a_n\cos nt+b_n\sin nt).$$

式中

$$a_n=\frac{1}{\pi}\int_{-\pi}^{\pi}F(t)\cos nt\mathrm{d}t\,(n\in\mathbf{N})；$$

$$b_n=\frac{1}{\pi}\int_{-\pi}^{\pi}F(t)\sin nt\mathrm{d}t\,(n\in\mathbf{N}_+).$$

将变量 t 换回为 x，则有

$$f(x)\sim\frac{a_0}{2}+\sum_{n=1}^{\infty}\left(a_n\cos\frac{n\pi x}{l}+b_n\sin\frac{n\pi x}{l}\right)；\tag{7.6-9}$$

$$a_n=\frac{1}{l}\int_{-l}^{l}f(x)\cos\frac{n\pi x}{l}\mathrm{d}x\,(n\in\mathbf{N})；$$

$$b_n=\frac{1}{l}\int_{-l}^{l}f(x)\sin\frac{n\pi x}{l}\mathrm{d}x\,(n\in\mathbf{N}_+).\tag{7.6-10}$$

式(7.6-10)是以 $2l$ 为周期的函数 $f(x)$ 的傅里叶系数公式，式(7.6-9)是以 $2l$ 为周期的函数 $f(x)$ 的傅里叶级数. 至于狄利克雷收敛定理，只要将 $-\pi$ 换为 $-l$，π 换为 l，结论仍然成立.

例 7.6-3 设函数 $f(x)$ 是周期为 4 的函数，它在区间 $[-2,2)$ 内的表达式为

$$f(x)=\begin{cases}0,&-2\leqslant x<0\\m,&0\leqslant x<2\end{cases}，$$

式中常数 $m\neq 0$，求函数 $f(x)$ 的傅里叶展开式.

解 函数 $f(x)$ 满足狄氏条件，因此可以展开成傅里叶级数.

由于 $a_0=\frac{1}{2}\int_{-2}^{2}f(x)\mathrm{d}x=\frac{1}{2}\int_{0}^{2}m\mathrm{d}x=m$；

当 $n\geqslant 1$ 时，

$$a_n=\frac{1}{2}\int_{0}^{2}m\cos\frac{n\pi x}{2}\mathrm{d}x=0；$$

$$b_n = \frac{1}{2} \int_0^2 m \sin \frac{n\pi x}{2} dx = \frac{m}{n\pi}(1 - \cos n\pi) = \begin{cases} \dfrac{2m}{n\pi}, & n = 2k - 1 \\ 0, & n = 2k \end{cases} (k \in \mathbf{N}_+).$$

所以，函数 $f(x)$ 的傅里叶级数为

$$\frac{m}{2} + \frac{2m}{\pi} \sum_{n=1}^{\infty} \frac{1}{2n-1} \sin\left(\frac{2n-1}{2}\pi x\right) (x \in (-\infty, +\infty)).$$

因函数 $f(x)$ 在点 $x \neq 2k$ $(k \in \mathbf{Z})$ 处连续，故其傅里叶级数都收敛于 $f(x)$；

因函数 $f(x)$ 在点 $x = 2k$ $(k \in \mathbf{Z})$ 处间断，故其傅里叶级数都收敛于

$$\frac{f(-2^+) + f(2^-)}{2} = \frac{0 + m}{2} = \frac{m}{2}.$$

所以，函数 $f(x)$ 的傅里叶展开式为

$$f(x) = \frac{m}{2} + \frac{2m}{\pi} \sum_{n=1}^{\infty} \frac{1}{2n-1} \sin\left(\frac{2n-1}{2}\pi x\right) (x \neq 2k \ (k \in \mathbf{Z})).$$

2. 正弦级数和余弦级数

一般来说，一个函数的傅里叶级数既含有正弦项也含有余弦项，但是也有一些函数的傅里叶级数只含有正弦项或只含有常数项和余弦项．

一般地，称只含正弦项的傅里叶级数为**正弦级数**；称只含常数项和余弦项的傅里叶级数为**余弦级数**.

当函数 $f(x)$ 是以 $2l$ $(l > 0)$ 为周期的偶函数时，在区间 $[-l, l]$ 上函数 $f(x)\cos \dfrac{n\pi x}{l}$ 也是偶函数，而函数 $f(x)\sin \dfrac{n\pi x}{l}$ 为奇函数.

因此，由式(4.4-6)知，函数 $f(x)$ 的傅里叶系数公式(7.6-10)变为

$$a_n = \frac{2}{l} \int_0^l f(x) \cos \frac{n\pi x}{l} dx \ (n \in \mathbf{N}); \tag{7.6-11}$$
$$b_n = 0 \ (n \in \mathbf{N}_+).$$

此时，函数 $f(x)$ 的傅里叶级数是只含有常数项和余弦项的余弦级数，即

$$f(x) \sim \frac{a_0}{2} + \sum_{n=1}^{\infty} a_n \cos \frac{n\pi x}{l}. \tag{7.6-12}$$

同理，当函数 $f(x)$ 是以 $2l$ 为周期的奇函数时，其傅里叶级数是正弦级数，即

$$a_n = 0 \ (n \in \mathbf{N});$$
$$b_n = \frac{2}{l} \int_0^l f(x) \sin \frac{n\pi x}{l} dx \ (n \in \mathbf{N}_+). \tag{7.6-13}$$

$$f(x) \sim \sum_{n=1}^{\infty} b_n \sin \frac{n\pi x}{l}. \tag{7.6-14}$$

例 7.6-4 设函数 $f(x)$ 是周期为 2π 的函数，它在区间 $[-\pi, \pi]$ 上的表达式为

$$f(x) = \begin{cases} 1 + \dfrac{2}{\pi}x, & -\pi \leqslant x \leqslant 0 \\[2mm] 1 - \dfrac{2}{\pi}x, & 0 < x \leqslant \pi \end{cases},$$

试将函数 $f(x)$ 展开为傅里叶级数.

解 因为函数 $f(x)$ (见图 7.6-5) 满足狄氏条件，且为偶函数，所以可以展开成余弦级数.

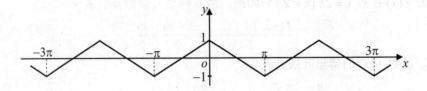

图 7.6-5

由于 $a_0 = \dfrac{2}{\pi}\displaystyle\int_0^\pi f(x)\mathrm{d}x = \dfrac{2}{\pi}\int_0^\pi \left(1 - \dfrac{2}{\pi}x\right)\mathrm{d}x = 0$；

当 $n \geqslant 1$ 时，

$b_n = 0$；

$$a_n = \frac{2}{\pi}\int_0^\pi f(x)\cos nx\,\mathrm{d}x = \frac{2}{\pi}\int_0^\pi \left(1 - \frac{2}{\pi}x\right)\cos nx\,\mathrm{d}x = -\frac{4}{\pi^2}\int_0^\pi x\cos nx\,\mathrm{d}x$$

$$= -\frac{4}{n^2\pi^2}\cos nx\Big|_0^\pi = \frac{4}{n^2\pi^2}[1 - (-1)^n] = \begin{cases} \dfrac{8}{n^2\pi^2}, & n = 2k-1 \\[2mm] 0, & n = 2k \end{cases} (k \in \mathbf{N}_+).$$

所以，函数 $f(x)$ 的傅里叶级数(见图 7.6-5)为

$$\frac{8}{\pi^2}\sum_{n=1}^{\infty}\frac{1}{(2n-1)^2}\cos(2n-1)x \ (x \in (-\infty, +\infty)).$$

由于函数 $f(x)$ 在 $(-\infty, +\infty)$ 内连续，故其傅里叶级数处处收敛于函数 $f(x)$. 所以，函数的傅里叶展开式为

$$f(x) = \frac{8}{\pi^2}\sum_{n=1}^{\infty}\frac{1}{(2n-1)^2}\cos(2n-1)x \ (x \in (-\infty, +\infty)).$$

3. 奇延拓与偶延拓

对于仅定义在区间 $[0, l]$ $(l > 0)$ 上的函数 $f(x)$，因为函数 $f(x)$ 在区间 $(-l, 0)$ 上无任何限制，所以可以在区间 $(-l, 0)$ 上任意补充函数 $f(x)$ 的定义. 在实际中，有时需要把定义在区间 $[0, l]$ 上的函数展开成正弦级数(余弦级数). 此时，通常的做法是：

在区间 $(-l, 0)$ 上补充函数 $f(x)$ 的定义，得到定义在区间 $(-l, l]$ 上的函数 $F(x)$，使函数 $F(x)$ 在区间 $(-l, l)$ 上成为奇函数(偶函数). 这种拓展函数 $f(x)$ 定义域的方式称为**奇延拓(偶延拓)**. 具体地，

(1) 奇延拓时，得到函数

$$F(x) = \begin{cases} f(x), & x \in (0,l] \\ 0, & x = 0 \\ -f(-x), & x \in (-l,0) \end{cases}.$$

此时，函数 $f(x)$ 的傅里叶级数在点 $x=0$ ，$x=l$ 处都收敛于 0 .

(2) 偶延拓时，得到函数

$$F(x) = \begin{cases} f(x), & x \in [0,l] \\ f(-x), & x \in (-l,0) \end{cases}.$$

此时，函数 $f(x)$ 的傅里叶级数在点 $x=0$ 处收敛于 $f(0^+)$ ，而在点 $x=l$ 处收敛于 $f(l^-)$.

将奇延拓(偶延拓)后所得的函数 $F(x)$ 展开为傅里叶级数，则这个级数必定是正弦级数(余弦级数). 而后再将 x 限制在区间 $[0,l]$ 上，这样便可得到函数 $f(x)$ 的正弦级数(余弦级数).

在实际操作中，因为奇(偶)函数的傅里叶系数的计算仅涉及区间 $[0,l]$ 上的函数 $f(x)$ ，故没有必要写出奇(偶)延拓后所得的函数 $F(x)$ 的表达式，直接根据式(7.6-11)(式(7.6-13))计算傅里叶系数，即可得到所需要的正弦级数(余弦级数).

若仅需求得函数 $f(x)$ 在区间 $[0,l]$ ($l>0$) 上以 $2l$ 为周期的一般的傅里叶级数(既含正弦项，又含余弦项)，则可在区间 $(-l,0)$ 上补充函数 $f(x)$ 的定义，进而得到定义在区间 $(-l,l]$ 上的函数.

$$F(x) = \begin{cases} f(x), & 0 \leqslant x \leqslant l \\ 0, & -l < x < 0 \end{cases}.$$

先将函数 $F(x)$ 展开成傅里叶级数，而后再将 x 限制在区间 $[0,l]$ 上. 这样便可得到函数 $f(x)$ 的一般的傅里叶级数展开式.

例 7.6-5 把函数 $f(x) = x$ 在 $(0,2]$ 内展开为：

(1) 正弦级数；   (2) 余弦级数.

解 函数 $f(x)$ 的图像如图 7.6-6 所示.

(1) 函数 $f(x)$ 满足狄氏条件，为了将其展开为正弦级数，对函数 $f(x)$ 作奇延拓.

将 $l=2$ 代入式(7.6-13)，有

$a_n = 0$ ($n \in \mathbf{N}$)；

$b_n = \int_0^2 x \sin \dfrac{n\pi x}{2} \mathrm{d}x = -\dfrac{4}{n\pi} \cos n\pi = \dfrac{4}{n\pi}(-1)^{n+1}$ ($n \in \mathbf{N}_+$) .

所以，函数 $f(x)$ 的正弦级数(见图 7.6-7)为

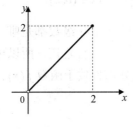

图 7.6-6

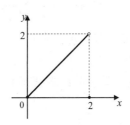

图 7.6-7

$$\frac{4}{\pi}\sum_{n=1}^{\infty}\frac{(-1)^{n+1}}{n}\sin\frac{n\pi x}{2}\,(x\in[0,2]).$$

因函数 $f(x)$ 在点 $x\in(0,2)$ 处连续，故其正弦级数都收敛于函数 $f(x)$；

在点 $x=0,x=2$ 处，函数 $f(x)$ 的正弦级数都收敛于 0.

所以，函数 $f(x)$ 的正弦级数展开式为

$$f(x)=\frac{4}{\pi}\sum_{n=1}^{\infty}\frac{(-1)^{n+1}}{n}\sin\frac{n\pi x}{2}\,(x\in(0,2)).$$

(2) 函数 $f(x)$ 满足狄氏条件，为了将其展开为余弦级数，对函数 $f(x)$ 作偶延拓.

将 $l=2$ 代入式(7.6-11)，有

$$a_0=\int_0^2 x\,\mathrm{d}x=2\,;$$

当 $n\geqslant 1$ 时，

$$a_n=\int_0^2 x\cos\frac{n\pi x}{2}\,\mathrm{d}x=\frac{4}{n^2\pi^2}(\cos n\pi-1)=\begin{cases}-\dfrac{8}{n^2\pi^2}, & n=2k-1\\[2mm]0, & n=2k\end{cases}\,(k\in\mathbf{N}_+)\,;$$

$$b_n=0\,(n\in\mathbf{N}_+).$$

所以，函数 $f(x)$ 的余弦级数(见图7.6-8)为

$$1-\frac{8}{\pi^2}\sum_{n=1}^{\infty}\frac{1}{(2n-1)^2}\cos\frac{(2n-1)\pi x}{2}\,(x\in[0,2]).$$

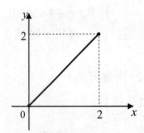

图 7.6-8

因函数 $f(x)$ 在点 $x\in(0,2)$ 处连续，故其余弦级数都收敛于函数 $f(x)$；

在点 $x=0$ 处，函数 $f(x)$ 的余弦级数收敛于 $f(0^+)=0$；

在点 $x=2$ 处，函数 $f(x)$ 的余弦级数收敛于 $f(2^-)=2$.

所以，函数 $f(x)$ 的余弦级数展开式为

$$f(x)=1-\frac{8}{\pi^2}\sum_{n=1}^{\infty}\frac{1}{(2n-1)^2}\cos\frac{(2n-1)\pi x}{2}\,(x\in(0,2]).$$

以 $2l$ 为周期的函数和定义在区间 $[-l,l]$ 上的函数的傅里叶级数都是唯一的. 而对于定义在区间 $[0,l]$ 上的函数 $f(x)$ 来说，由于可以用不同的方式进行延拓，所以可以得到不同的傅里叶级数，但这些傅里叶级数在函数 $f(x)$ 的连续点处都收敛于函数 $f(x)$.

第8章 多元函数微积分

前面各章所讨论的函数都是只限于一个自变量的函数，称为一元函数. 但在许多实际问题中所遇到的往往是两个或多于两个自变量的函数，即多元函数. 多元函数微积分学的基本概念与方法是一元函数微积分学中相应的概念与方法的推广和发展. 多元函数微积分学与一元函数微积分学虽然有许多相似之处，但在某些方面也存在着本质上的不同. 学习多元函数微积分学时要注意与一元函数微积分学进行比较，既要注意与一元函数微积分学的相似之处，又要注意与一元函数微积分学的不同之处. 本章重点讨论二元函数，有关概念都可类推到二元以上的函数.

8.1 空间解析几何基本知识

正像讨论一元函数微积分时，需要平面解析几何中的一些诸如曲线、切线等知识一样，讨论多元函数微积分时也需要空间解析几何的一些基本知识.

8.1.1 空间直角坐标系

空间解析几何与平面解析几何一样，是用代数方法研究几何问题. 要把几何与代数联系起来，就要在空间引进坐标系，使空间的点与数组对应起来，这样就可以用方程来表示图形.

在空间内取定一点 O，过 O 点作三条具有相同的长度单位，且两两互相垂直的数轴 x 轴、y 轴和 z 轴，这样就称建立了空间直角坐标系 $Oxyz$. 点 O 称为**坐标原点**，x 轴、y 轴和 z 轴分别叫做**横轴**、**纵轴**和**竖轴**，又统称为**坐标轴**. 通常规定 x 轴、y 轴和 z 轴的正向要遵循**右手法则**，即以右手握住 z 轴，当右手的四个手指从 x 轴正向以 $\dfrac{\pi}{2}$ 角度转向 y 轴正向时，大拇指的指向是 z 轴的正向(见图 8.1-1).

建立空间直角坐标系 $Oxyz$ 后，空间中的任意一点 M 与有序的三个数组成的数组 (x, y, z) 就有了一一对应关系.

事实上，若过 M 点分别作 x 轴、y 轴、z 轴的垂直平面，三个垂面与相应坐标轴的交点依次记为 P、Q、R，并记这三点在 x 轴、y 轴、z 轴上的坐标依次为 x、y、z. 于是，空间一点 M 就唯一地确定了有序数组 (x, y, z). 反之，若已知有序数组 (x, y, z)，则可在 x 轴上取坐标为 x 的点 P，在 y 轴上取坐标为 y 的点 Q，在 z 轴上取坐标为 z 的点 R，然后过点 P、Q、R 分别作 x 轴、y 轴、z 轴的垂直平面，这三个平面唯一的交点 M 便是有序数组 (x, y, z) 所确定的空间的一点(见图 8.1-2).

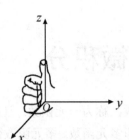

图 8.1-1

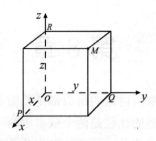

图 8.1-2

因此，三元数组 (x,y,z) 与空间的一点 M 一一对应，(x,y,z) 称为点 M 的**坐标**，记作

$$M(x,y,z).$$

其中，x、y、z 分别称为点 M 的**横坐标、纵坐标、竖坐标**.

由任意两条坐标轴所确定的平面称为**坐标平面**. 由 x 轴和 y 轴，y 轴和 z 轴，z 轴和 x 轴所确定的坐标平面分别叫做 xOy 面，yOz 面和 xOz 面.

x 轴上点的坐标为 $(x,0,0)$，y 轴上点的坐标为 $(0,y,0)$，z 轴上点的坐标为 $(0,0,z)$；xOy 面上点的坐标为 $(x,y,0)$，yOz 面上点的坐标为 $(0,y,z)$，xOz 面上点的坐标为 $(x,0,z)$.

三个坐标平面把空间分隔成八个部分，每个部分称为一个**卦限**，依次叫作第一至八卦限，可用罗马数字 I、II、$\cdots$、VIII 表示(见图 8.1-3).

在八个卦限中，点的坐标 (x,y,z) 有如下特点：

第一卦限　$x>0,y>0,z>0$；

第二卦限　$x<0,y>0,z>0$；

第三卦限　$x<0,y<0,z>0$；

第四卦限　$x>0,y<0,z>0$；

第五卦限　$x>0,y>0,z<0$；

第六卦限　$x<0,y>0,z<0$；

第七卦限　$x<0,y<0,z<0$；

第八卦限　$x>0,y<0,z<0$.

由上面坐标的特点容易看到，第一至四卦限是在 xOy 面的上方，第五至八卦限在 xOy 面的下方，都是按逆时针方向排定. 其中第一卦限又在 yOz 面的前方，在 xOz 面的右方，第五卦限在第一卦限的下面.

现在推导**空间两点间的距离公式**.

设点 $M_1(x_1,y_1,z_1)$ 和 $M_2(x_2,y_2,z_2)$ 是空间中两点.过点 M_1 和 M_2 分别作垂直于 x 轴，y 轴，z 轴的平面，这六个平面围成一个以 M_1M_2 为体对角线的长方体(见图 8.1-4).

从图 8.1-4 中容易看到，该长方体的各棱长分别为：

$$|x_2-x_1|,\quad |y_2-y_1|,\quad |z_2-z_1|.$$

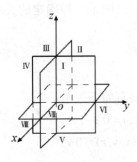

图 8.1-3

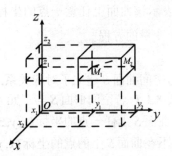

图 8.1-4

根据立体几何知识，长方体的对角线长的平方等于三条棱长的平方和，于是有

$$\left|M_1 M_2\right|^2 = (x_2 - x_1)^2 + (y_2 - y_1)^2 + (z_2 - z_1)^2.$$

所以点 M_1 和 M_2 间的距离为

$$\left|M_1 M_2\right| = \sqrt{(x_2 - x_1)^2 + (y_2 - y_1)^2 + (z_2 - z_1)^2}. \tag{8.1-1}$$

特别地，点 $M(x, y, z)$ 到原点 $O(0,0,0)$ 的距离为

$$\left|OM\right| = \sqrt{x^2 + y^2 + z^2}.$$

例 8.1-1　求与两定点 $M_1(1,-1,1)$ 与 $M_2(2,1,-1)$ 等距离的点 $M(x,y,z)$ 的轨迹方程.

解　因为 $\left|M_1 M\right| = \left|M_2 M\right|$，所以

$$\sqrt{(x-1)^2 + (y+1)^2 + (z-1)^2} = \sqrt{(x-2)^2 + (y-1)^2 + (z+1)^2},$$

化简得点 M 的轨迹方程为

$$2x + 4y - 4z - 3 = 0.$$

由立体几何知识知，所求轨迹应为线段 $M_1 M_2$ 的中垂面，此平面的方程为一个三元一次方程. 实际上，**平面的一般方程**为

$$Ax + By + Cz + D = 0 \ (A、B、C \text{ 不全为零}).$$

例 8.1-2　求与定点 $M_0(x_0, y_0, z_0)$ 的距离等于定长 R 的动点 $M(x,y,z)$ 的轨迹方程.

解　因为 $\left|MM_0\right| = R$，所以

$$\sqrt{(x-x_0)^2 + (y-y_0)^2 + (z-z_0)^2} = R,$$

化简得点 M 的轨迹方程为

$$(x-x_0)^2 + (y-y_0)^2 + (z-z_0)^2 = R^2.$$

这是球半径为 R，球心在点 (x_0, y_0, z_0) 的**球面方程**，它是三元二次方程.

特别地，球半径为 R，球心在原点的球面方程为

$$x^2 + y^2 + z^2 = R^2.$$

8.1.2　曲面与方程

1. 曲面与方程的概念

在空间解析几何中，把曲面 S 看作是空间点的几何轨迹，即曲面是具有某种性质的点的集合. 在这曲面上的点具有这种性质，不在这曲面上的点就不具有这种性质. 若以

(x, y, z) 表示该曲面上任意一点的坐标，则 x、y、z 之间必然满足一种确定的关系. 这样，含有三个变量的方程

$$F(x, y, z) = 0$$

就与空间曲面 S 建立了对应关系.

定义 8.1-1 若空间曲面 S 与三元方程 $F(x, y, z) = 0$ 之间有如下关系：

(1) 曲面 S 上任一点的坐标 (x, y, z) 都满足方程 $F(x, y, z) = 0$；

(2) 不在曲面 S 上的点的坐标 (x, y, z) 都不满足方程 $F(x, y, z) = 0$，

则方程

$$F(x, y, z) = 0$$

称为**曲面 S 的方程**，即方程 $F(x, y, z) = 0$ 是曲面 S 的代数表示；而曲面 S 称为方程 $F(x, y, z) = 0$ 的**图形**，即曲面 S 是方程 $F(x, y, z) = 0$ 所代表的几何图形(见图 8.1-5).

2. 几种特殊曲面

除了前面介绍的平面和球面外，下面再介绍几种常用的特殊曲面.

1) 柱面

若动直线 L 沿定曲线 C 移动，且始终与定直线 l 平行，则称动直线 L 的轨迹为**柱面**. 定曲线 C 叫做柱面的**准线**，动直线 L 叫做柱面的**母线**.

本节主要讨论母线平行于坐标轴的柱面。

若定直线是 z 轴，准线是 xOy 平面上的曲线 $F(x, y) = 0$，则动直线 L 生成的是母线平行于 z 轴的柱面(见图 8.1-6)，其方程是

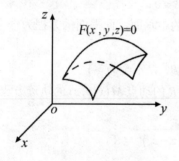

图 8.1-5

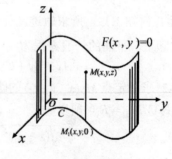

图 8.1-6

$$F(x, y) = 0.$$

该方程中不含变量 z. 这表明，空间一点 $M(x, y, z)$，只要它的横坐标 x、纵坐标 y 满足该方程，则点 M 就在该柱面上.

类似地，方程

$$f(x, z) = 0 \quad \text{与} \quad f(y, z) = 0$$

分别表示母线平行于 y 轴与 x 轴的柱面.

例如，方程 $x^2 + y^2 = a^2$ 表示母线平行于 z 轴，准线是 xOy 面上的圆周 $x^2 + y^2 = a^2$ 的**圆柱面**(见图 8.1-7)；

方程 $z = -x^2 + 1$ 表示母线平行于 y 轴，准线是 zOx 面上的抛物线 $z = -x^2 + 1$ 的**抛物柱面**

(见图 8.1-8).

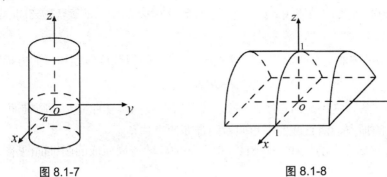

图 8.1-7   图 8.1-8

2) 旋转曲面

一条平面曲线 C 绕其所在平面上一条定直线 l 旋转一周所生成的曲面称为**旋转曲面**. 曲线 C 叫做旋转曲面的**母线**，定直线 l 叫做旋转曲面的**轴**(或称**旋转轴**).

本节主要讨论母线是坐标面上的平面曲线，旋转轴是该坐标面上的一条坐标轴的旋转曲面.

设旋转曲面 S 的母线是 yOz 面上的平面曲线 C：$f(y,z)=0$，旋转轴是 z 轴.

点 $M(x,y,z)$ 是曲面 S 上任意一点，它是由曲线 C 上一点 $M_1(0,y_1,z_1)$ 旋转而来的(见图 8.1-9)，显然有 $z=z_1$.

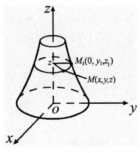

图 8.1-9

点 M 到 z 轴的距离与点 M_1 到 z 轴的距离相等，即

$$\sqrt{x^2+y^2}=|y_1|.$$

因点 $M_1(0,y_1,z_1)$ 在曲线 C 上，故 $f(y_1,z_1)=0$，所以，点 $M(x,y,z)$ 的坐标满足方程为

$$f(\pm\sqrt{x^2+y^2},z)=0. \tag{8.1-2}$$

显然，不在曲面 S 上的点的坐标不会满足式(8.1-2)，因此式(8.1-2)就是以曲线 C 为母线，z 轴为旋转轴的曲面 S 的方程.

若在曲线 C 的方程中，变量 y 保持不变，将变量 z 换成 $\pm\sqrt{x^2+z^2}$，得方程

$$f(y,\pm\sqrt{x^2+z^2})=0,$$

这便是曲线 C 绕 y 轴旋转而成的曲面的方程.

其他坐标面上的曲线，绕该坐标面上一条坐标轴旋转而成的旋转曲面的方程也可用类

似的方法得到.

例 8.1-3 求 xOy 面上的抛物线 $x = ay^2$ $(a > 0)$ 绕 x 轴旋转所形成的**旋转抛物面**(见图 8.1-10)的方程.

解 方程 $x = ay^2$ 中的 x 不变, 将 y 换成 $\pm\sqrt{y^2 + z^2}$, 便得到旋转抛物面的方程为

$$x = a(y^2 + z^2).$$

直线 L 绕另一条与它相交的直线 l 旋转一周, 所形成的旋转曲面称为**圆锥面**. 两直线的交点叫做圆锥面的**顶点**, 两直线的夹角叫做圆锥面的**半顶角**.

例 8.1-4 求 yOz 面上的直线 $z = ky$ $(k > 0)$ 绕 z 轴旋转一周而成的圆锥面(见图 8.1-11)的方程.

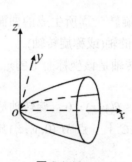

图 8.1-10

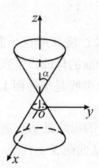

图 8.1-11

解 方程 $z = ky$ $(k > 0)$ 中的 z 不变, 将 y 换成 $\pm\sqrt{x^2 + y^2}$, 得所求圆锥面的方程为

$$z = \pm k\sqrt{x^2 + y^2},$$

即 $\quad z^2 = k^2(x^2 + y^2).$

3. 二次曲面

三元二次方程表示的曲面称为**二次曲面**.

二次曲面有九种, 适当选取空间直角坐标系, 可推得它们的标准方程. 二次曲面的图形不易用描点法得到, 本节用截痕法研究给定标准方程的二次曲面的形状和特征.

截痕法是用坐标面或平行于坐标面的平面去截二次曲面, 考察它们的交线(即截痕)的形状, 然后综合分析, 从而了解二次曲面的形状和特征.

二次曲面中有三种是以三种二次曲线为准线的柱面, 即

$$\frac{x^2}{a^2} + \frac{y^2}{b^2} = 1, \frac{x^2}{a^2} - \frac{y^2}{b^2} = 1, x^2 = ay,$$

依次称为**椭圆柱面、双曲柱面、抛物柱面**。

另外六种二次曲面的形状和特征见表 8.1-1.

表 8.1-1 常见的二次曲面表

椭球面 $\dfrac{x^2}{a^2} + \dfrac{y^2}{b^2} + \dfrac{z^2}{c^2} = 1$

所用截平面	截痕	
$z = z_0$ (// xOy 面)	椭圆	
$x = x_0$ (// yOz 面)	椭圆	
$y = y_0$ (// xOz 面)	椭圆	

单叶双曲面 $\dfrac{x^2}{a^2} + \dfrac{y^2}{b^2} - \dfrac{z^2}{c^2} = 1$

所用截平面	截痕	
$z = z_0$ (// xOy 面)	椭圆	
$x = x_0$ (// yOz 面)	双曲线	
$y = y_0$ (// xOz 面)	双曲线	

双叶双曲面 $-\dfrac{x^2}{a^2} - \dfrac{y^2}{b^2} + \dfrac{z^2}{c^2} = 1$

所用截平面	截痕	
$z = z_0$ (// xOy 面)	椭圆	
$x = x_0$ (// yOz 面)	双曲线	
$y = y_0$ (// xOz 面)	双曲线	

椭圆抛物面 $z = \dfrac{x^2}{a^2} + \dfrac{y^2}{b^2}$

所用截平面	截痕	
$z = z_0$ (// xOy 面)	椭圆	
$x = x_0$ (// yOz 面)	抛物线	
$y = y_0$ (// xOz 面)	抛物线	

双曲抛物面 $z = \dfrac{y^2}{b^2} - \dfrac{x^2}{a^2}$

所用截平面	截痕	
$z = z_0$ (// xOy 面)	双曲线	
$x = x_0$ (// yOz 面)	抛物线	
$y = y_0$ (// xOz 面)	抛物线	

下面以**双曲抛物面**(马鞍面) $z = \dfrac{y^2}{b^2} - \dfrac{x^2}{a^2}$ 为例说明截痕法的用法.

(1) 用平面 $z = z_0$ (// xOy 面)截双曲抛物面 $z = \dfrac{y^2}{b^2} - \dfrac{x^2}{a^2}$,所得截痕为平面 $z = z_0$ 上的曲线,其方程为

$$\frac{y^2}{b^2} - \frac{x^2}{a^2} = z_0.$$

当 $z_0 < 0$ 时，该曲线为焦点在 x 轴上的双曲线；

当 $z_0 > 0$ 时，该曲线为焦点在 y 轴上的双曲线；

当 $z_0 = 0$ 时，该曲线实际上是 xOy 面上的两条相交直线 $y = \pm \dfrac{b}{a} x$.

(2) 用平面 $x = x_0$ ($/\!/\, yOz$ 面)截双曲抛物面 $z = \dfrac{y^2}{b^2} - \dfrac{x^2}{a^2}$，所得截痕为平面 $x = x_0$ 上的开口向 z 轴正方向的抛物线，其方程为

$$z = \frac{1}{b^2} y^2 - \frac{x_0^2}{a^2}.$$

(3) 用平面 $y = y_0$ ($/\!/\, xOz$ 面)截双曲抛物面 $z = \dfrac{y^2}{b^2} - \dfrac{x^2}{a^2}$，所得截痕为平面 $y = y_0$ 上的开口向 z 轴负方向的抛物线，其方程为

$$z = -\frac{1}{a^2} x^2 + \frac{y_0^2}{b^2}.$$

8.2　多元函数的基本概念

为讨论多元函数的微分学和积分学，需先介绍多元函数、极限和连续这些基本概念.

8.2.1　二元函数的概念

同一元函数一样，二元函数也是从实际问题中抽象出来的一个数学概念. 下面先看两个例子.

例 8.2-1 圆柱体的体积公式 $V = \pi r^2 h$，描述了圆柱体的体积 V 与其底面半径 r 和高度 h 这两个变量之间确定的关系. 当底面半径 r、高度 h ($r > 0, h > 0$) 每给定一组数值时，体积 V 的值也就随之确定.

例 8.2-2 某产品的销售收入 R 与销量 Q 及销售价格 P 之间的关系为 $R = QP$. 当销量 Q、销售价格 P 每给定一组数值时，销售收入就有一个确定的值与之对应.

上面两个例子，虽然来自不同的实际问题，但是都说明，在一定的条件下，三个变量之间存在着一种依赖关系. 这种关系给出了一个变量与另两个变量之间的对应法则. 依照这个法则，当两个变量在允许的范围内取定一组数值时，另一个变量有唯一确定的值与之对应. 由这些共性，便得到以下二元函数的定义.

定义 8.2-1 设 D 是 xOy 面上的一个点集. 若对于 D 内任意一点 $P(x, y)$，变量 z 按照某一确定的法则 f 总有唯一确定的值与之对应，则称 z 是变量 x、y 的二元函数，记作

$$z = f(x, y).$$

其中 x、y 称为**自变量**，z 也称为**因变量**. 点集 D 称为函数的**定义域**，数集

$$\{z \mid z = f(x, y), (x, y) \in D\}$$

称为该函数的**值域**.

按照定义 8.2-1，在例 8.2-1 和例 8.2-2 中，V 是 r 和 h 的函数，R 是 Q 和 P 的函数，它们的定义域都是由实际问题来确定的.

当二元函数是用算式表示时，定义域规定为使每个算式有意义的点的集合.

在一元函数的定义中，自变量的取值范围(即定义域)一般是数轴上的一个区间. 对于二元函数，由于有两个自变量，它的定义域要由数轴扩充到 xOy 面上.

二元函数的定义域一般是由若干条曲线所围成的一个部分平面，称为**平面区域**. 围成该平面区域的曲线称为该平面区域的边界.

若一个平面区域 D 能包含在一个以原点为圆心的圆内，即存在平面点集

$$E = \{(x,y) \mid \sqrt{x^2 + y^2} < R\},$$

使 $D \subset E$，则称 D 为**有界区域**，否则称 D 为**无界区域**.

包括全部边界的平面区域叫**闭区域**，不包括边界上任一点的平面区域叫**开区域**.

在以下叙述中，若不需要区分有界区域、无界区域、闭区域时，则统称为**区域**，通常用 D 表示.

例 8.2-3　求二元函数 $z = \ln(x + y)$ 的定义域.

解　根据对数的定义，x、y 必须满足不等式

$$x + y > 0,$$

所以二元函数 $z = \ln(x + y)$ 的定义域是平面点集

$$D = \{(x,y) \mid x + y > 0\}.$$

在几何上，其图形是 xOy 面上位于直线 $x + y = 0$ 上方的半平面，但不包括直线本身，它是一个无界开区域(见图 8.2-1 中阴影部分).

例 8.2-4　求二元函数 $z = \dfrac{1}{\sqrt{1 - x^2 - y^2}}$ 的定义域.

解　因为分母含有二次根式，所以 x、y 必须满足不等式

$$1 - x^2 - y^2 > 0,$$

所以二元函数 $z = \dfrac{1}{\sqrt{1 - x^2 - y^2}}$ 的定义域是平面点集

$$D = \{(x,y) \mid x^2 + y^2 < 1\}.$$

在几何上，其图形是 xOy 面上以原点为圆心，不包括边界的单位圆的内部，它是一个有界开区域(见图 8.2-2 中阴影部分).

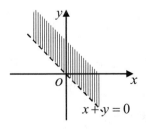

图 8.2-1

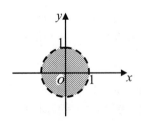

图 8.2-2

例 **8.2-5** 求二元函数 $z = \arcsin\dfrac{x}{5} + \arcsin\dfrac{y}{4}$ 的定义域.

解 根据反正弦函数的定义, x、y 必须满足不等式

$$-1 \leqslant \frac{x}{5} \leqslant 1, \quad -1 \leqslant \frac{y}{4} \leqslant 1,$$

所以二元函数 $z = \arcsin\dfrac{x}{5} + \arcsin\dfrac{y}{4}$ 的定义域为平面点集

$$D = \{(x, y) \mid -5 \leqslant x \leqslant 5, -4 \leqslant y \leqslant -4\}.$$

在几何上, 其图形是 xOy 面上由直线 $x = -5$, $x = 5$ 与直线 $y = -4$, $y = 4$ 所围成的矩形(包括边界), 它是一个有界闭区域(见图 8.2-3 中阴影部分).

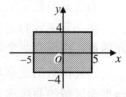

图 8.2-3

8.2.2 二元函数的几何表示

考察二元函数 $z = f(x, y)((x, y) \in D)$ 的图形, 其中 D 是 xOy 面上的区域.

给定 D 中一点 $P(x, y)$, 就有一个实数 z 与之对应, 从而就可确定空间一点 $M(x, y, z)$ (见图 8.2-4). 当点 P 在区域 D 中移动, 并经过 D 中所有点时, 与之对应的动点 M 就在空间形成一张曲面, 区域 D 则是该曲面在 xOy 面上的投影(见图 8.2-5).

由此可知: 二元函数 $z = f(x, y)((x, y) \in D)$ 的图形是空间直角坐标系中一张空间曲面, 该曲面在 xOy 平面上的投影区域就是该函数的定义域 D.

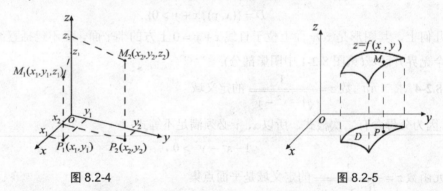

图 8.2-4　　　　　　　　　　　　　　图 8.2-5

8.2.3 二元函数的极限

为了像一元函数极限那样, 给出二元函数极限的定义, 需先把一元函数中邻域的概念推广到二元函数.

在 xOy 面上, 以定点 $P_0(x_0, y_0)$ 为圆心, 以 $\delta > 0$ 为半径的开圆(即不含圆周), 称为点 P_0 的 δ **邻域**, 记作 $U(P_0, \delta)$, 即

$$U(P_0, \delta) = \{(x, y) \mid (x - x_0)^2 + (y - y_0)^2 < \delta^2\}.$$

在定点 $P_0(x_0, y_0)$ 的 δ 邻域 $U(P_0, \delta)$ 中去掉点 $P_0(x_0, y_0)$, 所得集合称为点 $P_0(x_0, y_0)$ 的**空心 δ 邻域**(简称为**空心邻域**), 记作 $U^\circ(P_0, \delta)$ (简记作 $U^\circ(P_0)$).

在讨论问题时, 若不需要强调邻域的半径, 则点 P_0 的邻域可简记为 $U(P_0)$.

定义 8.2-2 设二元函数 $z = f(x, y)$ 在点 $P_0(x_0, y_0)$ 的某空心邻域 $U^\circ(P_0)$ 内有定义. 若当点 $P(x, y) \in U^\circ(P_0)$ 以任意方式无限接近于点 $P_0(x_0, y_0)$ 时，相应的函数值 $f(x, y)$ 无限接近于一个确定的常数 A，则称常数 A 为二元函数 $z = f(x, y)$ 当 $x \to x_0, y \to y_0$（或当 $(x, y) \to (x_0, y_0)$）时的极限，或称当 $x \to x_0, y \to y_0$（或当 $(x, y) \to (x_0, y_0)$）时，二元函数 $z = f(x, y)$ 以 A 为极限，记作

$$\lim_{\substack{x \to x_0 \\ y \to y_0}} f(x, y) = A \ (\text{或} \lim_{(x, y) \to (x_0, y_0)} f(x, y) = A).$$

上述定义的二元函数的极限称为二重极限.

二重极限是一元函数极限的推广，有关一元函数极限的运算法则和定理，都可以直接类推到二重极限，这里不再详细叙述.

由定义 8.2-2 知，只有当点 $P(x, y)$ 以任意方式无限接近于点 $P_0(x_0, y_0)$ 时，对应函数值 $f(x, y)$ 都能无限接近于确定的常数 A，才能说二元函数 $f(x, y)$ 有极限 A. 因此，即使点 $P(x, y)$ 以某几种特殊的方式(如沿某定直线或定曲线)趋于点 $P_0(x_0, y_0)$ 时，函数值 $f(x, y)$ 都趋于同一个常数，也不能得出二元函数 $f(x, y)$ 在点 $P_0(x_0, y_0)$ 处有极限的结论. 但是，若点 $P(x, y)$ 以某两种特殊方式趋于 $P_0(x_0, y_0)$ 时，函数值 $f(x, y)$ 趋于不同的常数，则可以肯定二元函数 $f(x, y)$ 在点 $P_0(x_0, y_0)$ 处的极限不存在.

例 8.2-6* 考察二元函数 $f(x, y) = \dfrac{xy}{x^2 + y^2}$ 在点 $(0, 0)$ 处的极限.

解 因 $f(0, y) = 0$，所以当动点 $P(x, y)$ 沿着直线 $x = 0$ 趋于点 $(0, 0)$ 时，有

$$\lim_{(x, y) \to (0, 0)} f(x, y) = \lim_{y \to 0} f(0, y) = 0.$$

因 $f(x, 0) = 0$，所以当动点 $P(x, y)$ 沿着直线 $y = 0$ 趋于点 $(0, 0)$ 时，有

$$\lim_{(x, y) \to (0, 0)} f(x, y) = \lim_{x \to 0} f(x, 0) = 0.$$

但当动点 $P(x, y)$ 沿直线 $y = kx$ 趋于点 $(0, 0)$ 时，因为

$$f(x, y) = f(x, kx) = \frac{kx^2}{x^2 + (kx)^2} = \frac{k}{1 + k^2},$$

所以 $\displaystyle \lim_{(x, y) \to (0, 0)} f(x, y) = \lim_{(x, kx) \to (0, 0)} f(x, kx) = \frac{k}{1 + k^2}.$

由此可知，当动点 $P(x, y)$ 沿着不同的直线(即 $y = kx$ 中的 k 取不同的值)趋于点 $(0, 0)$ 时，该二元函数趋于不同的值，因此该二元函数在点 $(0, 0)$ 处的极限不存在.

8.2.4 二元函数的连续性

有了二元函数极限的概念，就可以定义二元函数在一点处的连续性.

定义 8.2-3 设二元函数 $f(x, y)$ 在点 $P_0(x_0, y_0)$ 的某邻域 $U(P_0)$ 内有定义，若

$$\lim_{(x, y) \to (x_0, y_0)} f(x, y) = f(x_0, y_0),$$

则称二元函数 $f(x, y)$ 在点 $P_0(x_0, y_0)$ 处连续，称点 $P_0(x_0, y_0)$ 是二元函数 $f(x, y)$ 的连续点.

否则，称二元函数 $f(x, y)$ 在点 $P_0(x_0, y_0)$ 处间断，称点 $P_0(x_0, y_0)$ 是二元函数 $f(x, y)$ 的间断点.

二元函数的间断情况比一元函数复杂，它除了可能有间断点外，还可能有间断线.

若二元函数 $f(x,y)$ 在区域 D 内的每一点都连续，则称二元函数 $f(x,y)$ 在区域 D 内连续，或称二元函 $f(x,y)$ 为 D 上的**连续函数**. 此时，称区域 D 为二元函数 $f(x,y)$ 的**连续区域**.

连续的二元函数 $f(x,y)$ 在几何上表示一张无孔无隙的曲面.

二元连续函数的性质与一元连续函数的性质类似，前面关于一元连续函数的四则运算性质，复合函数的连续性，以及闭区间上连续函数的最大值、最小值定理，有界定理和介值定理均可以推广至二元函数. 但是对二元函数而言，闭区间应推广至有界闭区域.

同一元函数一样，一般常见的二元函数是由变量 x、y 的基本初等函数经过有限次四则运算和复合而成的，称为二元初等函数.

二元初等函数在其定义区域内都是连续函数. 这里的定义区域是指包含在二元函数定义域内的区域. 因此，对于二元初等函数来说，其定义区域即是其连续区域.

二元函数极限的定义，连续性的定义可以完全平行地推广至二元以上的多元函数.

例 8.2-7 考察函数 $f(x,y) = \begin{cases} \dfrac{xy}{x^2+y^2}, & (x,y) \neq (0,0) \\ 0, & (x,y) = (0,0) \end{cases}$ 在点 $(0,0)$ 处的连续性.

解 由例 8.2-6 知极限 $\lim\limits_{(x,y)\to(0,0)} f(x,y)$ 不存在，所以点 $(0,0)$ 是函数 $f(x,y)$ 的间断点.

因为函数 $f(x,y)$ 的定义域为

$$D = \{(x,y) \mid x \in \mathbf{R}, y \in \mathbf{R}\},$$

所以函数 $f(x,y)$ 在 xOy 面上除点 $(0,0)$ 外的其他点处都是连续的.

例 8.2-8 分析二元函数 $f(x,y) = \dfrac{1}{1-x^2-y^2}$ 的连续性.

解 因为函数 $f(x,y)$ 的定义域为

$$D = \{(x,y) \mid x \in \mathbf{R}, y \in \mathbf{R} \text{ 且 } x^2+y^2 \neq 1\},$$

所以函数 $f(x,y)$ 在 xOy 面上除圆周 $x^2+y^2=1$ 外的其他点处是处处连续的，但在圆周上的每一点处都是间断的，即圆周 $x^2+y^2=1$ 是该二元函数 $f(x,y)$ 的一条间断线.

例 8.2-9 写出二元函数 $f(x,y) = \arccos\dfrac{x-y}{4} + \dfrac{1}{x-y}$ 的连续区域.

解 根据函数 $f(x,y)$ 中所含的运算知，x，y 必须满足不等式

$$-1 \leqslant \frac{x-y}{4} \leqslant 1, \quad x-y \neq 0.$$

所以，函数的定义域为(见图 8.2-6 中阴影部分)

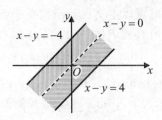

图 8.2-6

$$D = \{(x, y) \mid -4 \leqslant x - y \leqslant 4 \text{ 且 } x - y \neq 0\}.$$

由于二元初等函数的定义区域即是其连续区域, 所以函数 $f(x, y)$ 的连续区域为

$$D_1 = \{(x, y) \mid -4 \leqslant x - y < 0\} \text{ 和 } D_2 = \{(x, y) \mid 0 < x - y \leqslant 4\}.$$

例 8.2-10 计算极限 $\lim\limits_{(x,y) \to (0,0)} \sqrt{x^2 + y^2}$ 的值.

解 因为函数 $f(x, y) = \sqrt{x^2 + y^2}$ 的定义域为

$$D = \{(x, y) \mid x \in \mathbf{R}, y \in \mathbf{R}\},$$

且 $\quad\quad\quad\quad (0, 0) \in D = \{(x, y) \mid x \in \mathbf{R}, y \in \mathbf{R}\},$

所以二元函数 $f(x, y) = \sqrt{x^2 + y^2}$ 在点 $(0, 0)$ 处连续. 因此, 有

$$\lim_{(x,y) \to (0,0)} \sqrt{x^2 + y^2} = f(0, 0) = \sqrt{0^2 + 0^2} = 0.$$

8.3　偏　导　数

在一元函数中, 由函数的变化率问题引入了一元函数的导数概念. 对于二元函数, 虽然也有类似的问题, 但由于有两个自变量, 问题将变得复杂得多. 这是因为, 在 xOy 面内, 当点 $P(x, y)$ 沿不同方向变化时, 函数 $f(x, y)$ 有沿各个方向的变化率. 本节只限于讨论当点 $P(x, y)$ 沿着平行于 x 轴和平行于 y 轴这两个特殊方向变动时, 函数 $f(x, y)$ 的变化率问题. 这就是下面要讨论的偏导数问题.

8.3.1　偏导数

1. 偏导数的定义

设二元函数 $z = f(x, y)$ 在点 $P_0(x_0, y_0)$ 的某邻域 $U(P_0)$ 内有定义. 当点 $P_0(x_0, y_0)$ 沿着平行于 x 轴的方向移动到点 $P(x_0 + \Delta x, y_0)$ (图 8.3-1 即为 $x_0 > 0$ 且 $\Delta x > 0$ 时的示意图)时, 相应的函数增量

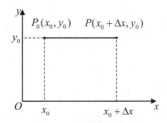

图 8.3-1

$$\left. \Delta_x z \right|_{(x_0, y_0)} = f(x_0 + \Delta x, y_0) - f(x_0, y_0)$$

称为二元函数 $f(x, y)$ 在点 $P_0(x_0, y_0)$ 处关于 x 的偏增量.

由一元函数导数的概念知, 若极限

$$\lim_{\Delta x \to 0} \frac{\Delta_x z}{\Delta x} = \lim_{\Delta x \to 0} \frac{f(x_0 + \Delta x, y_0) - f(x_0, y_0)}{\Delta x}$$

存在，则这一极限值就是二元函数 $f(x, y)$ 在点 $P_0(x_0, y_0)$ 处沿着平行于 x 轴方向的变化率.

定义 8.3-1 设二元函数 $z = f(x, y)$ 在点 $P_0(x_0, y_0)$ 的某邻域 $U(P_0)$ 内有定义，若极限

$$\lim_{\Delta x \to 0} \frac{\Delta_x z}{\Delta x} = \lim_{\Delta x \to 0} \frac{f(x_0 + \Delta x, y_0) - f(x_0, y_0)}{\Delta x}$$

存在，则称此极限值为二元函数 $f(x, y)$ 在点 $P_0(x_0, y_0)$ 处关于 **x 的偏导数**，记作

$$f_x(x_0, y_0), z_x \Big|_{(x_0, y_0)}, \frac{\partial f}{\partial x} \Big|_{(x_0, y_0)}, \frac{\partial z}{\partial x} \Big|_{(x_0, y_0)}.$$

同理，当点 $P_0(x_0, y_0)$ 沿着平行于 y 轴的方向移动到点 $P(x_0, y_0 + \Delta y)$ 时，相应的函数增量

$$\Delta_y z \Big|_{(x_0, y_0)} = f(x_0, y_0 + \Delta y) - f(x_0, y_0)$$

称为二元函数 $z = f(x, y)$ 在点 $P_0(x_0, y_0)$ 处关于 **y 的偏增量**.

若极限

$$\lim_{\Delta y \to 0} \frac{\Delta_y z}{\Delta y} = \lim_{\Delta y \to 0} \frac{f(x_0, y_0 + \Delta y) - f(x_0, y_0)}{\Delta y}$$

存在，则称此极限值为二元函数 $f(x, y)$ 在点 $P_0(x_0, y_0)$ 处关于 **y 的偏导数**，记作

$$f_y(x_0, y_0), z_y \Big|_{(x_0, y_0)}, \frac{\partial f}{\partial y} \Big|_{(x_0, y_0)}, \frac{\partial z}{\partial y} \Big|_{(x_0, y_0)}.$$

由定义 8.3-1 知，二元函数 $f(x, y)$ 在点 $P_0(x_0, y_0)$ 处关于 x、y 的偏导数，实质上就是一元函数 $z = f(x, y_0)$ 与 $z = f(x_0, y)$ 分别在点 $x = x_0$ 与 $y = y_0$ 处的导数，即有

$$f_x(x_0, y_0) = \frac{\mathrm{d}}{\mathrm{d}x} f(x, y_0) \Big|_{x=x_0}; \quad f_y(x_0, y_0) = \frac{\mathrm{d}}{\mathrm{d}y} f(x_0, y) \Big|_{y=y_0}.$$

偏导数记号中用 "∂" 代替 "d"，是因为求对 x 或对 y 的偏导数时，需把变量 y 或 x 暂时看作常量而仅对自变量 x 或 y 求导，以区别于一元函数的导数记号.

若二元函数 $z = f(x, y)$ 在区域 D 内的任一点 $P(x, y)$ 处都有对 x、对 y 的偏导数，就得到了二元函数 $z = f(x, y)$ 在区域 D 内对 x、对 y 的**偏导函数**，分别记作

$$f_x(x, y), z_x, \frac{\partial f}{\partial x}, \frac{\partial z}{\partial x}; \quad f_y(x, y), z_y, \frac{\partial f}{\partial y}, \frac{\partial z}{\partial y}.$$

偏导函数是关于 x、y 的函数，简称偏导数.

二元函数 $z = f(x, y)$ 在点 $P_0(x_0, y_0)$ 处对 x 的偏导数 $f_x(x_0, y_0)$ 是偏导函数 $f_x(x, y)$ 在点 $P_0(x_0, y_0)$ 处的函数值；$f_y(x_0, y_0)$ 是偏导函数 $f_y(x, y)$ 在点 $P_0(x_0, y_0)$ 处的函数值. 即

$$f_x(x_0, y_0) = f_x(x, y) \Big|_{(x_0, y_0)}; \quad f_y(x_0, y_0) = f_y(x, y) \Big|_{(x_0, y_0)}.$$

偏导数的实质是把一个自变量固定，而将二元函数 $z = f(x, y)$ 看成另一自变量的一元函数的导数. 因此，求二元函数的偏导数与求一元函数的导数没有差异，不需要新的方法，从而一元函数的求导法则与求导公式完全适用于求二元函数的偏导数，只要记住对一个自变量求导时，把另一个自变量暂时看作常量即可.

例 8.3-1 求二元函数 $f(x, y) = x^4 + 2x^2 y - y^2$ 在点 $(1, 3)$ 处的偏导数.

解 方法一： 因为 $f(x, 3) = (x^4 + 2x^2 y - y^2) \Big|_{y=3} = x^4 + 6x^2 - 9$；

$$f(1,y) = (x^4 + 2x^2 y - y^2)\big|_{x=1} = 1 + 2y - y^2 .$$

所以　　　$f_x(1,3) = \dfrac{\mathrm{d}}{\mathrm{d}x} f(x,3)\big|_{x=1} = (x^4 + 6x^2 - 9)'\big|_{x=1} = (4x^3 + 12x)\big|_{x=1} = 16 ;$

$$f_y(1,3) = \dfrac{\mathrm{d}}{\mathrm{d}y} f(1,y)\big|_{y=3} = (1 + 2y - y^2)'\big|_{y=3} = (2 - 2y)\big|_{y=3} = -4 .$$

方法二：将 y 看作常量，函数对 x 求偏导数，得

$$f_x(x,y) = 4x^3 + 4xy .$$

将 x 看作常量，函数对 y 求偏导数，得

$$f_y(x,y) = 2x^2 - 2y .$$

将 $x = 1$，$y = 3$ 代入，得

$$f_x(1,3) = (4x^3 + 4xy)\big|_{(1,3)} = 16 ; \quad f_y(1,3) = (2x^2 - 2y)\big|_{(1,3)} = -4 .$$

例 8.3-2　求二元函数 $z = x^y \ (x > 0)$ 的偏导数.

解　将 y 看作常量，对 x 求偏导数，这时 $z = x^y$ 是幂函数，得

$$\frac{\partial z}{\partial x} = y x^{y-1} .$$

将 x 看作常量，对 y 求偏导数，这时 $z = x^y$ 是指数函数，得

$$\frac{\partial z}{\partial y} = x^y \ln x .$$

例 8.3-3　求二元函数 $z = x^2 \cos \dfrac{y}{x}$ 的偏导数.

解　将 y 看作常量，对 x 求偏导数，得

$$\frac{\partial z}{\partial x} = \frac{\mathrm{d}(x^2)}{\mathrm{d}x} \cdot \cos\frac{y}{x} + x^2 \cdot \frac{\mathrm{d}}{\mathrm{d}x}\left(\cos\frac{y}{x}\right)$$

$$= 2x\cos\frac{y}{x} + x^2\left(-\sin\frac{y}{x}\right)\left(-\frac{y}{x^2}\right) = 2x\cos\frac{y}{x} + y\sin\frac{y}{x} ;$$

将 x 看作常量，对 y 求偏导数，得

$$\frac{\partial z}{\partial y} = x^2 \cdot \frac{\mathrm{d}}{\mathrm{d}y}\left(\cos\frac{y}{x}\right) = x^2\left(-\sin\frac{y}{x}\right) \cdot \frac{1}{x} = -x\sin\frac{y}{x} .$$

2. 偏导数的几何意义

二元函数 $z = f(x,y)$ 在点 $P_0(x_0, y_0)$ 处对 x 的偏导数相当于一元函数 $z = f(x, y_0)$ 在点 $x = x_0$ 处的导数. 在几何上，二元函数 $z = f(x,y)$ 的图形一般是一张曲面，而一元函数 $z = f(x, y_0)$ 的图形可看成在平面 $y = y_0$ 上的曲线，即曲面 $z = f(x,y)$ 和平面 $y = y_0$ 的交线.

因此，由一元函数导数的几何意义知，偏导数 $f_x(x_0, y_0)$ 表示曲线

$$\begin{cases} z = f(x,y) \\ y = y_0 \end{cases}$$

在点 $M(x_0, y_0, f(x_0, y_0))$ 处的切线相对于 x 轴的斜率(见图 8.3-2).

同理，偏导数 $f_y(x_0, y_0)$ 表示曲线

$$\begin{cases} z = f(x, y) \\ x = x_0 \end{cases}$$

在点 $M(x_0, y_0, f(x_0, y_0))$ 处的切线相对于 y 轴的斜率(见图 8.3-3).

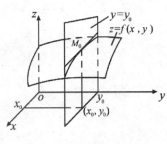

图 8.3-2

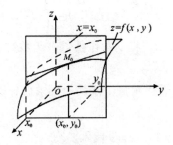

图 8.3-3

3. 二元函数在某点的偏导数存在与二元函数在该点连续的关系

一元函数 $y = f(x)$ 若在点 x_0 处可导,则在点 x_0 处连续. 但对于二元函数 $z = f(x, y)$ 来说,即使函数在点 $P_0(x_0, y_0)$ 处的两个偏导数都存在,也不能保证二元函数 $z = f(x, y)$ 在点 $P_0(x_0, y_0)$ 处连续. 这是因为,二元函数 $z = f(x, y)$ 的偏导数存在,只能保证二元函数 $z = f(x, y)$ 沿 x 轴和 y 轴这两个方向上是连续的,从而只能保证当动点 $P(x, y)$ 沿平行于 x 轴和 y 轴的方向趋于点 $P_0(x_0, y_0)$ 时,相应的函数值 $f(x, y)$ 趋于 $f(x_0, y_0)$,但不能保证当动点 $P(x, y)$ 以任何方式趋于点 $P_0(x_0, y_0)$ 时,相应的函数值 $f(x, y)$ 都趋于 $f(x_0, y_0)$.

例 8.3-4 讨论下列函数在点 $(0,0)$ 处的偏导数与连续性.

(1) $f(x, y) = \begin{cases} \dfrac{xy}{x^2 + y^2}, & (x, y) \neq (0, 0) \\ 0, & (x, y) = (0, 0) \end{cases}$; (2) $f(x, y) = \sqrt{x^2 + y^2}$.

解 (1) 由例 8.2-7 知,二元函数 $f(x, y)$ 在点 $(0, 0)$ 处是不连续的.

由于 $f_x(0, 0) = \lim\limits_{x \to 0} \dfrac{f(x, 0) - f(0, 0)}{x - 0} = \lim\limits_{x \to 0} \dfrac{0 - 0}{x} = 0$;

$$f_y(0, 0) = \lim\limits_{y \to 0} \dfrac{f(0, y) - f(0, 0)}{y - 0} = \lim\limits_{x \to 0} \dfrac{0 - 0}{y} = 0,$$

所以二元函数 $f(x, y)$ 在点 $(0, 0)$ 处的两个偏导数都存在.

(2) 由例 8.2-10 知,二元函数 $f(x, y) = \sqrt{x^2 + y^2}$ 在点 $(0, 0)$ 处连续.

因为 $f_x(0, 0) = \lim\limits_{x \to 0} \dfrac{f(x, 0) - f(0, 0)}{x} = \lim\limits_{x \to 0} \dfrac{\sqrt{x^2 + 0}}{x} = \lim\limits_{x \to 0} \dfrac{|x|}{x}$;

$$f_y(0, 0) = \lim\limits_{y \to 0} \dfrac{f(0, y) - f(0, 0)}{y} = \lim\limits_{x \to 0} \dfrac{\sqrt{0 + y^2}}{y} = \lim\limits_{x \to 0} \dfrac{|y|}{y},$$

所以 $f_x(0, 0)$ 与 $f_y(0, 0)$ 都不存在.

由例 8.3-4 可以看出,对于二元函数 $z = f(x, y)$ 来说,不仅函数在点 $P_0(x_0, y_0)$ 处偏导数存在不能保证函数在该点处连续,同时函数在点 $P_0(x_0, y_0)$ 处连续也不能保证函数在该点处偏导数存在. 也就是说,二元函数 $f(x, y)$ 在点 $P_0(x_0, y_0)$ 处连续与函数在该点处偏导数存

在，这两者之间是无关的.

8.3.2 高阶偏导数

二元函数 $z = f(x, y)$ 的偏导数 $\dfrac{\partial z}{\partial x}$、$\dfrac{\partial z}{\partial y}$ 一般仍是关于 x、y 的函数，若它们关于 x、y 的偏

导数仍存在，则将 $\dfrac{\partial z}{\partial x}$、$\dfrac{\partial z}{\partial y}$ 对 x、y 的偏导数，称为二元函数 $z = f(x, y)$ 的二阶偏导数.

二元函数 $z = f(x, y)$ 的二阶偏导数，依对变量求导次序不同，共有以下四个：

$$\frac{\partial}{\partial x}\left(\frac{\partial z}{\partial x}\right) = \frac{\partial^2 z}{\partial x^2} = z_{xx} = f_{xx}(x, y) ; \qquad \frac{\partial}{\partial y}\left(\frac{\partial z}{\partial y}\right) = \frac{\partial^2 z}{\partial y^2} = z_{yy} = f_{yy}(x, y) ;$$

$$\frac{\partial}{\partial y}\left(\frac{\partial z}{\partial x}\right) = \frac{\partial^2 z}{\partial x \partial y} = z_{xy} = f_{xy}(x, y) ; \qquad \frac{\partial}{\partial x}\left(\frac{\partial z}{\partial y}\right) = \frac{\partial^2 z}{\partial y \partial x} = z_{yx} = f_{yx}(x, y) .$$

$f_{xx}(x, y)$ 是函数 $f(x, y)$ 对 x 的二阶偏导数；$f_{yy}(x, y)$ 是函数 $f(x, y)$ 对 y 的二阶偏导数；$f_{xy}(x, y)$ 和 $f_{yx}(x, y)$ 称为函数 $f(x, y)$ 的二阶混合偏导数.

其中，$f_{xy}(x, y)$ 是指函数 $f(x, y)$ 先对 x 求偏导数，所得结果再对 y 求偏导数；$f_{yx}(x, y)$ 是指函数 $f(x, y)$ 先对 y 求偏导数，所得结果再对 x 求偏导数.

二阶偏导数的偏导数称为**三阶偏导数**. 一般地，$n-1$ 阶偏导数的偏导数称为 n **阶偏导数**. 二阶以上偏导数的记号可类比二阶偏导数的记号给出.

二阶及二阶以上的偏导数统称为**高阶偏导数**.

例 8.3-5 求二元函数 $z = x^3 y - 3x^2 y^3$ 的二阶偏导数.

解 因为 $\dfrac{\partial z}{\partial x} = 3x^2 y - 6xy^3$；$\dfrac{\partial z}{\partial y} = x^3 - 9x^2 y^2$，

所以 $\dfrac{\partial^2 z}{\partial x^2} = 6xy - 6y^3$；$\dfrac{\partial^2 z}{\partial y^2} = -18x^2 y$；

$$\frac{\partial^2 z}{\partial x \partial y} = 3x^2 - 18xy^2 ; \qquad \frac{\partial^2 z}{\partial y \partial x} = 3x^2 - 18xy^2 .$$

例 8.3-6 求二元函数 $z = x \ln(x + y)$ 的二阶偏导数.

解 因为 $\dfrac{\partial z}{\partial x} = \ln(x + y) + \dfrac{x}{x + y}$；$\dfrac{\partial z}{\partial y} = \dfrac{x}{x + y}$，

所以 $\dfrac{\partial^2 z}{\partial x^2} = \dfrac{1}{x + y} + \dfrac{x + y - x}{(x + y)^2} = \dfrac{x + 2y}{(x + y)^2}$；$\dfrac{\partial^2 z}{\partial y^2} = -\dfrac{x}{(x + y)^2}$；

$$\frac{\partial^2 z}{\partial x \partial y} = \frac{1}{x + y} - \frac{x}{(x + y)^2} = \frac{y}{(x + y)^2} ; \qquad \frac{\partial^2 z}{\partial y \partial x} = \frac{x + y - x}{(x + y)^2} = \frac{y}{(x + y)^2} .$$

例 8.3-7* 设二元函数 $f(x, y) = \begin{cases} xy\dfrac{x^2 - y^2}{x^2 + y^2}, & x^2 + y^2 \neq 0 \\ 0, & x^2 + y^2 = 0 \end{cases}$，求 $f_{xy}(0, 0)$，$f_{yx}(0, 0)$.

解 $f_x(0, 0) = \lim\limits_{x \to 0} \dfrac{f(x, 0) - f(0, 0)}{x} = \lim\limits_{x \to 0} \dfrac{0 - 0}{x} = 0$.

当 $x^2 + y^2 \neq 0$ 时，

$$f_x(x, y) = y \frac{x^4 - 4x^2 y^2 - y^4}{(x^2 + y^2)^2},$$

所以　　　$f_x(0, y) = -y$，

故　　　$f_{xy}(0, 0) = \lim_{y \to 0} \frac{f_x(0, y) - f_x(0, 0)}{y} = \lim_{y \to 0} \frac{-y - 0}{y} = -1$.

同理可得：$f_{yx}(0, 0) = 1$.

由例 8.3-7 知，二元函数的两个二阶混合偏导数并不一定相等. 但下面的定理表明，当二元函数的两个二阶混合偏导数都连续时，二元函数的二阶混合偏导数与求导次序无关(证明超出本书范围).

定理 8.3-1 若二元函数 $z = f(x, y)$ 的两个二阶混合偏导数 $\dfrac{\partial^2 z}{\partial x \partial y}$、$\dfrac{\partial^2 z}{\partial y \partial x}$ 在区域 D 内连续，则在区域 D 内有

$$\frac{\partial^2 z}{\partial x \partial y} = \frac{\partial^2 z}{\partial y \partial x}.$$

由定理 8.3-1 知，二元函数的二阶混合偏导数连续，是二元函数的二阶混合偏导数与求导次序无关的充分条件. 并且，二阶以上的混合偏导数连续时，求导的结果也与求导次序无关.

由于一般常见的二元函数的二阶混合偏导数都是连续的，因而它们通常是相等的(参见例 8.3-5 与例 8.3-6).

8.4 全 微 分

8.4.1 全增量

设二元函数 $z = f(x, y)$ 在点 $P_0(x_0, y_0)$ 的某邻域 $U(P_0)$ 内有定义. 当自变量 x 和 y 分别有增量 Δx 和 Δy 时，二元函数 $z = f(x, y)$ 随之取得增量

$$\Delta z \big|_{(x_0, y_0)} = f(x_0 + \Delta x, y_0 + \Delta y) - f(x_0, y_0),$$

这个增量称为二元函数 $z = f(x, y)$ 在点 $P_0(x_0, y_0)$ 处的**全增量**.

二元函数 $z = f(x, y)$ 在一点处连续的定义，也可以用增量形式表示.

记 $x = x_0 + \Delta x$，$y = y_0 + \Delta y$，则定义 8.2-3 中的等式

$$\lim_{\substack{x \to x_0 \\ y \to y_0}} f(x, y) = f(x_0, y_0)$$

就等价于

$$\lim_{\substack{\Delta x \to 0 \\ \Delta y \to 0}} [f(x_0 + \Delta x, y_0 + \Delta y) - f(x_0, y_0)] = 0,$$

即　　　$\lim_{\substack{\Delta x \to 0 \\ \Delta y \to 0}} \Delta z = 0$.

于是可以得到与定义 8.2-3 等价的另一个定义.

定义 8.4-1 设二元函数 $z = f(x, y)$ 在点 $P_0(x_0, y_0)$ 的某邻域 $U(P_0)$ 内有定义. 若

$$\lim_{\substack{\Delta x \to 0 \\ \Delta y \to 0}} \Delta z = 0 , \tag{8.4-1}$$

则称二元函数 $z = f(x, y)$ 在点 $P_0(x_0, y_0)$ 处连续.

在平面上，虽然动点 $P(x, y)$ 趋于点 $P_0(x_0, y_0)$ 的方式可以是各种各样的，但是不管采用哪种方式，只要点 $P(x, y)$ 趋于点 $P_0(x_0, y_0)$，就有点 $P(x, y)$ 与点 $P_0(x_0, y_0)$ 间的距离

$$\rho = |PP_0| = \sqrt{(x - x_0)^2 + (y - y_0)^2} = \sqrt{(\Delta x)^2 + \Delta y^2} \to 0 .$$

此时，必有 $\Delta x \to 0$，$\Delta y \to 0$，反之亦然.

因此，式(8.4-1)又可写成

$$\lim_{\rho \to 0} \Delta z = 0 . \tag{8.4-2}$$

8.4.2　全微分

1. 全微分的概念

定义 8.4-2 设二元函数 $z = f(x, y)$ 在点 $P_0(x_0, y_0)$ 的某邻域 $U(P_0)$ 内有定义. 若二元函数 $z = f(x, y)$ 在点 $P_0(x_0, y_0)$ 处的全增量 Δz 可表示为

$$\Delta z \big|_{(x_0, y_0)} = A\Delta x + B\Delta y + o(\rho) , \tag{8.4-3}$$

则称二元函数 $z = f(x, y)$ 在点 $P_0(x_0, y_0)$ 处**可微**，并称

$$A\Delta x + B\Delta y$$

为二元函数 $z = f(x, y)$ 在点 $P_0(x_0, y_0)$ 处的**全微分**，记作 $\mathrm{d}z \big|_{(x_0, y_0)}$，即

$$\mathrm{d}z \big|_{(x_0, y_0)} = A\Delta x + B\Delta y .$$

其中 A，B 仅与点 $P_0(x_0, y_0)$ 有关，而与自变量的增量 Δx、Δy 无关. 并且，

$$\rho = \sqrt{(\Delta x)^2 + (\Delta y)^2} ,$$

$o(\rho)$ 是当 $\rho \to 0$ 时，比 ρ 高阶的无穷小.

若二元函数 $z = f(x, y)$ 在区域 D 内的各点处都可微，则称二元函数 $z = f(x, y)$ 在区域 D 内**可微**，也称二元函数 $z = f(x, y)$ 是区域 D 内的**可微函数**. 二元函数 $z = f(x, y)$ 在区域 D 内任意一点 $P(x, y)$ 处的全微分记作 $\mathrm{d}z$.

由全微分定义可以看出，当 $\rho \to 0$ 时，差 $\Delta z - \mathrm{d}z$ 是比 ρ 高阶的无穷小. 因此，在 $|\Delta x|$、$|\Delta y|$ 都很小时，可以用函数的全微分 $\mathrm{d}z$ 近似代替函数的全增量 Δz.

2. 函数可微与连续的关系

若二元函数 $z = f(x, y)$ 在点 $P_0(x_0, y_0)$ 处可微，则其在该点处一定连续.

因为当 $\rho = \sqrt{(\Delta x)^2 + (\Delta y)^2} \to 0$ 时，必有 $\Delta x \to 0$、$\Delta y \to 0$，所以由定义 8.4-2 知，若二元函数 $z = f(x, y)$ 在点 $P_0(x_0, y_0)$ 处可微，则

$$\lim_{\rho \to 0} \Delta z = \lim_{\rho \to 0} [A\Delta x + B\Delta y + o(\rho)] = 0 ,$$

故此时二元函数 $z = f(x, y)$ 在点 $P_0(x_0, y_0)$ 处连续.

显然，若二元函数 $z = f(x, y)$ 在点 $P_0(x_0, y_0)$ 处不连续，则其在该点处一定不可微.

3. 函数可微与偏导数之间的关系

定理 8.4-1 若二元函数 $z = f(x, y)$ 在点 $P_0(x_0, y_0)$ 处可微，即有

$$\mathrm{d}z \Big|_{(x_0, y_0)} = A\Delta x + B\Delta y ,$$

则函数 $f(x, y)$ 在点 $P_0(x_0, y_0)$ 处的两个偏导数都存在，且

$$A = f_x(x_0, y_0) , \quad B = f_y(x_0, y_0) .$$

证明 [*] 因为二元函数 $z = f(x, y)$ 在点 $P_0(x_0, y_0)$ 处可微，所以

$$\Delta z \Big|_{(x_0, y_0)} = A\Delta x + B\Delta y + o(\rho) \quad (\rho = \sqrt{(\Delta x)^2 + (\Delta y)^2}).$$

因为该式对任意的 Δx、Δy 都成立，所以当 $\Delta x \neq 0$，$\Delta y = 0$ 时(此时 $\rho = |\Delta x|$)，有

$$\Delta z \Big|_{(x_0, y_0)} = \Delta_x z \Big|_{(x_0, y_0)} = f(x_0 + \Delta x, y_0 + 0) - f(x_0, y_0) = A\Delta x + o(|\Delta x|).$$

所以

$$f_x(x_0, y_0) = \lim_{\Delta x \to 0} \frac{f(x_0 + \Delta x, y_0) - f(x_0, y_0)}{\Delta x} = \lim_{\Delta x \to 0} \frac{A\Delta x + o(|\Delta x|)}{\Delta x} = A .$$

同理可证：$f_y(x_0, y_0) = B$.

由定理 8.4-1 知，若二元函数 $z = f(x, y)$ 在点 $P_0(x_0, y_0)$ 处可微，则其在点 $P_0(x_0, y_0)$ 处的全微分可写成

$$\mathrm{d}z \Big|_{(x_0, y_0)} = f_x(x_0, y_0)\Delta x + f_y(x_0, y_0)\Delta y .$$

与一元函数类似，规定自变量的增量等于自变量的微分，即

$$\Delta x = \mathrm{d}x , \quad \Delta y = \mathrm{d}y .$$

所以二元函数 $z = f(x, y)$ 在点 (x_0, y_0) 处的全微分又可写成

$$\mathrm{d}z \Big|_{(x_0, y_0)} = f_x(x_0, y_0)\mathrm{d}x + f_y(x_0, y_0)\mathrm{d}y .$$

若二元函数 $z = f(x, y)$ 在区域 D 内可微，则在区域 D 内任一点 (x, y) 处的全微分记作

$$\mathrm{d}z = f_x(x, y)\mathrm{d}x + f_y(x, y)\mathrm{d}y .$$

需注意的是，二元函数在一点处的偏导数存在仅是其在该点处可微的必要条件，并不是充分条件. 也就是说，二元函数在偏导数存在的点处不一定可微.

例如，由例 8.3-4(1)知，二元函数 $f(x, y) = \begin{cases} \dfrac{xy}{x^2 + y^2}, & (x, y) \neq (0, 0) \\ 0, & (x, y) = (0, 0) \end{cases}$ 在点 $(0, 0)$ 处的偏导数存在，但其在点 $(0, 0)$ 处不连续，从而它在点 $(0, 0)$ 处不可微.

事实上，二元函数在一点处连续也是其在该点处可微的必要条件，而不是充分条件，即二元函数在其连续点处也不一定可微.

例如，由例 8.3-4(2)知，函数 $f(x, y) = \sqrt{x^2 + y^2}$ 在点 $(0, 0)$ 处连续但不存在偏导数，所以函数 $f(x, y) = \sqrt{x^2 + y^2}$ 在点 $(0, 0)$ 处不可微.

那么，在什么条件下二元函数 $f(x, y)$ 在点 $P_0(x_0, y_0)$ 处一定可微呢？下面的定理给出了二元函数在一点处全微分存在的充分条件.

定理 8.4-2 若二元函数 $z = f(x, y)$ 在点 $P_0(x_0, y_0)$ 的某邻域 $U(P_0)$ 内存在偏导数

$f_x(x, y)$、　$f_y(x, y)$，且这两个偏导数都在点 $P_0(x_0, y_0)$ 处连续，则二元函数 $z = f(x, y)$ 在点 $P_0(x_0, y_0)$ 处可微.

二元函数具有连续偏导数是其可微的充分条件，但不是必要条件. 即可微的二元函数不一定具有连续的偏导数.

常见的二元函数一般都满足定理 8.4-2 的条件，因而它们都是可微的，能很容易求出它们的全微分.

例 8.4-1　求函数 $z = \ln(x^2 + y^3)$ 的全微分.

解　因为 $\dfrac{\partial z}{\partial x} = \dfrac{2x}{x^2 + y^3}$；　$\dfrac{\partial z}{\partial y} = \dfrac{3y^2}{x^2 + y^3}$

所以　　$\mathrm{d}z = \dfrac{2x}{x^2 + y^3}\mathrm{d}x + \dfrac{3y^2}{x^2 + y^3}\mathrm{d}y$.

例 8.4-2　求函数 $z = \mathrm{e}^{xy}$ 在点 $(2, 1)$ 处的全微分.

解　因为 $\dfrac{\partial z}{\partial x} = y\mathrm{e}^{xy}$；　$\dfrac{\partial z}{\partial y} = x\mathrm{e}^{xy}$，

所以　　$\dfrac{\partial z}{\partial x}\bigg|_{(2,1)} = \mathrm{e}^2$；　$\dfrac{\partial z}{\partial y}\bigg|_{(2,1)} = 2\mathrm{e}^2$.

从而　　$\mathrm{d}z\big|_{(2,1)} = \mathrm{e}^2\mathrm{d}x + 2\mathrm{e}^2\mathrm{d}y$.

8.5　多元复合函数的微分法

8.5.1　多元复合函数的求导法则

在多元函数中有与一元函数的复合函数导数法则极其类似的公式. 不过由于多元复合函数的构成比较复杂，故需分不同的情形讨论.下面以两个中间变量、两个自变量的情形为例进行阐述.

定理 8.5-1　若二元函数 z 为变量 u、v 的函数 $z = f(u, v)$，而变量 u、v 又是自变量 x、y 的二元函数 $u = \varphi(x, y)$，$v = \phi(x, y)$，且满足条件：

(1) 二元函数 $u = \varphi(x, y)$，$v = \phi(x, y)$ 在点 $P(x, y)$ 处存在偏导数；

(2) 二元函数 $f(u, v)$ 在与点 $P(x, y)$ 相对应的点 (u, v) 处可微，

则

$$\dfrac{\partial z}{\partial x} = \dfrac{\partial f}{\partial u}\dfrac{\partial u}{\partial x} + \dfrac{\partial f}{\partial v}\dfrac{\partial v}{\partial x};$$
$$\dfrac{\partial z}{\partial y} = \dfrac{\partial f}{\partial u}\dfrac{\partial u}{\partial y} + \dfrac{\partial f}{\partial v}\dfrac{\partial v}{\partial y}.$$
　　(8.5-1)

或写成

$$\dfrac{\partial z}{\partial x} = \dfrac{\partial z}{\partial u}\dfrac{\partial u}{\partial x} + \dfrac{\partial z}{\partial v}\dfrac{\partial v}{\partial x};$$
$$\dfrac{\partial z}{\partial y} = \dfrac{\partial z}{\partial u}\dfrac{\partial u}{\partial y} + \dfrac{\partial z}{\partial v}\dfrac{\partial v}{\partial y}.$$
　　(8.5-2)

证明[*] 将 y 看作常量，给自变量 x 以增量 Δx，则变量 u、v 有相应的关于 x 的偏增量

$$\Delta_x u = \varphi(x + \Delta x, y) - \varphi(x, y) ; \quad \Delta_x v = \phi(x + \Delta x, y) - \phi(x, y) .$$

因为二元函数 $z = f(u, v)$ 可微，所以

$$\Delta_x z = \frac{\partial f}{\partial u} \Delta_x u + \frac{\partial f}{\partial v} \Delta_x v + o(\rho) ,$$

其中 $\rho = \sqrt{\Delta_x u^2 + \Delta_x v^2}$.

因为二元函数 $u(x, y)$, $v(x, y)$ 关于 x 的偏导数 $\dfrac{\partial u}{\partial x}$, $\dfrac{\partial v}{\partial x}$ 都存在，

所以当 $\Delta x \to 0$ 时，有 $\Delta_x u \to 0$, $\Delta_x v \to 0$ ，从而

$$\frac{\partial z}{\partial x} = \lim_{\Delta x \to 0} \frac{\Delta_x z}{\Delta x} = \lim_{\Delta x \to 0} \left[\frac{\partial f}{\partial u} \frac{\Delta_x u}{\Delta x} + \frac{\partial f}{\partial v} \frac{\Delta_x v}{\Delta x} + \frac{o(\rho)}{\Delta x} \right]$$

$$= \frac{\partial f}{\partial u} \lim_{\Delta x \to 0} \frac{\Delta_x u}{\Delta x} + \frac{\partial f}{\partial v} \lim_{\Delta x \to 0} \frac{\Delta_x v}{\Delta x} + \lim_{\Delta x \to 0} \frac{o(\rho)}{\Delta x} = \frac{\partial f}{\partial u} \frac{\partial u}{\partial x} + \frac{\partial f}{\partial v} \frac{\partial v}{\partial x} + \lim_{\Delta x \to 0} \frac{o(\sqrt{\Delta_x u^2 + \Delta_x v^2})}{\Delta x}$$

$$= \frac{\partial f}{\partial u} \frac{\partial u}{\partial x} + \frac{\partial f}{\partial v} \frac{\partial v}{\partial x} + \lim_{\Delta x \to 0} \left[\frac{o(\sqrt{\Delta_x u^2 + \Delta_x v^2})}{\sqrt{\Delta_x u^2 + \Delta_x v^2}} \cdot \sqrt{\left(\frac{\Delta_x u}{\Delta x} \right)^2 + \left(\frac{\Delta_x v}{\Delta x} \right)^2} \right]$$

$$= \frac{\partial f}{\partial u} \frac{\partial u}{\partial x} + \frac{\partial f}{\partial v} \frac{\partial v}{\partial x} + 0 \cdot \sqrt{\left(\frac{\partial u}{\partial x} \right)^2 + \left(\frac{\partial v}{\partial x} \right)^2} = \frac{\partial f}{\partial u} \frac{\partial u}{\partial x} + \frac{\partial f}{\partial v} \frac{\partial v}{\partial x} .$$

同理可证：$\dfrac{\partial z}{\partial y} = \dfrac{\partial f}{\partial u} \dfrac{\partial u}{\partial y} + \dfrac{\partial f}{\partial v} \dfrac{\partial v}{\partial y}$.

定理 8.5-1 的结论即是二元复合函数的求导法则.

定理 8.5-1 有一种特殊的情况，即若函数 $z = f(u, v)$, $u = \varphi(x)$, $v = \phi(x)$ ，则 z 是 x 的一元函数 $z = f[\varphi(x), \phi(x)]$. 这时由于三个函数 z、u、v 都是一元函数，所以它们对 x 的导数应写作 $\dfrac{\mathrm{d}z}{\mathrm{d}x}$、$\dfrac{\mathrm{d}u}{\mathrm{d}x}$、$\dfrac{\mathrm{d}v}{\mathrm{d}x}$ ，而不能写成 $\dfrac{\partial z}{\partial x}$、$\dfrac{\partial u}{\partial x}$、$\dfrac{\partial v}{\partial x}$ ，即有

$$\frac{\mathrm{d}z}{\mathrm{d}x} = \frac{\partial f}{\partial u} \frac{\mathrm{d}u}{\mathrm{d}x} + \frac{\partial f}{\partial v} \frac{\mathrm{d}v}{\mathrm{d}x} , \tag{8.5-3}$$

或

$$\frac{\mathrm{d}z}{\mathrm{d}x} = \frac{\partial z}{\partial u} \frac{\mathrm{d}u}{\mathrm{d}x} + \frac{\partial z}{\partial v} \frac{\mathrm{d}v}{\mathrm{d}x} . \tag{8.5-4}$$

这里的函数 z 是通过二元函数 $z = f(u, v)$ 而成为自变量 x 的一元函数的，因此当自变量 x 发生变化时，是通过两个中间变量 u、v 而引起函数 z 的变化的，所以函数 z 对自变量 x 的导数称为函数 z 对自变量 x 的**全导数**.

例 8.5-1 设函数 $z = u^2 - v^2$ ，其中 $u = x \sin y$, $v = x \cos y$ ，求偏导数 $\dfrac{\partial z}{\partial x}$, $\dfrac{\partial z}{\partial y}$.

解 因为 $\dfrac{\partial z}{\partial u} = 2u$, $\dfrac{\partial z}{\partial v} = -2v$ ；

$$\frac{\partial u}{\partial x} = \sin y , \quad \frac{\partial u}{\partial y} = x \cos y ;$$

$$\frac{\partial v}{\partial x} = \cos y , \quad \frac{\partial v}{\partial y} = -x \sin y .$$

所以由式(8.5-2)得

$$\frac{\partial z}{\partial x} = 2u \cdot \sin y - 2v \cdot \cos y = 2x\sin^2 y - 2x\cos^2 y = -2x\cos 2y ,$$

$$\frac{\partial z}{\partial y} = 2u \cdot x\cos y + 2v \cdot x\sin y = 2x^2 \sin\cos y + 2x^2 \cos y\sin y = 2x^2 \sin 2y .$$

例 8.5-2 设函数 $z = u^2 v$ ，$u = \cos x$ ，$v = \sin x$ ，求全导数 $\dfrac{\mathrm{d}z}{\mathrm{d}x}$.

解 因为 $\dfrac{\partial z}{\partial u} = 2uv$ ，$\dfrac{\partial z}{\partial v} = u^2$ ；

$$\frac{\mathrm{d}u}{\mathrm{d}x} = -\sin x , \quad \frac{\mathrm{d}v}{\mathrm{d}x} = \cos x .$$

所以由式(8.5-4)得

$$\frac{\mathrm{d}z}{\mathrm{d}x} = 2uv(-\sin x) + u^2 \cos x .$$

将 $u = \cos x$ ，$v = \sin x$ 代入，得

$$\frac{\mathrm{d}z}{\mathrm{d}x} = -2\sin^2 x\cos x + \cos^3 x .$$

由例 8.5-2 可以看出，全导数实际上就是一元函数的导数，只是求导过程是借助于偏导数来完成罢了.

例 8.5-3 求函数 $z = \ln[\mathrm{e}^x (x + y^2) + (x^2 + y)]$ 的一阶偏导数.

解 令 $u = \mathrm{e}^x + y^2$ ，$v = x^2 + y$ ，则 $z = \ln(u^2 + v)$.

因为 $\dfrac{\partial z}{\partial u} = \dfrac{2u}{u^2 + y}$ ，$\dfrac{\partial z}{\partial v} = \dfrac{1}{u^2 + v}$ ；

$$\frac{\partial u}{\partial x} = \mathrm{e}^x , \quad \frac{\partial v}{\partial x} = 2x ;$$

$$\frac{\partial u}{\partial y} = 2y , \quad \frac{\partial v}{\partial y} = 1 .$$

所以由式(8.5-2)得

$$\frac{\partial z}{\partial x} = \frac{2u}{u^2 + v} \cdot \mathrm{e}^x + \frac{1}{u^2 + v} \cdot 2x = \frac{2}{u^2 + v}(u\mathrm{e}^x + x) ;$$

$$\frac{\partial z}{\partial y} = \frac{2u}{u^2 + v} \cdot 2y + \frac{1}{u^2 + v} \cdot 1 = \frac{1}{u^2 + v}(4uy + 1) .$$

其中 $u = \mathrm{e}^x + y^2$ ，$v = x^2 + y$.

例 8.5-4[*] 设函数 $z = f(x + y, x - y)$ 的二阶偏导数连续，求 $\dfrac{\partial^2 z}{\partial x \partial y}$.

解 令 $x + y = u, x - y = v$ ，则 $z = f(u, v)$ ，且有 $f_{uv} = f_{vu}$.

因为 $u_x = 1$ ，$u_y = 1$ ；

$v_x = 1$ ，$v_y = -1$.

所以由式(8.5-1)得

$$\frac{\partial z}{\partial x} = f_u \cdot u_x + f_v \cdot v_x = f_u + f_v .$$

$$\frac{\partial^2 z}{\partial x \partial y} = \frac{\partial}{\partial y}\left(\frac{\partial z}{\partial x}\right) = (f_u + f_v)_y = f_{uy} + f_{vy}.$$

因为 $f_{uy} = f_{uu} \cdot u_y + f_{uv} \cdot v_y = f_{uu} - f_{uv}$；

$$f_{vy} = f_{vu} \cdot u_y + f_{vv} \cdot v_y = f_{vu} - f_{vv},$$

所以　　$\dfrac{\partial^2 z}{\partial x \partial y} = f_{uy} + f_{vy} = (f_{uu} - f_{uv}) + (f_{vu} - f_{vv}) = f_{uu} - f_{vv}.$

若记 $f_u = f_1$，$f_v = f_2$，则有 $f_{uu} = f_{11}$，$f_{vv} = f_{22}$，即

$$\frac{\partial^2 z}{\partial x \partial y} = f_{11} - f_{22}.$$

二元复合函数的求导法则可以推广至其他多中间变量或多自变量的情形，现举两例.

1) 中间变量为三个的情形

设 $g = f(u,v,t)$，$u = u(x,y)$，$v = v(x,y)$　$t = t(x,y)$，则有

$$\frac{\partial g}{\partial x} = \frac{\partial f}{\partial u}\frac{\partial u}{\partial x} + \frac{\partial f}{\partial v}\frac{\partial v}{\partial x} + \frac{\partial f}{\partial t}\frac{\partial t}{\partial x};$$

$$\frac{\partial g}{\partial y} = \frac{\partial f}{\partial u}\frac{\partial u}{\partial y} + \frac{\partial f}{\partial v}\frac{\partial v}{\partial y} + \frac{\partial f}{\partial t}\frac{\partial t}{\partial y}. \tag{8.5-5}$$

2) 自变量为三个的情形

设 $g = f(u,v)$，$u = u(x,y,z)$，$v = v(x,y,z)$，则有

$$\frac{\partial g}{\partial x} = \frac{\partial f}{\partial u}\frac{\partial u}{\partial x} + \frac{\partial f}{\partial v}\frac{\partial v}{\partial x};$$

$$\frac{\partial g}{\partial y} = \frac{\partial f}{\partial u}\frac{\partial u}{\partial y} + \frac{\partial f}{\partial v}\frac{\partial v}{\partial y}; \tag{8.5-6}$$

$$\frac{\partial g}{\partial z} = \frac{\partial f}{\partial u}\frac{\partial u}{\partial z} + \frac{\partial f}{\partial v}\frac{\partial v}{\partial z}.$$

例 8.5-5^{*} 设函数 $u = f(x+y, z-y)$ 的一阶偏导数连续，求 $\mathrm{d}u$.

解 令 $t = x+y$，$v = z-y$，则 $u = f(t,v)$.

因为 $t_x = 1$，$t_y = 1$，$t_z = 0$；$v_x = 0$，$v_y = -1$，$v_z = 1$.

所以由式(8.5-6)得

$$u_x = f_t \cdot t_x + f_v \cdot v_x = f_t;$$

$$u_y = f_t \cdot t_y + f_v \cdot v_y = f_t - f_v;$$

$$u_z = f_t \cdot t_z + f_v \cdot v_z = f_v.$$

故　　　　$\mathrm{d}u = u_x \mathrm{d}x + u_y \mathrm{d}y + u_z \mathrm{d}z = f_t \mathrm{d}x + (f_t - f_v)\mathrm{d}y + f_v \mathrm{d}z.$

8.5.2^{*}　一阶全微分形式不变性

当 u、v 是自变量时，可微函数 $z = f(u,v)$ 的全微分为

$$\mathrm{d}z = \frac{\partial z}{\partial u}\mathrm{d}u + \frac{\partial z}{\partial v}\mathrm{d}v.$$

当 u、v 是自变量 x、y 的可微函数，即 $u = \varphi(x,y)$、$v = \phi(x,y)$ 时，可微函数

$z = f(u,v)$、$u = \varphi(x,y)$、$v = \phi(x,y)$ 构成的复合函数 $z = f(\varphi(x,y), \phi(x,y))$ 的全微分为

$$dz = \frac{\partial z}{\partial x}dx + \frac{\partial z}{\partial y}dy.$$

由二元复合函数的求导法则，得

$$dz = \left(\frac{\partial z}{\partial u} \cdot \frac{\partial u}{\partial x} + \frac{\partial z}{\partial v} \cdot \frac{\partial v}{\partial x}\right)dx + \left(\frac{\partial z}{\partial u} \cdot \frac{\partial u}{\partial y} + \frac{\partial z}{\partial v} \cdot \frac{\partial v}{\partial y}\right)dy$$

$$= \frac{\partial z}{\partial u}\left(\frac{\partial u}{\partial x}dx + \frac{\partial u}{\partial y}dy\right) + \frac{\partial z}{\partial v}\left(\frac{\partial v}{\partial x}dx + \frac{\partial v}{\partial y}dy\right).$$

将 $du = \dfrac{\partial u}{\partial x}dx + \dfrac{\partial u}{\partial y}dy$，$dv = \dfrac{\partial v}{\partial x}dx + \dfrac{\partial v}{\partial y}dy$ 代入，得

$$dz = \frac{\partial z}{\partial u}du + \frac{\partial z}{\partial v}dv.$$

由此可知，无论 u、v 是自变量还是中间变量，可微函数 $z = f(u,v)$ 的全微分 dz 总保持同一个形式，都总可以表示为

$$dz = \frac{\partial z}{\partial u}du + \frac{\partial z}{\partial v}dv.$$

这一性质，称为二元函数的**一阶全微分形式不变性**.

二元函数的一阶全微分形式不变性可以推广到 $n(n > 2)$ 元函数.

利用一阶全微分形式不变性，可以方便地求出复合关系比较复杂的多元复合函数的全微分与偏导数. 在逐步微分的过程中，不论变量之间的关系和复合结构如何错综复杂，都可以不必对因变量、中间变量、自变量进行辨认和区别，而一律作为自变量来对待.

例 8.5-6　求下列函数的全微分与偏导数.

(1)　$z = \arctan\dfrac{x+y}{x-y}\ (x^2 + y^2 \neq 0)$；

(2)　$z = f(xy^2)$，其中 f 具有一阶连续偏导数.

解　(1)　$dz = \dfrac{1}{1 + \left(\dfrac{x+y}{x-y}\right)^2}d\left(\dfrac{x+y}{x-y}\right)$

$$= \frac{(x-y)^2}{2x^2 + 2y^2} \cdot \frac{(x-y)d(x+y) + (x+y)d(x-y)}{(x-y)^2}$$

$$= \frac{-ydx + xdy}{x^2 + y^2} = -\frac{y}{x^2 + y^2}dx + \frac{x}{x^2 + y^2}dy.$$

$$\frac{\partial z}{\partial x} = \frac{-y}{x^2 + y^2};\quad \frac{\partial z}{\partial y} = \frac{x}{x^2 + y^2}.$$

(2)　$dz = d[f(xy^2)] = f'(xy^2)d(xy^2) = f'(xy^2)[y^2dx + xd(y^2)]$

$$= f'(xy^2)(y^2dx + 2xydy) = y^2 f'(xy^2)dx + 2xyf'(xy^2)dy.$$

$$\frac{\partial z}{\partial x} = y^2 f'(xy^2);\quad \frac{\partial z}{\partial y} = 2xyf'(xy^2).$$

8.6* 隐函数的微分法

与一元函数的隐函数类似，多元函数的隐函数也是由方程来确定的一个函数.

例如，通过方程 $F(x, y, z) = 0$ 确定函数 z 是关于自变量 x、y 的二元函数.

定理 8.6-1 (隐函数存在定理) 设函数 $F(x, y, z)$ 在点 $P(x_0, y_0, z_0)$ 的某邻域 $U(P)$ 内有连续的一阶偏导数，且

$$F(x_0, y_0, z_0) = 0 ; \quad F_z(x_0, y_0, z_0) \neq 0 ,$$

则方程 $F(x, y, z) = 0$ 在点 $P_0(x_0, y_0)$ 的某邻域内 $U(P_0)$ 恒能唯一确定一个具有连续一阶偏导数的二元函数 $z = f(x, y)$，它满足方程 $F(x, y, z) = 0$ 及条件 $z_0 = f(x_0, y_0)$，其偏导数由

$$\frac{\partial z}{\partial x} = -\frac{F_x}{F_z};$$
$$\frac{\partial z}{\partial y} = -\frac{F_y}{F_z}$$

(8.6-1)

或

$$\frac{\partial z}{\partial x} = -\frac{\partial F}{\partial x} \Big/ \frac{\partial F}{\partial z};$$
$$\frac{\partial z}{\partial y} = -\frac{\partial F}{\partial y} \Big/ \frac{\partial F}{\partial z}$$

(8.6-2)

确定.

特别地，对于由方程 $F(x, y) = 0$ 确定的隐函数也有完全类似的结论，隐函数的导数也可由

$$\frac{\mathrm{d}y}{\mathrm{d}x} = -\frac{F_x}{F_y}$$

(8.6-3)

求出.

例 8.6-1 设函数 $y = f(x)$ 由方程 $xy + x + y = 1$ 确定，求导数 $\dfrac{\mathrm{d}y}{\mathrm{d}x}$.

解 设函数 $F(x, y) = xy + x + y - 1$，则函数 $F(x, y)$ 有连续偏导数

$$F_x = y + 1 ; \quad F_y = x + 1 .$$

所以当 $F_y = x + 1 \neq 0$ 时，由式(8.6-3)得

$$\frac{\mathrm{d}y}{\mathrm{d}x} = -\frac{F_x}{F_y} = -\frac{y + 1}{x + 1} .$$

例 8.6-2 设函数 $z = f(x, y)$ 由方程 $x^2 z^3 + y^3 + xyz = 3$ 确定，求偏导数 $\dfrac{\partial z}{\partial x}$，$\dfrac{\partial z}{\partial y}$ 在点 $(1,1,1)$ 处的值.

解 设函数 $F(x, y, z) = x^2 z^3 + y^3 + xyz - 3$，则函数 $F(x, y, z)$ 有连续偏导数

$$F_x = 2xz^3 + yz ; \quad F_y = 3y^2 + xz ; \quad F_z = 3x^2 z^2 + xy .$$

所以 $\quad F_x \big|_{(1,1,1)} = 3 ; \quad F_y \big|_{(1,1,1)} = 4 ; \quad F_z \big|_{(1,1,1)} = 4 \neq 0 .$

根据式(8.6-1)，有

$$\frac{\partial z}{\partial x}\bigg|_{(1,1,1)} = -\frac{F_x}{F_z}\bigg|_{(1,1,1)} = -\frac{3}{4}\,; \quad \frac{\partial z}{\partial y}\bigg|_{(1,1,1)} = -\frac{F_y}{F_z}\bigg|_{(1,1,1)} = -1\,.$$

例 8.6-3 求由方程 $\dfrac{x}{z} = \ln\dfrac{z}{y}$ 所确定的隐函数 $z = z(x,y)$ 的一阶偏导数 $\dfrac{\partial z}{\partial x}$，$\dfrac{\partial z}{\partial y}$．

解 设函数 $F(x,y,z) = \dfrac{x}{z} - \ln\dfrac{z}{y}$，则

$$F_x = \frac{1}{z}\,; \quad F_y = -\frac{y}{z}\left(\frac{-z}{y^2}\right) = \frac{1}{y}\,; \quad F_z = -\frac{x}{z^2} - \frac{y}{z}\cdot\frac{1}{y} = -\frac{x+z}{z^2}\,.$$

所以
$$\frac{\partial z}{\partial x} = -\frac{F_x}{F_z} = -\frac{\dfrac{1}{z}}{-\dfrac{x+z}{z^2}} = \frac{z}{x+z}\,; \quad \frac{\partial z}{\partial y} = -\frac{F_y}{F_z} = -\frac{\dfrac{1}{y}}{-\dfrac{x+z}{z^2}} = \frac{z^2}{y(x+z)}\,.$$

8.7　多元函数的极值

利用导数可以解决求一元函数极值的问题，进而可求得实际问题中的最大值和最小值．仿照这种思路来研究多元函数极值的求法，并进而解决实际问题中多元函数求最大值和最小值的问题．

8.7.1　多元函数的极值

1．二元函数极值的定义

定义 8.7-1 设二元函数 $z = f(x,y)$ 在点 $P_0(x_0,y_0)$ 的某邻域 $U(P_0)$ 内有定义．若对任意的点 $(x,y) \in U(P_0)$，都有
$$f(x,y) \leqslant f(x_0,y_0)\ (f(x,y) \geqslant f(x_0,y_0))\,,$$
则称 $f(x_0,y_0)$ 为二元函数 $f(x,y)$ 在 $U(P_0)$ 内的**极大值(极小值)**，并称点 $P_0(x_0,y_0)$ 是二元函数 $f(x,y)$ 的**极大值点(极小值点)**．

二元函数的极大值与极小值统称为**极值**，极大值点与极小值点统称为**极值点**．

由定义 8.7-1 可知，二元函数的极值点一定是其定义区域内的点，不会是其定义区域边界上的点．

2．二元函数极值的求法

对于一般的二元函数，若仍用二元函数极值的定义确定二元函数在何处取得极值，是很不方便的．因此，需要借助二元函数的微分法来确定二元函数的极值点．

定理 8.7-1 (极值存在的必要条件) 设二元函数 $z = f(x,y)$ 在点 $P_0(x_0,y_0)$ 处取得极值，且在点 $P_0(x_0,y_0)$ 处的两个偏导数 $f_x(x_0,y_0)$、$f_y(x_0,y_0)$ 都存在，则必有
$$f_x(x_0,y_0) = 0\,; \quad f_y(x_0,y_0) = 0\,.$$

证明 不妨设二元函数 $z = f(x,y)$ 在点 $P_0(x_0,y_0)$ 处有极大值．

根据定义 8.7-1 知，对点 P_0 的某邻域内的任意一点 (x,y)，都有

$$f(x, y) \leqslant f(x_0, y_0).$$

特别地，对点 P_0 的某邻域内的任意一点 (x, y_0)，都有

$$f(x, y_0) \leqslant f(x_0, y_0).$$

该式表明，一元函数 $f(x, y_0)$ 在点 x_0 处取得极大值.

根据一元可导函数取得极值的必要条件，有

$$f_x(x_0, y_0) = 0.$$

同理可证：$f_y(x_0, y_0) = 0$.

由定理 8.7-1 可知，若二元函数 $f(x, y)$ 的两个偏导数 $f_x(x, y)$，$f_y(x, y)$ 都存在，且点 $P_0(x_0, y_0)$ 是二元函数 $f(x, y)$ 的极值点，则点 $P_0(x_0, y_0)$ 的坐标必然满足方程组

$$\begin{cases} f_x(x, y) = 0 \\ f_y(x, y) = 0 \end{cases}.$$

满足方程组 $\begin{cases} f_x(x, y) = 0 \\ f_y(x, y) = 0 \end{cases}$ 的点称为二元函数 $f(x, y)$ 的**驻点**. 由偏导数的定义易知，二元函数 $f(x, y)$ 的驻点只能是其定义区域内的点，不会取在其定义区域的边界上.

定理 8.7-1 说明，对偏导数存在的二元函数，其极值点一定是驻点. 但是，二元函数的驻点却不一定是其极值点.

例如，对二元函数 $z = xy$，由 $z_x(0, 0) = 0$ 且 $z_y(0, 0) = 0$ 知，点 $(0, 0)$ 是二元函数 $z = xy$ 的驻点. 但是在点 $(0, 0)$ 的任意一个邻域内，总有使函数值为正的点和为负的点存在，因此驻点 $(0, 0)$ 并不是二元函数 $z = xy$ 的极值点.

此外，二元函数 $z = f(x, y)$ 的极值点也可能不是其驻点. 这是因为，一阶偏导数不存在的点也可能是极值点.

例如，二元函数 $f(x, y) = \sqrt{x^2 + y^2}$ 在点 $(0, 0)$ 处的一阶偏导数虽然不存在(见例 8.3-4(2))，但点 $(0, 0)$ 显然是二元函数 $f(x, y) = \sqrt{x^2 + y^2}$ 的极小值点.

定理 8.7-2 (极值存在的充分条件) 设二元函数 $f(x, y)$ 在点 $P_0(x_0, y_0)$ 的某邻域内有一阶和二阶的连续偏导数，且 $f_x(x_0, y_0) = 0$，$f_y(x_0, y_0) = 0$(即点 $P_0(x_0, y_0)$ 是二元函数 $f(x, y)$ 的驻点). 记

$$A = f_{xx}(x_0, y_0), \quad B = f_{xy}(x_0, y_0), \quad C = f_{yy}(x_0, y_0), \quad \Delta = AC - B^2.$$

则

(1) 若 $\Delta > 0$，则点 $P_0(x_0, y_0)$ 为二元函数 $f(x, y)$ 的极值点. 并且，

① 当 $A < 0$ 时，点 $P_0(x_0, y_0)$ 为二元函数 $f(x, y)$ 的极大值点；

② 当 $A > 0$ 时，点 $P_0(x_0, y_0)$ 为二元函数 $f(x, y)$ 的极小值点.

(2) 若 $\Delta < 0$ 时，则点 $P_0(x_0, y_0)$ 不是二元函数 $f(x, y)$ 的极值点.

(3) 若 $\Delta = 0$，则不确定点 $P_0(x_0, y_0)$ 是否为二元函数 $f(x, y)$ 的极值点.

由定理 8.7-1 和定理 8.7-2 知，若二元函数 $f(x, y)$ 具有二阶连续的偏导数，求其极值的步骤为：

1) **求定义域**

求出二元函数 $f(x,y)$ 的定义域.

2) **求驻点**

解方程组 $\begin{cases} f_x(x,y) = 0 \\ f_y(x,y) = 0 \end{cases}$，求出二元函数 $f(x,y)$ 的全部驻点.

3) **求二阶偏导数**

求出二元函数 $f(x,y)$ 的二阶偏导数：$f_{xx}(x,y)$，$f_{xy}(x,y)$，$f_{yy}(x,y)$.

4) **列表判断**

在表中列出所有驻点处的二阶偏导数值，并依据相应的 Δ 值进行判断.

5) **得出结论**

依据表格中的信息，得出相应的结论.

例 8.7-1　求二元函数 $f(x,y) = x^3 - y^3 + 3x^2 + 3y^2 - 9x$ 的极值.

解　(1) 函数 $f(x,y)$ 的定义域为 $\{(x,y) \mid x \in \mathbf{R}, y \in \mathbf{R}\}$；

(2) 令 $\begin{cases} f_x(x,y) = 3x^2 + 6x - 9 = 0 \\ f_y(x,y) = -3y^2 + 6y = 0 \end{cases}$ $\Rightarrow$ 驻点为 $(1,0)$，$(1,2)$，$(-3,0)$，$(-3,2)$；

(3) $f_{xx}(x,y) = 6x + 6$，$f_{xy}(x,y) = 0$，$f_{yy}(x,y) = -6y + 6$；

(4) 列表：

驻点	$(1,0)$	$(1,2)$	$(-3,0)$	$(-3,2)$
A	12	12	-12	-12
B	0	0	0	0
C	6	-6	6	-6
$\Delta = AC - B^2$	$+$	$-$	$-$	$+$
$f(x,y)$	极小值 -5	无极值	无极值	极大值 31

(5) 结论：

函数的极小值为 $f(1,0) = -5$；函数的极大值为 $f(-3,2) = 31$.

3. 最大值与最小值问题

定义 8.7-2　设二元函数 $z = f(x,y)$ 在区域 D 内有定义，且点 $(x_0, y_0) \in D$. 若对任意的点 $(x,y) \in D$，都有
$$f(x,y) \leqslant f(x_0, y_0) \, (f(x,y) \geqslant f(x_0, y_0)),$$
则称 $f(x_0, y_0)$ 为二元函数 $f(x,y)$ 在区域 D 内的**最大值(最小值)**，并称点 (x_0, y_0) 是二元函数 $f(x,y)$ 的**最大值点(最小值点)**.

二元函数的最大值与最小值统称为**最值**，最大值点与最小值点统称为**最值点**.

由定义 8.7-2 知，二元函数的最值点可以是其定义区域上的任一点.

与一元函数类似，在闭区域 D 上连续的二元函数也一定有最大值和最小值. 因此，类比连续的一元函数在闭区间上最值的求法，求闭区域 D 上的连续函数 $f(x,y)$ 的最值也可以

归纳为以下三个步骤.

(1) 计算出连续函数 $f(x,y)$ 在闭区域 D 上的所有驻点、一阶偏导数不存在的点；

(2) 计算出连续函数 $f(x,y)$ 在闭区域 D 的边界上可能取最值的点；

(3) 比较前述所求各点处的函数值，其中最大和最小者，即为连续函数 $f(x,y)$ 在闭区域 D 上的最大值和最小值.

例 8.7-2* 求函数 $f(x,y) = 3x^2 + 3y^2 - x^3$ 在 $D = \{(x,y) \mid x^2 + y^2 \leqslant 16\}$ 上的最值.

解 (1) 求函数 $f(x,y) = 3x^2 + 3y^2 - x^3$ 在 $D = \{(x,y) \mid x^2 + y^2 \leqslant 16\}$ 内的驻点.

令 $\begin{cases} f_x(x,y) = 6x - 3x^2 = 0 \\ f_y(x,y) = 6y = 0 \end{cases} \Rightarrow$ 驻点为 $(0,0)$，$(2,0)$.

(2) 求函数 $f(x,y) = 3x^2 + 3y^2 - x^3$ 在 $D = \{(x,y) \mid x^2 + y^2 \leqslant 16\}$ 的边界 $x^2 + y^2 = 16$ 上可能取最值的点.

将区域 D 的边界 $x^2 + y^2 = 16$ 代入二元函数 $f(x,y) = 3x^2 + 3y^2 - x^3$，得一元函数
$$z = 48 - x^3 \ (-4 \leqslant x \leqslant 4).$$

令 $z' = -3x^2 = 0$，得一元函数 $z = 48 - x^3$ 在 $[-4,4]$ 上的驻点为 $x = 0$.

因此，函数 $f(x,y) = 3x^2 + 3y^2 - x^3$ 在区域 D 的边界 $x^2 + y^2 = 16$ 上可能取最值的点为 $(0,-4)$，$(0,4)$，$(-4,0)$，$(4,0)$.

(3) 因为 $f(0,0) = 0$，$f(2,0) = 4$，$f(4,0) = -16$，$f(-4,0) = 112$，$f(0,\pm 4) = 48$，所以在区域 $D = \{(x,y) \mid x^2 + y^2 \leqslant 16\}$ 上，函数的最大值为 $f(-4,0) = 112$，最小值为 $f(4,0) = -16$.

对于实际应用问题，若已知可微函数 $f(x,y)$ 在区域 D 的内部确实有最大值或最小值，且函数 $f(x,y)$ 在区域 D 内只有一个驻点(或一阶偏导数不存在的点)，则此驻点(或一阶偏导数不存在的点)必定是函数 $f(x,y)$ 在区域 D 内的最值点.

例 8.7-3 做一个容积为 32cm^3 的无盖长方体箱子，问长、宽、高各为多少时，才能使所用材料最省？

解 设长方体箱子的长、宽分别为 x 和 y (单位：cm).

由题设知，箱子的高为 $\dfrac{32}{xy}$.

箱子所用材料的面积(长方体的表面积)为
$$S = xy + \frac{64}{x} + \frac{64}{y} \quad (x,y) \in D = \{(x,y) \mid x > 0, y > 0\}.$$

令 $\begin{cases} S_x = y - \dfrac{64}{x^2} = 0 \\ S_y = x - \dfrac{64}{y^2} = 0 \end{cases} \Rightarrow$ 驻点为 $(4,4)$.

因为已知箱子的面积 S 的最小值是存在的，且在区域 D 内取得. 又因为函数 S 在区域 D 内只有唯一的驻点 $(4,4)$，所以点 $(4,4)$ 必为函数 S 的最小值点. 即当 $x = 4$，$y = 4$ 时，面积 S 最小.

此时，高为 $\dfrac{32}{4 \cdot 4} = 2$.

由于当箱子的表面积 S 最小时，所用的材料最省. 因此，当箱子的长、宽、高分别为 $4\,\mathrm{cm}$ 、$4\,\mathrm{cm}$ 、$2\,\mathrm{cm}$ 时，所用材料最省.

8.7.2* 条件极值

若函数除了将自变量限定在定义域内，再没有其他的限制，则称这种极值问题为**无条件极值问题**.

在实际问题中，自变量经常会受到某些条件的约束，这种对自变量有约束条件限制的极值问题称为**条件极值问题**，或称为**约束最优化**.

以二元函数为例，条件极值问题的一般形式是在条件

$$\varphi(x, y) = C$$

的限制下，求函数

$$z = f(x, y)$$

的极值.

若点 $P_0(x_0, y_0)$ 是二元函数 $z = f(x, y)$ 在约束条件 $\varphi(x, y) = C$ 下的极值点，则称点 $P_0(x_0, y_0)$ 为二元函数 $f(x, y)$ 的**条件极值点**.

此时，在满足 $\varphi(x_0, y_0) = C$ 的前提下，二元函数 $f(x, y)$ 在点 $P_0(x_0, y_0)$ 处取得极值 $f(x_0, y_0)$，称 $f(x_0, y_0)$ 为二元函数 $f(x, y)$ 的**条件极值**.

关于条件极值的求法，有以下三种方法.

1. 转化为无条件极值

对一些简单的条件极值问题，往往可利用附加条件，消去函数中的某些自变量，将原条件极值问题转化成无条件极值问题.

例如，例 8.7-2 中的问题，若设高为 z ，则实际上是求长方体的表面积

$$S = xy + 2yz + 2xz$$

在条件

$$xyz = 32$$

下的极值问题，这即是条件极值问题.

在求解的过程中，利用条件 $z = \dfrac{32}{xy}$ 消去 S 中的变量 z 后，原问题转化为求二元函数

$$S = xy + \frac{64}{x} + \frac{64}{y}$$

的极值问题.

这时，对自变量 x ，y 不再有附加条件的限制，因此就将原来的条件极值问题成功地转化成无条件极值问题.

2. 拉格朗日乘数法

在通常情况下，将条件极值问题直接转化成无条件极值往往是比较困难的. 下面介绍一种直接求条件极值的方法——拉格朗日乘数法.

拉格朗日乘数法是将求条件极值点的问题转化为求下述拉格朗日函数的驻点问题(无条件极值问题). 在求出拉格朗日函数的驻点后，再依据所讨论实际问题的特性判断哪些驻点为条件极值点.

定义 8.7-3 三元函数

$$F(x, y, \lambda) = f(x, y) - \lambda[\varphi(x, y) - C]$$

称为二元函数 $z = f(x, y)$ 在约束条件 $\varphi(x, y) = 0$ 下的**拉格朗日函数**，其中变量 λ 称为**拉格朗日乘数**.

定理 8.7-3 设点 $P_0(x_0, y_0)$ 是二元函数 $f(x, y)$ 在约束条件 $\varphi(x, y) = C$ 下的条件极值点，则存在常数 λ_0，使点 (x_0, y_0, λ_0) 为拉格朗日函数

$$F(x, y, \lambda) = f(x, y) - \lambda[\varphi(x, y) - C]$$

的驻点，即点 (x_0, y_0, λ_0) 为方程组(8.7-1)的解.

$$\left.\begin{array}{l} F_x = f_x(x, y) - \lambda\varphi_x(x, y) = 0 \\ F_y = f_y(x, y) - \lambda\varphi_y(x, y) = 0 \\ F_\lambda = \varphi(x, y) - C = 0 \end{array}\right\} \tag{8.7-1}$$

由定理 8.7-3 知，二元函数 $f(x, y)$ 在约束条件 $\varphi(x, y) = C$ 下的条件极值点一定是相应的拉格朗日函数 $F(x, y, \lambda)$ 的驻点. 因此，二元函数 $f(x, y)$ 的条件极值问题可以转化为相应的拉格朗日函数 $F(x, y, \lambda)$ 的无条件极值问题. 由定理 8.7-3 所提供的这种解决条件极值问题的方法称为**拉格朗日乘数法**.

拉格朗日乘数法的使用步骤为：

1) 构造拉格朗日函数

利用函数 $f(x, y)$ 及其约束条件 $\varphi(x, y) = C$，并引入变量 λ(拉格朗日乘数)，作出拉格朗日函数

$$F(x, y, \lambda) = f(x, y) - \lambda[\varphi(x, y) - C].$$

2) 求拉格朗日函数得驻点

首先，求出拉格朗日函数的所有一阶偏导数，并令其都等于零，得联立方程组

$$\begin{cases} F_x = f_x(x, y) - \lambda\varphi_x(x, y) = 0 \\ F_y = f_y(x, y) - \lambda\varphi_y(x, y) = 0 \, ; \\ F_\lambda = \varphi(x, y) - C = 0 \end{cases}$$

其次，求出所得方程组的解(通常的方法是设法消去 λ)，即求出拉格朗日函数的驻点 (x_0, y_0, λ_0). 一般地，只需求出 x_0 与 y_0 即可，因为此时得到的点 (x_0, y_0) 即是二元函数 $z = f(x, y)$ 在条件 $\varphi(x, y) = C$ 下可能的极值点.

3) 分析判断

根据所研究的实际问题的具体情况来判断所求得的点 (x, y) 是否为极值点.

例 **8.7-4** 某农场欲围一个面积为 60 平方米的矩形场地，正面所用材料每米造价 10 元，其余三面所用材料每米造价 5 元. 问场地长、宽各多少米时，所用的材料费最少？

解 设场地长为 x 米，宽为 y 米，则总造价为

$$f(x,y) = 10x + 5(2y + x)，\quad (x,y) \in \{(x,y) \mid x > 0, y > 0\}；$$

约束条件为　$xy = 60$.

于是可将所求问题归结为求二元函数 $f(x,y)$ 在约束条件 $xy = 60$ 下的最小值问题.

(1) 作拉格朗日函数

$$F(x,y,\lambda) = 15x + 10y - \lambda(xy - 60).$$

(2) 求函数 $F(x,y,\lambda)$ 的各一阶偏导数，并令其都等于零，得方程组

$$\begin{cases} F_x = 15 - \lambda y = 0 \\ F_y = 10 - \lambda x = 0. \\ F_\lambda = xy - 60 = 0 \end{cases}$$

求解方程组，得

$$\lambda = \frac{1}{2}\sqrt{10}，\quad x = 2\sqrt{10}，\quad y = 3\sqrt{10}.$$

(3) 因为该实际问题存在最小值，且只有唯一的驻点 $(2\sqrt{10}, 3\sqrt{10})$. 所以，点 $(2\sqrt{10}, 3\sqrt{10})$ 是函数 $f(x,y)$ 的最小值点.

因此，当所围场地的长为 $2\sqrt{10}$ 米，宽为 $3\sqrt{10}$ 米时，所用的材料费最少.

3. 拉格朗日乘数的意义

二元函数 $f(x,y)$ 在约束条件 $\varphi(x,y) = C$ 下的条件极值点 (x_0, y_0) 依赖于约束值 C. 虽然 C 代表常数，但其具有任意性，并不确指是哪一个数值. 因此，对于待求的 x_0 与 y_0 来说，可视约束值 C 为变量，进而可视 x_0 与 y_0 为关于 C 的函数，即有

$$x_0 = x_0(C)，\quad y_0 = y_0(C).$$

此时，条件极值 $f(x_0, y_0)$ 亦可视为关于约束值 C 的一元函数，即有

$$f(x_0, y_0) = f(x_0(C), y_0(C)).$$

利用式(8.5-3)与式(8.7-1)，可以求出二元函数 $f(x,y)$ 在约束条件 $\varphi(x,y) = C$ 下的条件极值 $f(x_0(C), y_0(C))$ 关于约束值 C 的全导数，得

$$\frac{\mathrm{d}}{\mathrm{d}C} f(x_0(C), y_0(C)) = \lambda.$$

由此可知，拉格朗日乘数 λ 即是二元函数 $f(x,y)$ 在约束条件 $\varphi(x,y) = C$ 下的条件极值 $f(x_0(C), y_0(C))$ 关于约束值 C 的变化率. 这即是经济学中"边际"的概念，也就是线性规划问题中的"影子价格".

例如，在例 8.7-3 中，求得当矩形场地的面积为 60 平方米时有 $\lambda = \frac{1}{2}\sqrt{10}$. 这表明，若矩形场地面积再增加 1 平方米，则所用的材料费最少要增加约 $\frac{1}{2}\sqrt{10}$ 元.

8.8 二 重 积 分

二重积分是定积分的推广. 其中, 被积函数由一元函数 $f(x)$ 推广到二元函数 $f(x,y)$, 而积分范围则由 x 轴上的闭区间 $[a,b]$ 推广到 xOy 面上的有界闭区域 D.

二重积分的定义与定积分的定义类似, 我们从曲顶柱体的体积问题入手引进二重积分定义.

8.8.1 二重积分的概念

1. 曲顶柱体的体积

设二元函数 $z = f(x,y)$ 在有界闭区域 D 上非负且连续.

以曲面 $z = f(x,y)$ 为顶, xOy 面上的区域 D 为底, 区域 D 的边界线为准线, 母线平行于 z 轴的柱面为侧面的几何体称为**曲顶柱体**(见图 8.8-1).

由于曲顶柱体的高 $f(x,y)$ 在区域 D 上是连续变动的, 所以在小范围内它的变动不大, 可以近似地看成不变. 因此, 可用类似于求曲边梯形面积的方法, 按下列步骤求曲顶柱体的体积.

1) 分割

即将曲顶柱体分为 n 个小曲顶柱体.

将区域 D 任意分成 n 个小区域 $\Delta\sigma_1, \Delta\sigma_2, \cdots, \Delta\sigma_n$, 这里 $\Delta\sigma_i$ $(i=1,2,\cdots,n)$ 既表示第 i 个小区域, 又表示第 i 个小区域的面积. 这时, 曲顶柱体也相应地被分成 n 个小曲顶柱体, 其体积分别记作

$$\Delta V_1, \Delta V_2, \cdots, \Delta V_n.$$

设区域 $\Delta\sigma_i$ 的直径(指有界闭区域 $\Delta\sigma_i$ 上任意两点间的最大距离)是

$$\lambda_i \ (i=1,2,\cdots,n),$$

记 $\lambda = \max\limits_{1 \le i \le n}\{\lambda_i \mid \lambda_i \text{为} \Delta\sigma_i \text{的直径}\}$.

2) 近似代替

即用小平顶柱体的体积近似代替曲顶柱体的体积.

因为函数 $f(x,y)$ 是连续的, 在分割相当细的情形下, 当 $\Delta\sigma_i$ 很小时, 曲顶的变化也很小, 于是可以将小曲顶柱体近似地看成平顶柱体.

在 $\Delta\sigma_i$ 上任取一点 (ξ_i, η_i), 第 i 个小曲顶柱体的体积可以用底面积为 $\Delta\sigma_i$、高为 $f(\xi_i, \eta_i)$ 的平顶柱体(见图 8.8-2)的体积 $f(\xi_i, \eta_i)\Delta\sigma_i$ 来近似表示, 即

3) 求和

即求 n 个小平顶柱体体积之和.

将 n 个小曲顶柱体体积的近似值 $f(\xi_i, \eta_i)\Delta\sigma_i$ 加起来, 就得到所求的曲顶柱体体积 V 的近似值, 即

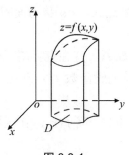

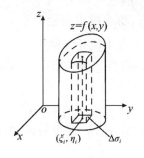

图 8.8-1　　　　　　　　　　　图 8.8-2

$$\Delta V_i \approx f(\xi_i, \eta_i)\Delta\sigma_i.$$

$$V = \sum_{i=1}^{n}\Delta V_i \approx \sum_{i=1}^{n}f(\xi_i, \eta_i)\Delta\sigma_i$$

(4) 取极限

即由近似值过渡到精确值.

一般地，若将区域 D 分得越细，则上述和式就越接近于曲顶柱体体积 V. 当把区域 D 无限细分时，即当所有小区域的最大直径 $\lambda \to 0$ 时，则上述和式的极限就是所求曲顶柱体的体积 V，即

$$V = \lim_{\lambda \to 0}\sum_{i=1}^{n}f(\xi_i, \eta_i)\Delta\sigma_i.$$

事实上，有很多实际问题的解决都是采取分割、近似代替、求和、取极限的方法，最后都归结为这种结构的和式的极限，所以有必要一般地研究这种和式的极限. 抛开问题的实际内容，只从数量关系上的共性加以概括和抽象，就得到二重积分的概念.

2. 二重积分定义

定义 8.8-1 设二元函数 $f(x, y)$ 在有界闭区域 D 上有定义且有界. 将有界闭区域 D 任意分割为 n 个小有界闭区域 $\Delta\sigma_i (i = 1, 2, \cdots, n, \Delta\sigma_i$ 同时又表示其面积). 在每个小有界闭区域 $\Delta\sigma_i$ 上任取一点 (ξ_i, η_i)，作和式

$$\sum_{i=1}^{n}f(\xi_i, \eta_i)\Delta\sigma_i.$$

若不论将有界闭区域 D 怎样划分成小有界闭区域 $\Delta\sigma_i$，也不论在小有界闭区域 $\Delta\sigma_i$ 上点 (ξ_i, η_i) 怎样取法，当各个小有界闭区域 $\Delta\sigma_i$ 的直径的最大值 $\lambda \to 0$ 时，和式

$$\sum_{i=1}^{n}f(\xi_i, \eta_i)\Delta\sigma_i$$

总有极限存在，则称二元函数 $f(x, y)$ 在闭区域 D 上**可积**，且将此极限值称为二元函数 $f(x, y)$ 在闭区域 D 上的**二重积分**，记作

$$\iint_D f(x, y)\mathrm{d}\sigma,$$

即

$$\iint_D f(x, y)\mathrm{d}\sigma = \lim_{\lambda \to 0}\sum_{i=1}^{n}f(\xi_i, \eta_i)\Delta\sigma_i. \tag{8.8-1}$$

其中 $f(x,y)$ 称为**被积函数**, $f(x,y)\mathrm{d}\sigma$ 称为**被积表达式**, $\mathrm{d}\sigma$ 称为**面积元素**, x 和 y 称为**积分变量**, D 称为**积分区域**.

与定积分的存在定理类似, 可以证明: 当二元函数 $f(x,y)$ 在有界闭区域 D 上连续时, 函数 $f(x,y)$ 在闭区域 D 上可积. 在今后的讨论中, 总假设函数 $f(x,y)$ 在有界闭区域 D 上连续.

根据二重积分定义, 曲顶柱体的体积就是曲顶柱体的变高 $f(x,y)$ 在区域 D 上的二重积分, 即

$$V = \iint\limits_{D} f(x,y)\mathrm{d}\sigma .$$

二重积分的几何意义是: 当被积函数 $f(x,y) \geqslant 0$ 时, 二重积分 $\iint\limits_{D} f(x,y)\mathrm{d}\sigma$ 表示曲顶柱体的体积; 当函数 $f(x,y) \leqslant 0$ 时, 二重积分 $\iint\limits_{D} f(x,y)\mathrm{d}\sigma$ 表示曲顶柱体的体积的负值; 当函数 $f(x,y)$ 在区域 D 的若干部分区域上取正值, 而在其他部分区域上取负值时, 二重积分的值就等于各个部分区域上的柱体体积的代数和.

8.8.2　二重积分的性质

二重积分具有与定积分完全类似的性质, 现举例如下, 这里假设所讨论的二重积分都是存在的.

(1) $\iint\limits_{D}[f(x,y) \pm g(x,y)]\mathrm{d}\sigma = \iint\limits_{D} f(x,y)\mathrm{d}\sigma \pm \iint\limits_{D} g(x,y)\mathrm{d}\sigma .$

(2) $\iint\limits_{D} kf(x,y)\mathrm{d}\sigma = k\iint\limits_{D} f(x,y)\mathrm{d}\sigma$ (k 是常数).

(3) 二重积分对积分区域 D 的可加性: 若积分区域 D 被一曲线分成两个部分区域 D_1 和 D_2, 则

$$\iint\limits_{D} f(x,y)\mathrm{d}\sigma = \iint\limits_{D_1} f(x,y)\mathrm{d}\sigma + \iint\limits_{D_2} f(x,y)\mathrm{d}\sigma .$$

(4) 若在区域 D 上, 恒有 $f(x,y) \leqslant g(x,y)$, 则

$$\iint\limits_{D} f(x,y)\mathrm{d}\sigma \leqslant \iint\limits_{D} g(x,y)\mathrm{d}\sigma .$$

特别地, 有

$$\left| \iint\limits_{D} f(x,y)\mathrm{d}\sigma \right| \leqslant \iint\limits_{D} |f(x,y)|\mathrm{d}\sigma .$$

(5) (二重积分的估值不等式)若 M 与 m 分别是函数 $f(x,y)$ 在区域 D 上的最大值与最小值, σ 是区域 D 的面积, 则

$$m\sigma \leqslant \iint\limits_{D} f(x,y)\mathrm{d}\sigma \leqslant M\sigma .$$

(6) (二重积分的中值定理) 若二元函数 $f(x,y)$ 在有界闭区域 D 上连续, σ 是区域 D 的面积, 则在区域 D 上至少存在一点 (ξ, η), 使得

$$\iint\limits_{D} f(x,y)\mathrm{d}\sigma = f(\xi, \eta) \cdot \sigma .$$

上式右端是以 $f(\xi,\eta)$ 为高，区域 D 为底的平顶柱体的体积.

8.8.3　直角坐标系下二重积分的计算

直接通过二重积分的定义与性质来计算二重积分一般是很困难的.下面根据二重积分的几何意义，通过计算曲顶柱体的体积来导出二重积分的计算公式.

设二元函数 $f(x,y)\geqslant0$ 在有界闭区域 D 上连续，并且积分区域 D 是由两条平行直线

$$x=a,\quad x=b\,(a<b),$$

以及两条曲线

$$y=\varphi_1(x),\quad y=\varphi_2(x)\,(\varphi_1(x)\leqslant\varphi_2(x))$$

所围成的闭区域.

此时，区域 D 可表示为

$$D=\{(x,y)\mid\varphi_1(x)\leqslant y\leqslant\varphi_2(x),a\leqslant x\leqslant b\},$$

也可以直接用不等式表示为

$$\varphi_1(x)\leqslant y\leqslant\varphi_2(x),\quad a\leqslant x\leqslant b.$$

其中函数 $\varphi_1(x)$、$\varphi_2(x)$ 在闭区间 $[a,b]$ 上连续，这样的闭区域称为 **X-型区域**(见图 8.8-3 中阴影部分). 其特点是：穿过闭区域 D 内部且平行于 y 轴的直线与闭区域 D 的边界的交点的个数不多于两个.

由二重积分的几何意义知，二重积分 $\displaystyle\iint\limits_{D}f(x,y)\mathrm{d}\sigma$ 等于以 D 为底，以曲面 $z=f(x,y)$ 为顶的曲顶柱体的体积.

另一方面，这个曲顶柱体的体积也可按"平行截面面积为已知的立体的体积"的计算方法来求得. 具体求法是：作平行于坐标平面 yOz 的平面 $x=x_0$，它与曲顶柱体相交所得截面，是以闭区间 $[\varphi_1(x_0),\varphi_2(x_0)]$ 为底，以曲线 $z=f(x_0,y)$ 为曲边的曲边梯形(见图 8.8-4 中阴影部分). 由定积分的几何意义知，这一截面面积为

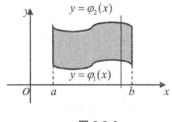

图 8.8-3

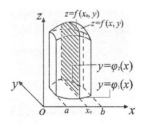

图 8.8-4

$$A(x_0)=\int_{\varphi_1(x_0)}^{\varphi_2(x_0)}f(x_0,y)\mathrm{d}y.$$

由于 x_0 的任意性，过区间 $[a,b]$ 上任意一点 x 且平行于坐标面 yOz 的平面与曲顶柱体相交所得截面的面积为

$$A(x)=\int_{\varphi_1(x)}^{\varphi_2(x)}f(x,y)\mathrm{d}y.$$

其中，y 是积分变量，x 在积分时保持不变. 所得截面的面积 $A(x)$ 一般是关于 x 的

函数.

根据定积分几何应用中已知平行截面面积为的 $A(x)$ 立体的体积公式,所求曲顶柱体的体积为

$$V = \int_a^b A(x)\mathrm{d}x = \int_a^b \left[\int_{\varphi_1(x)}^{\varphi_2(x)} f(x,y)\mathrm{d}y\right]\mathrm{d}x\ ,$$

从而有

$$\iint\limits_D f(x,y)\mathrm{d}\sigma = \int_a^b \left[\int_{\varphi_1(x)}^{\varphi_2(x)} f(x,y)\mathrm{d}y\right]\mathrm{d}x = \int_a^b \mathrm{d}x \int_{\varphi_1(x)}^{\varphi_2(x)} f(x,y)\mathrm{d}y\ . \tag{8.8-2}$$

式(8.8-2)表明,可以将二重积分 $\iint\limits_D f(x,y)\mathrm{d}\sigma$ 化成先对 y 后对 x 的二次积分来计算.

先对 y 积分时,应将二元函数 $f(x,y)$ 中的 x 看作常数,即将二元函数 $f(x,y)$ 只看作关于 y 的函数. 先求出从 $\varphi_1(x)$ 到 $\varphi_2(x)$ 的定积分,然后把计算的结果(不含 y,是关于 x 的函数)再对 x 求从 a 到 b 的定积分.

类似地,若积分区域 D 可用不等式

$$\varphi_1(y) \leqslant x \leqslant \varphi_2(y) \ 、 \ c \leqslant y \leqslant d$$

来表示(见图 8.8-5 中阴影部分).其中 $\varphi_1(y)$,$\varphi_2(y)$ 在闭区间 $[c,d]$ 上连续,这样的区域称为 **Y-型区域**. 其特点是:穿过 D 内部且平行于 x 轴的直线与积分区域 D 的边界的交点的个数不多于两个.

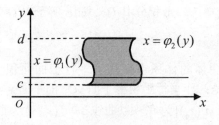

图 8.8 -5

类似于式(8.8-2)的推导方法,可以得到

$$\iint\limits_D f(x,y)\mathrm{d}\sigma = \int_c^d \left[\int_{\varphi_1(y)}^{\varphi_2(y)} f(x,y)\mathrm{d}x\right]\mathrm{d}y = \int_c^d \mathrm{d}y \int_{\varphi_1(y)}^{\varphi_2(y)} f(x,y)\mathrm{d}x\ . \tag{8.8-3}$$

式(8.8-3)表明,可以将二重积分 $\iint\limits_D f(x,y)\mathrm{d}\sigma$ 化成先对 x 后对 y 的二次积分来计算.

先对 x 积分时,应将二元函数 $f(x,y)$ 中的 y 看作常数,即将二元函数 $f(x,y)$ 只看作关于 x 的函数. 先求出从 $\varphi_1(y)$ 到 $\varphi_2(y)$ 的定积分,然后把计算的结果(不含 x,是关于 y 的函数)再对 y 求从 c 到 d 的定积分.

在式(8.8-2)与式(8.8-3)的推导中借助了几何直线,以 $f(x,y) \geqslant 0$ 为前提. 事实上,式(8.8-2)与式(8.8-3)的成立并不受条件 $f(x,y) \geqslant 0$ 的限制.

二次积分也可称作**累次积分**. 式(8.8-2)与式(8.8-3)表明,在将闭区域上连续二元函数的二重积分化成二次积分时,既可化成先对 y 后对 x 的积分,也可以化成先对 x 后对 y 的积分.

例如，若二元函数 $f(x, y)$ 在矩形区域 D：$a \leqslant x \leqslant b$，$c \leqslant y \leqslant d$ 上连续，则有

$$\iint\limits_{D} f(x, y) \mathrm{d}x\mathrm{d}y = \int_{a}^{b} \mathrm{d}x \int_{c}^{d} f(x, y) \mathrm{d}y = \int_{c}^{d} \mathrm{d}y \int_{a}^{b} f(x, y) \mathrm{d}x .$$

特别地，当积分区域是矩形域

$$D：a \leqslant x \leqslant b, \ c \leqslant y \leqslant d$$

时，且连续的二元函数 $f(x, y)$ 可以表示为两个一元函数的乘积，即

$$f(x, y) = g(x) \cdot h(y) ,$$

则有

$$\iint\limits_{D} f(x, y) \mathrm{d}x\mathrm{d}y = \int_{a}^{b} g(x) \mathrm{d}x \cdot \int_{c}^{d} h(y) \mathrm{d}y .$$

例 8.8-1 求二重积分 $\iint\limits_{D} \dfrac{x^2}{1+y^2} \mathrm{d}x\mathrm{d}y$ ，其中 $D = \{(x, y) \mid 1 \leqslant x \leqslant 2, 0 \leqslant y \leqslant 1\}$.

解 $\iint\limits_{D} \dfrac{x^2}{1+y^2} \mathrm{d}x\mathrm{d}y = \left(\int_{1}^{2} x^2 \mathrm{d}x \right) \cdot \left(\int_{0}^{1} \dfrac{1}{1+y^2} \mathrm{d}y \right)$

$$= \left(\dfrac{1}{3} x^3 \Big|_{1}^{2} \right) \cdot (\arctan y \Big|_{0}^{1}) = \dfrac{7}{3} \cdot \dfrac{\pi}{4} = \dfrac{7}{12} \pi .$$

例 8.8-2 交换下列二次积分的积分次序：

$$I = \int_{0}^{1} \mathrm{d}x \int_{x}^{1} f(x, y) \mathrm{d}y .$$

解 所给二次积分的积分次序是：先对 y 积分后对 x 积分，其积分区域为

$$D = \{(x, y) \mid 0 \leqslant x \leqslant 1, x \leqslant y \leqslant 1\} .$$

即区域 D 是由直线 $y = x, y = 1$ 以及 y 轴所围成的封闭部分(见图 8.8-6 中阴影部分).

将积分次序交换为：先对 x 积分后对 y 积分，得

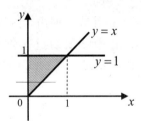

图 8.8-6

$$I = \int_{0}^{1} \mathrm{d}y \int_{0}^{y} f(x, y) \mathrm{d}x .$$

例 8.8-3 求二重积分 $\iint\limits_{D} x\mathrm{e}^{xy} \mathrm{d}x\mathrm{d}y$ ，其中 D 是矩形域：$0 \leqslant x \leqslant 1, -1 \leqslant y \leqslant 0$.

解 $\iint\limits_{D} x\mathrm{e}^{xy} \mathrm{d}x\mathrm{d}y = \int_{0}^{1} \mathrm{d}x \int_{-1}^{0} x\mathrm{e}^{xy} \mathrm{d}y = \int_{0}^{1} \mathrm{e}^{xy} \Big|_{-1}^{0} \mathrm{d}x = \int_{0}^{1} (1 - \mathrm{e}^{-x}) \mathrm{d}x = (x + \mathrm{e}^{-x}) \Big|_{0}^{1} = \dfrac{1}{\mathrm{e}} .$

虽然矩形域上连续函数的二重积分化为二次积分时，既可化为先对 y 后对 x 的积分，也可以化为先对 x 后对 y 的积分. 但本例若先对 x 后对 y 积分，则需用分部积分法，计算过程比先对 y 后对 x 积分烦琐(请读者自行检验).

因此，在将二重积分化成二次积分时，虽然可以采用不同的积分次序，但往往对计算

过程带来的影响是不一样的. 根据具体情况，选择恰当的积分次序，是更好地求解二重积分的关键.

二重积分取决于被积函数 $f(x,y)$ 和积分区域 D. 由于二元函数 $f(x,y)$ 可以有多种情形，而 xOy 平面上的区域 D 也会有着各种不同的形状，所以在选择将二重积分化成二次积分的积分次序时，既要根据区域 D 的形状，又要注意被积函数的特点.

若根据区域 D 的形状选择积分次序，最好是能在 D 上直接计算，也就是最好可以直接利用式(8.8-2)与式(8.8-3)进行求解. 在必须将 D 分成部分区域时，应使 D 分成尽量少的部分区域.

若从被积函数着眼选择积分次序，应以计算较简便或者使积分能够进行运算为原则.

例 8.8-4 求二重积分 $\iint\limits_D xy\mathrm{d}\sigma$，其中 D 是由抛物线 $y^2=x$ 及直线 $y=x-2$ 所围成的平面区域.

解 求解方程组 $\begin{cases} y^2=x \\ y=x-2 \end{cases}$，得交点坐标为 $(1,-1)$ 和 $(4,2)$.

区域 D 如图 8.8-7 中阴影部分所示，可以看成 $Y-$型区域.

由式(8.8-3)得
$$\iint\limits_D xy\mathrm{d}\sigma = \int_{-1}^{2}\mathrm{d}y\int_{y^2}^{y+2} xy\mathrm{d}x$$
$$= \int_{-1}^{2} y\left(\frac{1}{2}x^2\right)\Big|_{y^2}^{y+2}\mathrm{d}y = \frac{1}{2}\int_{-1}^{2}[y(y+2)^2-y^5]\mathrm{d}y$$
$$= \frac{1}{2}\left(\frac{1}{4}y^4+\frac{4}{3}y^3+2y^2-\frac{1}{6}y^6\right)\Big|_{-1}^{2} = \frac{45}{8}.$$

本例虽然也可以利用式(8.8-2)来进行计算，但由于区域 D 不是标准的 $X-$型区域，需要对区域 D 进行分割后才能使用式(8.8-2)，因此计算过程会比较烦琐.

例 8.8-5 求二重积分 $\iint\limits_D y\mathrm{d}\sigma$，其中 D 是由抛物线 $y=x^2$ 及直线 $y=x+2$ 所围成的平面区域.

解 求解方程组 $\begin{cases} y=x^2 \\ y=x+2 \end{cases}$，得交点坐标为 $(-1,1)$ 和 $(2,4)$.

区域 D 如图 8.8-8 中阴影部分所示，可以看成 $X-$型区域.

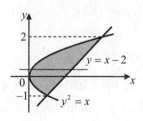

图 8.8-7

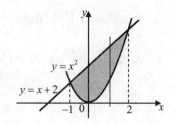

图 8.8-8

由式(8.8-2)得

$$\iint\limits_{D} y\mathrm{d}\sigma = \int_{-1}^{2}\mathrm{d}x\int_{x^2}^{x+2} y\mathrm{d}x$$

$$= \int_{-1}^{2}\left(\frac{1}{2}y^2\right)\Bigg|_{x^2}^{x+2}\mathrm{d}x$$

$$= \frac{1}{2}\int_{-1}^{2}[(x+2)^2 - x^4]\mathrm{d}x$$

$$= \frac{1}{2}\left(\frac{1}{3}x^3 + x^2 + 4x - \frac{1}{5}x^5\right)\Bigg|_{-1}^{2} = \frac{57}{10}.$$

例 8.8-6 求二重积分计 $I = \iint\limits_{D} 6x^2 y^2 \mathrm{d}x\mathrm{d}y$，其中 D 是由曲线 $y = |x|$ 与 $y = 2 - x^2$ 所围成的平面区域.

解 求解方程组 $\begin{cases} y = |x| \\ y = 2 - x^2 \end{cases}$，得交点坐标为 $(-1,1)$ 和 $(1,1)$.

区域 D 如图 8.8-9 中阴影部分所示. 将区域 D 看作由两个小区域 D_1 与 D_2 构成，即 $D = D_1 + D_2$，则每个小区域均可看成 X – 型区域. 其中

$$D_1 = \{(x,y)\,|\,-x \leqslant y \leqslant 2 - x^2, -1 \leqslant x \leqslant 0\}\,;$$
$$D_2 = \{(x,y)\,|\,x \leqslant y \leqslant 2 - x^2, 0 \leqslant x \leqslant 1\}.$$

由式(8.8-2)得

$$I = \int_{-1}^{0}\mathrm{d}x\int_{-x}^{2-x^2} 6x^2 y^2 \mathrm{d}y + \int_{0}^{1}\mathrm{d}x\int_{x}^{2-x^2} 6x^2 y^2 \mathrm{d}y$$

$$= \int_{-1}^{0} 6x^2 \cdot \left(\frac{1}{3}y^3\right)\Bigg|_{-x}^{2-x^2}\mathrm{d}x + \int_{0}^{1} 6x^2 \cdot \left(\frac{1}{3}y^3\right)\Bigg|_{x}^{2-x^2}\mathrm{d}x$$

$$= 2\int_{-1}^{0} x^2[(2-x^2)^3 + x^3]\mathrm{d}x + 2\int_{0}^{1} x^2[(2-x^2)^3 - x^3]\mathrm{d}x$$

$$= 2\int_{-1}^{0}[x^2(8 - 12x^2 + 6x^4 - x^6) + x^5]\mathrm{d}x + 2\int_{0}^{1}[x^2(8 - 12x^2 + 6x^4 - x^6) - x^5]\mathrm{d}x$$

$$= 2\left(\frac{8}{3}x^3 - \frac{12}{5}x^5 + \frac{1}{7}x^7 - \frac{1}{9}x^9 + \frac{1}{6}x^6\right)\Bigg|_{-1}^{0} + 2\left(\frac{8}{3}x^3 - \frac{12}{5}x^5 + \frac{1}{7}x^7 - \frac{1}{9}x^9 - \frac{1}{6}x^6\right)\Bigg|_{0}^{1}$$

$$= \frac{166}{315}.$$

本例若将积分区域 D 看成 Y-型区域，同样需要把区域 D 分成两块小区域后进行求积分，计算繁简程度基本一致.

例 8.8-7* 求二重积分 $I = \iint\limits_{D} y\mathrm{e}^{xy}\mathrm{d}x\mathrm{d}y$，其中区域 $D = \{(x,y)\,|\,\frac{1}{x} \leqslant y \leqslant 2, 1 \leqslant x \leqslant 2\}$.

解 区域 D 如图 8.8-10 中阴影部分所示. 由被积函数的结构知，将区域 D 看成 Y-型区域更有利于计算. 由于区域 D 不是标准的 Y-型区域，所以将区域 D 分成两个小区域 D_1 和 D_2，即 $D = D_1 + D_2$. 其中

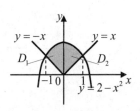

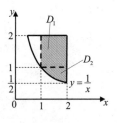

图 8.8-9　　　　　　　　　　　图 8.8-10

$$D_1 = \{(x,y) \mid 1 \leqslant x \leqslant 2, 1 \leqslant y \leqslant 2\} ;$$

$$D_2 = \left\{(x,y) \mid \frac{1}{y} \leqslant x \leqslant 2, \frac{1}{2} \leqslant y \leqslant 1\right\} .$$

由二重积分对积分区域 D 的可加性与式(8.8-3)，得

$$I = \iint\limits_{D_1} y\mathrm{e}^{xy}\mathrm{d}x\mathrm{d}y + \iint\limits_{D_2} y\mathrm{e}^{xy}\mathrm{d}x\mathrm{d}y = \int_1^2 \mathrm{d}y\int_1^2 y\mathrm{e}^{xy}\mathrm{d}x + \int_{\frac{1}{2}}^1 \mathrm{d}y\int_{\frac{1}{y}}^2 y\mathrm{e}^{xy}\mathrm{d}x$$

$$= \int_1^2 \mathrm{e}^{xy}\Big|_1^2 \mathrm{d}y + \int_{\frac{1}{2}}^1 \mathrm{e}^{xy}\Big|_{\frac{1}{y}}^2 \mathrm{d}y = \int_1^2 (\mathrm{e}^{2y} - \mathrm{e}^y)\mathrm{d}y + \int_{\frac{1}{2}}^1 (\mathrm{e}^{2y} - \mathrm{e}^y)\mathrm{d}y$$

$$= \left(\frac{1}{2}\mathrm{e}^{2y} - \mathrm{e}^y\right)\Big|_1^2 + \left(\frac{1}{2}\mathrm{e}^{2y} - \mathrm{e}^y\right)\Big|_{\frac{1}{2}}^1 = \frac{1}{2}\mathrm{e}^4 - \mathrm{e}^2 .$$

本例若依积分区域 D 的形状选择积分次序，更适合看成 X-型区域.此时，虽然区域 D 不需分块，但求解过程中需用两次分部积分法，比较烦琐.本例依被积函数的结构看成 Y-型区域，尽管区域 D 需分块，但积分运算却极为简单.

例 8.8-8* 求二重积分 $\iint\limits_D \dfrac{\sin y}{y}\mathrm{d}x\mathrm{d}y$，其中 D 是由抛物线 $y^2 = x$ 及直线 $y = x$ 所围成的平面区域.

解 求解方程组 $\begin{cases} y^2 = x \\ y = x \end{cases}$，得交点坐标为 $(0,0)$ 和 $(1,1)$.

区域 D 如图 8.8-11 中阴影部分所示，可以看成 Y-型区域.
由式(8.8-3)得

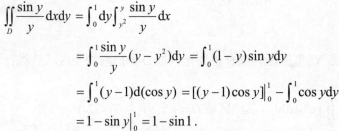

图 8.8-11

$$\iint\limits_D \frac{\sin y}{y}\mathrm{d}x\mathrm{d}y = \int_0^1 \mathrm{d}y\int_{y^2}^y \frac{\sin y}{y}\mathrm{d}x$$

$$= \int_0^1 \frac{\sin y}{y}(y - y^2)\mathrm{d}y = \int_0^1 (1-y)\sin y\mathrm{d}y$$

$$= \int_0^1 (y-1)\mathrm{d}(\cos y) = [(y-1)\cos y]\Big|_0^1 - \int_0^1 \cos y\mathrm{d}y$$

$$= 1 - \sin y\Big|_0^1 = 1 - \sin 1 .$$

本例中的积分区域虽然既可以看成是 X-型区域也可以看成是 Y-型区域，但是若将区域 D 看成是 X-型区域而用式(8.8-2)进行计算，计算将会很困难.此时，会得到

$$\iint\limits_D \frac{\sin y}{y}\mathrm{d}x\mathrm{d}y = \int_0^1 \left(\int_x^{\sqrt{x}} \frac{\sin y}{y}\mathrm{d}y\right)\mathrm{d}x .$$

由于要先计算定积分 $\int_{x}^{\sqrt{x}} \dfrac{\sin y}{y} \mathrm{d}y$，而函数 $\dfrac{\sin y}{y}$ 的原函数不是初等函数，所以定积分

$\int_{x}^{\sqrt{x}} \dfrac{\sin y}{y} \mathrm{d}y$ 是无法用牛顿—莱布尼茨公式计算出结果的．当然，如果将此二次积分看作关

于积分变量 x 的定积分，也是可以计算出结果的，但计算过程较为复杂．

$$
\begin{aligned}
\iint_{D} \frac{\sin y}{y} \mathrm{d}x\mathrm{d}y &= \int_{0}^{1}\left(\int_{x}^{\sqrt{x}} \frac{\sin y}{y} \mathrm{d}y\right)\mathrm{d}x \\
&= \left(x\int_{x}^{\sqrt{x}} \frac{\sin y}{y} \mathrm{d}y\right)\bigg|_{0}^{1} - \int_{0}^{1} x\,\mathrm{d}\left(\int_{x}^{\sqrt{x}} \frac{\sin y}{y} \mathrm{d}y\right) \\
&= -\int_{0}^{1} x\left(\frac{\sin\sqrt{x}}{\sqrt{x}}\cdot\frac{1}{2\sqrt{x}} - \frac{\sin x}{x}\right)\mathrm{d}x = \int_{0}^{1}\sin x\,\mathrm{d}x - \int_{0}^{1}\frac{\sqrt{x}\sin\sqrt{x}}{2\sqrt{x}}\mathrm{d}x \\
&= -\cos x\big|_{0}^{1} - \int_{0}^{1}\sqrt{x}\sin\sqrt{x}\,\mathrm{d}(\sqrt{x}) = 1-\cos 1 + \int_{0}^{1}\sqrt{x}\,\mathrm{d}(\cos\sqrt{x}) \\
&= 1-\cos 1 + (\sqrt{x}\cos\sqrt{x})\big|_{0}^{1} - \int_{0}^{1}\cos\sqrt{x}\,\mathrm{d}(\sqrt{x}) \\
&= 1-\cos 1 + \cos 1 - \sin\sqrt{x}\big|_{0}^{1} = 1-\sin 1.
\end{aligned}
$$

8.8.4* 极坐标系下二重积分的计算

在具体计算二重积分时，要根据被积函数的特点和积分区域的形状，选择适当的坐标系，这样可以使计算更加简单．

当积分区域为圆域、环域、扇形域等，或被积函数为 $f(x^2+y^2)$、$f\left(\dfrac{y}{x}\right)$ 等形式时，

采用极坐标系计算二重积分往往较为方便．

下面介绍利用极坐标计算二重积分的方法．

用极坐标计算二重积分，积分区域 D 及被积函数 $f(x,y)$ 都不难用极坐标来表示，而面积元素怎样用极坐标系表示呢？

由二重积分的定义知，二重积分是一个和式的极限，而该和式极限只与被积函数和积分区域有关，而与分割积分区域 D 的方法无关．

因此，在极坐标系中，假设从极点 O 出发且穿过积分区域 D 内部的射线与 D 的边界曲线的交点不多于两个．用极坐标系中以极点为中心的一族同心圆构成的曲线网 $r =$ 常数和自极点出发的一族射线 $\theta =$ 常数。

将区域 D 分成 n 个小闭区域(见图 8.8-12).

在区域 D 中取出一个典型的小区域 $\Delta\sigma$，它是由半径为 r 和 $r+\mathrm{d}r$ 的圆弧段，与极角为 θ 和 $\theta+\mathrm{d}\theta$ 的射线围成(见图 8.8-12 中的阴影部分).

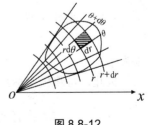

图 8.8-12

当 dr 和 $d\theta$ ($dr = \Delta r$，$d\theta = \Delta\theta$) 充分小时，圆弧段可以近似看成直线段，相交的射线段也可近似看成平行的射线段. 所以，小区域 $\Delta\sigma$ 可以近似地看成是以 $rd\theta$ 为长、dr 为宽的小矩形，从而得到面积元素

$$d\sigma = rd\theta dr .$$

在选取极坐标系时，若以直角坐标系的原点为极点，以 x 轴正半轴为极轴，则直角坐标与极坐标的关系为

$$\begin{cases} x = r\cos\theta \\ y = r\sin\theta \end{cases}.$$

所以被积函数 $f(x,y)$ 可以转化成关于 r 和 θ 的函数，即

$$f(x,y) = f(r\cos\theta, r\sin\theta) .$$

这样，就将直角坐标系下的二重积分变换成极坐标系下的二重积分，其变换公式是

$$\iint\limits_D f(x,y)d\sigma = \iint\limits_D f(r\cos\theta, r\sin\theta)\cdot rdrd\theta . \tag{8.8-4}$$

利用极坐标系计算二重积分，同样需要把二重积分化为二次积分. 这里只介绍先对 r 后对 θ 的积分次序.

将 $x = r\cos\theta$，$y = r\sin\theta$ 代入积分区域 D 的边界曲线方程，可以将 D 的边界曲线方程化成极坐标方程. 至于如何根据极点与区域 D 的位置具体的确定两次积分的上下限，我们在补充假设边界曲线间的交点与极点的连线不经过区域 D 内部的前提下，分下面三种情形加以讨论.

1) 极点在区域 D 的外面

当极点在区域 D 的外面时(见图 8.8-13)，区域 D 夹在两条射线 $\theta = \alpha$ 与 $\theta = \beta$ 之间，即有

$$\alpha \leqslant \theta \leqslant \beta .$$

此时，这两条射线与区域 D 边界的交点把区域边界分为 $r = r_1(\theta)$，$r = r_2(\theta)$ 这两部分. 在区间 (α, β) 内任意取定一个 θ 值，对应这个 θ 值作射线 OAB. 其中，A 是射线 OAB 穿入区域 D 的点，而 B 则是射线 OAB 穿出区域 D 的点.因此，极径 r 从 $r_1(\theta)$ 变到 $r_2(\theta)$，即有

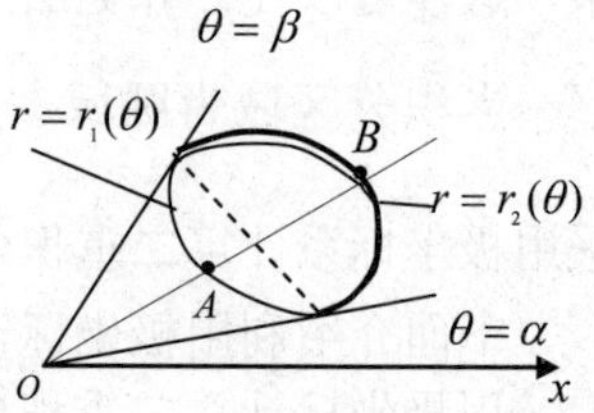

$$r_1(\theta) \leqslant r \leqslant r_2(\theta) .$$

图 8.8-13

所以，积分区域 D 可以用不等式

$$r_1(\theta) \leqslant r \leqslant r_2(\theta) , \quad \alpha \leqslant \theta \leqslant \beta$$

来表示.

依此，可将极坐标系下的二重积分 $\iint\limits_D f(r\cos\theta, r\sin\theta)\cdot rdrd\theta$ 化为二次积分，即

$$\iint\limits_D f(r\cos\theta, r\sin\theta)\cdot rdrd\theta = \int_\alpha^\beta d\theta \int_{r_1(\theta)}^{r_2(\theta)} f(r\cos\theta, r\sin\theta)\cdot rdr . \tag{8.8-5}$$

2) 极点在区域 D 的边界上

当极点在区域 D 的边界上时(见图 8.8-14)，积分区域 D 可以用不等式

$$0 \leqslant r \leqslant r(\theta) , \quad \alpha \leqslant \theta \leqslant \beta$$

来表示，这可以看成式(8.8-5)当 $r_1(\theta) = 0$ ， $r_2(\theta) = r(\theta)$ 时的特例，所以有

$$\iint\limits_{D} f(r\cos\theta, r\sin\theta) \cdot r \mathrm{d}r\mathrm{d}\theta = \int_{\alpha}^{\beta}\mathrm{d}\theta\int_{0}^{r(\theta)} f(r\cos\theta, r\sin\theta) \cdot r\mathrm{d}r . \tag{8.8-6}$$

3) 极点在区域 D 的内部

当极点在区域 D 的内部时(见图 8.8-15)，积分区域 D 可以用不等式

$$0 \leqslant r \leqslant r(\theta) , \quad 0 \leqslant \theta \leqslant 2\pi$$

来表示. 这可以看成式(8.8-6)当 $\alpha = 0$ ， $\beta = 2\pi$ 时的特例，所以有

$$\iint\limits_{D} f(r\cos\theta, r\sin\theta) \cdot r \mathrm{d}r\mathrm{d}\theta = \int_{0}^{2\pi}\mathrm{d}\theta\int_{0}^{r(\theta)} f(r\cos\theta, r\sin\theta) \cdot r\mathrm{d}r . \tag{8.8-7}$$

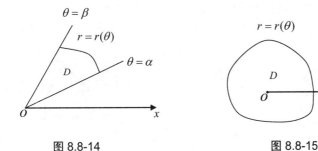

图 8.8-14　　　　　　　　　图 8.8-15

类似于直角坐标系下二次积分的计算，在极坐标系下，当积分区域形如

$$D: r_1 \leqslant r \leqslant r_2 , \quad \alpha \leqslant \theta \leqslant \beta \text{(其中 } r_1 \text{、} r_2 \text{、} \alpha \text{、} \beta \text{ 均为常数)}$$

时，且连续的二元函数 $f(x, y)$ 在极坐标系下的二重积分中的被积函数 $f(r\cos\theta, r\sin\theta) \cdot r$ 可以表示为两个一元函数的乘积，即

$$f(r\cos\theta, r\sin\theta) \cdot r = g(\theta) \cdot h(r) ,$$

则有

$$\iint\limits_{D} f(r\cos\theta, r\sin\theta) \cdot r \mathrm{d}r\mathrm{d}\theta = \int_{\alpha}^{\beta} g(\theta)\mathrm{d}\theta \cdot \int_{r_1}^{r_2} h(r)\mathrm{d}r .$$

例 8.8-9 求二重积分 $\iint\limits_{D} \mathrm{e}^{-x^2-y^2}\mathrm{d}x\mathrm{d}y$ ，其中 D 是由圆 $x^2 + y^2 = a^2$ ($a > 0$)所围成的闭区域.

解 区域 D 的边界曲线圆 $x^2 + y^2 = a^2$ 的极坐标方程为

$$r = a \ (\theta \in [0, 2\pi]) .$$

积分区域是圆域(见图 8.8-16 中阴影部分)，且极点在区域 D 的内部.

由式(8.8-4)与式(8.8-7)得

$$\iint\limits_{D} \mathrm{e}^{-x^2-y^2}\mathrm{d}x\mathrm{d}y = \iint\limits_{D} \mathrm{e}^{-r^2} r\mathrm{d}r\mathrm{d}\theta = \int_{0}^{2\pi}\mathrm{d}\theta \cdot \int_{0}^{a} \mathrm{e}^{-r^2} r\mathrm{d}r$$

$$= \theta\Big|_{0}^{2\pi} \cdot \left(-\frac{1}{2}\mathrm{e}^{-r^2}\Big|_{0}^{a} \right) = 2\pi \cdot \frac{1}{2}(1 - \mathrm{e}^{-a^2}) = \pi(1 - \mathrm{e}^{-a^2}) .$$

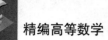

例 **8.8-10** 求二重积分 $\iint\limits_D \arctan\dfrac{y}{x}\mathrm{d}x\mathrm{d}y$，区域 D 为圆 $x^2 + y^2 = 9$ 和 $x^2 + y^2 = 1$ 与直线 $y = x$，$y = 0$ 所围成的位于第一象限的部分.

解 因为 $\arctan(\tan\theta) = \theta \in \left(-\dfrac{\pi}{2}, \dfrac{\pi}{2}\right)$，所以被积函数 $\arctan\dfrac{y}{x} = \theta$.

圆 $x^2 + y^2 = 9$ 和 $x^2 + y^2 = 1$ 与直线 $y = x$，$y = 0$ 位于第一象限的部分的极坐标方程分别为

$$r = 3\left(\theta \in \left[0, \dfrac{\pi}{2}\right]\right);\quad r = 1\left(\theta \in \left[0, \dfrac{\pi}{2}\right]\right);\quad \theta = \dfrac{\pi}{4};\quad \theta = 0.$$

所以区域 D 可以表示为

$$D = \left\{(r, \theta) \mid 1 \leqslant r \leqslant 3, 0 \leqslant \theta \leqslant \dfrac{\pi}{4}\right\}.$$

区域 D 如图 8.8-17 中阴影部分所示，极点在区域 D 的外部.

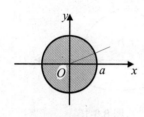

图 8.8-16

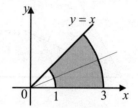

图 8.8-17

由式(8.8-5)得

$$\iint\limits_D \arctan\dfrac{y}{x}\mathrm{d}x\mathrm{d}y = \int_0^{\frac{\pi}{4}}\mathrm{d}\theta\int_1^3 \theta \cdot r\mathrm{d}r$$

$$= \int_0^{\frac{\pi}{4}}\theta\mathrm{d}\theta \cdot \int_1^3 r\mathrm{d}r = \dfrac{1}{2}\theta^2\Big|_0^{\frac{\pi}{4}} \cdot \dfrac{1}{2}r^2\Big|_1^3 = \dfrac{\pi^2}{32} \times \dfrac{8}{2} = \dfrac{\pi^2}{8}.$$

例 **8.8-11** 求二重积分 $I = \iint\limits_D \sqrt{x}\mathrm{d}x\mathrm{d}y$，其中区域 $D = \left\{(x, y) \mid \left(x - \dfrac{1}{2}\right)^2 + y^2 \leqslant \dfrac{1}{4}\right\}$.

解 区域 $D = \left\{(x, y) \mid \left(x - \dfrac{1}{2}\right)^2 + y^2 \leqslant \dfrac{1}{4}\right\}$ 的极坐标表示为

$$D = \left\{(r, \theta) \mid 0 \leqslant r \leqslant \cos\theta, -\dfrac{\pi}{2} \leqslant \theta \leqslant \dfrac{\pi}{2}\right\}.$$

区域 D 如图 8.8-18 中阴影部分所示，极点在区域 D 的边界上.
由式(8.8-6)得

$$I = \int_{-\frac{\pi}{2}}^{\frac{\pi}{2}}\mathrm{d}\theta\int_0^{\cos\theta} \sqrt{r\cos\theta}\, r\mathrm{d}r$$

$$= \int_{-\frac{\pi}{2}}^{\frac{\pi}{2}}\dfrac{2}{5}\sqrt{\cos\theta}\, r^{\frac{5}{2}}\Big|_0^{\cos\theta}\mathrm{d}\theta = \dfrac{2}{5}\int_{-\frac{\pi}{2}}^{\frac{\pi}{2}}\cos^3\theta\mathrm{d}\theta$$

$$= \frac{4}{5} \int_0^{\frac{\pi}{2}} (1 - \sin^2 \theta) \mathrm{d}(\sin \theta) = \frac{4}{5} \left(\sin \theta - \frac{1}{3} \sin^3 \theta \right) \Big|_0^{\frac{\pi}{2}} = \frac{8}{15}.$$

例 8.8-12 设 $a > 0$，求二重积分 $I = \iint\limits_D \dfrac{1}{\sqrt{x^2 + y^2}} \mathrm{d}x\mathrm{d}y$，其中 D 是

(1) 由 $x^2 + y^2 \leqslant ax$ 和 $x^2 + y^2 \leqslant ay$ 的公共部分所围成的闭区域.

(2) 第一象限内 y 轴和两个圆 $x^2 + y^2 = a^2$，$x^2 - 2ax + y^2 = 0$ 所围成的闭区域.

解 (1) 将圆 $x^2 + y^2 = ax$ 和 $x^2 + y^2 = ay$ 分别化成极坐标方程，得

$$r = a\cos\theta \left(\theta \in \left[-\frac{\pi}{2}, \frac{\pi}{2} \right] \right) \text{ 和 } r = a\sin\theta \left(\theta \in [0, \pi] \right).$$

所以，公共部分所确定的闭区域 D 中 θ 的变化范围为

$$0 \leqslant \theta \leqslant \frac{\pi}{2}.$$

由方程组 $\begin{cases} r = a\cos\theta \\ r = a\sin\theta \end{cases}$ 解得 $\theta = \dfrac{\pi}{4}$，即两圆的交点在射线 $\theta = \dfrac{\pi}{4} \in \left(0, \dfrac{\pi}{2} \right)$ 上.

积分区域 D 如图 8.8-19 中阴影部分所示，极点在区域 D 的边界上. 由于边界曲线间的交点与极点的连线恰在区域 D 的内部，所以需将积分区域 D 看成两块小区域 D_1 与 D_2 的和，即 $D = D_1 + D_2$. 其中

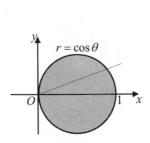

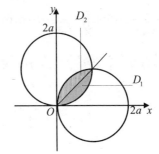

图 8.8-18　　　　　　　　　　图 8.8-19

$$D_1 = \left\{ (r, \theta) \mid 0 \leqslant r \leqslant a\sin\theta, 0 \leqslant \theta \leqslant \frac{\pi}{4} \right\};$$

$$D_2 = \left\{ (r, \theta) \mid 0 \leqslant r \leqslant a\cos\theta, \frac{\pi}{4} \leqslant \theta \leqslant \frac{\pi}{2} \right\}.$$

由二重积分对积分区域 D 的可加性及式(8.8-6)得

$$I = \iint\limits_{D_1} \frac{1}{\sqrt{x^2 + y^2}} \mathrm{d}x\mathrm{d}y + \iint\limits_{D_2} \frac{1}{\sqrt{x^2 + y^2}} \mathrm{d}x\mathrm{d}y$$

$$= \int_0^{\frac{\pi}{4}} \mathrm{d}\theta \int_0^{a\sin\theta} \frac{1}{r} \cdot r\mathrm{d}r + \int_{\frac{\pi}{4}}^{\frac{\pi}{2}} \mathrm{d}\theta \int_0^{a\cos\theta} \frac{1}{r} \cdot r\mathrm{d}r = \int_0^{\frac{\pi}{4}} a\sin\theta \mathrm{d}\theta + \int_{\frac{\pi}{4}}^{\frac{\pi}{2}} a\cos\theta \mathrm{d}\theta$$

$$= -a\cos\theta \Big|_0^{\frac{\pi}{4}} + a\sin\theta \Big|_{\frac{\pi}{4}}^{\frac{\pi}{2}} = a(2 - \sqrt{2}).$$

(2) 将第一象限内 y 轴和两圆 $x^2 + y^2 = a^2$ 和 $x^2 - 2ax + y^2 = 0$ 分别化成极坐标方程，得

$$\theta = \frac{\pi}{2}; \quad r = a \left(\theta \in \left[0, \frac{\pi}{2} \right] \right); \quad r = 2a\cos\theta \left(\theta \in \left[0, \frac{\pi}{2} \right] \right).$$

由方程组 $\begin{cases} r = a \\ r = 2a\cos\theta \end{cases}$ 解得 $\theta = \frac{\pi}{3}$，即两圆交点的极坐标为 $\left(a, \frac{\pi}{3} \right)$.

所以，所围成的闭区域 D 中 θ 的变化范围为

$$\frac{\pi}{3} \leqslant \theta \leqslant \frac{\pi}{2}.$$

积分区域 D 如图 8.8-19 中阴影部分所示，极点在 D 的边界上. 此时，虽然边界曲线间的交点与极点的连线不经过区域 D 的内部，但却有从极点 O 出发且穿过积分区域 D 内部的射线与 D 的边界曲线的交点多于两个的情形存在，所以需将积分区域 D 看成两块区域 D_1 与 D_2 的差，即 $D = D_1 - D_2$. 其中

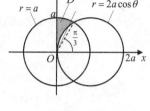

图 8.8-20

$$D_1 = \left\{ (r, \theta) \mid 0 \leqslant r \leqslant a, \frac{\pi}{3} \leqslant \theta \leqslant \frac{\pi}{2} \right\};$$

$$D_2 = \left\{ (r, \theta) \mid 0 \leqslant r \leqslant 2a\cos\theta, \frac{\pi}{3} \leqslant \theta \leqslant \frac{\pi}{2} \right\}.$$

由二重积分对积分区域 D 的可加性及式(8.8-6)得

$$I = \iint\limits_{D_1} \frac{1}{\sqrt{x^2 + y^2}} \mathrm{d}x\mathrm{d}y - \iint\limits_{D_2} \frac{1}{\sqrt{x^2 + y^2}} \mathrm{d}x\mathrm{d}y$$

$$= \int_{\frac{\pi}{3}}^{\frac{\pi}{2}} \mathrm{d}\theta \int_0^a \frac{1}{r} \cdot r \mathrm{d}r - \int_{\frac{\pi}{3}}^{\frac{\pi}{2}} \mathrm{d}\theta \int_0^{2a\cos\theta} \frac{1}{r} \cdot r \mathrm{d}r = \theta \Big|_{\frac{\pi}{3}}^{\frac{\pi}{2}} \cdot r \Big|_0^a - \int_{\frac{\pi}{3}}^{\frac{\pi}{2}} 2a\cos\theta \mathrm{d}\theta$$

$$= \frac{\pi}{6} a - 2a\sin\theta \Big|_{\frac{\pi}{3}}^{\frac{\pi}{2}} = a \left(\frac{\pi}{6} + \sqrt{3} - 2 \right).$$

参 考 文 献

[1] 郑宪祖. 数学分析(上册)[M]. 西安：陕西科学技术出版社，1984.

[2] 郑宪祖. 数学分析(下册)[M]. 西安：陕西科学技术出版社，1985.

[3] 陆庆乐. 高等数学(上册)[M]. 北京：高等教育出版社，1990.

[4] 陆庆乐. 高等数学(下册)[M]. 北京：高等教育出版社，1990.

[5] 滕桂兰. 高等数学(修订版)上册[M]. 天津：天津大学出版社，1996.

[6] 滕桂兰. 高等数学(修订版)下册[M]. 天津：天津大学出版社，1996.

[7] 冯翠莲. 微积分学习辅导与解题方法[M]. 北京：高等教育出版社，2003.

[8] 任开隆. 实用微积分[M]. 北京：高等教育出版社，2005.

[9] 徐小湛. 高等数学学习手册[M]. 北京：科学出版社，2005.

[10] 潘鼎坤. 高等数学教材中的常见瑕疵[M]. 西安：西安交通大学出版社，2006.

[11] 石德刚，李啟培. 新编高等数学讲义[M]. 天津：天津大学出版社，2006.

[12] 同济大学数学系. 高等数学[M]. 第六版 上册. 北京：高等教育出版社，2007.

[13] 同济大学数学系. 高等数学[M]. 第六版 下册. 北京：高等教育出版社，2007.

[14] 邵剑. 高等数学专题梳理与解读[M]. 上海：同济大学出版社，2008.

[15] 刘玉琏. 数学分析讲义(上)(第5版)[M]. 北京：高等教育出版社，2008.

[16] 刘玉琏. 数学分析讲义(下)(第5版)[M]. 北京：高等教育出版社，2009.

[17] 毛纲源. 高等数学解题方法技巧归纳[M]. 第2版. 武汉：华中科技大学出版社，2010.

[18] 陈文灯. 高等数学复习指导：思路、方法与技巧[M]. 第2版. 北京：清华大学出版社，2011.

[19] 李啟培，石德刚. 实用高等数学[M]. 天津：天津大学出版社，2011.

[20] 孙家永. 高等数学杂谈[M]. 西安：西安交通大学出版社，2012.

[21] 孙振绮. 俄罗斯高等数学教材精粹选编[M]. 北京：高等教育出版社，2012.

[22] 郭镜明. 美国微积分教材精粹选编[M]. 北京：高等教育出版社，2012.